大 学 物 理

(上册)

主　编　刘　博　赵德林

副主编　王祖松　詹　煜　陈玉林

科 学 出 版 社

北　京

内 容 简 介

本书依照教育部大学物理课程教学指导委员会的基本要求编写，全书分上、下两册，涵盖了大学物理课程的各知识点，并包含7个“气象物语”专栏。上册内容包括质点运动学、质点动力学、运动的守恒量和守恒定律、刚体力学、机械振动、波动、狭义相对论、气体动理论和热力学基础以及4个专栏(大气的运动、大气动力学、流体力学简介、相变热力学简介)。本书不仅可以让学生学习物理学的基本原理和方法，而且通过将物理学基本原理与大气科学结合，加深学生对物理学原理在大气科学中应用的认识。

本书可作为高等学校理工科非物理类本科专业的教材，也可以供其他相关专业选用，并可供中学教师进修或其他读者自学使用。

图书在版编目(CIP)数据

大学物理. 上册/刘博, 赵德林主编. —北京：科学出版社, 2019.1

ISBN 978-7-03-060266-4

Ⅰ. ①大…　Ⅱ. ①刘…　②赵…　Ⅲ. ①物理学-高等学校-教材　Ⅳ. ①O4

中国版本图书馆CIP数据核字(2018) 第291826号

责任编辑：王腾飞　曾佳佳／责任校对：彭　涛
责任印制：张　伟／封面设计：许　瑞

科学出版社出版
北京东黄城根北街16号
邮政编码：100717
http://www.sciencep.com
北京中科印刷有限公司印刷
科学出版社发行　各地新华书店经销
*
2019年1月第　一　版　开本: 787×1092　1/16
2022年1月第五次印刷　印张: 20　3/4
字数: 488 000

定价: 79.00 元

(如有印装质量问题, 我社负责调换)

前　言

大学物理课程是高等学校非物理类理工科专业学生必修的一门重要基础课程。本教材立足系统化夯实本科生的物理基础，全面提升学生的现代化科学素质，加强大学物理知识在大气科学领域和其他工程技术领域中的应用。

教材翔实系统地阐述了物质的基本结构、基本运动形式及相互作用的科学规律；充分结合各类物理规律的发现过程、物理模型的构建、严密的理论推导、开创性的科学预言与实验验证、近代物理与经典物理的冲击与发展等的翔实介绍，训练学生的科学思维方法与科学实验验证的理念，逐步培养学生现代科学的自然观、宇宙观和辩证唯物主义的世界观，提升学生解决各类物理问题的能力和创新技能；通过采用“气象物语”专栏有机融入相关气象元素，物理原理在大气科学中的应用和实现，这些内容包含了大气动力学、流体力学、大气热力学、大气电磁学、大气光学、大气辐射等知识，充分体现大学物理在气象学领域的基础地位和应用，使本书具有鲜明的气象特色。本书不仅让学生学习物理学的基本原理，还能让学生了解物理学与大气科学知识的融合，进一步加深对物理学的认识。

依据教育部最新颁布的《理工科类大学物理课程教学基本要求》，教材内容涵盖了力学、振动与波动、热学、电磁学、光学和近代物理六大体系。结合教学需求，全书分为上、下两册，上册内容包括质点运动学、质点动力学、运动的守恒量和守恒定律、刚体力学、机械振动、波动、狭义相对论、气体动理论和热力学基础；下册内容包括真空中的静电场、静电场中的导体和电介质、电流和恒定磁场、电磁感应电磁场、几何光学简介、光的干涉、光的衍射、光的偏振及吸收、波与粒子、量子力学基础。习题设计合理，学生通过习题训练，加强重要知识点的巩固学习，达成课程的学习目标。

教材编写特色主要体现在：夯实基础、突出重点、融入气象、强化应用。

(1) 在经典力学部分，结合质点运动的描述方法，将大气微团抽象为理想化的空气质点模型，大气的运动就是所有空气质点运动的集体表现。各空气质点的速度矢量分布及随时间的变化规律实质就是大气风场随时间的变化规律，简要描述大气运动的拉格朗日法和欧拉法；大气动力学问题的研究几乎都是基于转动的地球参考系进行分析的，这与牛顿运动定律只适用于惯性参考系不一致，所以在质点动力学这一章，有针对性地加强转动非惯性参考系的介绍，不仅分析惯性离心力对重力或重力加速度的影响，而且定性研究科里奥利力对大气运动的效应。例如，北半球的气旋及信风的成因，并详细给出了转动非惯性参考系的质点运动的动力学方程。

(2) 空气状态的变化和大气中所进行的各种热力学过程都遵循热力学的一般规律，所以在教材的热力学基础部分，首先从能量的观点出发，详细地分析热力学变化过程中有关热功转化的关系和条件，将能量转化和守恒定律应用于热力学过程得出热力学第一定律，并具体分析热力学系统的等体、等压、等温、绝热过程及循环过程；为了科学准确地理解热力学自发过程进行的方向性，介绍热力学第二定律，引入系统的状态函数：熵，并利用熵增原理解释热力学第二定律的统计意义。

(3) 静电场、稳恒磁场、电磁感应与电磁场理论既是大学物理的重要组成部分，同时又是大气电磁学重要的理论基础。晴天低层大气电场就是静电场，大学物理中阐述的静电场的各种性质及分析方法完全适用于大气电场。所以在静电场章节部分：一方面系统介绍静电场的知识体系，另一方面还适当增加大气电场、大气离子、大气电导率、大气电流的知识的讲述，拓展学生对大气电学的了解和认识，并强化静电学的实际应用。巨大、迅变的雷电流的泄放，必将在其周围激发强变的感应电磁场，即雷击电磁脉冲，二次雷击的原理与电磁感应规律及麦克斯韦电磁场理论紧密联系，故本教材较全面地介绍稳恒磁场及性质，强化电场与磁场的相互关系及其在气象领域的应用分析。

(4) 光学部分，在简单介绍几何光学的基础上，着力专注于光的本性，重点讨论光的干涉、衍射、偏振、吸收、色散现象。并结合光学理论简单介绍光与大气的相互作用产生的多种大气光学现象，如雾、霾、海市蜃楼、暮曙光等。

本书由刘博、赵德林任主编，王祖松、詹煜、陈玉林、张成义、张雅男任副主编。此次编写工作过程中，还得到了徐飞、李庆芳、雷勇、丁留贯、孙婷婷、刘战辉、蒋晓龙等老师的帮助和指导，在此表示衷心感谢。在本书编写过程中还借鉴了部分优秀教材和相关文献，特在此一并表示感谢。

本书受到下列课题的资助：

南京信息工程大学大学物理教材建设项目资助，项目号：1214071801010

南京信息工程大学教改课题项目资助，项目号：1214071701028

本书的编写出版还得到了科学出版社王腾飞等编辑的帮助，在此致以衷心的谢意。

由于编者水平有限，书中难免存在不妥之处，敬请读者和同行专家批评指正。

刘　博　赵德林

2018 年 8 月 8 日

目　　录

第 2 部分　振动与波动

第 3 部分　近代物理学 I

第 4 部分　热学

第1部分

力　　学

力学是物理学的重要组成部分，也是物理学大厦的基础。整个世界都是物质的，一切物质都在做永不停息的运动。物质的运动是绝对的，运动是物质的存在方式。**力学**是研究物质机械运动规律的一门科学。机械运动既是自然界中最简单、最普遍的一种运动形式，同时又是一种最基本的运动形式。**机械运动**是指物体的位置随时间改变，或物体内部某一部分相对于其他部分的位置随时间变化的过程。例如，大气气团的移动和变形、车辆的行驶、机器的运转、宇宙飞船的航行、天体的斗转星移等都是物体的机械运动。

经典力学研究的是在弱引力场中宏观物体的低速运动。根据研究的需要，通常把力学分为运动学、动力学和静力学三部分。**运动学**的任务是描述物体在空间的位置随时间的变化规律，而不涉及运动状态变化的原因。**动力学**则研究物体的运动与物体间相互作用的内在联系。**静力学**研究物体在相互作用下的平衡问题。

力学是许多自然科学学科的基础，特别是大气科学的重要学科基础，与其有着密切的理论联系并提供强有力的专业支撑。

科学解释天气演变的规律必须研究大气运动的力学规律，一系列重大的灾害性天气 (如风暴、寒潮、台风、暴雨) 也都是大气运动的直接或间接产物。大气动力学就是以流体力学和热力学基本原理为基础，根据地球大气的特点，运用数学分析方法，研究大气运动和天气演变规律的一门大气科学的分支。

数学是物理学的自然语言。为简明准确地描述力学规律，引入矢量这一数学工具是完全科学和必然的，将矢量和微积分结合起来刻画物体的运动规律，既简明准确，又具有普遍性。

第 1 章　质点运动学

质点运动学是大气运动学的基础。在大气科学中，大气的宏观机械运动就是大量空气分子所组成的空气微团的机械运动。相对于大气运动的规模，每个空气微团的几何尺寸是充分小的，可以把空气微团看成具有一定质量的几何点，称为**空气质点**。在大气运动学中，常常引入空气质点的流线和轨迹来描述大气运动状况。科学分析大气运动的力学规律必须掌握普通质点的运动描述方法。

1.1　质点和参考系

1.1.1　质点

由于客观物体是多种多样的，物体的运动形式又是复杂多变的，所以在描述物体的具体运动时，必须结合一定的物理条件，建立一些理想的物理模型，凸显出物体运动的主要规律，这样的处理方式能够使被研究的问题变得简单。

对于物质的机械运动，首先要确定从哪类物体开始研究。科学认识论告诉我们，对事物的认识总是从简单到复杂。因为复杂的事物往往是由简单的事物组成的。在机械运动中的一般物体可看作是由最简单的物体对象组成的，这些物体对象称为质点。**质点**就是在一定的条件下，将物体抽象为一个具有一定质量的几何点，是物体的一种理想化模型。被视为质点的物体，它的形状和大小可以忽略不计，但必须考虑该物体的质量，且质量全部集中在这个几何点上。在力学中还有一些类似的理想化模型，如刚体模型、谐振子模型等。

在实际物理问题的研究中，什么样的物体可以作为质点模型？

第一，自然界的一切物体都有一定的大小和形状，但在所研究的物理问题中，当一个物体的大小和形状相对于其运动的空间尺度小很多时，该物体就可以近似地当作质点处理。但要注意的是，对于同一物体，由于研究问题的不同，有时可以看作质点，有时则不能。例如，研究地球围绕太阳的公转，地球的几何尺度远远小于公转轨道的尺度 (约 10^{-4} 倍)，地球上的各点相对于太阳的运动可以认为是近似相同的，此时地球可看作质点。而研究地球的自转，地球上的各个不同部分在运动过程中具有不同的轨道，且任何一个瞬间不同部分的运动快慢以及这种快慢变化也都是不同的，此时地球就不能看成质点，而应看成质点系。

第二，如果物体是刚性的且所做的运动是平动 (物体上任意一条直线的空间取向始终保持不变)，即物体内所有点的运动规律完全相同，所有点的运动轨迹相互平行，物体整体运动规律与物体内任意点运动规律相同，那么平动中的刚体可看成一个质点。例如，在水平地面上平动的箱子，虽然箱子运动的空间尺度可能并不比箱子的空间尺度大很多，但由于箱子是在平动，所以箱子的运动可看成箱子所有质量集中在与其相关的任意一个点 (即质点) 的运动，这一点常常取箱子的质心。

第三，在实际的研究中，物体往往不能看成质点，但却可看成由许多质点组成的质点系。

掌握了质点力学的研究方法，就可以进一步去研究质点系力学和刚体力学，这种关系体现了科学认识和科学研究的层次性和递进性。

从这三方面可以看出研究质点机械运动的重要意义。对于非质点的物体对象，还可以继续建立起相似意义的理想模型，方便问题的研究。

在物理学中处理一些较为复杂的问题时，在保证所研究问题性质不变的前提下，往往采用一些简化的处理方式，即依据问题的性质，抓住事物的主要矛盾，忽略一些次要因素，建立一个理想化的模型来代替实际的研究对象，进而使问题大大简化。这是一种常用的科学研究方法。质点模型就是这种科学方法在本章的一个实际应用。刚体是另一个理想化的力学模型，即质点间距离始终保持不变的质点系。真实物体受力以后都会变形，当物体的变形和运动尺度相比小得多时，则可简化为刚体。刚体机械运动研究比质点的机械运动研究复杂，但比流体力学的研究要简单一些。

1.1.2　参考系

所有的物质都是以运动的形式存在的，这表明物质运动的绝对性。但相对不同的物体去描述同一物体的运动却是不一样的，这是运动描述的相对性。为了避免描述上的混乱，在描述一个物体的运动时必须选定另一个物体或几个相互间保持相对静止的物体群作为参考物。只有先选定了参考物，才能明确地描述被研究物体的运动情况。这些被选作参考的物体或物体群，称为**参考系**。例如，研究地球相对于太阳的运动，常将太阳作为参考系；研究气团的运动，常选地面或相对地面静止的建筑物群作为参考系。

在描述质点运动时，参考系的选择往往是任意的。对同一物体的同一运动，选择不同的参考系，对该运动的描述是不同的，运动的描述与参考系的选择有关，即运动的描述是相对的。在研究物体运动时，往往根据问题的性质、计算和处理的方便来决定参考系的选择。例如，对于人造卫星的运动描述，既可以选择地球为参考系，这时卫星的运动轨迹是圆或椭圆；当然也可以选太阳作为参考系，则卫星的运动轨迹是以地球公转轨迹为轴线的螺旋线。显见，对于同一卫星同一运动的描述，参考系选择的不同，运动的描述是不相同的。但在这个问题中，人们往往会优先考虑选择地球作为参考系，因为这样选择，会使卫星运动的描述较为简单，方便问题的计算和处理。

1.1.3　坐标系

为了定量描述被研究物体的空间位置，就必须在参考系上建立**坐标系**。参考系确定后，在参考系上选择适宜的坐标系，便于用数学方式描述物体在空间的相对位置。在力学中常见的坐标系有直角坐标系、平面极坐标系、柱坐标系、球坐标系、自然坐标系等。

如果坐标系相对于参考系固定不动，称该坐标系与参考系固连。经常令坐标系与参考系固连，这时可用坐标系来表征参考系。

常用的直角坐标系的原点 O 可取在参考系的一个固定点上，从 O 点顺次引出三个相互垂直的坐标轴，按右旋关系的次序分别标以 x、y、z 轴，在每一轴上分别取单位矢量 $\hat{i}$、$\hat{j}$、$\hat{k}$ 作为基矢，如图 1-1 所示。坐标系的选择和参考系的选择类似，它们的选择都是任意的，当然应该选择方便问题分析的坐标系。

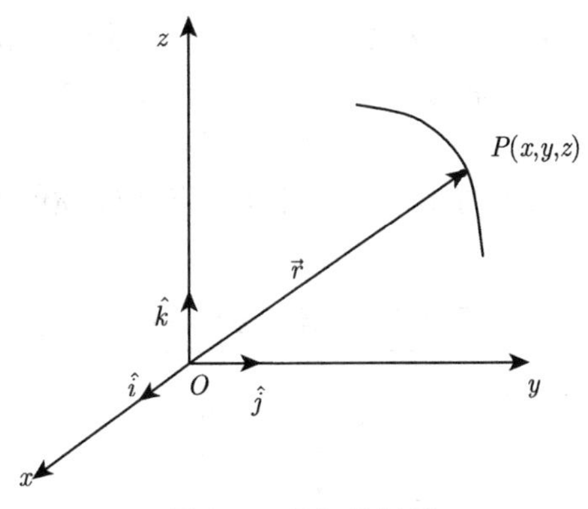

图 1-1 直角坐标系

应当注意，在描述质点的运动时，当参考系确定后，该质点的运动规律就确定了。但在该参考系中建立起的不同坐标系，对该运动规律描述的变量及变量随时间变化的表达式是不同的。

1.2 描述质点运动的物理量

1.2.1 时间和空间

研究物体的机械运动，首先要解决物体机械运动的描述问题，然后才能进一步研究物体机械运动的物理机制。物体的机械运动总是发生在一定的时间、空间中，时间表征了物体运动的持续性，而空间则表征了物体运动的广延性。

1967 年，第十三届国际计量大会决定采用铯原子钟作为新的时间计量基准，定义 1 s 的长度等于与铯 133 原子基态两个超精细能级之间跃迁相对应的辐射周期的 9192631770 倍。这个跃迁频率测量的准确度达到 $10^{-12}\sim10^{-13}$ Hz。时间的测量精度还在不断提高，这对研究物质的运动具有重要的科学意义和技术价值。

宇宙是在大约 $(1.0\sim2.0)\times10^{10}$ 年前的一次大爆炸中诞生的。用秒来表示，宇宙的年龄具有 10^{17} 的数量级。太阳的年龄约 5×10^9 年，地球的年龄为 4.6×10^9 年，即 10^{17} 秒的数量级。在距今 $(3.1\sim3.2)\times10^9$ 年前，出现了能够进行光合作用的原始藻类，距今 $(7\sim8)\times10^8$ 年 (10^{16} s) 前形成了富氧的大气层。古人类出现在距今 $(2.5\sim4)\times10^6$ 年 (10^{14} s) 前，而人类的文明史只有 5000 年 (10^{11} s)。人的寿命通常不到一百年 (10^9 s)。在微观世界，中子寿命约 15min(10^3 s 数量级)，μ 子寿命的数量级为 10^{-6} s，$\pi^{\pm}$ 介子为 10^{-8} s，τ 子为 10^{-13} s，π^0 介子为 10^{-17} s。Z^0 介子的寿命最短，为 10^{-25} s 的量级。宇宙间各种事物的时间标度跨越了 43~44 个数量级。

1889 年，第一届国际计量大会通过：将保藏在法国国际计量局中铂铱合金棒在 0℃ 时两条刻线间的距离定义为 1 m，这是长度计量的实物基准。1960 年，第十一届国际计量大会决定用氪 86 原子的橙黄色光波来定义“米”，规定米为这种光的波长的 1650763.73 倍，实现了长度的自然基准。1983 年 10 月，第十七届国际计量大会通过：1 m 是光在真空中在 1/299792458 s 的时间间隔内运行路程的长度，同时规定了真空中的光速值 $c=299792458\ \mathrm{m\cdot s^{-1}}$。

根据测量和计算，宇宙中各种物质的空间尺度的数量级如下：哈勃半径数量级约 10^{26} m，超星系团约 10^{24} m，星系团约 10^{23} m，银河系约 10^{21} m，太阳系约 10^{13} m，地球轨道半径 (1 个天文单位) 约 10^{11} m，太阳半径约 10^{9} m，地球半径约 10^{7} m，原子约 10^{-10} m，原子核约 10^{-14}m，核子约 10^{-15}m。宇宙间各种物质的空间尺度跨越了 42 个数量级。常见的数量级符号见表 1-1。

表 1-1　常见数量级符号

因数	中文名称	符号	因数	中文名称	符号
10^{-1}	分	d	10^{3}	千	k
10^{-2}	厘	c	10^{6}	兆	M
10^{-3}	毫	m	10^{9}	吉	G
10^{-6}	微	μ	10^{12}	太	T
10^{-9}	纳	n			
10^{-12}	皮	p			

1.2.2　过程量和状态量

描述物体运动的物理量分为两类：过程量和状态量。描述物体运动在一段时间中 (或一段运动过程中) 的物理量称为**过程量**，过程量总是和一段时间 (或一段空间路径) 相联系的。例如，力对运动物体所做的功，力对运动物体所做的冲量，力矩对刚体转动所做的功，力矩对刚体运动所做的冲量矩等。而描述物体运动在某瞬间的物理量称为瞬时量或**状态量**，状态量总是和时刻相联系的，如位置矢量、速度矢量、加速度矢量、动量、动能、势能等。这样划分对应了描述物质运动的两种基本方法，即过程法和状态法，与之相应的数学方程就是过程方程和状态方程。

下面首先开始研究描述质点机械运动的三个基本状态量：位置矢量、瞬时速度矢量、瞬时加速度矢量。

1.2.3　位置矢量

一般情况下，质点在参考系中是运动的。不同时刻，质点的空间位置是不同的。借助于坐标系，可以很方便地定量化描述质点在不同时刻的空间位置。在直角坐标系 O-xyz 中 (图 1-2)，t 时刻质点 P 的空间位置既可以用 P 点位置坐标 (x, y, z) 描述，也可以用**位置矢量** $\vec{r}$ 表示 (简称**位矢**)。位置矢量 $\vec{r}$ 是一根从 O 点指向 P 点的有向线段，其大小 (模) 就是 P 点到原点 O 的距离。

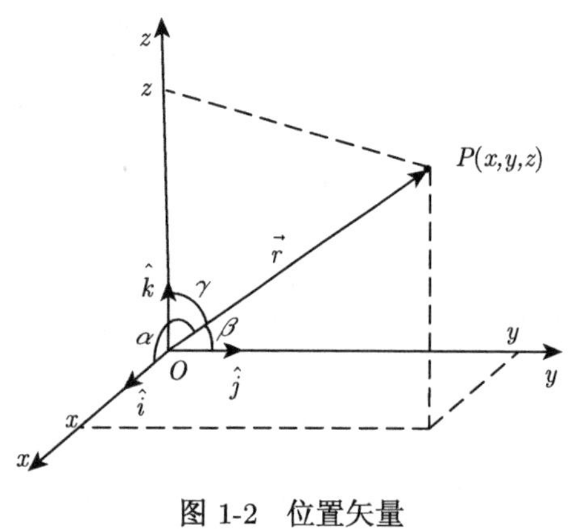

图 1-2　位置矢量

位置矢量在直角坐标系 O-xyz 中的正交分解形式为

$$\vec{r} = x(t)\hat{i} + y(t)\hat{j} + z(t)\hat{k} \tag{1-1}$$

式中，$\hat{i}$、$\hat{j}$、$\hat{k}$ 分别为 x、y、z 轴方向的单位矢量；x、y、z 称作质点的位置坐标。

位置矢量的模

$$r=|\vec{r}|=\sqrt{x(t)^2+y(t)^2+z(t)^2} \tag{1-2}$$

设位置矢量与坐标轴 x、y、z 的夹角分别为 α、β、γ，故位矢的方向余弦为

$$\cos\alpha=\frac{x}{r},\quad \cos\beta=\frac{y}{r},\quad \cos\gamma=\frac{z}{r} \tag{1-3}$$

它们之间的关系为 $\cos^2\alpha+\cos^2\beta+\cos^2\gamma=1$。

因为质点的运动，质点的位置矢量一般情况下是时间 t 的函数，即

$$\vec{r}=\vec{r}(t) \tag{1-4}$$

该函数描述了质点机械运动规律，称为质点的**运动方程**。运动方程中包含了质点运动的全部信息。在直角坐标系中，该**运动方程的分量形式**为

$$x=x(t),\quad y=y(t),\quad z=z(t) \tag{1-5}$$

在运动方程的分量式中，消去时间 t 得

$$f(x,y,z)=0 \tag{1-6}$$

此方程称为质点的**轨迹方程**。其实，式 (1-5) 也可以看作以时间 t 为参数的质点轨迹的参数方程。

例 1-1　一质点的运动方程为 $\vec{r}=t\hat{i}+t^2\hat{j}$，求以形式 $f(x,y)=0$ 写出的轨迹方程。

解　质点运动方程的分量形式为

$$x=t,\quad y=t^2$$

消去参数 t，得轨迹方程为

$$y=x^2$$

质点的轨迹为一抛物线。

1.2.4　位移矢量和路程

位置矢量不仅可以描述质点的空间位置，而且还可以方便地描述质点位置变化的大小和方向，这是用标量表示质点空间位置无法办到的。

t 时刻，质点位于 A 点，相应的位置矢量为 $\vec{r}_1$；$t+\Delta t$ 时刻，质点运动到 B 点，其位置矢量为 $\vec{r}_2$，则在 Δt 这段时间内位置矢量的增量称为质点在 Δt 时间内的**位移矢量**(图 1-3)。记作

$$\Delta\vec{r}=\vec{r}_2-\vec{r}_1 \tag{1-7}$$

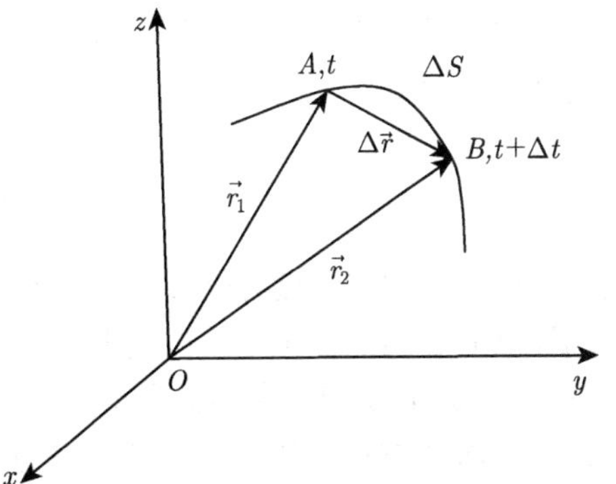

图 1-3　位移矢量

位移矢量的方向从初位置指向末位置，大小记为 $|\Delta\vec{r}| = |\vec{r}_2 - \vec{r}_1|$，它是位移矢量的长度。

位移矢量和位置矢量的区别：位移矢量是质点运动的末位置、初位置间的位置矢量差，是过程量；位置矢量是坐标原点指向质点位置的一段有向线段，是状态量。

在直角坐标系下，位移矢量的正交分量式可表示成

$$\begin{aligned}\Delta\vec{r} &= \vec{r}_2 - \vec{r}_1 = (x_2 - x_1)\,\hat{i} + (y_2 - y_1)\,\hat{j} + (z_2 - z_1)\,\hat{k} \\ &= \Delta x\hat{i} + \Delta y\hat{j} + \Delta z\hat{k}\end{aligned} \tag{1-8}$$

位移矢量的模：

$$|\Delta\vec{r}| = \sqrt{(x_2 - x_1)^2 + (y_2 - y_1)^2 + (z_2 - z_1)^2}$$

路程 ΔS 与位移大小 $|\Delta\vec{r}|$ 都是过程量，但两者存在着明显的区别。**路程**是 Δt 时间内，质点在其轨迹上经过的路径的总长度，是标量。而位移矢量的大小是质点实际移动的直线距离，方向从初位置指向末位置，是矢量。除了两者存在着矢量、标量的差别，两者在大小上也不相等。即使在直线运动中，位移矢量大小和路程也是完全不同的两个概念，一般 $|\Delta\vec{r}| \neq \Delta S$。只有在质点做单方向直线运动时，它们的大小才相等。只有在 $\Delta t \to 0$ 时，$\lim\limits_{\Delta t\to 0}|\Delta\vec{r}| = \lim\limits_{\Delta t\to 0}\Delta S$，即 $|\mathrm{d}\vec{r}| = \mathrm{d}S$。

例如，一名运动员在一段时间内在 400 m 跑道上跑了整整一圈，其起点与终点重合，则在这段时间内，该运动员的位移大小等于 0，但他的路程等于 400 m。

1.2.5　瞬时速度矢量

京沪高铁“复兴号”动车组的时速已达到 350 km·h^{-1}，这大大缩短了人们出行的时间；对于超强台风 (16 级或以上)，其底层中心附近的最大平均风速 $\geqslant$ 51.0 m·s^{-1}；热带风暴的底层中心附近最大平均风速为 17.2~24.4 m·s^{-1}。在日常生活中，物体的运动速度被经常提及，所以在物理学中必须对物体的运动速度给出科学的定义，严谨地描述物体位置变化的情况。

为了描述质点的运动位置变化，往往采用**平均速度**。在图 1-3 所示的质点运动情况中，定义质点从时刻 t 到时刻 $t+\Delta t$ 的平均速度为

$$\bar{\vec{v}} = \frac{\vec{r}_2 - \vec{r}_1}{\Delta t} = \frac{\Delta\vec{r}}{\Delta t} \tag{1-9}$$

式中，$\vec{r}_1$ 是 t 时刻质点的位矢；$\vec{r}_2$ 是 $t+\Delta t$ 时刻质点的位矢；Δt 时间内质点的位移为 $\Delta\vec{r}$。平均速度等于质点位移 $\Delta\vec{r}$ 与发生这一位移的时间间隔 Δt 之比。平均速度是矢量，其方向就是位移 $\Delta\vec{r}$ 的方向，大小就是位移大小与时间间隔的比值。平均速度也是过程量，它表征的是一段时间过程中质点位置变动的方向和平均快慢。平均速度不能精细地刻画任一瞬间质点运动方向和快慢的详细情况。

在直角坐标系中，平均速度 $\bar{\vec{v}}$ 的正交分解式可表示为

$$\bar{\vec{v}} = \frac{\Delta\vec{r}}{\Delta t} = \frac{\Delta x}{\Delta t}\hat{i} + \frac{\Delta y}{\Delta t}\hat{j} + \frac{\Delta z}{\Delta t}\hat{k} = \frac{x_2 - x_1}{\Delta t}\hat{i} + \frac{y_2 - y_1}{\Delta t}\hat{j} + \frac{z_2 - z_1}{\Delta t}\hat{k} \tag{1-10}$$

描述质点在 Δt 时间内的运动快慢，也常常引入**平均速率**这一标量，在图 1-3 所示的质点运动情况中，定义质点从时刻 t 到时刻 $t+\Delta t$ 的平均速率为

$$\bar{v}=\frac{\Delta S}{\Delta t} \tag{1-11}$$

为了精细描述质点在每个时刻的位置变化情况，必须采用另一个状态量——瞬时速度矢量。当 Δt 趋于零时，比值 $\dfrac{\Delta\vec{r}}{\Delta t}$ 的极限就是位置矢量对时间的变化率 $\dfrac{\mathrm{d}\vec{r}}{\mathrm{d}t}$，称为质点在时刻 t 的**瞬时速度**，简称速度

$$\vec{v}=\lim_{\Delta t\to 0}\frac{\Delta\vec{r}}{\Delta t}=\frac{\mathrm{d}\vec{r}}{\mathrm{d}t} \tag{1-12}$$

$\dfrac{\Delta\vec{r}}{\Delta t}$ 的极限方向就是 t 时刻质点所在轨迹的切线并指向前进方向，即瞬时速度的方向；$\dfrac{|\Delta\vec{r}|}{\Delta t}$ 的极限值就是 t 时刻速度的大小，反映质点在该瞬时运动的快慢。在国际单位制 (SI) 中速度的单位为 $\mathrm{m\cdot s^{-1}}$。速度的大小也称为**速率**，以 v 表示

$$v=|\vec{v}|=\left|\frac{\mathrm{d}\vec{r}}{\mathrm{d}t}\right|\neq\frac{\mathrm{d}r}{\mathrm{d}t}$$

速率 v 与 $\vec{r}$ 大小和方向变化都有关。因为 $\Delta t\to 0$ 的极限情况下：$|\mathrm{d}\vec{r}|=\mathrm{d}S$，瞬时速率也可表示为

$$v=\lim\bar{v}=\lim\frac{\Delta S}{\Delta t}=\frac{\mathrm{d}S}{\mathrm{d}t}=\left|\frac{\mathrm{d}\vec{r}}{\mathrm{d}t}\right|$$

在直角坐标系中，速度矢量 $\vec{v}$ 的正交分解式可表示为

$$\vec{v}=\frac{\mathrm{d}\vec{r}}{\mathrm{d}t}=\frac{\mathrm{d}x}{\mathrm{d}t}\hat{i}+\frac{\mathrm{d}y}{\mathrm{d}t}\hat{j}+\frac{\mathrm{d}z}{\mathrm{d}t}\hat{k}=v_x\hat{i}+v_y\hat{j}+v_z\hat{k} \tag{1-13}$$

速度在 x、y、z 轴上的投影分量分别为

$$v_x=\frac{\mathrm{d}x}{\mathrm{d}t},\quad v_y=\frac{\mathrm{d}y}{\mathrm{d}t},\quad v_z=\frac{\mathrm{d}z}{\mathrm{d}t}$$

瞬时速度矢量的投影等于位置坐标对时间的一阶导数。

在直角坐标系中，速度的大小和方向余弦分别表示为

$$v=\left|\frac{\mathrm{d}\vec{r}}{\mathrm{d}t}\right|=\sqrt{v_x^2+v_y^2+v_z^2}$$

$$\cos\alpha_v=\frac{v_x}{v},\quad \cos\beta_v=\frac{v_y}{v},\quad \cos\gamma_v=\frac{v_z}{v}$$

式中，α_v、β_v、γ_v 为速度矢量 $\vec{v}$ 分别与 x、y、z 轴正向的夹角。

瞬时速度、瞬时速率都与一定时刻对应，很难直接测量。在技术上常常用很短时间内的平均速率近似表示瞬时速率，随着科技的发展，速率的测量精度越来越高。

质点在做机械运动时的运动状态，即在任意时刻的位置及运动的快慢、方向，可由该时刻质点的位置矢量 $\vec{r}$ 和瞬时速度矢量 $\vec{v}$ 来描述。$\vec{r}$、$\vec{v}$ 称为质点运动的状态参量。

例 1-2 已知某一质点的运动方程为 $\vec{r}=2t\hat{i}+(2-t^2)\hat{j}$(SI)，求 $t=1$ s 时该质点的速度。

解　质点在任意时刻 t 的速度为

$$\vec{v}=\frac{\mathrm{d}\vec{r}}{\mathrm{d}t}=2\hat{i}-2t\hat{j}$$

t=1 s 时该质点的速度为

$$\vec{v}_{t=1}=(2\hat{i}-2\hat{j})\mathrm{m}\cdot\mathrm{s}^{-1}$$

1.2.6　瞬时加速度矢量

质点运动时，随着时间的变化，质点速度的大小、方向都会变化。为了描述速度变化的快慢和方向，需引入平均加速度和瞬时加速度。设质点在 t 与 $t+\Delta t$ 时刻的速度分别为 $\vec{v}_1$ 和 $\vec{v}_2$，在 Δt 时间内，速度矢量的增量为 $\Delta\vec{v}=\vec{v}_2-\vec{v}_1$(图 1-4)，将这段时间内的速度增量 $\Delta\vec{v}$ 与发生这一增量所用的时间 Δt 之比，称为这段时间内的**平均加速度**，即

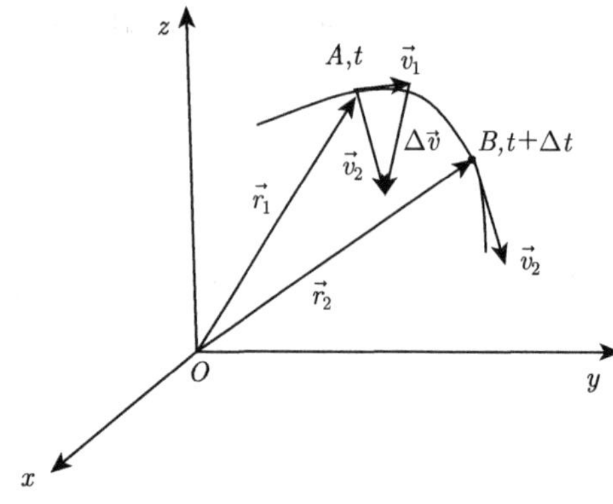

图 1-4　速度增量

$$\bar{\vec{a}}=\frac{\Delta\vec{v}}{\Delta t}=\frac{\vec{v}_2-\vec{v}_1}{\Delta t}\tag{1-14}$$

平均加速度与一定时间间隔相对应，其大小反映 Δt 时间内速度变化的平均快慢，其方向沿速度增量的方向。

当 Δt 趋于零时，$\dfrac{\Delta\vec{v}}{\Delta t}$ 的极限就是速度对时间的变化率，称为质点在时刻 t 的**瞬时加速度**，简称加速度

$$\vec{a}=\lim_{\Delta t\to 0}\frac{\Delta\vec{v}}{\Delta t}=\frac{\mathrm{d}\vec{v}}{\mathrm{d}t}\tag{1-15}$$

质点的瞬时加速度等于速度矢量对时间的变化率或一阶导数。又因为质点的速度等于位置矢量对时间的一阶导数，所以瞬时加速度等于位置矢量对时间的二阶导数，即

$$\vec{a}=\frac{\mathrm{d}^2\vec{r}}{\mathrm{d}t^2}\tag{1-16}$$

在 SI 中，瞬时加速度的单位为 $\mathrm{m\cdot s^{-2}}$。瞬时加速度的方向就是 Δt 趋于零时，速度增量 $\Delta\vec{v}$ 的极限方向。已知质点的运动方程或速度，可以利用求导的数学方法得到瞬时加速度。

在直角坐标系中，瞬时加速度的正交分解式表示为

$$\begin{aligned}\vec{a}&=a_x\hat{i}+a_y\hat{j}+a_z\hat{k}\\&=\frac{\mathrm{d}v_x}{\mathrm{d}t}\hat{i}+\frac{\mathrm{d}v_y}{\mathrm{d}t}\hat{j}+\frac{\mathrm{d}v_z}{\mathrm{d}t}\hat{k}\\&=\frac{\mathrm{d}^2x}{\mathrm{d}t^2}\hat{i}+\frac{\mathrm{d}^2y}{\mathrm{d}t^2}\hat{j}+\frac{\mathrm{d}^2z}{\mathrm{d}t^2}\hat{k}\end{aligned}\tag{1-17}$$

式中，$a_x=\dfrac{\mathrm{d}v_x}{\mathrm{d}t}=\dfrac{\mathrm{d}^2x}{\mathrm{d}t^2}$，$a_y=\dfrac{\mathrm{d}v_y}{\mathrm{d}t}=\dfrac{\mathrm{d}^2y}{\mathrm{d}t^2}$，$a_z=\dfrac{\mathrm{d}v_z}{\mathrm{d}t}=\dfrac{\mathrm{d}^2z}{\mathrm{d}t^2}$ 为瞬时加速度的三个坐标分量。瞬时加速度在坐标轴上的投影等于位置坐标对时间的二阶导数。

加速度的大小称为加速率，表示为

$$|\vec{a}|=\sqrt{a_x^2+a_y^2+a_z^2}$$

加速度矢量的方向可用加速度矢量与直角坐标轴夹角的余弦函数来确定，加速度矢量的三个方向余弦为

$$\cos\alpha_a=\frac{a_x}{a},\quad \cos\beta_a=\frac{a_y}{a},\quad \cos\gamma_a=\frac{a_z}{a}$$

需要辨别分析的是，加速度与速度的方向一般不同。加速度与速度的夹角为 0° 或 180°，质点做直线运动 (图 1-5)。加速度与速度的夹角等于 90°，质点做圆周运动 (图 1-6)。

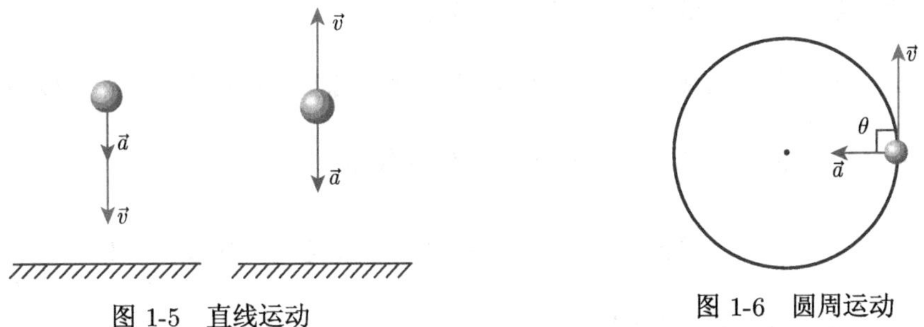

图 1-5　直线运动

图 1-6　圆周运动

加速度与速度的夹角小于 90°，速率增大；加速度与速度的夹角大于 90°，速率减小。例如，抛体运动 (图 1-7)。

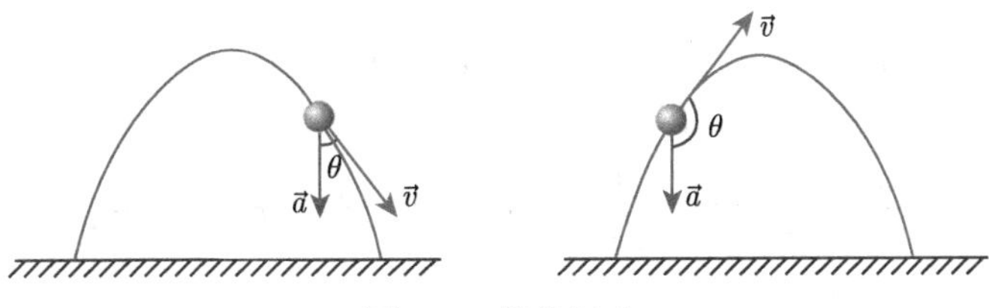

图 1-7　抛体运动

质点做曲线运动时，加速度总是指向轨迹曲线凹的一侧。例如，地球绕太阳公转的轨道运动 (图 1-8)。

还需要辨别分析的是，一般加速率 $|\vec{a}|$ 不等于速率的变化率 $\left|\frac{\mathrm{d}v}{\mathrm{d}t}\right|$。因为加速率 (加速度的大小) 不仅与速度 $\vec{v}$ 的大小变化有关，还与速度 $\vec{v}$ 的方向变化有关。例如，匀速率圆周运动，速率不变，只有速度方向变，仍然有加速度，加速率并不等于零。

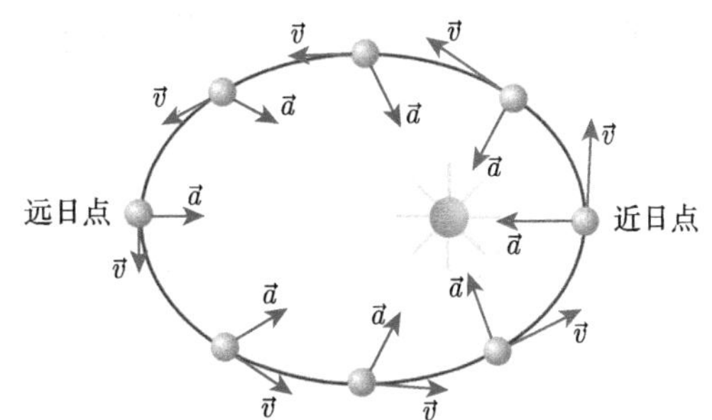

图 1-8　地球绕太阳公转的轨道运动

例 1-3　已知质点的瞬时速度为 $\vec{v}=2\hat{i}-2t\hat{j}$(SI)，求 $t=1$ s 时质点加速度。

解　质点在任意时刻 t 的加速度为

$$\vec{a}=\frac{\mathrm{d}\vec{v}}{\mathrm{d}t}=-2\hat{j}\mathrm{m}\cdot\mathrm{s}^{-2}$$

$t=1$ s 时质点加速度为

$$\vec{a}=-2\hat{j}\mathrm{m}\cdot\mathrm{s}^{-2}$$

1.2.7 位矢、速度、加速度的关系

在运动学中，常引入状态量 (位矢、速度、加速度) 来描述质点的机械运动情况，它们之间存在着数学关系，如果已知其中一个状态量的变化规律，可以求出另外两个状态量的变化规律。

若已知质点位置矢量的变化规律：$\vec{r}=\vec{r}(t)$，根据速度及加速度的定义式，可求出任意时刻质点的瞬时速度 $\vec{v}=\dfrac{\mathrm{d}\vec{r}}{\mathrm{d}t}$ 和瞬时加速度 $\vec{a}=\dfrac{\mathrm{d}\vec{v}}{\mathrm{d}t}$；

如果已知质点的速度变化规律：$\vec{v}=\vec{v}(t)$，可应用公式求得质点的瞬时加速度 $\vec{a}=\dfrac{\mathrm{d}\vec{v}}{\mathrm{d}t}$，同时，也可以由积分关系 $\displaystyle\int_{\vec{r}_0}^{\vec{r}}\mathrm{d}\vec{r}=\int_{t_0}^{t}\vec{v}(t)\mathrm{d}t$ 求得位置矢量 $\vec{r}=\vec{r}(t)$；

对于加速度 $\vec{a}=\vec{a}(t)$ 已知的运动，分别利用积分关系式 $\displaystyle\int_{\vec{v}_0}^{\vec{v}}\mathrm{d}\vec{v}=\int_{t_0}^{t}\vec{a}(t)\mathrm{d}t$、$\displaystyle\int_{\vec{r}_0}^{\vec{r}}\mathrm{d}\vec{r}=\int_{t_0}^{t}\vec{v}(t)\mathrm{d}t$ 求得质点的瞬时速度和位置矢量。

例 1-4 利用质点运动学方法，推导出匀变速直线运动的三大运动学公式。

推导 由于是直线运动，因此三个状态量可用代数量来计算。

$$a=\frac{\mathrm{d}v}{\mathrm{d}t},\quad \int_{v_0}^{v}\mathrm{d}v=\int_{0}^{t}a\mathrm{d}t \quad 得 \quad v=v_0+at \tag{1}$$

$$v=\frac{\mathrm{d}x}{\mathrm{d}t},\quad \int_{0}^{x}\mathrm{d}x=\int_{0}^{t}(v_0+at)\,\mathrm{d}t \quad 得 \quad x=v_0t+\frac{1}{2}at^2 \tag{2}$$

$$a=\frac{\mathrm{d}v}{\mathrm{d}t}=v\frac{\mathrm{d}v}{\mathrm{d}x},\quad \int_{v_0}^{v}v\mathrm{d}v=\int_{x_0}^{x}a\mathrm{d}x \quad 得 \quad v^2-v_0^2=2a(x-x_0) \tag{3}$$

例 1-5 质点由静止开始做直线运动，初始加速度为 a_0，每 τ 秒加速度增加 a_0，求 t 秒后瞬时速度和运动位置。

解 $a=a_0+\dfrac{a_0}{\tau}t \quad \because a=\dfrac{\mathrm{d}v}{\mathrm{d}t} \quad \therefore \mathrm{d}v=a\mathrm{d}t$

$$v=\int a\mathrm{d}t=\int\left(a_0+\frac{a_0}{\tau}t\right)\mathrm{d}t=a_0t+\frac{a_0}{2\tau}t^2+c_1$$

$\because t=0$ 时，$v=0 \therefore c_1=0,\quad v=a_0t+\dfrac{a_0}{2\tau}t^2$

又

$$\because v=\frac{\mathrm{d}x}{\mathrm{d}t},\quad \mathrm{d}x=v\mathrm{d}t$$

$$\therefore x=\int v\mathrm{d}t=\int\left(a_0t+\frac{a_0}{2\tau}t^2\right)\mathrm{d}t=\frac{a_0}{2}t^2+\frac{a_0}{6\tau}t^3+c_2$$

$\because t=0$ 时，$x=0 \therefore c_2=0,\quad x=\dfrac{a_0}{2}t^2+\dfrac{a_0}{6\tau}t^3$

例 1-6 如图所示 (例 1-6 图)，一个质点的瞬时加速度为 $\vec{a}=\left(6\hat{i}+4\hat{j}\right)\ \mathrm{m\cdot s^{-2}}$，初始速度为 $\vec{v}_0=0\hat{i}+0\hat{j}$，初始位置矢量为 $\vec{r}_0=(10\hat{i}+0\hat{j})\mathrm{m}$。求质点任意时刻的速度 $\vec{v}$ 和位置矢量 $\vec{r}$、轨迹方程。

解 (1) 因为

$$\mathrm{d}\vec{v}=\vec{a}\mathrm{d}t,\quad \int_0^{\vec{v}}\mathrm{d}\vec{v}=\int_0^t\vec{a}\mathrm{d}t=\int_0^t\left(6\hat{i}+4\hat{j}\right)\mathrm{d}t$$

所以

$$\vec{v}=\left(6t\hat{i}+4t\hat{j}\right)\mathrm{m\cdot s^{-1}}$$

又因为

$$\mathrm{d}\vec{r}=\vec{v}\mathrm{d}t,\quad \int_{\vec{r}_0}^{\vec{r}}\mathrm{d}\vec{r}=\int_0^t\vec{v}\mathrm{d}t=\int_0^t\left(6t\hat{i}+4t\hat{j}\right)\mathrm{d}t$$

所以

$$\vec{r}=\vec{r}_0+\left(3t^2\hat{i}+2t^2\hat{j}\right)=\left[\left(10+3t^2\right)\hat{i}+2t^2\hat{j}\right]\mathrm{m}$$

(2) 由运动方程

$$x(t)=10+3t^2,\quad y(t)=2t^2$$

消去参数 t 得轨迹方程:

$$3y=2x-20$$

例 1-7 如图所示 (例 1-7 图)，已知湖岸离水平面高为 h，初始时刻绳长为 l_0，当人以匀速 $\vec{v}_0$ 向左拉绳时，求任意时刻湖面船速 $\vec{v}$ 为多少?

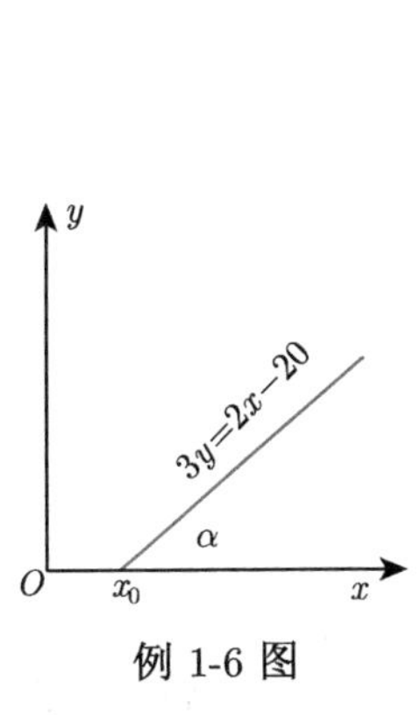

例 1-6 图

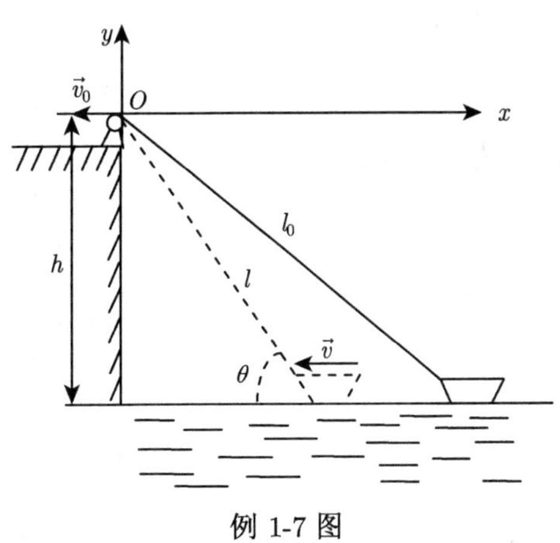

例 1-7 图

解 建立图示的直角坐标系 O-xy，则任意时刻小船的位置矢量为

$$\vec{r}(t)=x(t)\hat{i}+(-h)\hat{j}$$

$$\vec{v}=\frac{\mathrm{d}\vec{r}}{\mathrm{d}t}=\frac{\mathrm{d}x(t)}{\mathrm{d}t}\hat{i}=\frac{\mathrm{d}}{\mathrm{d}t}\sqrt{l^2-h^2}\hat{i}=\left[1-\frac{h^2}{l^2}\right]^{-\frac{1}{2}}\frac{\mathrm{d}l}{\mathrm{d}t}\hat{i}$$

因为

$$l=l_0-v_0t$$

所以

$$v_0=-\frac{\mathrm{d}l}{\mathrm{d}t}$$

故任意时刻小船的速度为

$$\vec{v} = -v_0\left[1 - \frac{h^2}{(l_0 - v_0 t)^2}\right]^{-\frac{1}{2}}\hat{i}$$

例 1-8　如图所示 (例 1-8 图)，一路灯高为 h，人高为 l，人以匀速率 v_0 在灯下向右直线行走，$t = 0$ 时，人处于灯的正下方。求：(1) 人影中头顶的速率；(2) 人影增长的速率。

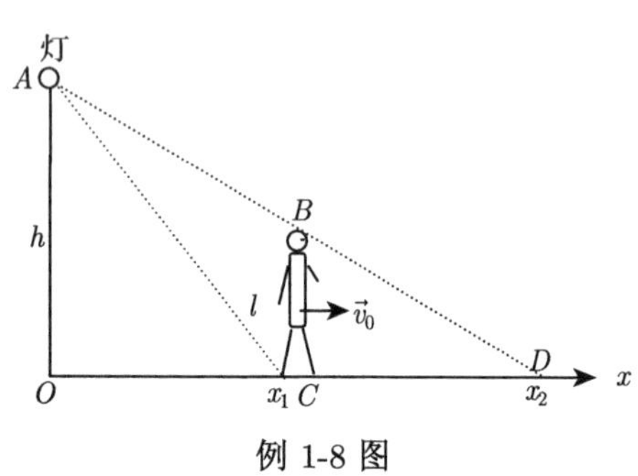

例 1-8 图

解　(1) 由图可知，任意时刻，人行走至 C 点，人影头顶位于 D 点

因为 $\triangle AOD$ 与 $\triangle BCD$ 相似，所以 $\dfrac{\overline{OD}}{\overline{CD}} = \dfrac{\overline{AO}}{\overline{BC}}$，即

$$\frac{x_2}{x_2 - x_1} = \frac{h}{l}$$

$$x_2 = \frac{hx_1}{h - l} \Rightarrow x_2 = \frac{hv_0 t}{h - l}$$

人影中头顶的速率

$$v_{头影} = \frac{\mathrm{d}x_2}{\mathrm{d}t} = \frac{hv_0}{h - l}$$

(2) 因为人影长为

$$x_2 - x_1 = \frac{hv_0 t}{h - l} - v_0 t = \frac{lv_0 t}{h - l}$$

所以人影增长的速率为

$$v_{影} = \frac{\mathrm{d}(x_2 - x_1)}{\mathrm{d}t} = \frac{lv_0}{h - l}$$

1.3　抛 体 运 动

下面运用前面研究出的三个状态量 (位置矢量 $\vec{r}$、瞬时速度矢量 $\vec{v}$、瞬时加速度矢量 $\vec{a}$)，针对质点的一些典型机械运动展开研究，找到这些机械运动的特殊规律。

从地面上某点以一定初速向空中抛出一个物体，它在空中的运动称为**抛体运动**。物体被抛出后，它的运动是二维的。在恒定的重力作用下，它将沿抛物线轨迹运动。对抛体这类机械运动的研究比较有效的方法是运用运动叠加原理将运动分解成相互独立的坐标轴方向的运动。

1.3.1　运动叠加原理

质点的任意运动都可以看作是由三个坐标轴方向上各自独立进行的直线运动所合成的。当物体同时参与两个或多个运动时，其总的运动是多个独立运动的合成结果。这就是**运动叠加原理，或运动的独立性原理**。

1.3.2 运动方程和运动轨迹

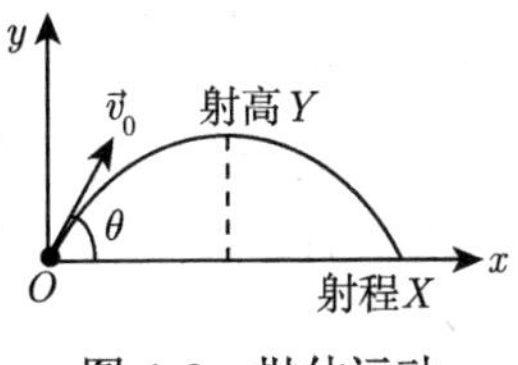

图 1-9 抛体运动

根据运动叠加原理，抛体运动看成水平方向的匀速直线运动和竖直方向的匀加速直线运动的合成。研究抛体运动时，原则上可任意设置坐标系，通常取抛射点为坐标原点，水平方向为 x 轴，竖直向上为 y 轴，抛出时刻为计时起点。设一个物体以初速 $\vec{v}_0$ 向上斜抛，与水平方向 (x 轴正向) 的夹角称为抛射角，用 θ 表示。

初速度 $\vec{v}_0$ 沿 x 轴和 y 轴的分量分别是 $v_{0x}=v_0\cos\theta$，$v_{0y}=v_0\sin\theta$。

1. 在地球表面附近，无风并且忽略空气阻力的情况下

抛体运动过程中的加速度恒等于地球重力加速度，即 $\vec{a}=-\vec{g}$。在直角坐标系中，加速度矢量的两个分量为 $a_x=0,a_y=-g$，其中负号表示 y 方向的加速度分量方向与 y 轴的方向相反。

由加速度可得

$$\begin{cases} v_x=v_0\cos\theta \\ v_y=v_0\sin\theta-gt \end{cases}$$

由瞬时速度可得抛体的运动方程

$$\begin{cases} x=v_0t\cos\theta \\ y=v_0t\sin\theta-\dfrac{1}{2}gt^2 \end{cases} \tag{1-18}$$

或
$$\vec{r}=v_0t\cos\theta\hat{i}+\left(v_0t\sin\theta-\frac{1}{2}gt^2\right)\hat{j}$$

由 $x=x(t)$ 和 $y=y(t)$ 消去时间 t，得抛体运动的轨迹方程

$$y=x\tan\theta_0-\frac{g}{2v_0^2\cos^2\theta}x^2 \tag{1-19}$$

对于一定的 v_0 和 θ，这一方程表示一条通过原点的抛物线。

抛体从地面向上斜抛，能达到的最高高度，也是竖直运动的最高高度，称为**射高**，以 Y 表示

$$Y=v_0^2\frac{\sin^2\theta}{2g}$$

水平方向上运动的最远距离称为**射程**，用 X 表示

$$X=v_0^2\frac{\sin 2\theta}{g}$$

最大射程:

$$\theta=\frac{\pi}{4}\text{ 时，}\quad X_{\text{最大}}=\frac{v_0^2}{g}$$

从抛出回落到抛出面 $(y=0)$ 经历时间:

$$T=2v_0\frac{\sin\theta}{g}$$

应该指出，以上关于抛体运动的公式，都是在忽略空气阻力的情况下得到的。只有在质点初速率比较小的情况下，它们才比较符合实际。实际上高速运动的子弹或炮弹在空中飞行的规律和上述公式的计算结果存在很大差别。例如，以 550 m·s^{-1} 初速率沿 45° 抛射角射出的子弹，如按上述公式计算得到的射程在 30000 m 以上。实际上，由于空气阻力的作用，子弹的射程只有 8500 m，不到前者的 1/3。子弹或炮弹的飞行规律，在军事技术中由专门的弹道学进行研究。

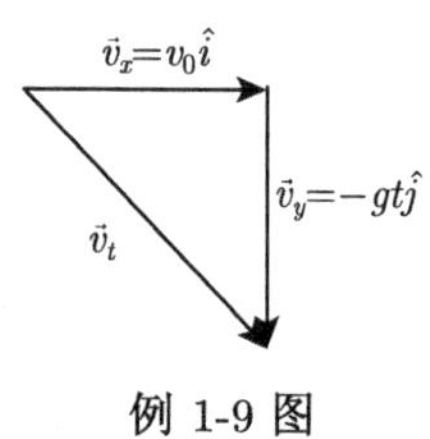

例 1-9 图

例 1-9　某物体从地面附近某一确定高度以速度 $\vec{v}_0$ 水平抛出，已知它落地时的速度为 $\vec{v}_t$，则它在运动过程中经历的时间是多少？

解　对于抛体运动：$v_x = v_0\cos\theta$，$v_y = v_0\sin\theta - gt$。

由于是平抛，故 $\theta = 0°$，则 $v_x = v_0$，$v_y = -gt$，由此得速度矢量图 (例 1-9 图)。

$$v_y = -\sqrt{v_t^2 - v_0^2},\quad v_y = -gt$$

得抛体落地经历的时间为

$$t = \frac{\sqrt{v_t^2 - v_0^2}}{g}$$

2. 有空气阻力的抛体运动

设抛体运动时受到空气阻力，阻力方向与运动速度方向相反，阻力大小与运动速率成正比。以起抛点为坐标原点，起抛时刻为计时起点，设抛物体质量为 m，初速度为 $\vec{v}_0$，抛射角为 θ ，任意时刻的速度为 $\vec{v}$，抛体受重力 $-mg\hat{j}$ 和空气阻力 $\vec{f} = -k\vec{v}$ 作用，k 为阻力参数。

抛体加速度分量所满足的关系

$$m\frac{\mathrm{d}v_x}{\mathrm{d}t} = -kv_x \tag{1-20}$$

$$m\frac{\mathrm{d}v_y}{\mathrm{d}t} = -mg - kv_y \tag{1-21}$$

经两次积分后，得抛射物的运动方程

$$x = \frac{m}{k}v_0\cos\theta(1 - \mathrm{e}^{-\frac{kt}{m}}) \tag{1-22}$$

$$y = \frac{m}{k}\left(v_0\sin\theta + \frac{mg}{k}\right)(1 - \mathrm{e}^{-\frac{kt}{m}}) - \frac{mgt}{k} \tag{1-23}$$

由式 (1-22) 和式 (1-23) 消去时间 t，得轨迹方程为

$$y = \left(\tan\theta + \frac{mg}{kv_0\cos\theta}\right)x + \frac{m^2g}{k^2}\ln\left(1 - \frac{kx}{mv_0\cos\theta}\right) \tag{1-24}$$

当 k 很小时，上述方程简化成无阻力时的抛体运动轨迹方程。

1.4 质点的圆周运动

质点的圆周运动，其本质是一种特殊的平面曲线运动。本节先研究质点的圆周运动，然后再将结论推广到质点的一般平面曲线运动，任意形状的曲线运动都可以看作是由许多曲率半径不同的小段圆弧组成。

1.4.1 匀速率圆周运动

当质点做匀速率圆周运动时，其速度的大小 (速率) 恒定，但其方向不断地变化。这时质点的加速度 $\vec{a}$ 没有与 $\vec{v}$ 同方向的分量，它只反映速度 $\vec{v}$ 方向的改变，$\vec{a}$ 总与 $\vec{v}$ 垂直。

t 时刻质点位于 A 点，其速度是 $\vec{v}_A$，随着时间的推移，$t+\Delta t$ 时刻质点运动到 B 点，此时质点速度变为 $\vec{v}_B$，如图 1-10 所示，$|\vec{v}_A|=|\vec{v}_B|$。

在 Δt 时间内，其速度增量为 $\Delta\vec{v}=\vec{v}_B-\vec{v}_A$，则 t 时刻质点的瞬时加速度为

$$\vec{a}=\lim_{\Delta t\to 0}\frac{\Delta\vec{v}}{\Delta t}=\frac{\mathrm{d}\vec{v}}{\mathrm{d}t} \tag{1-25}$$

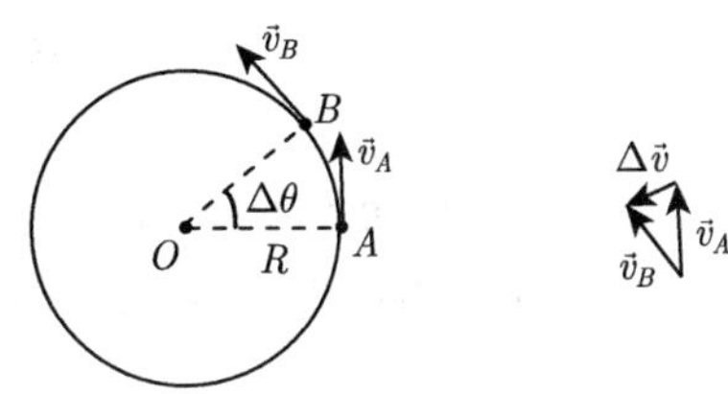

图 1-10 匀速率圆周运动

首先根据 $\Delta\vec{v}$ 的极限方向，可以判断出 $\vec{a}$ 的方向始终指向圆心，即指向圆周轨迹的法线方向。我们定义这个方向为圆周的法线正方向，并令 $\hat{n}$ 为指向圆心的法向单位矢量。在匀速率圆周运动中，质点的加速度就是法向加速度：

$$\vec{a}=\vec{a}_n$$

再考虑该法向加速度的大小。在圆周中三角形 $\triangle OAB$ 与 $\vec{v}_A$、$\vec{v}_B$、$\Delta\vec{v}$ 构成的速度三角形相似，因此有

$$\frac{|\Delta\vec{v}|}{v}=\frac{\overline{AB}}{R}$$

$$\frac{|\Delta\vec{v}|}{\Delta t}=\frac{v}{R}\frac{\overline{AB}}{\Delta t}$$

法向加速度的大小为

$$a_n=\lim_{\Delta t\to 0}\left|\frac{\Delta\vec{v}}{\Delta t}\right|=\lim_{\Delta t\to 0}\frac{|\Delta\vec{v}|}{\Delta t}=\lim_{\Delta t\to 0}\frac{v}{R}\frac{\overline{AB}}{\Delta t}=\frac{v}{R}\lim_{\Delta t\to 0}\frac{\Delta s}{\Delta t}=\frac{v^2}{R}$$

法向加速度的矢量表达式

$$\vec{a}_n=\frac{v^2}{R}\hat{n} \tag{1-26}$$

1.4.2 变速率圆周运动

当质点做变速率圆周运动时，其速度的大小和方向都不断发生变化。这时加速度 $\vec{a}$ 既具有与 $\vec{v}$ 同方向的切向分量，又具有与 $\vec{v}$ 垂直的法向分量 (向心加速度分量)。

设 t 时刻质点位于 A 点，其速度是 $\vec{v}_A$，在 $t+\Delta t$ 时刻，质点运动到 B 点，其速度为 $\vec{v}_B$，且 $|\vec{v}_B| \neq |\vec{v}_A|$，如图 1-11 所示。

Δt 时间内，质点的速度增量为 $\Delta\vec{v}=\vec{v}_B-\vec{v}_A$，$\Delta\vec{v}$ 可看成是由两部分组成的

$$\Delta\vec{v}=\Delta\vec{v}_n+\Delta\vec{v}_\tau$$

式中，$\Delta\vec{v}_n$ 是由于速度矢量的方向改变引起的速度增量，其极限方向沿圆周的法线方向；$\Delta\vec{v}_\tau$ 是由于速度矢量的大小改变引起的速度增量，其极限方向沿圆周的切线方向。

则瞬时加速度矢量为

$$\vec{a}=\lim_{\Delta t\to 0}\frac{\Delta\vec{v}}{\Delta t}=\lim_{\Delta t\to 0}\frac{\Delta\vec{v}_n}{\Delta t}+\lim_{\Delta t\to 0}\frac{\Delta\vec{v}_\tau}{\Delta t}$$

$$\vec{a}=\frac{v^2}{R}\hat{n}+\left(\frac{\mathrm{d}v}{\mathrm{d}t}\right)\hat{\tau}=a_n\hat{n}+a_\tau\hat{\tau} \tag{1-27}$$

式中，$\hat{n}$ 是圆周法向单位矢量，为了使描述统一，规定其方向指向圆心；$\hat{\tau}$ 是圆周的切向单位矢量，同理规定其方向指向质点的切线运动方向，即此时质点瞬时速度矢量方向 (图 1-12)。

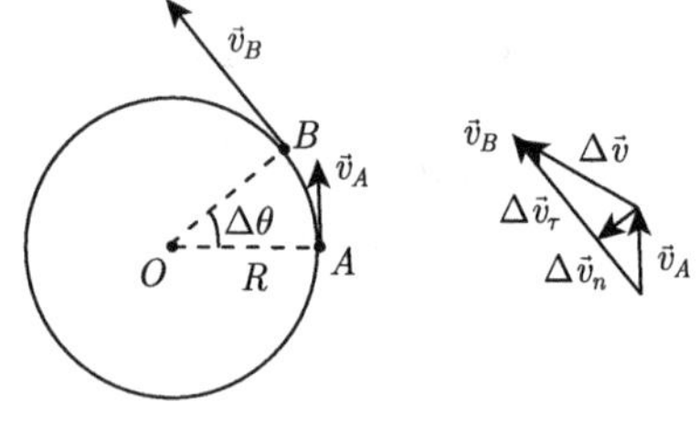

图 1-11　变速率圆周运动

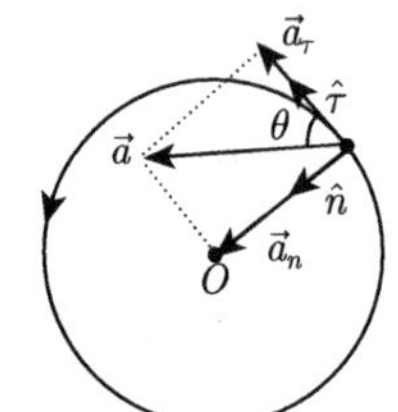

图 1-12　圆周运动的加速度

法向 (向心) 分量：

$$a_n=\frac{v^2}{R} \tag{1-28}$$

切向分量：

$$a_\tau=\frac{\mathrm{d}v}{\mathrm{d}t} \tag{1-29}$$

加速度的大小为 $a=|\vec{a}|=\sqrt{a_n^2+a_\tau^2}$，设加速度方向与切向单位矢量 $\hat{\tau}$ 的夹角为 θ，$\theta=\arctan\dfrac{a_n}{a_\tau}$。

例 1-10　一质点做半径 R 为 25 m 的圆周运动，所经过的路程与时间的关系为 $s=t^3+2t^2$，式中路程 s 的单位为 m，时间 t 的单位为 s。求 $t=2$ s 时质点的切向加速度、法向加速度和加速度的大小。

解　由运动方程可得

$$v=\frac{\mathrm{d}s}{\mathrm{d}t}=3t^2+4t$$

所以，质点的切向加速度、法向加速度分量分别为

$$a_\tau=\frac{\mathrm{d}v}{\mathrm{d}t}=6t+4$$

$$a_n=\frac{v^2}{R}=\frac{\left(3t^2+4t\right)^2}{25}$$

当 $t=2\ \mathrm{s}$ 时：$a_\tau=16\ \mathrm{m{\cdot}s^{-2}}$，$a_n=\dfrac{v^2}{R}=16\ \mathrm{m{\cdot}s^{-2}}$

加速度的大小：$a=\sqrt{a_\tau^2+a_n^2}=16\sqrt{2}\ \mathrm{m{\cdot}s^{-2}}$

例 1-11 一个质点沿半径为 R 的圆周做运动，初速度为 $\vec{v}_0$，其加速度方向与速度方向夹角 θ 为常数，求质点速率与时间的关系。

解 质点的切向加速度和法向加速度分别为

$$a_\tau=\frac{\mathrm{d}v}{\mathrm{d}t},\quad a_n=\frac{v^2}{R}$$

$$\tan\theta=\frac{a_n}{a_t}=\frac{v^2}{R}\frac{\mathrm{d}t}{\mathrm{d}v}$$

分离变量

$$\frac{\mathrm{d}v}{v^2}=\frac{\mathrm{d}t}{R\tan\theta}$$

$$\int_{v_0}^{v}\frac{\mathrm{d}v}{v^2}=\int_0^t\frac{\mathrm{d}t}{R\tan\theta}$$

$$\frac{1}{v}=\frac{1}{v_0}-\frac{t}{R\tan\theta}$$

1.4.3 圆周运动的角量描述

质点在 $O\text{-}xy$ 平面内做圆周运动，圆心为点 O、半径为 R。以 Ox 轴为固定参考方向 (图 1-13)。设时刻 t 质点运动到圆周的 A 点，质点的位置可以由位矢 $\overrightarrow{OA}=\vec{r}$ 与 Ox 轴正向的夹角 θ 来确定，θ 为质点的**角位置**，也称角坐标，单位是弧度 (rad)。角位置 θ 是代数量，通常规定自参考方向 Ox 轴逆时针转到质点位矢时 θ 取正，反之为负。

当质点做圆周运动时，质点的角位置随时间变化，角位置 θ 是时间 t 的函数，即

$$\theta=\theta(t) \tag{1-30}$$

式 (1-30) 就是质点的**角运动方程**。

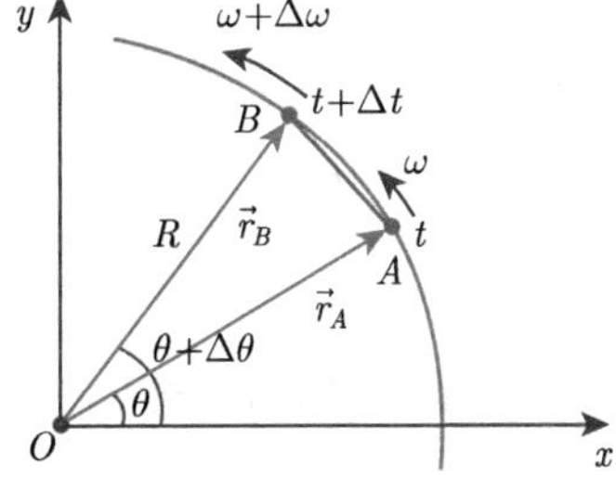

图 1-13 圆周运动的角量描述

若 t 时刻质点位于 A 点，角位置为 θ，$t+\Delta t$ 时刻质点运动到 B 点，角位置为 $\theta+\Delta\theta$，则 $\Delta\theta$ 称为质点在 Δt 时间内的**角位移**，单位是弧度 (rad)。角位移 $\Delta\theta$ 也是代数量，当质点逆时针运动时：$\Delta\theta>0$，当质点顺时针运动时：$\Delta\theta<0$。

为了描述做圆周运动的质点运动的快慢和方向，需引入平均角速度和瞬时角速度。定义角位移 $\Delta\theta$ 与时间 Δt 之比，叫作在 Δt 时间段内质点对 O 点的**平均角速度**

$$\bar{\omega}=\frac{\Delta\theta}{\Delta t} \tag{1-31}$$

当 $\Delta t \to 0$ 时，平均角速度的极限称为 t 时刻的**瞬时角速度**

$$\omega = \lim_{\Delta t \to 0} \bar{\omega} = \lim_{\Delta t \to 0} \frac{\Delta \theta}{\Delta t} = \frac{\mathrm{d}\theta}{\mathrm{d}t} \tag{1-32}$$

瞬时角速度的矢量形式

$$\vec{\omega} = \frac{\mathrm{d}\vec{\theta}}{\mathrm{d}t} \tag{1-33}$$

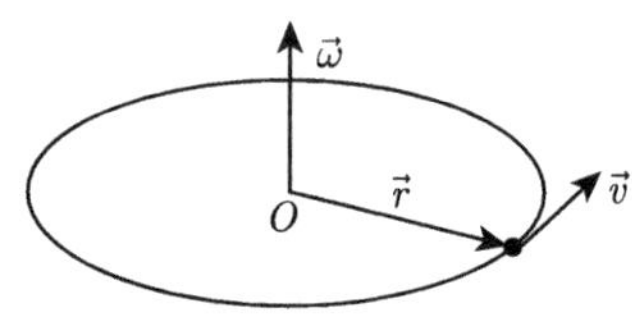

图 1-14　角速度矢量

在物理学中规定，角速度是矢量，符号为 $\vec{\omega}$。角速度矢量 $\vec{\omega}$ 的方向服从右手螺旋定则，即右手四指沿着质点的运动方向弯曲，大拇指伸直所指方向就是角速度矢量 $\vec{\omega}$ 的方向 (图 1-14)。当质点做圆周运动时，质点只有两种可以运动的方向，故角速度矢量可以用代数量 ω 表示。当质点做逆时针方向运动时，角速度 $\omega > 0$；当质点做顺时针方向运动时，角速度 $\omega < 0$。在 SI 中，角速度的单位是 $\mathrm{rad \cdot s^{-1}}$，也可简写为 $\mathrm{s^{-1}}$。在工程技术中，又常常用每分钟的转数来表示角度的单位，即 $\mathrm{r \cdot min^{-1}}$。

当质点做变速率圆周运动时，有必要引入角加速度反映质点角速度的变化。设 t 时刻质点的角度为 ω，$t + \Delta t$ 时刻的角度为 $\omega + \Delta\omega$，其中 $\Delta\omega$ 为质点在 Δt 时间内的角度增量。定义角度增量 $\Delta\omega$ 与时间间隔 Δt 之比，叫作在 Δt 时间段内质点对 O 点的**平均角加速度**

$$\bar{\alpha} = \frac{\Delta\omega}{\Delta t} \tag{1-34}$$

当 $\Delta t \to 0$ 时，质点对 O 点的**瞬时角加速度**为

$$\alpha = \lim_{\Delta t \to 0} \bar{\alpha} = \lim_{\Delta t \to 0} \frac{\Delta\omega}{\Delta t} = \frac{\mathrm{d}\omega}{\mathrm{d}t} = \frac{\mathrm{d}^2\theta}{\mathrm{d}t^2} \tag{1-35}$$

在 SI 中，角加速度的单位为 $\mathrm{rad \cdot s^{-2}}$，可简写为 $\mathrm{s^{-2}}$。

瞬时角加速度的矢量形式

$$\vec{\alpha} = \frac{\mathrm{d}\vec{\omega}}{\mathrm{d}t} = \frac{\mathrm{d}^2\vec{\theta}}{\mathrm{d}t^2} \tag{1-36}$$

在圆周运动中，瞬时角加速度 $\vec{\alpha}$ 的方向与 $\vec{\omega}$ 方向平行。当 $\vec{\omega}$、$\vec{\alpha}$ 方向一致时，质点做加速运动；当 $\vec{\omega}$、$\vec{\alpha}$ 方向相反时，质点做减速运动。

例 1-12　已知一质点做圆周运动的角运动方程为 $\theta = 2t^3$ (SI)，试求 $t = 2\ \mathrm{s}$ 时的角速度和角加速度。

解　由角运动方程的表达式和角速度、角加速度的定义可得

$$\omega = \frac{\mathrm{d}\theta}{\mathrm{d}t} = 6t^2$$

$$\alpha = \frac{\mathrm{d}\omega}{\mathrm{d}t} = 12t$$

当 $t = 2\ \mathrm{s}$ 时，质点的角速度、角加速度分别为

$$\omega = 24\ \mathrm{rad \cdot s^{-1}}, \quad \alpha = 24\ \mathrm{rad \cdot s^{-2}}$$

例 1-13 已知一质点的角加速度按 $\alpha = 2t$ (SI) 规律做变速圆周运动。$t = 0$ 时，质点的初位置位于 $\theta_0 = \pi$，初角速度为 $\omega_0 = 0$。求任意时刻质点的角速度和角运动方程。

解 因为角加速度为

$$\alpha = \frac{\mathrm{d}\omega}{\mathrm{d}t}$$

所以

$$\mathrm{d}\omega = \alpha \mathrm{d}t = 2t\mathrm{d}t$$

两边同时积分，得

$$\int_0^{\omega} \mathrm{d}\omega = \int_0^t 2t\mathrm{d}t$$

$$\omega = t^2$$

又因为

$$\omega = \frac{\mathrm{d}\theta}{\mathrm{d}t}$$

所以

$$\mathrm{d}\theta = \omega \mathrm{d}t = t^2\mathrm{d}t$$

$$\int_{\pi}^{\theta} \mathrm{d}\theta = \int_0^t t^2\mathrm{d}t$$

所以角运动方程为

$$\theta = \frac{t^3}{3} + \pi$$

1.4.4 角量和线量的转换关系

对于做圆周运动的质点，可以分别采用两类运动状态量描述质点的运动：一类是线运动量，如质点的位矢 $\vec{r}$、速度 $\vec{v}$、加速度 $\vec{a}$；另一类是角运动量，如质点的角位置 θ、角速度 ω、角加速度 α。在研究质点的机械运动时常常需要将一类运动状态量转换成另一类运动状态量来表示。

质点在半径为 r 的圆周上做圆周运动，设 $\mathrm{d}t$ 时间内，质点运动的角位移为 $\mathrm{d}\theta$，则质点在圆周上的运动的元位移大小等于弧长，即 $|\mathrm{d}\vec{r}| = \mathrm{d}s = r\mathrm{d}\theta$。

求导：$\dfrac{\mathrm{d}s}{\mathrm{d}t} = r\dfrac{\mathrm{d}\theta}{\mathrm{d}t}$，所以可得圆周运动线速率

$$v = r\omega \tag{1-37}$$

再求导：$\dfrac{\mathrm{d}v}{\mathrm{d}t} = r\dfrac{\mathrm{d}\omega}{\mathrm{d}t}$，所以可得圆周运动切向加速度

$$a_\tau = r\alpha \tag{1-38}$$

圆周运动法向加速度

$$a_n = \frac{v^2}{r} = \frac{(r\omega)^2}{r} = r\omega^2 \tag{1-39}$$

质点做匀变速率圆周运动 ($a_\tau =$ 常量，$\alpha =$ 常量) 时，也有用角量表示的三个运动学公式

$$\theta = \theta_0 + \omega_0 t + \frac{1}{2}\alpha t^2 \tag{1-40}$$

$$\omega = \omega_0 + \alpha t \tag{1-41}$$

$$\omega^2 = \omega_0^2 + 2\alpha(\theta - \theta_0) \tag{1-42}$$

例 1-14　一部电机的转子由静止经 300 s 达 18000 r·min^{-1} 的转速，已知转子角加速度 α 与时间成正比，求转子转过的圈数。

解　由 $\alpha = \dfrac{\mathrm{d}\omega}{\mathrm{d}t} = ct$，得 $\mathrm{d}\omega = ct\mathrm{d}t$

两边积分：

$$\int_0^\omega \mathrm{d}\omega = c\int_0^t t\mathrm{d}t$$

$$\omega = \frac{1}{2}ct^2$$

因为当 $t = 300$ s 时，$\omega = 600\pi\ \ \mathrm{rad\cdot s^{-1}}$

所以

$$c = \frac{2\omega}{t^2} = \frac{\pi}{75}\ \mathrm{rad\cdot s^{-3}}$$

$$\omega = \frac{\pi}{150}t^2$$

又由 $\omega = \dfrac{\mathrm{d}\theta}{\mathrm{d}t}$，得 $\mathrm{d}\theta = \omega\mathrm{d}t = \dfrac{\pi}{150}t^2\mathrm{d}t$

所以

$$\int_0^\theta \mathrm{d}\theta = \frac{\pi}{150}\int_0^t t^2\mathrm{d}t$$

$$\theta = \frac{\pi}{450}t^3\ \mathrm{rad}$$

当 $t = 300$ s 时，转子转过的圈数：$N = \dfrac{\theta}{2\pi} = \dfrac{\pi}{2\pi\times 450}(300)^3 = 3\times 10^4$。

式中，θ、θ_0、ω、ω_0 和 α 分别表示角位置、初角位置、角速度、初角速度和角加速度。

例 1-15　计算地球自转时地面上各点的速度和加速度。

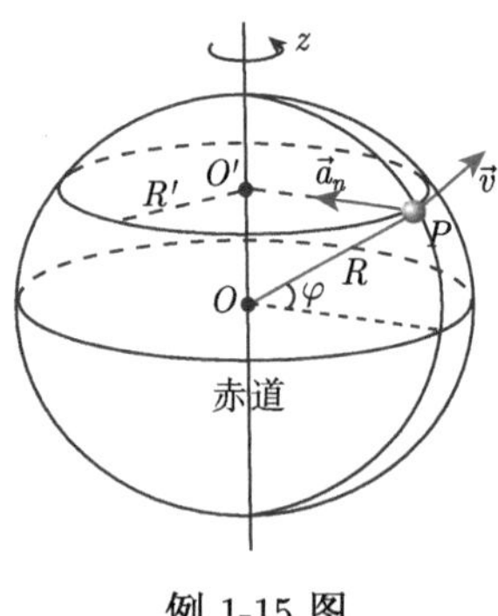

例 1-15 图

解　地球自转周期 T =24 × 60 × 60 s，角速度大小为

$$\omega = \frac{2\pi}{T} = 7.27\times 10^{-5}\ \mathrm{rad\cdot s^{-1}}$$

地面上纬度为 φ 的 P 点，其圆周运动的半径为

$$R' = R\cos\varphi$$

P 点速度的大小为

$$v = \omega R' = \omega R\cos\varphi = 4.65\times 10^2\cos\varphi$$

速度的方向与运动圆周相切 (例 1-15 图)

P 点只有运动平面上的向心加速度，其大小为

$$a_n = \omega^2 R' = \omega^2 R\cos\varphi = 3.38\times 10^{-2}\cos\varphi$$

方向在运动平面上由 P 指向地轴 (例 1-15 图)。

如已知北京的纬度是北纬 39°57′，则 $v = 356\ \mathrm{m\cdot s^{-1}}$，$a_n = 2.59 \times 10^{-2}\ \mathrm{m{\cdot}s^{-2}}$。

例 1-16　飞轮边缘上一点所经过的路程与时间的关系为 $s = v_0 t - \frac{1}{2}bt^2$，$v_0$、$b$ 都是正的常量。(1) 求该点在时刻 t 的加速度；(2) t 为何值时，该点的切向加速度与法向加速度的大小相等？(已知飞轮的半径为 R)

解　(1) 该点的速率为

$$v = \frac{\mathrm{d}s}{\mathrm{d}t} = \frac{\mathrm{d}}{\mathrm{d}t}\left(v_0 t - \frac{1}{2}bt^2\right) = v_0 - bt$$

该点做匀变速圆周运动。

切向加速度为

$$a_\tau = \frac{\mathrm{d}v}{\mathrm{d}t} = \frac{\mathrm{d}}{\mathrm{d}t}(v_0 - bt) = -b$$

法向加速度为

$$a_n = \frac{v^2}{R} = \frac{(v_0 - bt)^2}{R}$$

t 时刻该点的加速度为

$$a = \sqrt{a_\tau^2 + a_n^2} = \frac{1}{R}\sqrt{R^2b^2 + (v_0 - bt)^4}$$

加速度的方向与速度的夹角为

$$\alpha = \arctan\left[\frac{(v_0 - bt)^2}{-Rb}\right]$$

(2) 切向加速度与法向加速度的大小相等，即

$$|a_\tau| = a_n,\quad b = \frac{(v_0 - bt)^2}{R}$$

得

$$t = \frac{v_0 - \sqrt{bR}}{b}$$

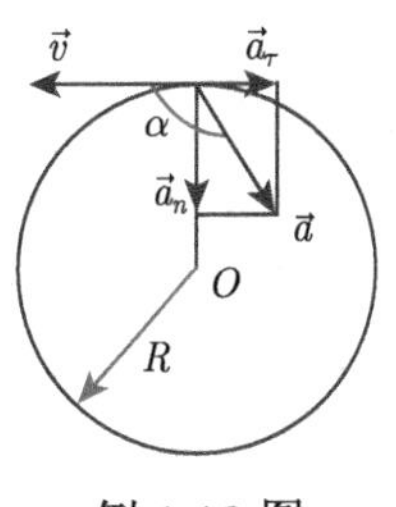

例 1-16 图

1.5　一般平面曲线运动和自然坐标系

1.5.1　一般平面曲线运动

对于一般的平面曲线运动，可看成一系列不同半径的圆周运动，即可以把整条曲线用一系列不同半径的小圆弧来代替。也就是说，我们在处理曲线运动的加速度时，是以圆代曲。如图 1-15 所示，曲线上 P_1 点可看作半径为 ρ_1 圆周上的一点，P_2 点可看作半径为 ρ_2 圆周上的一点。这些圆叫作曲率圆，曲率圆的半径叫作曲率半径，记作 ρ。一般说来，在曲线上不同的点具有不同的曲率半径；曲率半径 ρ 越小，则曲线在该处弯曲的程度越大。

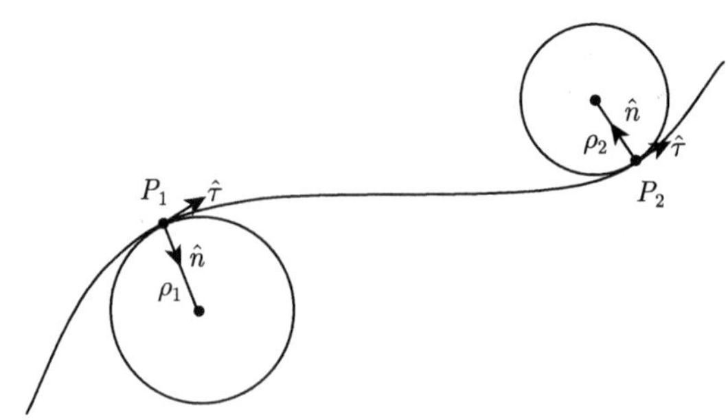

图 1-15　一般平面曲线运动

引入曲率圆后，整条曲线就可以看成由许多不同曲率半径的圆弧构成，于是，在任意曲线运动中对应曲线上某点的加速度可以类似变速圆周运动一样，即一般曲线运动的加速度为

$$\vec{a}=\frac{v^2}{\rho}\hat{n}+\left(\frac{\mathrm{d}v}{\mathrm{d}t}\right)\hat{\tau}=a_n\hat{n}+a_\tau\hat{\tau} \tag{1-43}$$

式中，ρ 为质点所在处曲线的曲率半径；$\hat{n}$ 为曲率圆的法向单位矢量，为了使描述统一，规定其方向指向曲率圆心；$\hat{\tau}$ 为曲率圆切向单位矢量，同理规定其方向指向质点切线运动方向，即此时质点瞬时速度矢量方向。法向加速度分量反映质点速度方向的变化。加速度的法向分量为

$$a_n=\frac{v^2}{\rho} \tag{1-44}$$

切向加速度分量反映质点速度大小的变化，加速度的切向分量为

$$a_\tau=\frac{\mathrm{d}v}{\mathrm{d}t} \tag{1-45}$$

例 1-17　一个质点在倾角为 α 的斜面上做抛体运动，如图所示 (例 1-17-1 图)：已知 $\alpha=30°$、$\theta=30°$、$v_0=9.8\ \mathrm{m{\cdot}s^{-1}}$，求：(1) OB 的长度；(2) $t''=1.5$ s 时，质点的瞬时速度 $\vec{v}$；(3) $t''=1.5$ s 时，质点沿轨迹法线方向的加速度分量 $a_n=$? 沿轨迹切线方向的加速度分量 $a_\tau=$?

解　(1) 建立图示坐标系，对于抛体运动：$a_x=0$，　$a_y=-g$，

所以

$$v_x=v_0\cos\theta,\quad v_y=v_0\sin\theta-gt$$

$$x=v_0t\cos\theta,\quad y=v_0t\sin\theta-\frac{1}{2}gt^2$$

对 B 点：

$$x=OB\cos\alpha=v_0t'\cos\theta$$

$$y=-OB\sin\alpha=v_0t'\sin\theta-\frac{1}{2}gt'^2$$

消去 t'，得

$$OB=\frac{2v_0^2\sin(\theta+\alpha)\cos\theta}{g\cos^2\alpha}=19.6\ \mathrm{m}$$

(2) $t'' = 1.5$ s 时，质点位于 C 点 (例 1-17-2 图)

$$v_x = v_0 \cos\theta = 8.5\ \mathrm{m \cdot s^{-1}}$$

$$v_y = v_0 \sin\theta - t''g = -9.8\ \mathrm{m \cdot s^{-1}}$$

$$v = \sqrt{v_x^2 + v_y^2} = 13.0\ \mathrm{m \cdot s^{-1}}$$

$$\beta = \arctan\frac{v_x}{v_y} = 40°56'$$

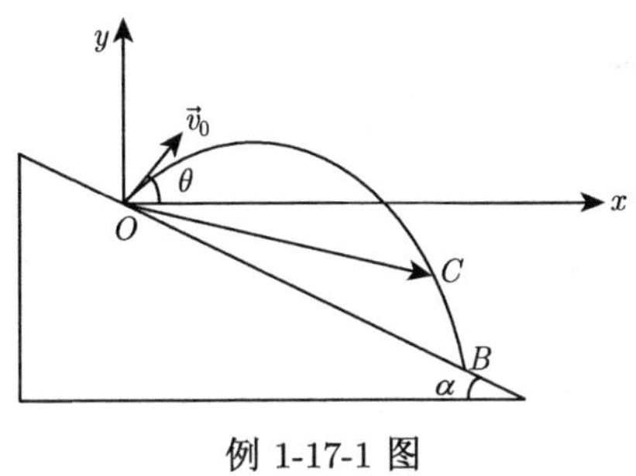

例 1-17-1 图

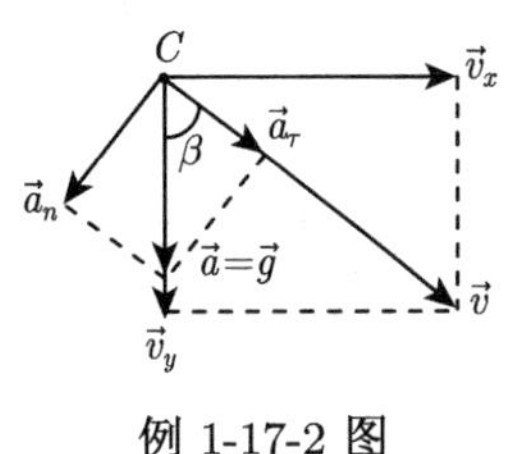

例 1-17-2 图

(3) $t'' = 1.5$ s 时，质点的法向加速度分量：$a_n = g\sin\beta = 6.4\ \mathrm{m \cdot s^{-2}}$

切向加速度分量：$a_\tau = g\cos\beta = 7.4\ \mathrm{m \cdot s^{-2}}$

例 1-18　求如图所示 (例 1-18 图) 的抛体轨道顶点处的曲率半径。

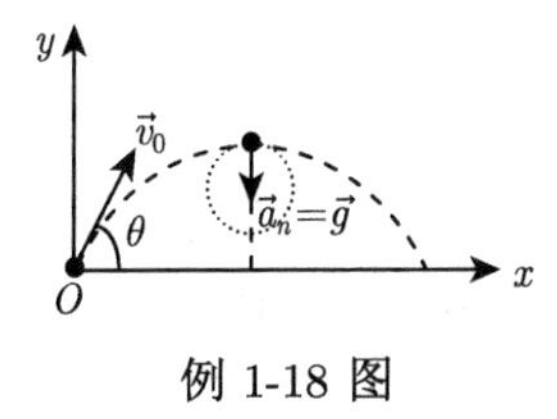

例 1-18 图

解　在轨道顶点，因为质点的速度分量 $v_y = 0$

所以

$$v = v_x = v_0 \cos\theta$$

因为

$$a_\tau = \frac{\mathrm{d}v_x}{\mathrm{d}t} = 0$$

所以

$$a_n = g$$

又因为

$$a_n = \frac{v^2}{\rho}$$

所以

$$\rho = \frac{v^2}{a_n} = \frac{(v_0 \cos\theta)^2}{g}$$

1.5.2　自然坐标系

一质点沿空间曲线 L 运动，我们可以在曲线上任选一点为参考原点建立自然坐标系。如图 1-16 所示，在曲线 L 上任选一点 M_0 作为量度弧长的起点 (相当于坐标原点 O)，再取一个量度弧长的正方向，则曲线上任一点 M 的坐标可由弧长 $s = \overset{\frown}{M_0M}$ 唯一地确定，通过 M 点作曲线的切线 MT，其单位矢量为 $\hat{\tau}$，在曲线上 M 点附近任选另一点 M'，则当 M' 点无

限接近 M 点时，由 M' 点、M 点的切线 MT 所组成平面称为曲线 L 在 M 点的密切面，用 (M) 表示。通过 M 点作垂直于曲线 L 在 M 点切线 MT 的平面称为曲线 L 在 M 点的法平面，用 (F) 表示。过切线 MT 作垂直于密切面的平面称为直伸面，用 (B) 表示。显然这三个面互相垂直，如图 1-16 所示三面的交线彼此互相正交，选 MT 方向沿 L 增加方向、MN 的正向指向曲线 L 凹的一侧，并用符号分别表示为 $\hat{\tau}$、$\hat{n}$，称为曲线在 M 点的切向单位矢量、主法向单位矢量，则 M 点在直伸面上的副法向单位矢量 $\hat{b}$ 满足右旋关系式 $\hat{b}=\hat{\tau}\times\hat{n}$。由此而建立的坐标系称为**自然坐标系**或本性坐标系。

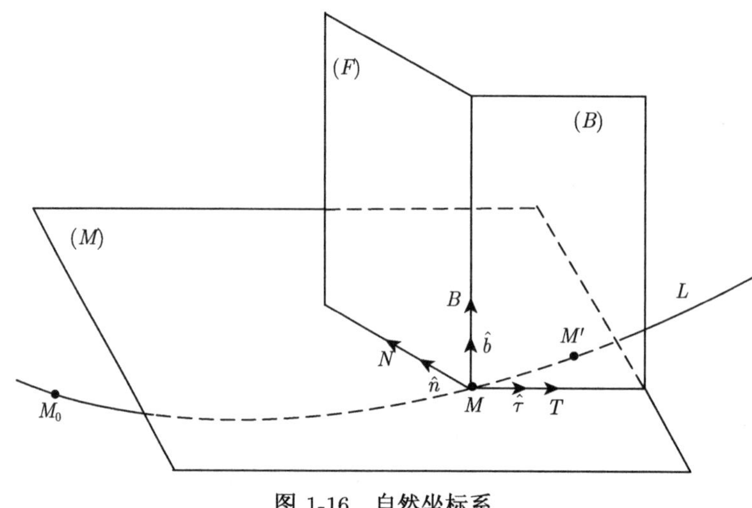

图 1-16 自然坐标系

如图 1-17 所示，质点沿平面曲线 L 运动，选取 M_0 为参考点，并沿弧长的增加方向为正方向，建立自然坐标系。

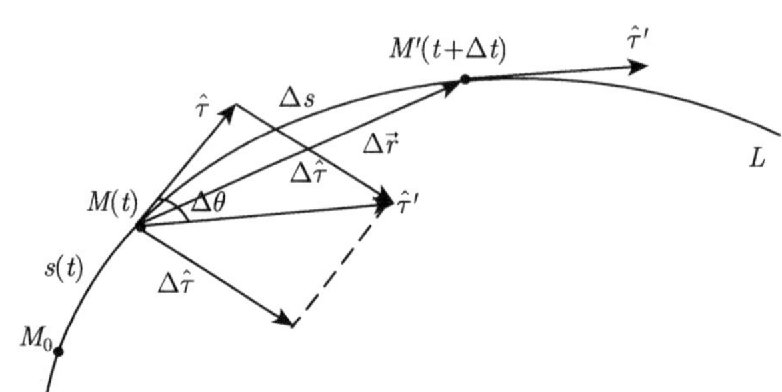

图 1-17 自然坐标系中质点运动的描述

在 t 时刻，设质点位于 M 处，弧坐标为 s，因此质点的位置完全可由 s 来确定，且 s 是时间的单值连续函数，即质点**运动方程**为

$$s=s(t) \tag{1-46}$$

在 $t+\Delta t$ 时刻，质点位于 M' 处，弧坐标为 $s+\Delta s$，其增量为 $\Delta s=\overset{\frown}{MM'}$，其位移为 $\Delta\vec{r}=\overrightarrow{MM'}$，则质点的速度为

$$\vec{v}=\lim_{\Delta t\to 0}\frac{\Delta\vec{r}}{\Delta t}=\frac{\mathrm{d}\vec{r}}{\mathrm{d}t}=\frac{\mathrm{d}\vec{r}}{\mathrm{d}s}\frac{\mathrm{d}s}{\mathrm{d}t}=\frac{\mathrm{d}s}{\mathrm{d}t}\hat{\tau}=v\hat{\tau} \tag{1-47}$$

式 (1-47) 中已考虑了在极限情况下，M' 点无限接近 M 点，$\lim\limits_{\Delta t\to 0}\Delta\vec{r}=\mathrm{d}\vec{r}$，且 $\mathrm{d}\vec{r}$ 的大小 $|\mathrm{d}\vec{r}|=\mathrm{d}s$，$\mathrm{d}\vec{r}$ 的方向 $\Delta\vec{r}$ 的极限方向，即 M 点的切向 $\hat{\tau}$，故

$$\frac{\mathrm{d}\vec{r}}{\mathrm{d}s}=\frac{|\mathrm{d}\vec{r}|\,\hat{\tau}}{\mathrm{d}s}=\frac{\mathrm{d}s}{\mathrm{d}s}\hat{\tau}=\hat{\tau}$$

由式 (1-47) 可见，质点做曲线运动时，其速度方向恒沿轨迹的切向。

由加速度公式，得质点的加速度为

$$\vec{a}=\frac{\mathrm{d}\vec{v}}{\mathrm{d}t}=\frac{\mathrm{d}(v\hat{\tau})}{\mathrm{d}t}=\frac{\mathrm{d}v}{\mathrm{d}t}\hat{\tau}+v\frac{\mathrm{d}\hat{\tau}}{\mathrm{d}t}\tag{1-48}$$

注意，由于质点的运动，自然坐标系中的三个单位矢量 $\hat{\tau}$、$\hat{n}$ 都随着质点的运动而变化，为了求出自然坐标系中加速度的表达式，我们必须先求出式 (1-48) 中的 $\dfrac{\mathrm{d}\hat{\tau}}{\mathrm{d}t}$ 值，先将比值改写成

$$\frac{\mathrm{d}\hat{\tau}}{\mathrm{d}t}=\frac{\mathrm{d}\hat{\tau}}{\mathrm{d}s}\frac{\mathrm{d}s}{\mathrm{d}t}=v\frac{\mathrm{d}\hat{\tau}}{\mathrm{d}s}$$

再参考图 1-17，有

$$\lim_{\Delta t\to 0}|\Delta\hat{\tau}|=\lim_{\Delta t\to 0}|\hat{\tau}|\cdot|\Delta\theta|=\lim_{\Delta t\to 0}1\cdot|\Delta\theta|=\lim_{\Delta t\to 0}|\Delta\theta|$$

当 $\Delta t\to 0$ 时，M' 点无限接近 M 点，$\Delta s\to 0$，$\Delta\theta\to 0$，故得 $\mathrm{d}\hat{\tau}$ 的大小为 $|\mathrm{d}\hat{\tau}|=|\mathrm{d}\theta|$，$\mathrm{d}\hat{\tau}$ 的方向垂直于曲线的切向，指向曲线凹的一侧，且一定处在密切面内，即 $\hat{n}$ 方向。

所以

$$\frac{\mathrm{d}\hat{\tau}}{\mathrm{d}s}=\frac{|\mathrm{d}\hat{\tau}|\,\hat{n}}{\mathrm{d}s}=\left|\frac{\mathrm{d}\theta}{\mathrm{d}s}\right|\hat{n}=\frac{1}{\rho}\hat{n}$$

注意，上式已考虑了高等数学中有关曲线曲率的定义，即

$$\left|\frac{\mathrm{d}\theta}{\mathrm{d}s}\right|=K=\frac{1}{\rho}$$

式中，K 就是曲线在 M 点的曲率，它表示切线转角对弧长的变化率，描述了曲线的弯曲程度，ρ 称为曲线在 M 点的曲率半径。

所以

$$\frac{\mathrm{d}\hat{\tau}}{\mathrm{d}t}=v\frac{\mathrm{d}\hat{\tau}}{\mathrm{d}s}=\frac{v}{\rho}\hat{n}\tag{1-49}$$

将式 (1-49) 代回式 (1-48)，得

$$\vec{a}=\frac{\mathrm{d}v}{\mathrm{d}t}\hat{\tau}+\frac{v^2}{\rho}\hat{n}=a_\tau\hat{\tau}+a_n\hat{n}\tag{1-50}$$

加速度大小为

$$a=\sqrt{a_\tau^2+a_n^2}$$

加速度矢量 (也称全加速度，位于密切面内) 与主法向 $\hat{n}$ 的夹角为 α，满足 $\tan\alpha=\dfrac{|a_\tau|}{a_n}$。其中

$$\begin{cases}a_\tau=\dfrac{\mathrm{d}v}{\mathrm{d}t}\\[2ex] a_n=\dfrac{v^2}{\rho}\end{cases}\tag{1-51}$$

式中，a_τ 称为质点的**切向加速度分量**，是由于质点速度大小随时间变化引起的；a_n 称为**法向加速度分量**，是由于质点速度方向随时间变化引起的。

当质点做匀速圆周运动时，$v=$ 常数，故 $a_\tau=0$，所以

$$\vec{a}=a_n\hat{n}=\frac{v^2}{\rho}\hat{n} \tag{1-52}$$

此时的加速度即**向心加速度**。

当质点做直线运动时，$\rho\to\infty$，故 $a_n=0$，所以

$$\vec{a}=a_\tau\hat{\tau}=\frac{\mathrm{d}v}{\mathrm{d}t}\hat{\tau} \tag{1-53}$$

可见，式 (1-51) 是质点加速度的一般表达式。

习 题

1-1 质点的曲线运动中，下列各式表示什么物理量?

$$\frac{\mathrm{d}\vec{r}}{\mathrm{d}t};\quad \left|\frac{\mathrm{d}\vec{r}}{\mathrm{d}t}\right|;\quad \frac{\mathrm{d}s}{\mathrm{d}t};\quad \left|\frac{\mathrm{d}^2\vec{r}}{\mathrm{d}t^2}\right|;\quad \frac{\mathrm{d}\vec{v}}{\mathrm{d}t};\quad \frac{\mathrm{d}v}{\mathrm{d}t}.$$

1-2 设质点的运动方程为 $x=x(t)$、$y=y(t)$。在计算质点的瞬时速度和瞬时加速度时，有人采用方法一求解：先求出 $r=\sqrt{x^2+y^2}$，然后再根据 $v=\dfrac{\mathrm{d}r}{\mathrm{d}t}$ 和 $a=\dfrac{\mathrm{d}^2r}{\mathrm{d}t^2}$ 求解；也有人用方法二求解：分量式求解，即 $v=\sqrt{\left(\dfrac{\mathrm{d}x}{\mathrm{d}t}\right)^2+\left(\dfrac{\mathrm{d}y}{\mathrm{d}t}\right)^2}$ 和 $a=\sqrt{\left(\dfrac{\mathrm{d}^2x}{\mathrm{d}t^2}\right)^2+\left(\dfrac{\mathrm{d}^2y}{\mathrm{d}t^2}\right)^2}$，问哪种方法正确?

1-3 已知质点沿 x 轴做直线运动, 其运动方程为 $x=2+6t^2-2t^3$, 式中 x 的单位为 m，t 的单位为 s. 求:

(1) 质点在运动开始后 4.0 s 内的位移;

(2) 质点在运动开始后 4.0 s 内所通过的路程;

(3) 质点在 $t=4$ s 时刻的速度和加速度。

1-4 质点的运动方程为 $x=-10t+30t^2$，$y=15t-20t^2$，式中 x，y 的单位为 m，t 的单位为 s。试求：(1) 初速度的大小和方向；(2) 加速度的大小和方向。

1-5 一质点的运动学方程为 $x=t^2$，$y=(t-1)^2$ (SI)。试求：(1) 质点的轨迹方程；(2) 在 $t=2\mathrm{s}$ 时，质点的速度和加速度。

1-6 已知质点的运动方程为 $\vec{r}=R\cos\omega t\hat{i}+R\sin\omega t\hat{j}$ (R、ω 为常量)，求质点的速度、加速度、切向加速度分量和法向加速度分量。

1-7 一质点沿半径为 1 m 的圆周运动，已知其角运动方程为 $\theta=2+3t^3$，式中 θ 以弧度计，t 以秒计，求：(1) $t=2\mathrm{s}$ 时，质点的切向和法向加速度分量；(2) 当加速度的方向和半径成 45° 角时，其角位置是多少?

1-8 飞轮半径为 0.4 m，自静止启动，其角加速度为 $\alpha=0.2\ \mathrm{rad\cdot s^{-2}}$，求 $t=2$ s 时边缘上一点的速度大小、法向加速度大小、切向加速度大小和合加速度大小。

1-9 飞机以 100 $\mathrm{m\cdot s^{-1}}$ 的速度沿水平直线飞行，在离地面高为 100 m 时，驾驶员要把物品空投到前方某一地面目标处，问：(1) 此时目标在飞机正下方位置的前面多远? (2) 投放物品时，驾驶员看目标的视线和水平线成何角度? (3) 物品投出 2.0 s 后，它的法向加速度和切向加速度大小各为多少?

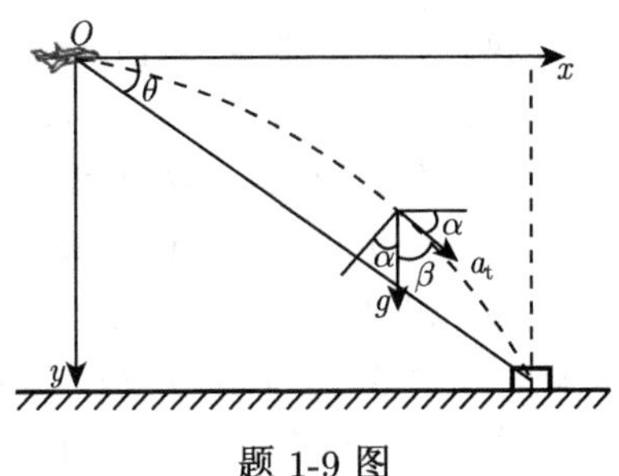

题 1-9 图

1-10　一质点在半径为 0.10 m 的圆周上运动, 其角位置为 $\theta = 2 + 4t^3$, 式中 θ 的单位为 rad, t 的单位为 s。(1) 求在 $t = 2.0$ s 时质点的法向加速度和切向加速度大小; (2) 当切向加速度的大小恰等于总加速度大小的一半时, θ 值为多少? (3) t 为多少时, 法向加速度和切向加速度的值相等?

1-11　一物体沿 x 轴运动, 其加速度与位置的关系为 $a = 2+6x$。物体在 $x = 0$ 处的速度为 10 m·s^{-1}, 求物体的速度与位置的关系。

1-12　一质点在平面内运动, 其加速度 $\vec{a} = a_x\hat{i} + a_y\hat{j}$, 且 a_x、a_y 为常量。(1) 求 $\vec{v} \sim t$ 和 $\vec{r} \sim t$ 的表达式; (2) 证明质点的轨迹为一抛物线 (已知 $t = 0$ 时, 质点的初位置、初速度分别为 $\vec{r} = \vec{r}_0$、$\vec{v} = \vec{v}_0$)。

1-13　在重力和空气阻力的作用下, 某物体下落的加速度为 $a = g - Bv$, g 为重力加速度, B 为与物体的质量、形状及媒质有关的常数。设 $t = 0$ 时物体的初速度为零。(1) 试求物体的速度随时间变化的关系式; (2) 当加速度为零时的速度 (称为收尾速度) 值为多大?

1-14　一物体悬挂于弹簧上沿竖直方向做谐振动, 其加速度 $a = -ky$, k 为常数, y 是质点离开平衡位置的坐标值。设 y_0 处质点的速度为 v_0, 试求质点的速度 v 与 y 的函数关系。

1-15　火车在曲率半径 $R = 400$ m 的圆弧轨道上行驶。已知火车的切向加速度 $a_\tau = 0.2$ m·s^{-2}, 求火车的瞬时速率为 10 m·s^{-1} 时的法向加速度和加速度大小。

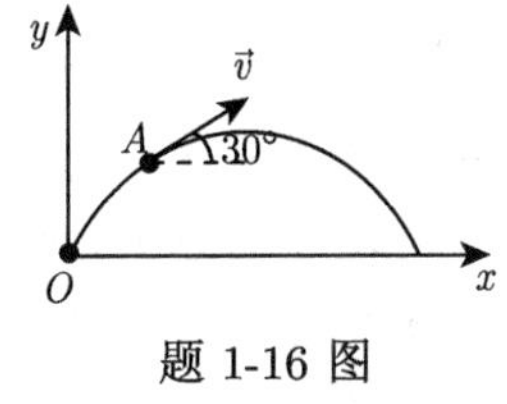

题 1-16 图

1-16　一物体做如图所示的抛体运动, 测得轨道上 A 点处, 速度的大小是 v, 其方向与水平线的夹角为 30°, 求 A 点的切向加速度和该处的曲率半径。

1-17　一火炮在原点处以仰角 $\theta_1 = 30°$、初速率 $v_{10} = 100$ m·s^{-1} 发射一枚炮弹。另有一门位于 $x_0 = 60$ m 处的火炮同时以初速 $v_{20} = 80$ m·s^{-1} 发射另一枚炮弹, 其仰角 θ_2 为何值时, 可望能与第一枚炮弹在空中相碰? 相碰时间和位置如何 (忽略空气阻力的影响)?

气象物语 A　大气的运动

A.1　空气质点模型

大气由大量的空气分子组成, 分子之间存在空隙, 并且每个分子都在不停地做剧烈的、杂乱无章的热运动。虽然就个别气体分子而言, 它们的热运动是杂乱无章的, 但在一定的条件下, 气体分子的热运动服从概率统计规律。

本节讨论的大气运动学, 只研究大气的宏观机械运动, 描述大量空气分子组成的空气微团的运动状况, 并不考虑大气的微观结构和个别分子的热运动规律。各空气微团之间是紧密相挨的, 中间无任何空隙, 即把大气的宏观运动抽象为由无穷多个空气微团组成的连续介质的运动。连续介质中的空气微团是大气科学中一个重要的新概念。它的体积是一个 “物理无穷小区域”，即具有宏观无穷小、微观无穷大的双重特性：一方面，相对于大气大范围运动的宏观尺度而言，空气微团的体积是宏观无穷小的，它的几何尺寸可以忽略不计，可以将其抽象为质点模型，称为**空气质点**，所以空气微团的运动描述属于质点运动学范畴，每个空气质点在每个瞬间都具有确定的位置矢量、速度矢量和加速度矢量，其运动状态的改变遵守牛顿运动规律；另一方面，从微观角度来说，相对于每个分子而言，每个空气微团的几何尺寸又相当大，在每个微团内部包含着大量的空气分子，以至于每个微团都具有用统计方法才能表征出来的宏观物理参量 (如温度、气压等)。在标准状态下，1 摩尔空气分子占据 $22.4\times10^{-3}\ \mathrm{m}^3$ 的空间，按此计算，宏观大气中一个几何体积极小的空气微团 (如 $10^{-15}\ \mathrm{m}^3$)，其几何尺度也极小，完全可以看成有质量的几何点，即质点。但其内部仍包含着大量 (2.7×10^{10} 个) 分子，足以符合概率统计条件，保证该空气质点具有温度、气压等的宏观物理参量。所以空气质点的宏观无穷小、微观无穷大的双重特性是可以确保的，并且可以用质点运动学的方法去研究。大气运动就是一系列由空气质点构成的连续介质的运动。

A.2　空气质点的运动描述

1. 物理量场

天气分析预报的首要任务是掌握反映天气状态的各物理量 (气象要素：气压、气温、风、湿度等) 的空间分布和时间分布的变化规律。物理量的空间分布称为物理量场，例如，气压的空间分布称为气压场，风的空间分布称为风场。根据各物理量的性质，与气象有关的物理量场也分为两大类：第一类属于标量场，如气压场、气温场、湿度场，另一类是矢量场，如力场、风场。

2. 拉格朗日法

大气运动的描述常常采用两种方法进行分析，第一种方法是拉格朗日法。拉格朗日法是将大气视为连续分布的空气质点系，采用质点运动学的方法，着眼研究质点系中各单一质点的位置随时间的变化规律，进而获得某一空间区域内所有空气质点 (即整个大气) 的运动情况。

每个空气质点的空间位置随时间的变化规律就是该质点的运动学方程，即

$$\vec{r}_i=\vec{r}_i(t)_{x_{i0},y_{i0},z_{i0}}$$

式中，x_{i0},y_{i0},z_{i0} 是某一空气质点的初始位置坐标，对于不同的空气质点，质点的初始坐标 x_{i0},y_{i0},z_{i0} 是不同的。因为大气由大量的空气质点组成，同时每个空气质点的运动轨迹是十分复杂的，所以要寻找出所有空气质点的运动轨迹，在数学上将会遇到极大的困难。

3. 欧拉法

大气运动描述的第二种方法是欧拉法。欧拉法着眼于研究所有质点的运动状态，着重研究每一瞬时所有质点的运动速度，从而获取速度的空间分布和随时间的变化规律。可见，欧拉法把整个大气运动问题的研究归结为寻求速度场及其随时间的变化问题。该方法也适用于其他物理场的研究，已被大气科学广为采用。根据气象台站网测得的气温、气压、风等资料绘制成天气图，以此来研究大气运动变化规律就属于欧拉法。

4. 风、风场及流线

大气是运动的，一系列重大的灾害性天气 (如风暴、寒潮、台风、暴雨) 都是大气运动的直接或间接产物。大气的运动实际上就是所有空气质点运动的集体体现。风是反映大气运动的一个重要气象要素，气象观测站测得的**风**，实质上就是该站点的空气质点的水平运动速度 $\vec{v}$，它是一个二维的水平矢量。

一般来说，对于不同的空间点，风的大小和方向是不同的，风矢量是空间位置的矢量函数。风的空间分布就是**风场**。风场随时间的变化规律可以用风场矢量函数表示

$$\vec{v} = v_x(x,y,z;t)\hat{i} + v_y(x,y,z;t)\hat{j}$$

在某一确定时刻、某一水平面 $(z=C)$ 上的风场可表示为 $\vec{v} = v_x(x,y)\hat{i} + v_y(x,y)\hat{j}$。

在 $z=C$ 的水平面上，为了形象描述风的分布 (或为了形象描述各空气质点的速度分布)，常引入流线的概念。流线是一个辅助概念，并非物理实在。**流线**是一系列有向曲线，有向曲线上任一点的切线方向就是该点的速度方向 (即风向)；任一点的风速大小等于风场中通过该点单位垂直面积的流线根数，即

$$v = \frac{\mathrm{d}N}{\mathrm{d}S_{\perp}}$$

所以流线密集的区域表示风速较大，流线稀疏的区域表示风速较小，流线的切线方向表示各点空气的运动方向。图 A-1 给出了风矢量和流线图，反映出同一平面上，同一时刻各不同点上空气质点的运动情况。对中纬度自由大气的大范围运动，由于实际风十分接近于地转风，风向与等高 (压) 线的切线一致，可用等高 (压) 线代替流线，但在低纬度地区、摩擦层内以及小范围的大气运动，由于地转偏向力很小或者有摩擦的影响，风往往斜穿等高 (压) 线，等高 (压) 线不能代表流线，必需专门绘制流线图才能反映大气的流动情况。

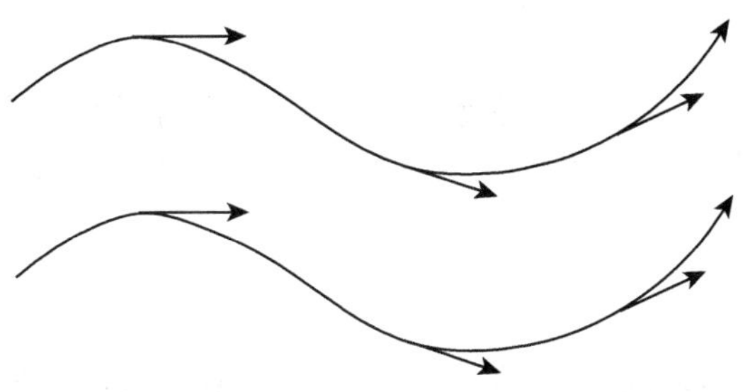

图 A-1　风矢量和流线

在大气科学中，常常采用与空气质点运动有关的流线和轨迹两种方法描述大气的运动：流线法可以非常方便地描述同一时刻、不同空气质点的运动速度；轨迹法研究的是同一空气质点的位置随时间变化的运动轨迹。其中流线法的应用更加简洁与方便，已广泛地被气象工作者采用。

第 2 章　质点动力学

质点动力学的任务就是研究物体间的相互作用，以及质点运动状态发生变化的原因。牛顿运动定律是质点动力学的核心内容，它也是一切机械运动的普遍规律。1687 年，牛顿继承和发展了伽利略、开普勒等前人的工作，发表了《自然哲学的数学原理》著作，阐述了惯性参考系中的牛顿三大运动定律和万有引力定律。结合大气运动特点，在地球转动参考系中，通过引入惯性力，将只适用于惯性系的牛顿动力学方程推广到地球非惯性系中，从而推导出大气运动动力学方程，成功揭示了大气运动规律。从牛顿运动定律出发，还可以进一步推导出刚体、流体、弹性体等的运动规律，从而建立起整个经典力学的体系。

2.1　牛顿运动定律

牛顿运动定律是牛顿在伽利略、开普勒等研究成果的基础上，通过对实验的观察、分析和推理，并加以高度概括和抽象而得到的。牛顿运动定律包含三条定律，它是质点动力学的基础。

2.1.1　牛顿第一定律 (惯性定律)

1. 定律内容

任何物体 (质点) 将继续保持其自身的静止状态或匀速直线运动状态，直到它受到改变这种状态的力作用为止。

牛顿第一定律的数学表达形式为

$$\text{当} \sum_i \vec{F}_i = 0 \text{ 时，} \vec{v} = \text{恒矢量}$$

牛顿第一定律是通过对大量物理现象的观察，对实验事实的抽象与概括而总结出来的。它给出了物体机械运动状态改变的原因，即物体受到力的作用 (合外力不为零) 时，物体的机械运动状态 (瞬时速度矢量) 发生改变。

2. 惯性和力的概念

牛顿第一定律也称**惯性定律**。在该定律中，引出了两个重要物理概念：惯性、力。

惯性：任何物体都具有保持原有运动状态不变的性质，该性质称为惯性，惯性是物体的固有属性。物体的惯性大小与物体的质量有关，该质量也称惯性质量。质量大的物体保持原有运动状态的本领强，相应的惯性就大。

力：力是物体间的相互作用。在力的作用下，物体的运动状态 —— 瞬时速度矢量 $\vec{v}$ 会发生改变。力是物体运动状态发生变化的原因。

3. 惯性参考系

牛顿第一定律的重要意义在于它为整个力学体系选定了一类特殊的参考系 ——**惯性参**

考系，它给出了惯性参考系的定义。牛顿第一定律并不是在所有参考系中都成立的，凡是牛顿第一定律成立的参考系都是惯性参考系。反之，凡牛顿运动定律不能成立的参考系称为非惯性参考系。

在动力学问题的研究中，参考系被分成两大类：惯性参考系、非惯性参考系。例如，人们在日常生活中常常遇到这样的经历：当汽车突然向前加速时，车厢内的乘客会突然向后仰，或者当行驶着的汽车突然刹车时，车厢内的乘客会向前倾。在水平方向上，车厢内的乘客并没有受到任何力的作用，但乘客为什么会后仰或前倾呢？人们通常将这些现象解释为由于惯性，即乘客要保持其原来的运动状态，所以会发生后仰或前倾的现象。这种解释，实际上已选取了地面为参考系，尽管汽车突然加速或刹车，但是相对于地面，在水平方向上乘客未受力的作用，乘客仍要保持原来的运动状态。此时，相对于地面而言，牛顿第一定律成立，故地面参考系是惯性参考系。但是，如果选取汽车为参考系，在汽车急刹车前，乘客相对于汽车是静止的，当汽车突然刹车时，乘客突然向前倾，说明相对于汽车而言，乘客并未保持原来的静止状态，而发生了运动状态的改变，即在变速运动的汽车参考系中惯性定律不成立。故变速运动的汽车参考系是非惯性参考系，而牛顿第一定律成立的地面参考系是惯性参考系。

当然，在地面上讨论一般物体的机械运动时，地面应是一个很好的惯性参考系；当物体运动的尺度很大 (如大气的运动)，研究问题的精确度要求很高时，应当考虑地球自转的影响，可取地心为惯性参考系；在分析行星的运动时，地心本身做公转，必须取日心参考系为惯性参考。太阳本身在银河系的加速度大约是 $3\times10^{-10}\ \mathrm{m{\cdot}s^{-2}}$，一般来说可以不用考虑，可以认为日心参考系是一个相当精确的惯性参考系。牛顿第一定律可作为判断一个参考系是惯性系还是非惯性系的理论依据。

牛顿运动第一定律只有在惯性系中才成立。

2.1.2 牛顿第二定律

1. 定律内容

实验表明：物体受到合外力作用时，它所获得的加速度的大小与合外力的大小成正比，并与物体的质量成反比，加速度的方向与合外力的方向相同。

该定律的数学表达式为

$$\sum_i \vec{F}_i = m\vec{a} \tag{2-1}$$

或

$$\sum_i \vec{F}_i = m\frac{\mathrm{d}^2\vec{r}}{\mathrm{d}t^2} \tag{2-2}$$

牛顿第二定律定量地表明了物体机械运动状态的改变 (瞬时加速度矢量) 与受到力的作用和物体质量的定量关系，所以叫作动力学规律和动力学方程。力是物体产生加速度的原因。动力学问题就是根据具体机械运动过程建立动力学方程，然后进行求解和讨论。

2. 力的叠加原理

牛顿第二定律概括了力的叠加原理，也称力的独立性原理。如果几个力同时作用在一个物体上，物体所产生的加速度，应等于每个力单独作用时物体产生的分加速度的矢量和。物

体所受的合外力等于各分力的矢量和，即

$$\sum_i \vec{F}_i = \vec{F}_1 + \vec{F}_2 + \cdots + \vec{F}_N \tag{2-3}$$

几个力对物体的作用效果与它们的合力对物体的作用效果是一样的。牛顿第二定律定义了力的单位，在 SI 中，力的单位为牛顿。

$$1\ 牛顿 = 1\ 千克 \times 1\ 米/秒^2$$

3. 矢量性

牛顿第二定律的数学公式是矢量方程，在不同的坐标系中，常将其分解成相应的分量方程。

在直角坐标系中，牛顿第二定律的分量形式为

$$\sum F_x = ma_x = m\frac{\mathrm{d}v_x}{\mathrm{d}t} \tag{2-4}$$

$$\sum F_y = ma_y = m\frac{\mathrm{d}v_y}{\mathrm{d}t} \tag{2-5}$$

$$\sum F_z = ma_z = m\frac{\mathrm{d}v_z}{\mathrm{d}t} \tag{2-6}$$

在自然坐标系中，牛顿第二定律的分量形式为

$$\begin{cases} \sum F_\tau = ma_\tau = m\dfrac{\mathrm{d}v}{\mathrm{d}t} \\ \sum F_n = ma_n = m\dfrac{v^2}{\rho} \end{cases} \tag{2-7}$$

4. 惯性质量

牛顿第二定律用 m 定量地表示了物体惯性的大小，称为物体的**惯性质量**。例如，对于受到同样合外力作用下的 A、B 两物体，由牛顿第二定律得 $\dfrac{m_A}{m_B} = \dfrac{a_B}{a_A}$。由该关系式可看出，物体的 m 与物体的加速度成反比，并且质量大的物体运动状态变化的能力弱，也就是它的惯性大，质量小的物体运动状态变化的能力强，也就是它的惯性小。m 确实表示了物体的惯性大小。

质量的单位是千克，千克的标准是保存在巴黎国际计量局中的一个铂铱圆柱体。在原子尺度上，利用原子质量单位，用碳的同位素 ${}^{12}_{6}\mathrm{C}$ 作它的标准，国际协议规定 ${}^{12}_{6}\mathrm{C}$ 的原子质量精确地等于 12 个原子质量单位。原子质量单位与千克的关系为

$$1\ 原子质量单位 = 1.6605402 \times 10^{-27}\ \mathrm{kg}$$

用万有引力定律 $\vec{F} = -G\dfrac{m_1 m_2}{r^2}\hat{r}$ 定义的质量叫**引力质量**，一般来说，一个物体的惯性质量和引力质量在数值上并不相等，但选择合适的单位和万有引力常数 G，则可使两者的数值相等。即地球表面的物体只受地球对它的万有引力，则 $F = m_{惯}a$，$F_{引} = GMm_{引}/R^2$，调节 G 和单位得 $\dfrac{m_{1惯}}{m_{1引}} = \dfrac{m_{2惯}}{m_{2引}} = \dfrac{GM}{R^2 a} = 1$，$M$ 和 R 是地球质量与半径。

5. 瞬时性

牛顿第二定律的表达式是瞬时关系式，即某时刻物体所受的合外力、物体某时刻惯性质量与某时刻物体瞬时加速度之间所满足的关系式，可以看成一种状态方程，式中的各量都是状态量。物体机械运动过程中的每个瞬间都满足这样的状态关系式。在机械运动的研究中要区分出状态量、过程量、状态方程、过程方程，是对机械运动分层次的研究方法，具有重要的作用。

6. 适用对象

牛顿第二定律研究的物体是质点或可当作质点对待的物体 (如平动的刚体)。

7. 成立的参照系

牛顿第二定律只在惯性系中成立，在非惯性系中牛顿第二定律须进行一定的改造，引入对应的惯性力，才能建立起非惯性系的动力学方程。

8. 对时间反演不变

牛顿第二定律分量式在一定的坐标系中往往是空间坐标关于时间坐标的二阶微分方程。它适用的是确定性的物理过程，这类物理过程对时间反演是不变的，即可逆的物理过程。这类物理过程在自然界中是简单、少数的。自然界中大量的物理过程是复杂、不可逆的。

9. 成立的条件

根据相对论的研究表明，物体机械运动更一般的动力学规律是物体所受的合外力等于物体的动量矢量对时间的变化率，即 $\sum_i \vec{F}_i = \dfrac{\mathrm{d}\vec{p}}{\mathrm{d}t}$。式中，$\vec{p} = m\vec{v}$ 为物体的**动量**矢量。当在宏观世界中物体的运动速度远远小于光速时，物体的惯性质量 $m =$ 常量，有

$$\sum_i \vec{F}_i = \frac{\mathrm{d}\vec{p}}{\mathrm{d}t} = \frac{\mathrm{d}}{\mathrm{d}t}(m\vec{v}) = m\vec{a}$$

说明经典动力学理论 —— 牛顿第二定律的适用范围是**宏观低速**领域。对于微观高速领域的动力学问题要用量子力学、相对论动力学来分析。

2.1.3 牛顿第三定律

两个物体之间的作用力 $\vec{F}$ 和反作用力 $\vec{F}'$，沿同一直线，大小相等，方向相反，同时分别作用在两个不同的物体上 (图 2-1)。

$$\vec{F} = -\vec{F}' \tag{2-8}$$

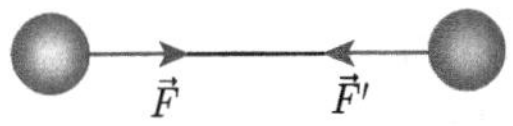

$\vec{F}$ $\vec{F}'$

图 2-1 作用力与反作用力

牛顿第三定律是对第二定律的重要补充，是正确对物体进行受力分析的重要依据。

(1) 作用力与反作用力没有主次、先后之分，二者同时存在，同时消失，任何一方都不能单独地存在，都以对方作为自身存在的条件；

(2) 作用力与反作用力分别作用在两个物体上，它们不是平衡力，因此二者不能相互抵消；

(3) 作用力和反作用力必是属于同一性质的力。例如，如果作用力是万有引力，则反作用力也一定是万有引力；如果作用力是弹性力，那么反作用力必然也是弹性力。

2.2 国际单位制和量纲

2.2.1 单位制

物理量都是以一定单位的数值形式进行表示的，任何物理方程都必须和一定的单位规定相联系，故单位制和量纲问题是物理学中的基本问题。单位制的任务就是规定自然界中的物理量，哪些物理量是基本量？基本量的单位 (基本单位) 如何定义？哪些物理量是导出量？导出量的单位应该由该物理量和基本量的关系来确定，导出量的单位称为导出单位。

1. 基本单位

在 SI 中，规定了力学部分的基本量是长度、质量、时间，它们的基本单位分别为米 (m)、千克 (kg)、秒 (s)。除了力学基本量，物理学中还有四个基本物理量，它们分别是电流、热力学温度、物质的量、发光强度，对应的基本单位为安培 (A)、开尔文 (K)、摩尔 (mol)、坎德拉 (cd)。

2. 辅助单位

除基本单位外，在 SI 中，大家熟知的平面角的单位弧度 (rad)、立体角的单位球面度 (sr)，这些单位并没有规定为基本单位，也没有规定为导出单位，而称它们为 “辅助单位”。但辅助单位可参与构成导出单位，例如，描述质点圆周运动的角速度单位 ($\mathrm{rad \cdot s^{-1}}$)。

3. 导出单位

除基本量外，力学中的物理量 (如速度、加速度、力) 都是由基本量根据一定的物理公式导出的，称为**导出量**。导出量的单位称为导出单位，它们是基本单位的组合。

2.2.2 量纲

1. 量纲

为了定性表示导出量和基本量之间的关系，常常不考虑数字因数，而将一个导出量用若干基本量的乘方之积的形式表示出来。这样的表达式称为该物理量的**量纲**(或量纲式)。以 L、M 和 T 分别表示基本量长度、质量和时间的量纲表示，导出量的量纲可用 L、M 和 T 的幂次组合表示。例如，速度、加速度、力和动量的量纲可以分别表示如下：

$$[\vec{v}] = \mathrm{LT^{-1}} \quad [\vec{a}] = \mathrm{LT^{-2}} \quad \left[\vec{F}\right] = \mathrm{MLT^{-2}} \quad [\vec{p}] = \mathrm{MLT^{-1}}$$

式中，各基本量的量纲的指数称为**量纲指数**。

2. 量纲应用

量纲的概念是物理学中一个重要的概念，有着重要的物理应用。

(1) 在基本量相同的单位制之间进行单位换算。例如，要知道牛顿与达因的换算关系，可由力的量纲 $[\vec{F}]$=LMT^{-2} 得到。由 1 米= 100 厘米，1 千克= 1000 克，得 1 牛顿= 100×1000 达因= 10^5 达因。

(2) 检验等式。一个等式中各项的量纲均应相同。因为只有量纲相同的量才能相加、相减、相等。一个物理公式只有在量纲正确的情况下才可能正确。

例如，$x - x_0 = v_0 t + \dfrac{1}{2}at^2$ 各项的量纲应均为 L。

当然，只有量纲正确，并不能保证结果就一定正确，因为还可能出现数字系数的错误。

(3) 为推导某些复杂公式提供线索或直接推导公式。

2.3 常 见 的 力

2.3.1 基本的自然力

在应用牛顿运动定律分析物体的机械运动问题时，必须首先对研究对象进行正确受力分析。现代物理学研究表明：自然界的各种作用力，按照力的性质分类，可以将它们归结为四种基本力 (或相互作用)：万有引力、电磁力、强力 (强相互作用) 和弱力 (弱相互作用)。

1. *万有引力*

万有引力是存在于任何两个物体之间的吸引力，万有引力规律是胡克、牛顿等发现的。按牛顿的万有引力定律理论，质量分别为 m_1 和 m_2 的两个质点，当相距为 r 时它们之间的引力为

$$\vec{F} = -G\frac{m_1 m_2}{r^2}\hat{r} \tag{2-9}$$

引力的大小与两物体质量 m_1、m_2 的乘积成正比，与两物体之间的距离 r 的二次方成反比，其方向沿两质点的连线。式中，$G = 6.67 \times 10^{-11}\ \mathrm{N \cdot m^2 \cdot kg^{-2}}$ 叫作万有引力常量。$\hat{r}$ 为由施力质点指向受力质点方向的单位矢量。式中的质量反映了物体的引力性质，叫作引力质量，它和反映物体惯性的质量在意义上是不同的。但同一物体的这两个质量是相等的，因此不必加以区分。

质量不大的两个物体之间的万有引力是很小的，例如，两个相邻的质子之间的万有引力大约只有 10^{-34} N，因而完全可以忽略。相隔 1 m 的两个人之间的万有引力不过约 10^{-7} N，这对人的活动不会产生任何影响。而地面上的物体受到地球的引力如此明显，是地球的质量非常大的缘故。在宇宙天体之间，引力起着主要作用，也是天体质量非常大的缘故。

应当注意：

(1) 万有引力定律只适用于质点，即只有当相互吸引的两个物体的几何尺寸远远小于它们之间的距离时，万有引力公式 (2-9) 才可以直接应用。如果不满足这个条件，可以采用微积分的方法将每个物体看成质点组，利用引力公式先分别计算出每对质点间的万有引力，再根据力的叠加原理求出所有质点间的万有引力。

(2) 重力是由地球对它表面附近的物体的引力引起的，与物体所受的万有引力有关。

2. **电磁力**

静止电荷之间存在着电场力，运动电荷之间存在着电场力和磁场力，在本质上这些力是相互联系的，故总称为电磁力。

依据库仑定律，真空中两个静止的点电荷之间的电场力的大小与它们电荷 q_1、q_2 的乘积成正比，与它们之间的距离 r 的平方成反比，方向沿着两点电荷的连线。如果电荷是异号的，则为吸引力，如果电荷是同号的，则是排斥力。其数学表达式为

$$\vec{F} = k\frac{q_1 q_2}{r^2}\hat{r} \tag{2-10}$$

式中，$\hat{r}$ 是由施力点电荷指向受力点电荷方向的单位矢量。在 SI 中，比例系数 k 的值为

$$k = 8.99 \times 10^9 \text{ N} \cdot \text{m}^2 \cdot \text{C}^{-2}$$

电磁力比万有引力要大很多。例如，两个相邻质子之间的静电力按式 (2-10) 计算可以达到 10^2 N，但是它们之间的万有引力只有 10^{-34} N，远远小于静电力的强度。

电荷之间的电磁力是以光子作为传递媒介的。由于分子或原子都是由带电的质子和电子组成的，所以它们之间的相互作用力基本上就是这些带电的质子、电子之间的电磁力。除万有引力外，几乎所有宏观力都是由分子和原子中带电粒子之间的电磁力引起的，例如，物体间的弹力、摩擦力，气体的压力、浮力、黏性力等都属于电磁力。

3. **强力**

强力是把原子核中的核子 (质子和中子) 束缚在一起的力。这种力的有效作用距离极短，对于大于约 10^{-15} m 的距离，强力很快就变得很小，可略而不计。但在小尺度内，它却超过核子之间的一切其他形式的相互作用而占支配地位。这是一种异常复杂类型的相互作用，直到大约 0.4×10^{-15} m，它还是吸引力，大小可表示为

$$F = \frac{C}{r^n}\mathrm{e}^{-\frac{r}{r_0}} \tag{2-11}$$

式中，C 为常数，r 是两个核子间的距离，$r_0 \approx 10^{-15}$ m。但距离若再小，就成为强排斥力了。强力是比电磁力更强的基本力，两个相邻质子之间的强力可达到 10^4 N，比电磁力大 10^2 倍。强力是一种短程力，其作用范围很短，粒子之间距离超过 10^{-15} m 时，强力小得可以忽略。

4. **弱力**

在亚微观领域中，人们还发现一种短程力，叫弱力。弱力导致 β 衰变放出电子和中微子，两个相邻质子之间的弱力只有 10^{-2} N 左右。

尽管四种基本力存在着巨大差异，但物理学家们却一直努力寻求能把这四种基本作用力统一起来的“超统一理论”。近年来，在弱力和电磁力的统一方面，已经取得了成功。理论和实验都证明：在粒子能量大于一定值 (如 100 GeV) 的情况下，电磁力和弱力实际上是同一种性质的力，称为**电弱力**。这使得人类对自然界的统一前进了一大步。

2.3.2 常见技术上的力

在日常生活和工程技术中经常遇到的力，有重力、弹力、摩擦力、流体阻力等。

1. 重力

地球表面附近的物体都受到地球的吸引作用，这种由于地球吸引而使物体受到的力叫作重力。在重力的作用下，任何物体产生的加速度都是重力加速度。重力和重力加速度的方向相同，两者都是竖直向下的。

严格来说，重力是地球对物体的万有引力的一个分量，如图 2-2 中，$\vec{F}$ 为万有引力，可以将其分解成两个分力：$\vec{F}_n$ 为物体跟随地球自转做圆周运动的向心力，$\vec{G}$ 为重力。在地球表面附近和一些精度要求不高的计算中，可以认为重力近似等于地球的引力。重力加速度 $g \approx \dfrac{Gm_\mathrm{E}}{R^2} = 9.82\ \mathrm{m{\cdot}s^{-2}}$。重力为

$$\vec{G} = m\vec{g} \tag{2-12}$$

2. 弹力

发生形变的物体，由于要恢复原状，对与它接触的物体都会产生力的作用。变形物体因形变而产生的恢复力称为弹性力。当形变不大时，弹性力与形变成正比

$$\vec{F} = -k\vec{x} \tag{2-13}$$

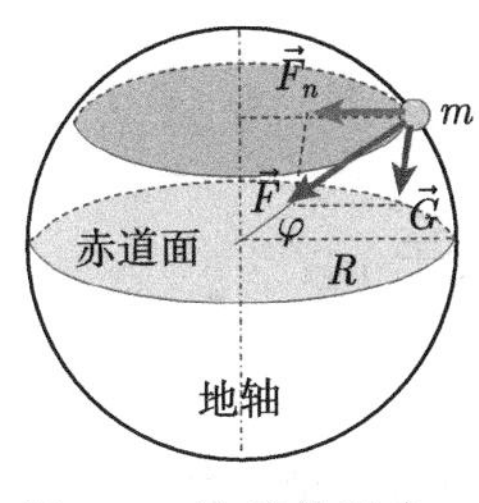

图 2-2 地球的重力

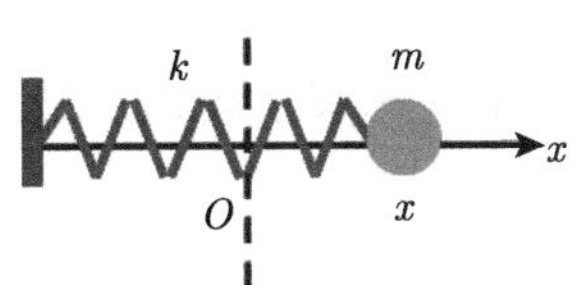

图 2-3 弹簧的弹性力

这就是**胡克定律**，如图 2-3 所示。$\vec{F}$ 是弹性力，k 是物体的一个常数，称为弹性系数或**倔强系数**、劲度系数，$\vec{x}$ 为物体偏离平衡位置的位移矢量，负号表示弹性力的方向与位移矢量方向相反。胡克定律的成立是有一定限度的，当形变太大时，胡克定律将不再成立，这时，即使撤去迫使形变的外力，形变物体也不能恢复原状，这种形变不能恢复的性质称为**范性**，或称塑性。在塑性阶段，金属具有类似液体的流动性质。

常见的弹力表现有：

(1) 正压力 (支持力)：当接触的物体相互挤压时，由于形变而产生的弹性力，正压力的大小取决于相互挤压的程度，方向总是垂直于接触面而指向对方。

(2) 绳的拉力：绳子拉力是由于绳子发生了形变而产生的。它的大小取决于绳被拉紧的程度，它的方向总是沿着绳而指向绳要收缩的方向。

绳产生拉力时，绳的内部也会有微小形变而出现弹性力，这种绳子内部的弹性力叫作绳子张力。在很多实际问题中，绳的质量往往忽略不计，这时绳内张力大小处处相等，且等于绳的拉力。

(3) 弹簧的弹力 (恢复力)：当弹簧被拉伸或压缩时，它就会对与之相连的物体有弹力作用。

3. 摩擦力

两个相互接触的物体在沿接触面相对运动时，或者有相对运动趋势时，在接触面之间产生一对阻止相对运动的力，叫作摩擦力。

1) 静摩擦力

相互接触的两个物体在外力作用下，虽有相对运动的趋势，但并不产生相对运动，这时的摩擦力叫静摩擦力。

静摩擦力的大小视外力的大小而定，介于 0 和某个最大静摩擦力 $f_{\mathrm{s\,max}}$ 之间。最大静摩擦力正比于正压力 N

$$f_{\mathrm{s}} \leqslant \mu_{\mathrm{s}} N \tag{2-14}$$

式中，μ_{s} 叫作静摩擦因数。正压力 N 是支承面对支承物所产生的作用力，方向垂直接触面指向支承物。

2) 滑动摩擦力

当外力超过最大静摩擦力时，物体间产生了相对运动，这时的摩擦力叫滑动摩擦力。滑动摩擦力与正压力成正比，与两物体的表观接触面积无关；当相对速度不是很大时，滑动摩擦力与速度无关。在一般情况下滑动摩擦力小于最大静摩擦力。

滑动摩擦力：

$$f_{\mathrm{k}} = \mu_{\mathrm{k}} N \tag{2-15}$$

式中，μ_{k} 叫作滑动摩擦因数。μ_{k} 通常为 0.15～0.5。μ_{s} 略大于 μ_{k}。

4. 流体阻力

一个物体在流体 (液体或气体) 中相对流体有相对运动时，物体会受到流体的阻力。阻力的方向和物体相对于流体的速度方向相反，其大小和相对速度的大小有关。在相对速率 v 较小时，阻力 f 的大小与 v 成正比，即

$$f = kv \tag{2-16}$$

式中，比例系数 k 决定于物体的大小和形状以及流体的性质 (如黏性、密度等)。在相对速率较大以致在物体的后方出现流体漩涡时，阻力 f 的大小与 v 的平方成正比。对于物体在空气中运动的情况，阻力的大小可以表示为

$$f = \frac{1}{2} C \rho A v^2 \tag{2-17}$$

式中，ρ 是空气密度；A 是物体的有效横截面积；C 是阻力系数，一般为 0.4～1.0 (也随速率变化)。相对速率很大时，阻力还会急剧增大。

2.4 牛顿运动定律的应用

2.4.1 质点动力学的两类问题

牛顿运动定律可以用来求解两类质点动力学的基本问题：

(1) 已知质点的运动规律求质点所受的力，即**微分问题**：

由 m、$\vec{r}=\vec{r}(t)$ 或 $\vec{v}=\vec{v}(t)$，先求出 $\vec{a}=\vec{a}(t)$，再求出 $\vec{F}=\vec{F}(t)$。

(2) 已知质点所受的力，求质点的运动规律，即**积分问题**：

由 m、$\vec{F}=\vec{F}(t)$，先求出 $\vec{a}=\vec{a}(t)$，再求出 $\vec{v}=\vec{v}(t)$、$\vec{r}=\vec{r}(t)$。

2.4.2 质点动力学问题解题步骤

运用牛顿运动定律解决质点动力学问题一般遵循如下的解题步骤：

(1) 确定研究对象。根据题意确定哪些物体将成为研究对象，分析这些物体是否符合质点的条件。

(2) 运动分析。对确定为研究对象的质点，分析它们的运动过程，掌握其整个运动过程及性质，把它们的运动划分为互相独立的运动过程和状态。

(3) 隔离物体受力分析。如果所讨论的问题多于一个质点，可以把几个物体分别隔离出来，对每个物体分别加以讨论。采用图示方法把质点受到的力全部示于图中，不得遗漏。为防止遗漏某些力，应当注意掌握力的特性，即除了万有引力，所有的力都是接触力。因此，为考察某一物体受到哪些力作用，除了重力之类的万有引力，只需注意这一物体与哪些物体相接触，只有在与其他物体相接触处才受到其他物体的作用力，而且作用力与反作用力总是成对出现的，这样做就能有效地防止遗漏某些作用力。

(4) 建立坐标系、列方程。动力学方程是矢量方程，为了算出结果，一般应写出分量方程。在什么坐标系下写分量方程，往往应根据运动或受力进行选取，选取得当可以使求解简洁，不易出错。

(5) 方程求解及讨论。对分量方程进行数学求解，进行必要的讨论，分析方程不同条件、不同范围的解以及解的合理性。

2.4.3 例题

例 2-1 如图所示 (例 2-1 图)，物体放在水平桌面上，物体与桌面之间的动 (静) 摩擦系数为 μ，现用力 $\vec{F}$ 按在物体上推物体。(1) 求物体匀速运动时的推力 $\vec{F}$ 的大小？(2) 分析当 α 多大时，用力 $\vec{F}$ 推静止物体会出现推不动的情况，α 大过临界值时用任何力 $\vec{F}$ 都不能推动静止物体。

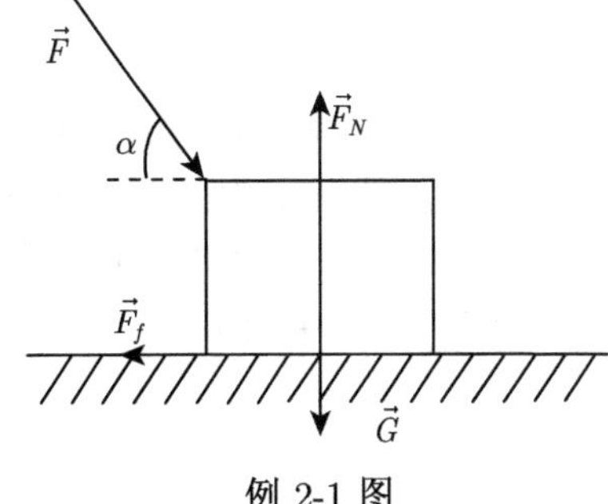

例 2-1 图

解 (1) 隔离物体受力分析，建立水平方向的动力学方程：

$$F\cos\alpha-\mu F_N=ma=0$$

竖直方向的动力学方程：

$$F_N = F\sin\alpha + mg$$

由 $a=0$ 和以上两式得

$$F\cos\alpha - \mu F\sin\alpha - \mu mg = 0$$

$$F = \frac{\mu mg}{\cos\alpha - \mu\sin\alpha}$$

(2) 由静止推物体，若物体产生加速运动，则满足下面的动力学方程：

$$F\cos\alpha - \mu F\sin\alpha - \mu mg = ma$$

$$a = \frac{F(\cos\alpha - \mu\sin\alpha) - \mu mg}{m} \geqslant 0$$

$$F(\cos\alpha - \mu\sin\alpha) - \mu mg \geqslant 0$$

所以，当 $F \geqslant \dfrac{\mu mg}{\cos\alpha - \mu\sin\alpha}$ 就能推动物体，小于该值的 F 沿 α 方向不能推动物体。

临界推力 $F_{最小} = \dfrac{\mu mg}{\cos\alpha - \mu\sin\alpha}$，显见，临界推力 $F_{最小}$ 是 α 的函数。

因为 $\dfrac{\mathrm{d}F_{最小}}{\mathrm{d}\alpha} = \dfrac{-\mu mg(-\sin\alpha - \mu\cos\alpha)}{(\cos\alpha - \mu\sin\alpha)^2} > 0$，可知 $F_{最小}$ 随 α 增大而增大。

当 α 增大到某临界值 α_0 时，$F_{最小} \to \infty$，此时不能推动物体。

由 $F_{最小} = \dfrac{\mu mg}{\cos\alpha - \mu\sin\alpha}$，$F_{最小} \to \infty$，$\cos\alpha_0 - \mu\sin\alpha_0 = 0$，可得临界值 α_0 所满足的关系：$\cot\alpha_0 = \mu$

例 2-2　设电梯中有一质量可以忽略的滑轮，在滑轮两侧用轻绳悬挂着质量分别为 m_1 和 m_2 的重物 A 和 B，已知 $m_1 > m_2$ 。当电梯 (1) 匀速上升、(2) 匀加速上升时，求绳中的张力和物体 A 相对于电梯的加速度 (例 2-2 图)。

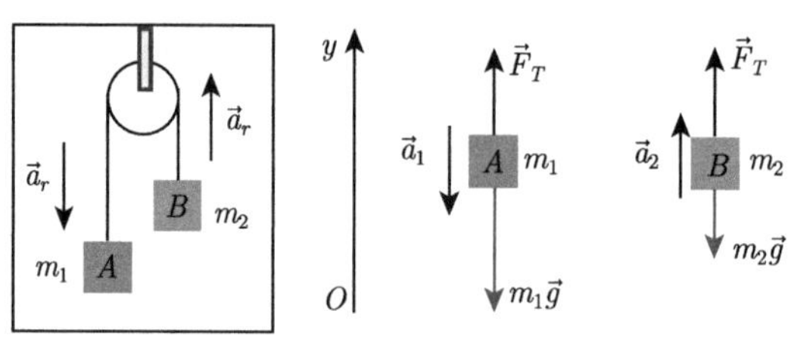

例 2-2 图

解　以地面为参考系，物体 A 和 B 为研究对象，分别进行受力分析。

物体在竖直方向运动，建立坐标系 Oy。

(1) 电梯匀速上升，物体对电梯的加速度等于它们对地面的加速度。A 的加速度为负，B 的加速度为正，根据牛顿第二定律，对 A 和 B 分别有

$$F_T - m_1 g = -m_1 a_r$$

$$F_T - m_2 g = m_2 a_r$$

上两式消去 F_T，得到物体 A 相对电梯的加速度

$$a_r = \frac{m_1 - m_2}{m_1 + m_2} g$$

将 a_r 代入上面任一式 F_T，得到绳中张力

$$F_T = \frac{2m_1 m_2}{m_1 + m_2} g$$

(2) 电梯以加速度 a 上升时，A 对地的加速度为 $a - a_r$，B 对地的加速度为 $a + a_r$，根据牛顿第二定律，对 A 和 B 分别有

$$F_T - m_1 g = m_1(a - a_r)$$

$$F_T - m_2 g = m_2(a + a_r)$$

解此方程组得到物体 A 相对电梯的加速度和绳中的张力分别为

$$a_r = \frac{m_1 - m_2}{m_1 + m_2}(a + g)$$

$$F_T = \frac{2m_1 m_2}{m_1 + m_2}(a + g)$$

由 (2) 的结果，令 $a = 0$，即得到 (1) 的结果

$$a_r = \frac{m_1 - m_2}{m_1 + m_2} g$$

$$F_T = \frac{2m_1 m_2}{m_1 + m_2} g$$

由 (2) 的结果，电梯加速下降时，$a < 0$，即得到

$$a_r = \frac{m_1 - m_2}{m_1 + m_2}(g - a)$$

$$F_T = \frac{2m_1 m_2}{m_1 + m_2}(g - a)$$

例 2-3　求球形雨滴在降雨过程中的下落速度。设雨滴质量为 $m_{水}$，v 为雨滴下落速度，$\rho_{空气}$ 和 $\rho_{水}$ 分别为空气和水的质量体密度，在简化的情况下空气对雨滴的阻力大小为 $F_D = 6\pi\mu r v$，μ 为空气黏性系数，r 为球形雨滴的半径。

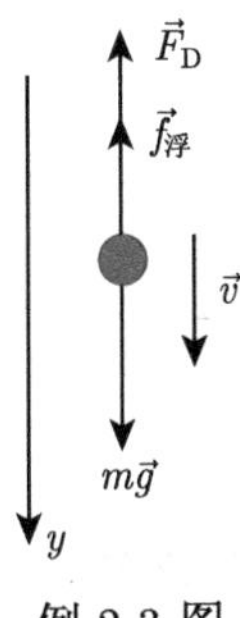

例 2-3 图

解　建坐标系 y 轴竖直向下为正 (例 2-3 图)。

列动力学方程

$$m_{水}\frac{dv}{dt} = m_{水}g - m_{水}g\frac{\rho_{空气}}{\rho_{水}} - F_D$$

$m_{水}g$ 为重力向下，空气阻力 F_D 向上，空气浮力向上，大小为 $f_{浮}=m_{空气}g=m_{水}g\frac{\rho_{空气}}{\rho_{水}}$。

$$m_{水}\frac{\mathrm{d}v}{\mathrm{d}t}=m_{水}g-m_{水}g\frac{\rho_{空气}}{\rho_{水}}-6\pi\mu rv$$

$$\int_0^v\frac{\mathrm{d}v}{v-\dfrac{m_{水}(\rho_{水}-\rho_{空气})g}{6\pi\mu r\rho_{水}}}=-\frac{6\pi\mu r}{m_{水}}\int_0^t\mathrm{d}t$$

$$v=\frac{m_{水}(\rho_{水}-\rho_{空气})g}{6\pi\mu r\rho_{水}}(1-\mathrm{e}^{-\frac{6\pi\mu r}{m_{水}}t})$$

由 $m_{水}=\frac{4}{3}\pi r^3\rho_{水}$ 得

$$v=\frac{2(\rho_{水}-\rho_{空气})gr^2}{9\mu}(1-\mathrm{e}^{-\frac{9\mu}{2\rho_{水}r^2}t})$$

$$v=v_{末}(1-\mathrm{e}^{-\frac{t}{\tau}})$$

式中，$v_{末}=\frac{2(\rho_{水}-\rho_{空气})gr^2}{9\mu}$ 为雨滴的稳态速度；$\tau=\frac{2\rho_{水}r^2}{9\mu}$ 为弛豫时间。当 $t\gg\tau$ 时，雨滴以稳态速度下落。若忽略空气密度 $\rho_{空气}$ 时，$v_{末}\approx\frac{2\rho_{水}gr^2}{9\mu}$。因为$\tau=\frac{2\rho_{水}r^2}{9\mu}$，$\tau$ 与粒子大小有关，粒子越小，弛豫时间越短。

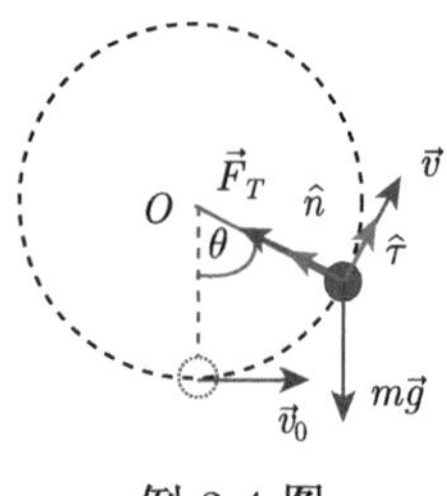

例 2-4 图

例 2-4　如图 (例 2-4 图)，长为 l 的轻绳，一端系质量为 m 的小球，另一端系于定点 O，$t=0$ 时小球位于最低位置，并具有水平速度 $\vec{v}_0$，求小球在任意位置的速率及绳的张力大小。

解　建立自然坐标系。

法向动力学方程：

$$F_T-mg\cos\theta=ma_n$$

切向动力学方程：

$$-mg\sin\theta=ma_\tau$$

法向：

$$F_T-mg\cos\theta=mv^2/l$$

切向：

$$-mg\sin\theta=m\frac{\mathrm{d}v}{\mathrm{d}t}$$

换元：

$$\frac{\mathrm{d}v}{\mathrm{d}t}=\frac{\mathrm{d}v\mathrm{d}\theta}{\mathrm{d}\theta\mathrm{d}t}=\frac{\mathrm{d}v}{\mathrm{d}\theta}\frac{l\omega}{l}=\frac{v}{l}\frac{\mathrm{d}v}{\mathrm{d}\theta}$$

切向积分：

$$\int_{v_0}^v v\mathrm{d}v=-gl\int_0^\theta\sin\theta\mathrm{d}\theta$$

得小球速率：

$$v=\sqrt{v_0^2+2lg(\cos\theta-1)}$$

绳的张力大小

$$F_T = m\left(\frac{v_0^2}{l} - 2g + 3g\cos\,\theta\right)$$

例 2-5 由地面沿铅直方向发射质量为 m 的宇宙飞船。求宇宙飞船能脱离地球引力所需的最小初速度。(不计空气阻力及其他作用力，设地球半径为 6378000 m)

解 设地球半径为 R，地球表面的重力近似等于引力

$$G\frac{mM}{R^2} \approx mg, \quad GM = gR^2$$

宇宙飞船受的引力

$$F = G\frac{mM}{y^2} \approx \frac{mgR^2}{y^2}$$

运动方程

$$m\frac{\mathrm{d}v}{\mathrm{d}t} = -\frac{mgR^2}{y^2}$$

换元

$$\frac{\mathrm{d}v}{\mathrm{d}t} = \frac{\mathrm{d}v\mathrm{d}y}{\mathrm{d}y\mathrm{d}t} = v\frac{\mathrm{d}v}{\mathrm{d}y}$$

所以

$$v\mathrm{d}v = -gR^2\frac{\mathrm{d}y}{y^2}$$

两边积分

$$\int_{v_0}^{v} v\mathrm{d}v = \int_{R}^{y} -R^2 g\frac{\mathrm{d}y}{y^2}$$

得

$$\frac{1}{2}(v^2 - v_0^2) = gR^2\left(\frac{1}{y} - \frac{1}{R}\right)$$

$$v^2 = v_0^2 - 2gR^2\left(\frac{1}{R} - \frac{1}{y}\right)$$

飞船脱离地球引力时

$$y \to \infty, \quad v \geqslant 0$$

最小初速度

$$v_0 = \sqrt{2gR} = 11.2\ \mathrm{km}\cdot\mathrm{s}^{-1}$$

例 2-6 如图所示 [例 2-6 图 (a)]，一带有刚性支架的小车，支架上用长为 l 的细绳悬挂一个质量为 m 的小球，当小车沿坡度为 α 的斜坡以匀加速度 $\vec{a}$ 向坡顶运动时，求细绳与竖直方向所张的角度 θ 和细绳中的张力 T。

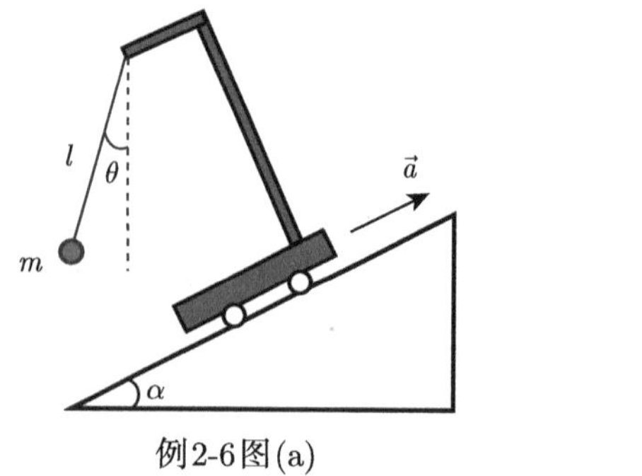

例2-6图(a)

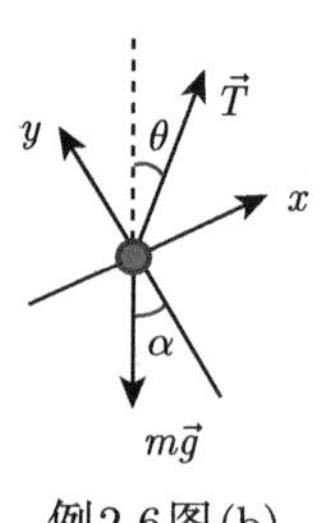

例2-6图(b)

解　以小球为研究对象，进行受力分析 [例 2-6 图 (b)]，可得动力学方程

$$\vec{T}+m\vec{g}=m\vec{a}$$

进一步可得 x、y 轴向的动力学标量方程

x 方向

$$T\cos[90^\circ-(\theta+\alpha)]-mg\sin\alpha=ma$$

y 方向

$$T\sin[90^\circ-(\theta+\alpha)]-mg\cos\alpha=0$$

解得细绳上的张力为

$$T=m\left[(g\sin\alpha+a)^2+g^2\cos^2\alpha\right]^{\frac{1}{2}}$$

细绳与竖直方向所张的角度为

$$\theta=\arctan\frac{g\sin\alpha+a}{g\cos\alpha}-\alpha$$

2.5　相对运动和非惯性系力学

牛顿运动定律只适用于惯性参考系，但对一些实际问题的分析，人们必须基于非惯性参考系进行。例如，在研究大气环流一类大尺度问题时，人们必须基于自转的地球参考系研究问题，而自转的地球就是非惯性参考系。在这节中，将讨论如何在非惯性参考系中建立起物体的动力学方程并求解。

2.5.1　运动描述的相对性

研究力学问题时常常需要从不同的参考系来描述同一物体的运动，对于不同的参考系，所描述的同一质点的位移、速度和加速度都可能不同，这就是运动描述的相对性。

1. 平动参考系

为简化问题，研究两个平动参考系对同一个质点运动的描述。平动参考系就是在运动的过程中两个参考系对应的三个坐标轴 (x、x', y、y', z、z') 方向始终保持平行。建立**静止坐标系** K ($O-xyz$) 和运动坐标系 K′($O'-x'y'z'$)，K′ 系相对 K 系平行运动。静止系和运动系的选取是相对的，完全可以根据问题求解的需要反过来选取。

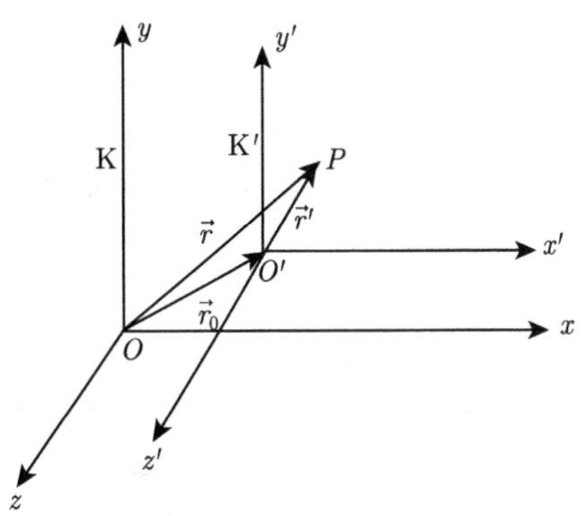

图 2-4　平动参考系

同一个质点相对于静止系的运动称为**绝对运动**，相对于运动系的运动称为**相对运动**，运动系相对于静止的运动称为**牵连运动**。

2. 位置矢量之间的关系 (伽利略坐标变换关系)

任意 t 时刻，设一个质点位于空间 P 点，$\vec{r}$ 为静止系中描述它的位置矢量，$\vec{r}'$ 为运动系中位置矢量，$\vec{r}_0$ 为运动坐标系原点 O' 对静止坐标系原点 O 的位置矢量。

在宏观低速的运动中，根据位置矢量三角形关系可得

$$\vec{r}(t)=\vec{r}_0(t)+\vec{r'}(t) \tag{2-18}$$

即

$$\text{绝对位置矢量} = \text{牵连位置矢量} + \text{相对位置矢量} \tag{2-19}$$

这就是经典力学中的伽利略坐标变换关系。

3. 速度矢量之间的关系 (伽利略速度变换关系)

由坐标变换关系 $\vec{r}(t)=\vec{r}_0(t)+\vec{r}'(t)$ 两边对时间求导数可得

$$\frac{\mathrm{d}\vec{r}}{\mathrm{d}t}=\frac{\mathrm{d}\vec{r}_0}{\mathrm{d}t}+\frac{\mathrm{d}\vec{r}'}{\mathrm{d}t} \tag{2-20}$$

$$\vec{v}(t)=\vec{v}_0(t)+\vec{v}'(t) \tag{2-21}$$

即

$$\text{绝对速度} = \text{牵连速度} + \text{相对速度} \tag{2-22}$$

式中，$\vec{v}$ 为质点的绝对速度；$\vec{v}_0$ 为动系相对于静系的牵连速度；$\vec{v}'$ 为质点的相对速度。

4. 加速度矢量之间的关系

由速度变换关系可得

$$\frac{\mathrm{d}\vec{v}}{\mathrm{d}t}=\frac{\mathrm{d}\vec{v}_0}{\mathrm{d}t}+\frac{\mathrm{d}\vec{v}'}{\mathrm{d}t} \tag{2-23}$$

$$\vec{a}(t)=\vec{a}_0(t)+\vec{a}'(t) \tag{2-24}$$

即

$$\text{绝对加速度} = \text{牵连加速度} + \text{相对加速度} \tag{2-25}$$

式中，$\vec{a}$ 为质点的绝对加速度；$\vec{a}_0$ 为动系相对于静系的牵连加速度；$\vec{a}'$ 为质点的相对加速度。

5. 平动系描述之间的关系

总结上面的计算结果可得到平动参考系描述同一运动之间的变换关系为

$$\text{绝对运动} = \text{牵连运动} + \text{相对运动} \tag{2-26}$$

用这个关系可由一个参考系的观测量计算出另一参考系中的观测量，也就是从一个参考系的观测计算转变到另一参考系中的观测计算。这里可看出一般两参考系的观测结果不一样，差异是由两参考系之间的相对运动 (即牵连运动) 所引起的。

注意：上面的这些关系式是在绝对的时空观下得到的，即认为在不同的参考系中测量的同一物体的空间长度是一样的，在不同的参考系中测量的同一事件经历的时间长度也是一样的。绝对的时空观其实是错误的，但在物体的运动速度远远小于光速时，绝对的时空观与正确的时空观近似相等。所以上面的关系在物体运动速度远远小于光速时成立。

不能混淆矢量合成与分解、运动合成与分解与伽利略坐标变换、伽利略速度变换之间的关系。前者是在一个参考系中进行的，总能成立。后者是在两个参考系之间进行的，只在 $v \ll c$ 时成立。加速度变换关系 $\vec{a}(t) = \vec{a}_0(t) + \vec{a}'(t)$ 只在平动参考系之间变换才成立。

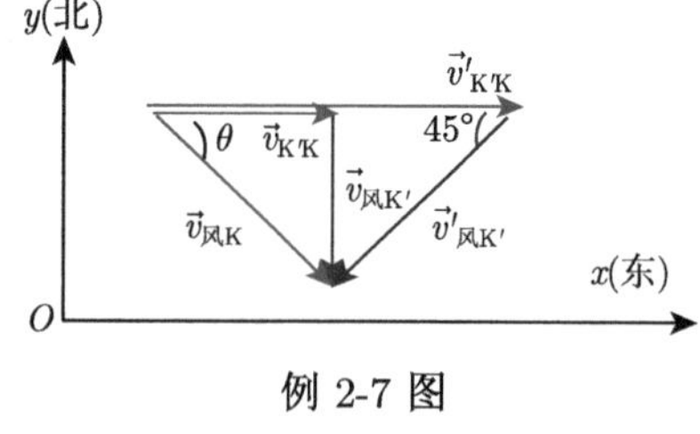

例 2-7 图

例 2-7　某人以 4 km·h^{-1} 的速度向东前进时，感觉风从正北吹来。如果将人的速度增加一倍，则感觉风从东北方向吹来 (例 2-7 图)。求风相对于地面的速度和方向。

解　由题意，以地面为静止系 K，人为运动系 K′，取风为研究对象，如图所示。

设风相对地面的绝对速度为 $\vec{v}_{风K}$，风第一次相对人的相对速度为 $\vec{v}_{风K'}$，人第一次相对地面的牵连速度为 $\vec{v}_{K'K}$；风第二次相对人的相对速度为 $\vec{v}'_{风K'}$，人第二次相对地面的牵连速度为 $\vec{v}'_{K'K}$，根据速度变换公式可得

$$\vec{v}_{风K} = \vec{v}_{风K'} + \vec{v}_{K'K}, \quad \vec{v}_{风K} = \vec{v}'_{风K'} + \vec{v}'_{K'K}$$

由几何关系可得

$$v_{K'K} = v'_{K'K} - v'_{风K'} \cos 45^\circ = 2v_{K'K} - \frac{1}{\sqrt{2}} v'_{风K'} = v_{风K} \cos\theta$$

$$v_{风K'} = v'_{风K'} \sin 45^\circ = \frac{1}{\sqrt{2}} v'_{风K'} = v_{风K} \sin\theta$$

解得

$$v'_{风K'} = \sqrt{2} v_{K'K} = 5.66 \text{ km·h}^{-1}$$

$$v_{风K'} = \frac{1}{\sqrt{2}} v'_{风K'} = 4 \text{ km·h}^{-1}$$

所以

$$v_{风K} = \sqrt{v^2_{K'K} + v^2_{风K'}} = 5.66 \text{ km·h}^{-1}$$

$$\theta=\arctan\frac{v_{风\mathrm{K}'}}{v_{\mathrm{K}'\mathrm{K}}}=\arctan 1=45^{\circ}$$

例 2-8 河水自西向东以 10 km·h^{-1} 的速度流动，船相对河水向北偏西 30° 航行，速度为 20 km·h^{-1}。风相对地面向正西方向运动，速度为 10 km·h^{-1}。求在船上的观察者观察到的船上烟囱冒出烟的飘向 (设烟一冒出就与风的方向相同)。

解 设 s 下标代表水；f 下标代表风；c 下标代表船；d 下标代表地面 (河岸)。已知河水相对地面速度 $v_{\mathrm{sd}}=10\,\mathrm{km\cdot h^{-1}}$，正东。风相对地面速度 $v_{\mathrm{fd}}=10\,\mathrm{km\cdot h^{-1}}$，正西。船相对河水速度 $v_{\mathrm{cs}}=20\,\mathrm{km\cdot h^{-1}}$，向北偏西 30°(例 2-8 图)。根据题意，要求的是风相对船的速度 v_{fc}。

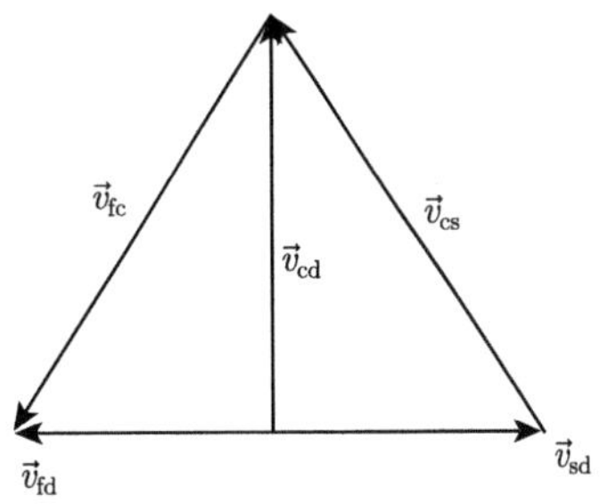

例 2-8 图

因为

$$\vec{v}_{\mathrm{cd}}=\vec{v}_{\mathrm{cs}}+\vec{v}_{\mathrm{sd}}$$

所以

$$\vec{v}_{\mathrm{cd}}=10\sqrt{3}\ \mathrm{km\cdot h^{-1}}，方向正北$$

又因为

$$\vec{v}_{\mathrm{fd}}=\vec{v}_{\mathrm{fc}}+\vec{v}_{\mathrm{cd}}$$

所以

$$\vec{v}_{\mathrm{fc}}=\vec{v}_{\mathrm{fd}}-\vec{v}_{\mathrm{cd}}$$

因为

$$\vec{v}_{\mathrm{fd}}=-\vec{v}_{\mathrm{sd}}$$

所以

$$|\vec{v}_{\mathrm{fc}}|=|\vec{v}_{\mathrm{cs}}|$$

$v_{\mathrm{fc}}=20\ \mathrm{km\cdot h^{-1}}$，方向为向南偏西 30°。

例 2-9 如图 (例 2-9 图 (a))，A 为定滑轮，B 为动滑轮，三个重物的质量分别为 $m_1=200\ \mathrm{g}$、$m_2=100\ \mathrm{g}$、$m_3=50\ \mathrm{g}$，求三个重物的加速度、绳中的张力。滑轮和绳的质量忽略，绳与滑轮间的摩擦不计。

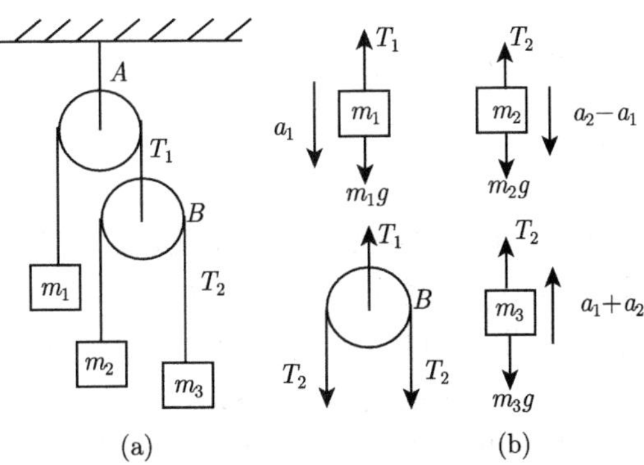

例 2-9 图

解　取竖直向下为正参考方向。如例 2-9 图所示：设 m_1 对地的加速度为 a_1，m_2 对 B 的加速度为 a_2。根据相对运动关系，m_2 对地的加速度为 (a_2-a_1)，m_3 对地的加速度为 $-(a_2+a_1)$。隔离物体受力分析，列动力学方程：

$$m_1g-T_1=m_1a_1$$

$$m_2g-T_2=m_2(a_2-a_1)$$

$$m_3g-T_2=-m_3(a_2+a_1)$$

$$T_1=2T_2$$

联立求解得

$$a_1=\frac{m_1m_2+m_1m_3-4m_2m_3}{m_1m_2+m_1m_3+4m_2m_3}g=1.96\ \mathrm{m\cdot s^{-2}}$$

$$a_2=\frac{2m_1(m_2-m_3)}{m_1m_2+m_1m_3+4m_2m_3}g=3.92\ \mathrm{m\cdot s^{-2}}$$

$$T_1=\frac{8m_1m_2m_3}{m_1m_2+m_1m_3+4m_2m_3}g=1.57\ \mathrm{N}$$

m_2 对地的加速度为：$a_2-a_1=1.96\ \mathrm{m\cdot s^{-2}}$；$m_3$ 对地的加速度为：$-(a_2+a_1)=-5.88\ \mathrm{m\cdot s^{-2}}$。其中 m_3 对地的加速度为负值，表明其方向与参考正方向相反，即 m_3 加速度方向竖直向上。

2.5.2　力学相对性原理 (伽利略相对性原理)

1. 惯性系的确定

牛顿第一定律定义了惯性参考系，牛顿运动定律仅在惯性系中成立。用牛顿运动定律解动力学问题，参考系不能任意选择。那么如何在求解动力学问题时判断所选参考系是否是惯性系，这是一个需要解决的问题。由相对运动方法可得到，两个平动参考系之间没有相对加速度，则根据加速度变换关系可得两参考系测得的同一物体的加速度是相同的，两个参考系观察到的动力学规律也是一样的。这就为找到一系列惯性系得到了一个方法，即已知一个惯性参考系，所有相对该惯性系做匀速直线运动的参考系观察到的动力学规律与惯性系观察的结果一样。所以这些参考系也是惯性参考系，反之相对惯性系做变速运动 (大小和方向改变) 的参考系是非惯性参考系。

2. 力学相对性原理 (伽利略相对性原理)

对于描述力学规律而言，所有惯性系都是等价的。这个原理叫作力学的相对性原理，或伽利略相对性原理。

在一个惯性系内部所做的任何力学实验都不能够确定这一惯性系本身是处在静止状态，还是在做匀速直线运动，即不能测出惯性系的匀速直线运动速度。这说明在一切惯性系中的力学规律是完全一样的，同时也说明自然界中不存在一个绝对的惯性系。所有惯性系都等价，指的就是力学规律在所有惯性系中的表达形式都相同，而不是指力学现象相同。当一个物体所受合外力相同时，在不同的惯性系中，物体的加速度是相同的，但其位置和速度的表示并不相同。

3. 惯性力

从平动参考系的相对运动研究中可以看出：在惯性系和非惯性系中，观测同一物体的加速度是不同的。在惯性系和非惯性系中的观测者的力学感受是不同的，这种力学感受与参考系中观测到的加速度有关，因此在非惯性系中观察者会多感受到一类力，例如，在急刹车的车厢里的观测者会感受到向前冲的力，拐弯的车厢里的观察者会感受到离心力的存在。这类力虽没有施力者，也没有反作用力，但观察者可以看到真实的力学效应。这类力本质上是由非惯性系相对惯性系的相对运动引起的，称为惯性力。正是这种"凭空"产生的惯性力的存在，使得非惯性系中牛顿运动定律不成立。为了求解非惯性系中的动力学问题，为了使在非惯性系中的动力学方程仍然能沿用惯性系中的动力学方程形式——力与加速度之间的关系，可将惯性力引入非惯性系的动力学方程中。

2.5.3 平动加速运动参考系中的惯性力

首先研究在相对惯性系做平动加速运动的非惯系中，研究对象 (物体) 所受惯性力的大小和方向，并建立该非惯性系中质点的动力学方程。

研究这些问题采用的是相对运动的方法，通过分析比较地面惯性系观察到的质点加速度和平动加速非惯性系观察到的质点加速度的关系，从而找出惯性力，并求解相应动力学问题。

1. 惯性系动力学方程

在地面惯性系中观察一个物体的运动，该物体所受合外力为 $\sum \vec{F}_i$，物体的加速度为 $\vec{a}$，由牛顿运动定律，物体的动力学方程为

$$\sum \vec{F}_i = m\vec{a} = m(\vec{a}_0 + \vec{a}') \tag{2-27}$$

地面惯性系和加速非惯性系都是平动参考系，运用相对运动的方法。$\vec{a}$ 为物体相对地面惯性系的加速度，就是**绝对加速度**。$\vec{a}_0$ 为加速非惯性系相对地面惯性系的加速度，就是**牵连加速度**。$\vec{a}'$ 是该物体相对非惯性系的加速度，就是**相对加速度**。由加速度变换关系，有 $\vec{a} = \vec{a}_0 + \vec{a}'$。

2. 惯性力

将式 (2-27) 改写为加速非惯性系的"力"与加速度的关系式

$$\sum \vec{F}_i - m\vec{a}_0 = m\vec{a}' \tag{2-28}$$

该式等号右侧是：在非惯性参考系中，物体的质量与加速度的乘积，按照惯性系的动力学方程的形式，等式左边应为物体在非惯性系所受的所有作用力。

在式 (2-27) 中，$\sum \vec{F}_i$ 是满足力的定义的真实力，代表物体间的相互作用，有施力者和反作用力，与惯性系观察的完全一样。

而 $-m\vec{a}_0$ 似乎也是力，因为它对非惯性系观察到的加速度有影响，在非惯性系中的观察者可以看到和感受到它真实效果的存在，但它不是物体间的相互作用，不符合力的定义，不

是真实的力。这就是**惯性力**，是由非惯性系的存在而引入的，站在非惯性系中就可感受到它的存在，而站在惯性系中的观测者是看不到它的存在的。

惯性力的大小为 ma_0，与非惯性系中每一个物体的质量 m 成正比，与非惯性系相对惯性系的牵连加速度成正比。惯性力的方向始终沿着非惯性系相对惯性系的牵连加速度的反方向。用 $\vec{f}_i$ 表示惯性力

$$\vec{f}_i = -m\vec{a}_0 \tag{2-29}$$

3. 非惯性系动力学方程

牛顿运动定律在非惯性系中不成立，但利用相对运动关系，同时将力的概念拓展到真实力与惯性力，则建立起非惯性系的动力学方程：

$$\sum \vec{F}_i + \vec{f}_i = m\vec{a}' \tag{2-30}$$

可用此式求解非惯性系中的动力学问题，$\vec{f}_i$ 是惯性力，在平动加速非惯性系中，$\vec{f}_i = -m\vec{a}_0$，在其他非惯性系中 $\vec{f}_i$ 还需要进一步研究求出。

例 2-10　如图所示 (例 2-10 图)，在光滑的水平地面上放一质量为 M 的三角形物体，三角形物体 M 底角为 θ，斜面光滑。今在其斜面上放一质量为 m 的物块，试用非惯性系中的力学定律求三角形物体 M 的加速度。

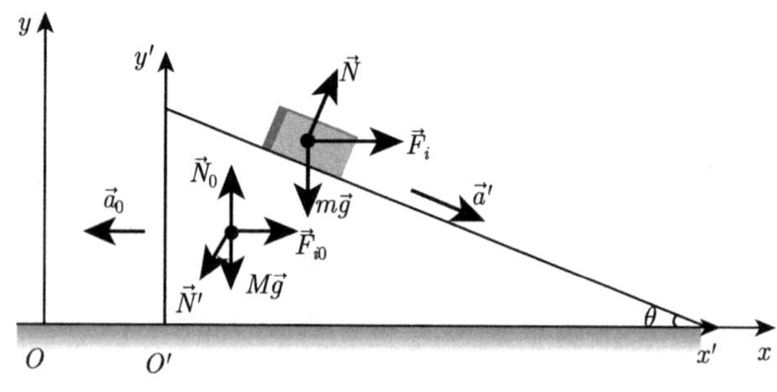

例 2-10 图

解　建立参考系如图 (例 2-10 图) 所示，$O'-x'y'$ 参考系是建立在 M 上的非惯性系，$\vec{a}_0$ 表示三角形物体 M 相对于地面参考系的加速度。在此平动加速参考系内，除真实力外，三角形物体 M 和物块 m 还分别受到惯性力 $\vec{F}_{i0} = -M\vec{a}_0$，$\vec{F}_i = -m\vec{a}_0$，二者方向均沿 x' 轴正向。

对 M，由牛顿第二定律有

$$x' \text{ 轴方向：}\quad -N'\sin\theta + Ma_0 = 0$$

对物块 m，由牛顿第二定律有

$$x' \text{ 轴方向：}\quad N\sin\theta + ma_0 = ma'\cos\theta$$

$$y' \text{ 轴方向：}\quad N\cos\theta - mg = -ma'\sin\theta$$

$$N' = N$$

联立求解得

$$a_0 = \frac{m\sin\theta\cos\theta}{M + m\sin^2\theta}g$$

2.5.4 匀角速转动参考系中的惯性力

匀角速转动参考系是另一类非惯性参考系。比如地球，在一般情况下地球被当作惯性系，但在研究地球自转问题时，地球被当作非惯性系，在这个参考系中可以看到不同于前面平动加速非惯性系中看到的惯性力。

1. 惯性离心力

如图 2-5 所示，水平圆盘以匀角速度 ω 绕过盘心的竖直轴转动，设有一质量为 m 的物体相对于转动参考系静止。

以地面为参考系，物体受到的真实力有重力 $\vec{G}$、支持力 $\vec{N}$，这是一对平衡力，可以相互抵消，另外在水平方向上物体还受到弹簧的真实拉力 $\vec{f}_{弹}$，$\vec{f}_{弹}$ 为物体提供了做匀速圆周运动所需的向心力

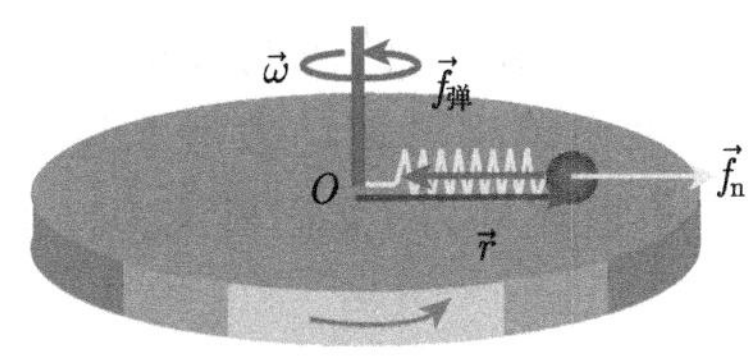

图 2-5 惯性离心力

$$\vec{f}_{弹} = m\vec{a} = -m\omega^2\vec{r}$$

式中，$\vec{r}$ 为物体相对于盘心 O 的位置矢量。

以圆盘为参考系，物体静止于圆盘上，其相对加速度 $\vec{a}' = 0$。如果还要套用牛顿第二定律，则必须认为物体除了受到弹性力这个真实力，还受到一个沿径向向外的惯性力或虚拟力 $\vec{f}_n$ 与弹性力平衡

$$\vec{f}_{弹} + \vec{f}_n = 0$$

$\vec{f}_n$ 称为惯性离心力

$$\vec{f}_n = -m\vec{\omega} \times (\vec{\omega} \times \vec{r}) = m\omega^2\vec{r} \tag{2-31}$$

乘坐的汽车拐弯时，我们能感到一个被抛向弯道外侧的“力”，这就是惯性离心力。

例 2-11 由于地球的自转，故物体在地球表面所受的重力与物体所处的纬度有关，试找出它们之间的关系。

解 在地面纬度 θ 处，物体的重力 $\vec{P}$(视重) 等于地球引力与自转效应的惯性离心力的矢量和 (例 2-11 图)，即

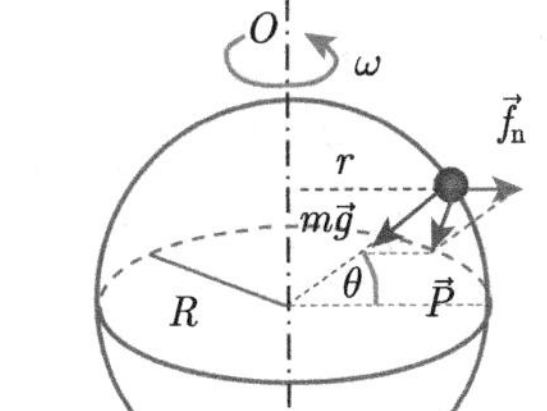

例 2-11 图

$$\vec{P} = m\vec{g} + \vec{f}_n$$

$$f_n = m\omega^2 r = m\omega^2 R\cos\theta$$

其中，令物体所受地球引力为 $\vec{F}_{引} = -G\dfrac{Mm}{R^3}\vec{R} = m\vec{g}$，即 $g = \dfrac{GM}{R^2}$。

利用余弦定理

$$\begin{aligned} P^2 &= (mg)^2 + f_n^2 - 2mgf_n\cos\theta \\ &= (mg)^2 + m^2\omega^4R^2\cos^2\theta - 2\,m^2g\omega^2R\cos^2\theta \end{aligned}$$

因为地球自转的角速度 $\omega = 7.29\times10^{-5}\ \mathrm{rad\cdot s^{-1}}$ 很小，所以上式中的高次项舍去。

$$P \approx mg\left(1 - \frac{2m\omega^2R\cos^2\theta}{mg}\right)^{1/2}$$

$$
\begin{aligned}
&= mg\left(1-\frac{m\omega^2 R\cos^2\theta}{mg}\right)\\
&= mg - m\omega^2 R\cos^2\theta\\
&= mg - f_{\mathrm{n}}\cos\theta\\
&= mg\left(1-\frac{\cos^2\theta}{289}\right)
\end{aligned}
$$

物体的重力 P 在两极最大，赤道最小。

2. **科里奥利力**

1) 科里奥利力的表达式及分析

如果物体相对转动参考系运动，那么物体除了受到惯性离心力，还受到另一种惯性力——科里奥利力 (简称科氏力)，其表达式为

$$\vec{f}_{\mathrm{k}} = -2m\vec{\omega}\times\vec{v}' \tag{2-32}$$

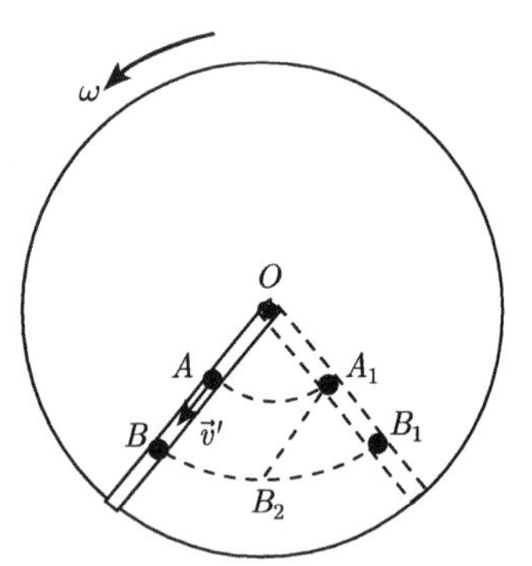

图 2-6　质点相对匀角速转动参考系的运动

式中，m 为质点的质量；$\vec{\omega}$ 为非惯性系转动的角速度；$\vec{v}'$ 为质点相对于非惯性系的速度。

设想，一个带有径向光滑沟槽的圆盘，以匀角速度 $\vec{\omega}$ 绕通过盘心并垂直于盘面的固定竖直轴 O 转动，处于沟槽中的质量为 m 的小球以速度 $\vec{v}'$ 沿沟槽相对于圆盘做匀速直线运动，如图 2-6 所示。

t 时刻，设小球处于位置点 A，如果圆盘不旋转，只考虑小球相对于圆盘做匀速直线运动，则经历 Δt 时间后，小球沿着沟槽将运动到位置点 B；如果小球相对于圆盘静止，只考虑圆盘的转动，则经历 Δt 时间后，小球将运动到位置点 A_1。小球实际同时参与这两种运动，既存在小球相对圆盘的匀速直线运动，同时也随着圆盘一同转动，如果认为这两种运动是互相独立的，由运动的合成规律，依据平行四边形法则，经历 Δt 时间后，小球应该运动至位置点 B_2。但是，小球的这两种运动并不是独立的，而是相互影响的，故在地面参考系中，经历 Δt 时间后，小球实际运动到位置点 B_1，而不是位置点 B_2。在垂直于半径的横向上，由于小球的相对速度 $\vec{v}'$ 的存在，小球离转轴的距离 r 均匀增大，故小球的横向速度分量 $v_{\mathrm{t}}=\omega r$ 均匀增大，即存在横向加速度 $\vec{a}_{\mathrm{t}}$，小球在横向上做匀加速运动，故在 Δt 时间内，小球在横向上的运动多走了一段路程 $\widehat{B_2B_1}$，这段路程与横向加速度 a_{t} 的关系为

$$\widehat{B_2B_1} = \frac{1}{2}a_{\mathrm{t}}(\Delta t)^2$$

另外，从几何上可得这段横向路程等于：

$$\widehat{B_2B_1} = \overline{A_1B_1}(\Delta\theta) = v'(\Delta t)\omega(\Delta t) = v'\omega(\Delta t)^2 = \frac{1}{2}a_{\mathrm{t}}(\Delta t)^2$$

对比两式可得横向加速度 a_{t} 的大小等于 $a_{\mathrm{t}}=2v'\omega$，方向为横向，即小球的横向加速度为

$$\vec{a}_{\mathrm{t}} = 2\vec{\omega} \times \vec{v}'$$

由牛顿第二定律，沟槽壁施加在小球上的横向真实弹性力为

$$\vec{f}_{\mathrm{t}} = m\vec{a}_{\mathrm{t}} = 2m\vec{\omega} \times \vec{v}'$$

在转动的圆盘这个非惯性系上，小球只在沟槽内做匀速直线运动，其加速度为零，所以 $\vec{f}_{\mathrm{t}} + \vec{f}_{\mathrm{k}} = 0$，即 $\vec{f}_{\mathrm{k}} = -\vec{f}_{\mathrm{t}}$，故在转动圆盘上的小球在横向上除受到横向真实弹性力 $\vec{f}_{\mathrm{t}}$ 的作用外，还一定受到惯性力 $\vec{f}_{\mathrm{k}}$ 的作用，该惯性力的大小为 $f_{\mathrm{k}} = 2mv'\omega$、方向与真实横向弹性力方向相反。该惯性力称为科里奥利力，由式 (2-32) 所示，科里奥利力和惯性离心力一样，是由于将牛顿第二定律应用于非惯性系而引入的修正项。科里奥利力没有施力物体，只有受力物体 (小球)，但在非惯性参考系中，这一惯性力的作用效果是可以被观测者感受到或观察到的。

由式 (2-32) 可见，在非惯性系中，科里奥利力的方向始终垂直于质点的相对速度，因此科里奥利力对物体并不做功。它只能不断改变 $\vec{v}'$ 的方向，并不能改变 $\vec{v}'$ 的大小。在科里奥利力的作用下，质点在非惯性系中的运动轨迹一定是圆弧形曲线。

2) 大气系统中的科里奥利力

由于地球的自转，地球参考系是一非惯性参考系。在地球上，运动的大气受到惯性力 —— 科里奥利力的明显影响，会形成特殊的大气环流。例如，北半球的东北信风就是南下的气流受到科里奥利力的作用，气流方向变成西南方向 (图 2-7)。在大气中，由于周围地面的暖湿气流从四面八方汇聚过来并向高空抬升，在大气运动过程中形成旋转的气流系统，气象上称为气旋 (或低压辐合)(图 2-8(b))。气旋往往对应于低压、云雨的天气系统。气旋的旋转方向是固定的和有规律的。在北半球，从高空向地面看，气旋的方向总是逆时针的，而在南半球，从高空向地面看，气旋的方向总是顺时针的。因为当气流相对地球这个匀角速转动非惯性系运动时，气流将受到科里奥利力的作用，进而形成有规律的旋转方向 (图 2-9)。另外，大气中同时还存在着另一类气流系统 —— 反气旋 (或高压辐散)，是干冷空气从高空沉降到地面，并向四面八方扩散出去。反气旋往往对应于高压、晴朗的天气系统 (图 2-8(a))。反气旋也有规律性的旋转方向，仍符合气流受到科里奥利力的关系。

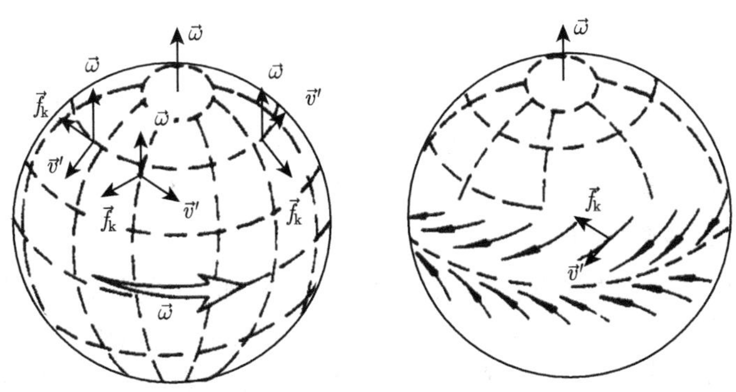

图 2-7　北半球东北信风的形成

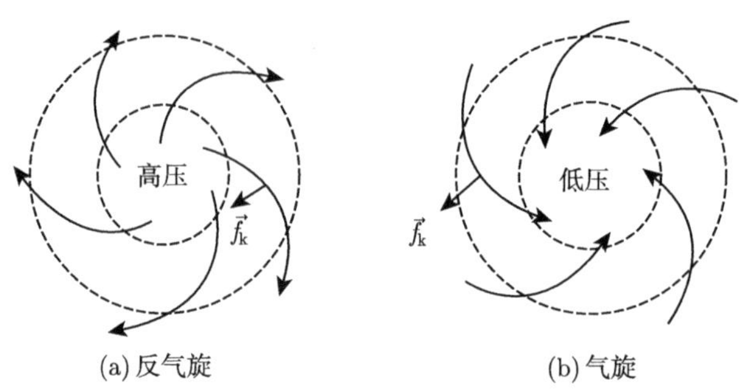

图 2-8　大气中的气旋和反气旋系统

图 2-9　卫星云图上的气旋系统

3) 傅科摆

在 1851 年，法国物理学家傅科在巴黎伟人祠的穹顶下公开演示了一种单摆实验现象，单摆的顶端悬点的联结装置能保证其在任何方向上都可以自由摆动。该单摆的摆绳长 67 m、摆锤质量为 28 kg，周期为 16.5 s。

从惯性力的观点看，傅科摆是一种能够把地球自转的非惯性效应积累起来的一种演示仪器 (图 2-10)。地面参考系是一个转动参考系。傅科摆摆锤在水平面上运动，将受到侧向的科里奥利力。在北半球，此力的方向永远指向摆球速度的右侧，使傅科摆的摆动平面顺时针方向转动 (南半球相反)。

4) 自由落体偏东

物体从高处自由下落时，不论在南北半球，物体所受科里奥利力的方向均向东。在地面参考系中看，在物体下落过程中，不断受一向东的科里奥利力作用，因此使落点偏东 (图 2-11)。赤道上这一效应最大，两极没有此效应。在赤道上，物体从 200 m 高处下落，可算出落点东偏约 6 cm，偏移率很小。

在惯性参考系 (如恒星参考系) 中，落体东偏的解释如下：物体开始时相对于地球静止，和地球一起自转。由于是在高空，其自转线速度要比地面大。在自由下落过程中，物体只受重力作用，重力通过地球自转轴，相对于自转轴的重力矩为零，不改变物体的角动量，因此物体的角动量守恒。而下降过程中物体和转轴的距离不断减小，因而自转线速度要增大。这样，就使下落物体的落点偏东。

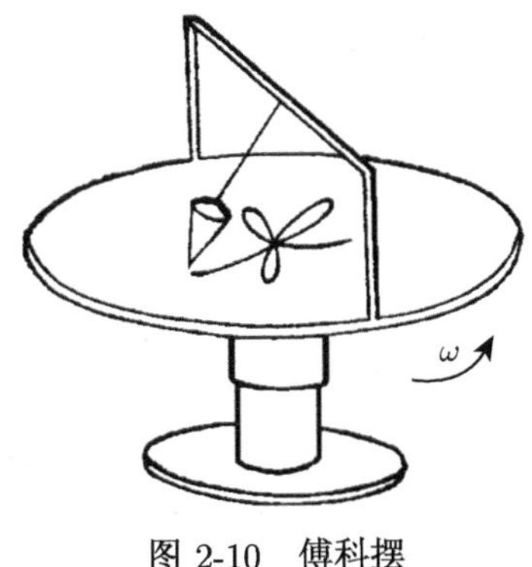

图 2-10 傅科摆

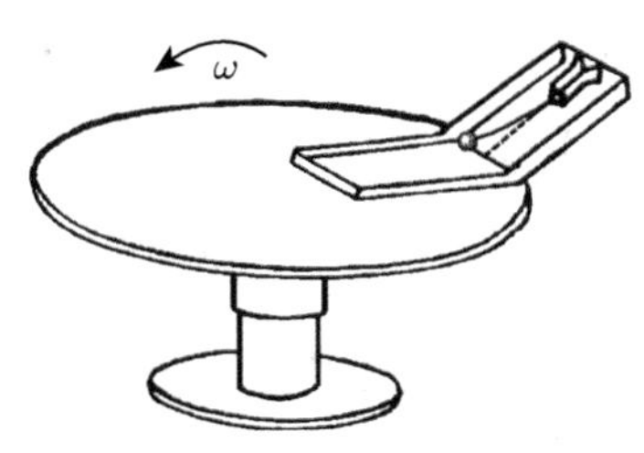

图 2-11 落体偏东实验

5) 其他科里奥利力的表现

在北半球，河水流动时，顺着水流的方向，流动的河水会受到一个指向右侧的科里奥利力的作用，在此惯性力的作用下，右侧河岸会受到河水的长期冲刷，故造成河流右岸较陡峭。在南半球的情形正好相反，在科里奥利力的长期作用下，河流左岸比较陡峭。

另外，北半球行驶的火车右侧车轮磨损较重，南半球行驶的火车左侧车轮磨损较重。这些都是科里奥利力表现的结果。

3. 匀角速转动参考系的动力学方程

在匀角速转动的非惯性参考系中，除考虑物体受到的真实力之外，还要考虑物体受到的惯性离心力和科里奥利力的作用，这样就建立起相应的动力学方程：

$$\sum \vec{F}_i + \vec{f}_\mathrm{k} + \vec{f}_\mathrm{n} = m\vec{a}' \tag{2-33}$$

式中，$\sum \vec{F}_i$ 是所有作用在物体上真实力的合力；$\vec{f}_\mathrm{k} = -2m\vec{\omega} \times \vec{v}'$ 是科里奥利力；$\vec{f}_\mathrm{n} = m\omega^2\vec{r}$ 是惯性离心力；$\vec{a}'$ 是物体相对于非惯性系的加速度。引入惯性力后，可以在非惯性系中方便地应用“修正”的牛顿第二定律分析质点动力学问题。

例 2-12 如图 (例 2-12 图)，匀角速转动的水平圆盘上，有一质量为 m 的质点相对圆盘做匀速圆周运动，转动半径为 r、线速率为 v'，圆盘转动的角速度为 ω。求 m 所受的科里奥利力和惯性离心力。

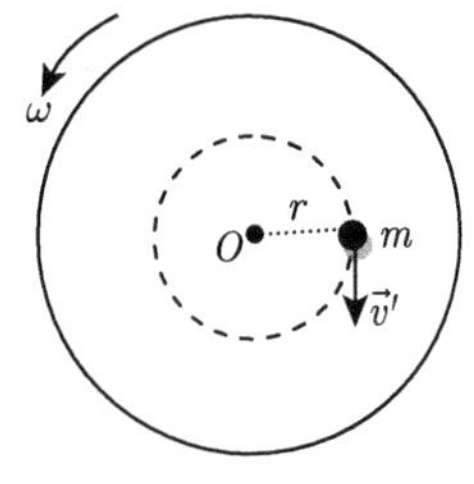

例 2-12 图

解 所受科里奥利力：$\vec{f}_\mathrm{k} = -2m\vec{\omega} \times \vec{v}'$

大小：$f_\mathrm{k} = 2mv'\omega$，方向：指向圆心。

所受惯性离心力：$\vec{f}_\mathrm{n} = m\omega^2\vec{r}$

大小：$f_\mathrm{n} = m\omega^2 r$，方向：背离圆心。

当 $v' = r\omega$ 时，在地面参考系看质点的运动：质点相对地面静止，无加速度。故

$$\sum \vec{F}_i = m\vec{a} = 0$$

在圆盘非惯性系上看，质点做圆周运动，动力学方程为

$$\sum \vec{F}_i + \vec{f}_\mathrm{k} + \vec{f}_\mathrm{n} = \vec{f}_\mathrm{k} + \vec{f}_\mathrm{n} = m\vec{a}'$$

化为向心的标量方程：$f_{\mathrm{k}}-f_{\mathrm{n}}=2mr\omega^2-mr\omega^2=mr\omega^2=m\dfrac{v'^2}{r}$

例 2-13 试求上题中的质点与圆盘间的摩擦力。

解 在圆盘非惯性系中的动力学方程：$\sum\vec{F}_i+\vec{f}_{\mathrm{k}}+\vec{f}_{\mathrm{n}}=m\vec{a}'$

$$\vec{F}_{摩}+\vec{f}_{\mathrm{k}}+\vec{f}_{\mathrm{n}}=m\vec{a}'$$

$$\vec{F}_{摩}=m\vec{a}'-\vec{f}_{\mathrm{k}}-\vec{f}_{\mathrm{n}}=\left(-m\frac{v'^2}{r}+2mv'\omega-m\omega^2r\right)\hat{r}$$

例 2-14 一朵质量为 m 的云块，自西向东前进，速度大小为 v'。问：(1) 云块所受的科氏力为多大？在什么方向？(2) 科氏力在天顶方向的分力有多大？(3) 科氏力在水平方向的分力有多大？能使云块产生什么方向的偏转？

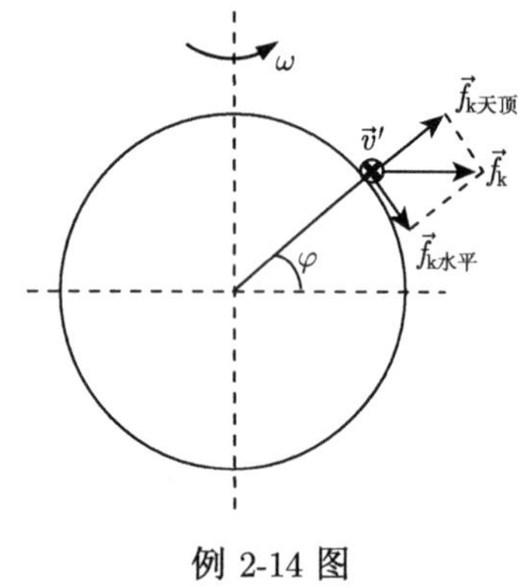

例 2-14 图

解 (1) 作图，设 φ 为地球的纬度，则科氏力

$$\vec{f}_{\mathrm{k}}=-2m\vec{\omega}\times\vec{v}'$$

方向如图 (例 2-14 图) 所示。

(2) 科氏力天顶方向的分力为

$$f_{\mathrm{k}天顶}=2mv'\omega\cos\varphi$$

(3) 科氏力水平方向的分力为

$$f_{\mathrm{k}水平}=2mv'\omega\sin\varphi$$

使得云块向南运动。

习 题

2-1 如图所示，质量均为 m 的两木块 A、B 分别固定在轻质弹簧的两端，竖直的放在水平的支持面 C 上。若突然撤去支持面 C，问：在撤去支持面瞬间，木块 A 和 B 的加速度为多大？

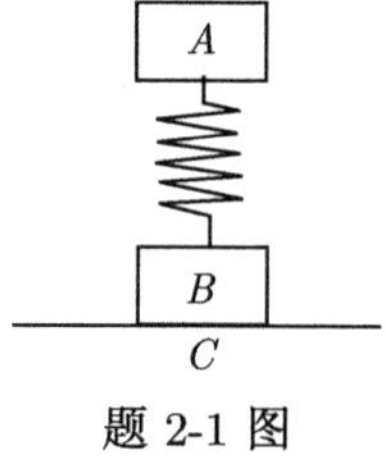

题 2-1 图

2-2 判断下列说法是否正确，说明理由。

(1) 质点做圆周运动时受到的作用力中，指向圆心的力便是向心力，不指向圆心的力不是向心力。

(2) 质点做圆周运动时，所受的合外力一定指向圆心。

2-3 一个绳子悬挂着的物体在水平面内做匀速圆周运动 (称为圆锥摆)，有人在重力的方向上求合力，写出 $T\cos\theta-G=0$。另有人沿绳子拉力 T 的方向求合力，写出 $T-G\cos\theta=0$。显然两者不能同时成立，指出哪一个式子是错误的，为什么？

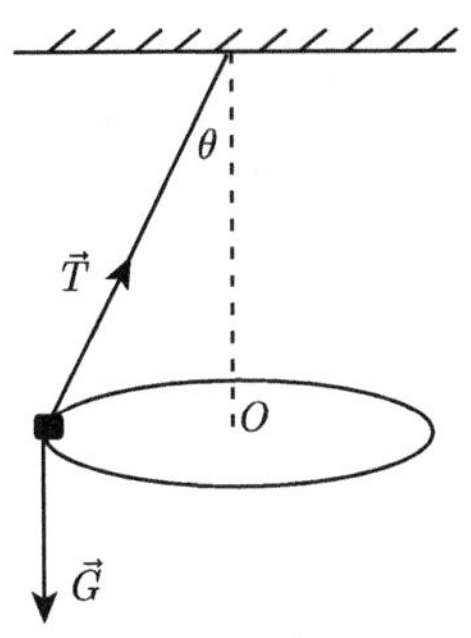

题 2-3 图

2-4　已知一质量为 m 的质点在 x 轴上运动，质点只受到指向原点的引力的作用，引力大小与质点离原点的距离 x 的平方成反比，即 $f=-\dfrac{k}{x^2}$，k 是比例常数。设质点在 $x=A$ 时的速度为零，求 $x=\dfrac{A}{4}$ 处的速度的大小。

2-5　一质量分布均匀的绳子，质量为 M，长度为 L，一端拴在转轴上，并以恒定角速度 ω 在水平面上旋转。设转动过程中绳子始终伸直不打弯，且忽略重力，求距转轴为 r 处绳中的张力 $T(r)$。

题 2-5 图

2-6　如图所示, 已知两物体 A、B 的质量均为 $m=3.0\ \text{kg}$，物体 A 以加速度 $a=1.0\ \text{m·s}^{-2}$ 运动，求物体 B 与桌面间的摩擦力。(滑轮与连接绳的质量不计)

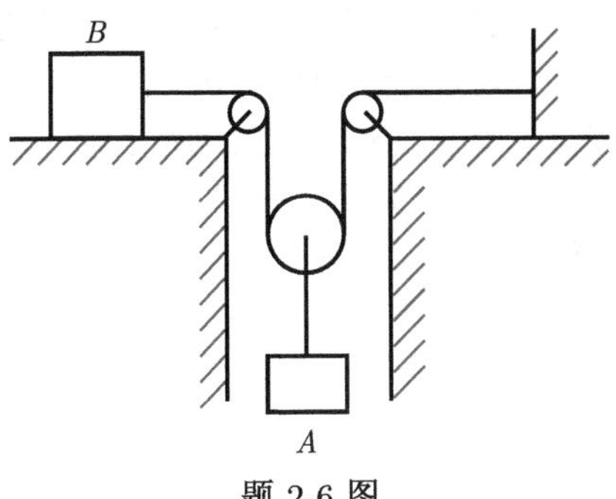

题 2-6 图

2-7　一质量为 10 kg 的质点在力 F 的作用下沿 x 轴做直线运动, 已知 $F=120t+40$，式中 F 的单位为 N，t 的单位为 s。在 $t=0$ 时，质点位于 $x=5.0\ \text{m}$ 处，其速度 $v_0=6.0\ \text{m·s}^{-1}$。求质点在任意时刻的速度和位置。

2-8　质量为 m 的跳水运动员，从 10.0 m 高台上由静止跳下落入水中。高台距水面距离为 h，把跳水运动员视为质点，并略去空气阻力。运动员入水后垂直下沉，水对其阻力大小为 bv^2，其中 b 为一常量。若以水面上一点为坐标原点 O，竖直向下为 y 轴，求: (1) 运动员在水中的速率 v 与 y 的函数关系; (2) 如 $b/m=0.40$，跳水运动员在水中下沉多少距离才能使其速率 v 减少到落水速率 v_0 的 1/10? (假定跳水运动员在水中的浮力与所受的重力大小恰好相等)

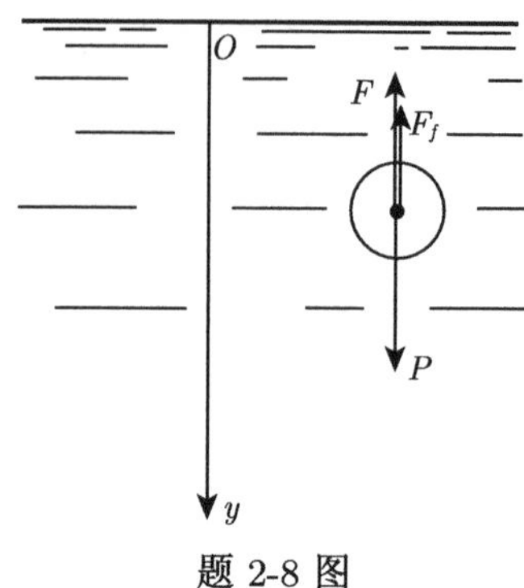

题 2-8 图

2-9　质量为 45.0 kg 的物体，由地面以初速 60.0 $\mathrm{m \cdot s^{-1}}$ 竖直向上发射，物体受到空气的阻力大小为 $F_r = kv$，且 $k = 0.03\ \mathrm{N \cdot (m \cdot s^{-1})^{-1}}$。(1) 求物体发射到最大高度所需的时间；(2) 最大高度为多少？

2-10　如图所示, 在光滑水平面上，放一质量为 m' 的三棱柱 A, 它的斜面的倾角为 α。现把一质量为 m 的滑块 B 放在三棱柱的光滑斜面上。试求：(1) 三棱柱相对于地面的加速度；(2) 滑块相对于地面的加速度；(3) 滑块与三棱柱之间的正压力。

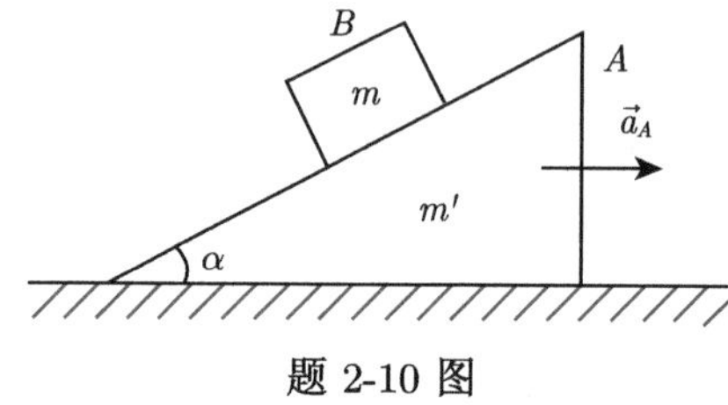

题 2-10 图

2-11　跳伞运动员与装备的质量共为 m，从伞塔上跳出后立即张伞，受空气的阻力大小与速率的平方成正比，即 $F = kv^2$。求跳伞员的运动速率 v 随时间 t 变化的规律和极限速率 v_T。

2-12　一半径为 R 的半球形碗，内表面光滑，碗口向上固定于桌面上。一质量为 m 的小球正以角速度 ω 沿碗的内面在水平面上做匀速圆周运动。求小球的运动水平面距离碗底的高度。

2-13　在光滑的竖直圆环上，套有两个质量均为 m 的小球 A 和 B，并用轻而不易拉伸的绳子把两球连接起来。两球由图示位置开始释放，试求此时绳上的张力。

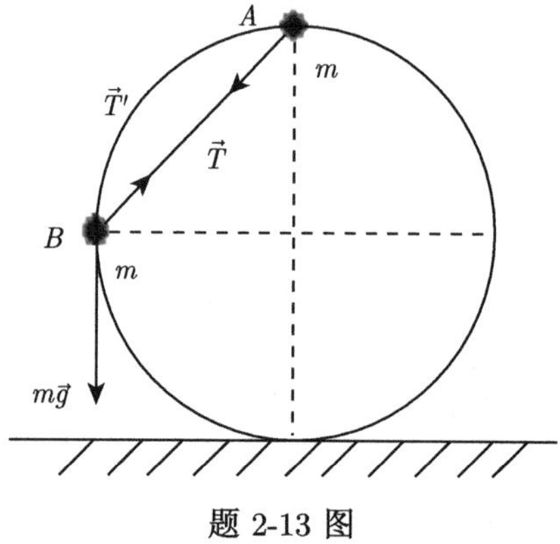

题 2-13 图

2-14　如图所示，一汽车在雨中沿直线行驶，其速率为 v_1，下落雨滴的速度方向偏于竖直方向之前 θ 角，速率为 v_2，若车后有一长方形物体，车速 v_1 为多大时，此物体正好不会被雨水淋湿？

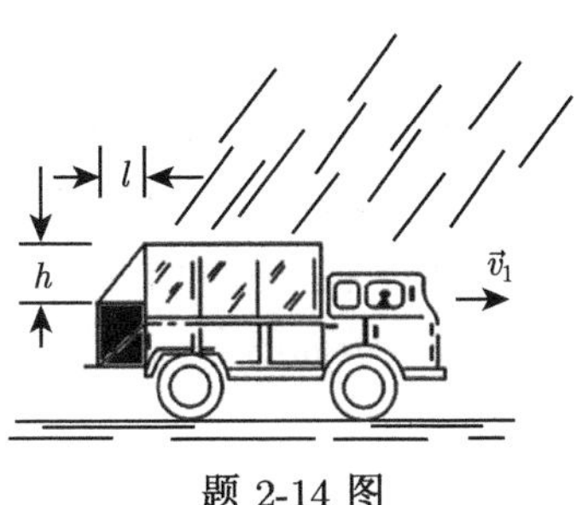

题 2-14 图

2-15　一飞机驾驶员想往正北方向航行，而风以 60 $\mathrm{km \cdot h^{-1}}$ 的速度由东向西刮来，如果飞机的航速 (在静止空气中的速率) 为 180 $\mathrm{km \cdot h^{-1}}$，试问驾驶员应取什么航向？飞机相对地面的速率为多少？试用矢量图说明。

气象物语 B　大气动力学

大气动力学是研究大气运动规律和产生运动原因的科学，大气动力学方程是经典力学中的牛顿运动定律在地球大气中的应用。因为大气运动处于一个旋转的地球表面上，故其动力学方程是一组基于转动非惯性参考系的方程组。

大气的水平运动对大气中的水分、热量的输送和天气、气候的形成、演变起着重要的作用。由牛顿运动定律可知，改变大气水平运动状态的原因一定是作用在大气上的各种力。

B.1　作用于空气的力

空气的运动是在力的作用下产生的，作用在空气质点上的力除了重力，还有由于气压分布不均产生的气压梯度力，由于地球自转而产生的地转偏向力 (惯性力)，由于空气层之间、空气与地面之间存在相对运动而产生的摩擦力，由于空气质点做曲线运动时产生的惯性离心力。这一系列力的水平分量之间的不同组合，导致了不同形式的大气水平运动。

1. 气压梯度力

气压梯度是一矢量，空间中任一点的气压梯度的方向垂直于等压面，由低压指向高压，其大小等于该点的最大气压变化率。设无限接近的两相邻等压面间的气压增量为 $\mathrm{d}p$，两相邻等压面之间的垂直距离为 $\mathrm{d}N$，则该点的气压梯度 $\vec{G}_N$ 为

$$\vec{G}_N=\frac{\mathrm{d}p}{\mathrm{d}N}\hat{N}=\nabla p \tag{B-1}$$

式中，$\hat{N}$ 为由低压垂直等压面指向高压方向的单位矢量。在直角坐标系中，气压梯度矢量 ∇p 可以分解为水平面分量 $\dfrac{\partial p}{\partial x}\hat{i}+\dfrac{\partial p}{\partial y}\hat{i}$ 和垂直分量 $\dfrac{\partial p}{\partial z}\hat{k}$，即

$$\nabla p=\frac{\partial p}{\partial x}\hat{i}+\frac{\partial p}{\partial y}\hat{i}+\frac{\partial p}{\partial z}\hat{k} \tag{B-2}$$

水平气压梯度的单位通常用百帕 · 赤道度 $^{-1}$ 表示，1 赤道度是指赤道上经度相差 1 度的纬圈长度，其值约为 111 km。观察表明，水平气压梯度的值很小，一般约为 1~3 hPa · 赤道

度 $^{-1}$，而垂直气压梯度值在大气低层可达 0.1 hPa·m^{-1} 左右，相当于水平气压梯度的 10 万倍，因而气压梯度的方向几乎与垂直气压梯度的方向一致，等压面近似水平。

气压梯度不仅表示气压分布的不均匀程度，而且还表示由于气压分布不均而作用在单位体积空气上的压力。为了阐明这个问题，在气柱的 $p \sim p + \mathrm{d}p$ 间取一小块立方体 (图 B-1)，其体积为 $\mathrm{d}V = \delta x\delta y\delta z$，设 y 轴是平行于地面的等压线，x 轴指向较高气压方向，z 轴垂直地面向上。

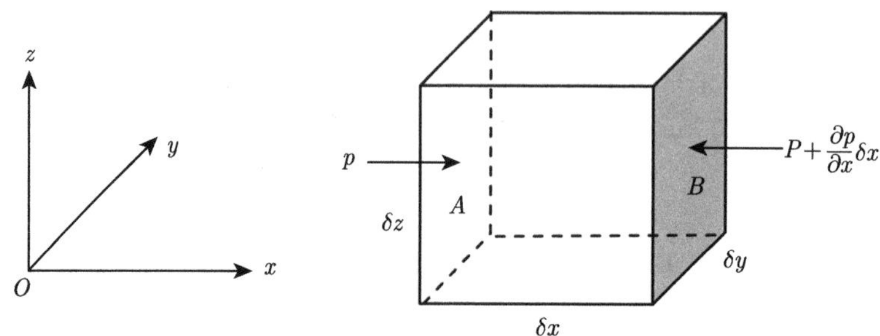

图 B-1　气压分布对作用在单位体积空气上的力

立方体周围空气对气块 A 面施加的压力等于 $p\delta y\delta z$ (p 是作用在 A 面上的平均压强)。周围空气对 B 面施加的压力为 $-\left(p+\dfrac{\partial p}{\partial x}\delta x\right)\delta y\delta z$ (其中负号表示该压力的方向与 x 轴的方向相反)，所以在 x 方向上，周围空气作用于立方体的净压力为

$$p\delta y\delta z-\left(p+\frac{\partial p}{\partial x}\delta x\right)\delta y\delta z=-\frac{\partial p}{\partial x}\delta x\delta y\delta z$$

同理，y 方向和 z 方向作用于立方体的净压力分别为 $-\dfrac{\partial p}{\partial y}\delta x\delta y\delta z$ 和 $-\dfrac{\partial p}{\partial z}\delta x\delta y\delta z$，故作用于立方体上的总净压力为

$$-\left(\frac{\partial p}{\partial y}\hat{i}+\frac{\partial p}{\partial y}\hat{j}+\frac{\partial p}{\partial y}\hat{k}\right)\delta x\delta y\delta z=-\nabla p\delta x\delta y\delta z=-\nabla p\mathrm{d}V \tag{B-3}$$

式 (B-3) 除以立方体体积 $\mathrm{d}V$，可得气压梯度的负值。所以空间任一点单位体积空气上所受的气压梯度力等于该点气压梯度的负值。

实际大气中，由于空气密度分布的不均匀，单位体积空气块质量是不相同的，根据牛顿第二定律，在相同的气压梯度力的作用下，对于密度不同的空气块所产生的加速度也是不同的，密度小的空气块所产生的加速度比较大，密度大的空气块所产生的加速度比较小。因此，用气压梯度难以比较各地空气运动的速度。在气象上讨论空气运动时，通常取单位质量的空气作为研究对象，并把在气压梯度存在时，单位质量空气所受的力称为气压梯度力，通常用 $\vec{G}$ 表示，即

$$\vec{G}=-\frac{\nabla p}{\rho}=-\frac{1}{\rho}\left(\frac{\partial p}{\partial y}\hat{i}+\frac{\partial p}{\partial y}\hat{j}+\frac{\partial p}{\partial y}\hat{k}\right) \tag{B-4}$$

式中，ρ 是空气密度；气压梯度力的方向与气压梯度的方向相反，由高压垂直等压面指向低压，其大小与气压梯度值 $|\nabla p|$ 成正比，与空气密度 ρ 成反比。气压梯度力可以分解成水平

气压梯度力 $\vec{G}_n$ 和垂直气压梯度力 $\vec{G}_z$，即

$$\vec{G}=\vec{G}_n+\vec{G}_z=-\frac{1}{\rho}\frac{\partial p}{\partial n}\hat{n}-\frac{1}{\rho}\frac{\partial p}{\partial y}\hat{k} \tag{B-5}$$

式中，$\hat{n}$ 是在水平面上由低等压面垂直指向高等压面的单位矢量。

在大气中气压梯度力的垂直分量值比水平分量值大很多，但在垂直方向的重力常与 $\vec{G}_z$ 相平衡，因而在垂直方向上一般不会造成大气强大的垂直加速度。虽水平方向的气压梯度力较小，但由于没有其他力与之相平衡，在一定的条件下却能造成较大的空气水平运动。

通常，在同一水平面上，空气密度随时间、地点变化不是很明显，因此水平气压梯度力的大小主要由 $\dfrac{\partial p}{\partial n}$ 所决定。只有两个高度相差很大的水平气压梯度力相比较时，ρ 的差异才需考虑。实际大气中经常出现的数据是 $\rho=1.3\times10^{-3}\ \mathrm{g\cdot cm^{-3}}$，$\dfrac{\partial p}{\partial n}=1\ \mathrm{hPa}\cdot$ 赤道度 $^{-1}$，所以 $G_n=7\times10^{-4}\ \mathrm{N\cdot kg^{-1}}$。当这样的气压梯度力持续作用在空气质点 3h，可使风速由零增大到 7.6 $\mathrm{m\cdot s^{-1}}$。可见水平气压梯度力是空气产生水平运动的直接原因和动力。

2. 地转偏向力

空气是在转动的地球上运动的，当运动的空气质点依其惯性沿着水平气压梯度力的方向运动时，对于站在地球表面的观察者而言，空气质点受到一个使其偏离气压梯度力方向的力的作用，这种因地球自转而产生的惯性力称为水平地转偏向力或科里奥利力。在大尺度的空气运动中，地转偏向力是一个非常重要的力。

在北极，地平面绕其垂直轴 (地轴) 的角速度恰好等于地球自转的角速度 Ω，$\Omega=2\pi/24\ \mathrm{h}=7.29\times10^{-5}\ \mathrm{s^{-1}}$，转动方向也是逆时针的。因而在北极，单位质量空气受到的水平地转偏向力与空气运动方向垂直，并指向运动方向的右侧，大小等于 $2v\Omega$。在赤道，地球自转轴与地表面的垂直轴正交，表明赤道上的地平面不随地球自转而旋转，因而赤道上空气质点没有水平地转偏向力。在北半球的其他纬度上，地球自转轴与地平面垂直轴的夹角小于 90°，因而任何一地的地平面都有绕地轴转动的角速度，如图 B-2 所示。

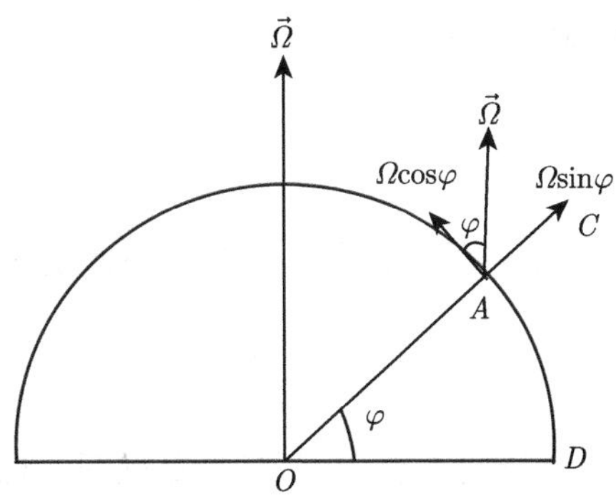

图 B-2 北半球的自转轴和纬度

图中，$\vec{\Omega}$ 表示绕地轴转动的角速度；AC 表示 A 点地平面的垂直轴；$\angle AOD=\varphi$ 为纬度；$\vec{\Omega}$ 在地平面垂直轴方向的分量为 $\Omega\sin\varphi$。可以得出任何纬度上作用于单位质量运动空气上的偏向力为

$$\vec{A}=-2\vec{\Omega}\times\vec{v} \tag{B-6}$$

式中，$\vec{v}$ 为空气质点的运动速度。在南半球，由于地平面绕地轴按顺时针方向转动，因而地转偏向力指向运动物体的左方，其大小与北半球同纬度上的地转偏向力的值相等。

地转偏向力只是在空气相对于地面有运动时才产生，当空气处于静止状态时不受地转偏向力的作用。而且地转偏向力只改变气块的运动方向，而不能改变其运动速率。在风速相同的情况下它随纬度的减小而减小。

3. 惯性离心力

惯性离心力是物体在做曲线运动时所产生的，由运动轨迹的曲率中心沿曲率半径向外作用在物体上的力。这个力是物体为保持沿惯性方向运动而产生的，因而称为惯性离心力。惯性离心力与物体的运动方向相垂直。自曲率中心指向外缘，其大小与物体转动的角速度 Ω 的平方和曲率半径 R 的乘积成正比。对单位质量气团而言，惯性离心力 $\vec{C}$ 的表达式为

$$\vec{C}=\Omega^2\vec{R}=\Omega^2R\hat{R}=\frac{v^2}{R}\hat{R} \tag{B-7}$$

式中，$\vec{R}$ 为气块相对于地球自转轴的距离矢量；$\hat{R}=\dfrac{\vec{R}}{R}$ 为沿着 $\vec{R}$ 方向的单位矢量。

惯性离心力 $\vec{C}$ 的大小与运动物体的线速率 v 的平方成正比，与曲率半径 R 成反比。实际上，空气运动路径的曲率半径一般都很大，从几十千米到上千千米，因而空气运动的惯性离心力一般比较小，往往小于地转偏向力。但是当在低纬度地区或空气运动速率很大而曲率半径很小时，惯性离心力也可以达到较大的数值并有可能超过地转偏向力。惯性离心力和地转偏向力一样，只能改变物体的运动方向，不能改变物体的运动速率。

4. 地心引力

研究大气运动时，地球对单位质量的空气块的万有引力称为地心引力。其表达式为

$$\vec{g}^*=-G\frac{M}{(a+z)^2}\hat{r} \tag{B-8}$$

式中，a 为地球的半径；M 为地球的质量；z 为空气块离地面的高度；$\hat{r}$ 是沿着地心指向空气块方向的单位矢量。

5. 重力

对于单位质量的空气块，其真实的地心引力 $\vec{g}^*$ 与假想的惯性离心力 $\vec{C}$ 的合力，称为重力 $\vec{g}$。即

$$\vec{g}=\vec{g}^*+\vec{C}=-G\frac{M}{(a+z)^2}\hat{r}+\Omega^2\vec{R} \tag{B-9}$$

$\vec{g}$ 的方向除赤道和极地以外，均不指向地心。由于地球是椭圆，地球上的重力垂直于当地水平面，垂直向下。重力的大小随纬度变化，极地最大，赤道最小，在 45° 纬度的海平面重力大小为 $g=9.806\ \text{m·s}^{-2}$。

6. 摩擦力

摩擦力是两个相互接触的物体做相对运动时，接触面之间所产生的一种阻碍物体运动的力。大气运动中空气质点所受到的摩擦力一般分为内摩擦力和外摩擦力。

内摩擦力是在速度不同或方向相反的相互接触的两个空气层之间产生的一种相互牵制的力，它主要通过湍流交换作用使气流速度发生改变，也称湍流摩擦力。其数值很小，往往不予考虑。

外摩擦力是空气贴近地面运动时，下地面对空气运动的阻力，它的方向与空气运动的方向相反，大小与空气运动的速率和摩擦系数成正比，其表达式为

$$\vec{R} = -k\vec{v} \tag{B-10}$$

式中，$\vec{R}$ 为单位空气气团所受的外摩擦力；$\vec{v}$ 为空气运动的速度。内摩擦力与外摩擦力的矢量和称为摩擦力。摩擦力的大小在大气中的各个不同高度上是不同的。以近地面层 (离地面 30~50 m) 最为显著，高度越高，摩擦力越小。当空气层离地面高度达到 1~2 km 以上时，摩擦力的影响可以忽略不计。所以，把此高度以下的气层称为摩擦层 (或行星边界层)，此层以上的大气层称为自由大气层。

上述几个力都是在水平方向上作用在空气上的力，它们对空气的影响是不一样的。一般来说，气压梯度力是使空气产生运动的直接动力，是最基本的力。其他力在空气开始运动后产生和起作用的，而且所起的作用视具体情况而有所不同。地转偏向力对高纬度地区或大尺度的空气运动影响较大，而对低纬度地区 (特别是赤道附近) 的空气运动影响甚小。惯性离心力在空气做曲线运动时起作用，而在空气运动近于直线运动时，可以忽略不计。摩擦力在摩擦层起作用，而对自由大气层中的空气运动也不予考虑。地转偏向力、惯性离心力和摩擦力虽然不能使空气由静止状态转变为运动状态，但却能影响空气运动的方向。气压梯度力和重力既可改变空气运动状态，又可使空气由静止状态转变为运动状态。

B.2　大气运动动力学方程

在转动的地球表面建立局地直角坐标系，坐标原点为地球表面某点，x 轴方向沿原点所在的纬度圈切线方向指向东，y 轴方向沿原点所在的经度圈切线方向指向北，z 轴方向指向当地天顶方向。局地直角坐标系又称标准坐标系，下面建立在标准坐标系下的大气运动的动力学方程。

大气动力学方程是描述作用在空气微团上的各种力与其产生的加速度之间的关系的方程。根据牛顿第二定律，物体所受的力等于质量和加速度的乘积，即 $\sum\limits_i \vec{F}_i = m\vec{a}$，$\sum\limits_i \vec{F}_i$ 为物体所受的合力。所以，单位质量空气微团动力学方程的一般形式为

$$\frac{\mathrm{d}\vec{v}}{\mathrm{d}t} = \vec{G} + \vec{A} + \vec{R} + \vec{g} \tag{B-11}$$

式中，$\vec{v} = u\hat{i} + v\hat{j} + w\hat{k}$ 为空气微团的运动速度；$\vec{G}$ 为气压梯度力；$\vec{A}$ 为地转偏向力；$\vec{R}$ 为摩擦力；$\vec{g}$ 为重力。如果将 $\vec{G}$、$\vec{A}$、$\vec{R}$、$\vec{g}$ 代入式 (B-11)，可得标准坐标系下的分量方程

$$\begin{cases} \dfrac{\mathrm{d}u}{\mathrm{d}t} = -\dfrac{1}{\rho}\dfrac{\partial p}{\partial x} + 2\Omega v\sin\varphi - 2\Omega w\cos\varphi + R_x \\ \dfrac{\mathrm{d}v}{\mathrm{d}t} = -\dfrac{1}{\rho}\dfrac{\partial p}{\partial y} - 2\Omega u\sin\varphi + R_y \\ \dfrac{\mathrm{d}w}{\mathrm{d}t} = -\dfrac{1}{\rho}\dfrac{\partial p}{\partial z} + 2\Omega u\cos\varphi + R_z - g \end{cases} \tag{B-12}$$

在空气做大规模水平运动中，大气在垂直方向上近似于静力平衡，因而式 (B-12) 中的垂直运动项可以略去。在自由大气层中，$\vec{R}$ 也略去不计，式 (B-12) 写成

$$\begin{cases} \dfrac{\mathrm{d}u}{\mathrm{d}t} = -\dfrac{1}{\rho}\dfrac{\partial p}{\partial x} + 2\Omega v \sin\varphi \\ \dfrac{\mathrm{d}v}{\mathrm{d}t} = -\dfrac{1}{\rho}\dfrac{\partial p}{\partial y} - 2\Omega u \sin\varphi \\ 0 = -\dfrac{1}{\rho}\dfrac{\partial p}{\partial z} - g \end{cases} \tag{B-13}$$

这是研究自由大气运动时被广泛应用的动力学方程。方程中的第三式是静力平衡方程。

第 3 章　运动的守恒量和守恒定律

牛顿第二定律指出，在外力作用下，质点的运动状态要发生变化，产生加速度。如果力的作用持续一段时间或者持续一段距离，质点 (或质点系) 的动量、动能或能量将发生变化或转移。在一定条件下，质点系内的动量或能量将保持守恒。动量守恒定律和能量守恒定律不仅适用于力学，而且为物理学中各种运动形式所遵守，只要通过某些扩展和修改即可。更进一步说，它们是自然界中已知的一些基本守恒定律中的两个。本章主要内容包括质点和质点系的动量定理，动量守恒定律，功、动能和势能、保守力与非保守力等概念，动能定理、功能原理、机械能守恒定律和能量守恒定律，质心和质心运动定律。

3.1　质点和质点系的动量定理

3.1.1　动量　冲量　质点动量定理

在经典力学中物体的质量是恒定的，可以将牛顿第二定律作如下变化

$$\vec{F}=m\vec{a}=m\frac{\mathrm{d}\vec{v}}{\mathrm{d}t}=\frac{\mathrm{d}\left(m\vec{v}\right)}{\mathrm{d}t}$$

质点的质量 m 与它的速度 $\vec{v}$ 的乘积 $m\vec{v}$ 定义为该**质点的动量**，并用 $\vec{p}$ 表示，可写为

$$\vec{p}=m\vec{v} \tag{3-1}$$

动量是矢量，其大小 $p=mv$，方向与质点运动速度的方向一致。在 SI 中，动量的单位是 $\mathrm{kg{\cdot}m{\cdot}s^{-1}}$。

动量是表征物体运动状态的基本物理量。动量的概念早在牛顿运动定律建立之前，笛卡儿在 1644 年引入。要使速度相同的两辆车停下来，质量大的就比质量小的要困难；同样，要使质量相同的两辆车停下来，速度大的就要比速度小的困难。由此可见，在研究物体机械运动状态的改变时，必须同时考虑质量和速度这两个因素，为此而引入了动量的概念。

引入动量之后，牛顿第二定律可以表示为

$$\vec{F}=\frac{\mathrm{d}\vec{p}}{\mathrm{d}t} \tag{3-2}$$

式 (3-2) 表示，在任意时刻，质点动量随时间的变化率等于同一时刻作用于质点的力，其方向与力的方向一致。式 (3-2) 也可以看成力的定义式，它表示力是使物体动量改变的原因。或者说，引起物体动量改变的原因就是力，物体的动量改变了，其运动状态就发生了变化。

在经典力学范围内，$\vec{F}=\dfrac{\mathrm{d}\vec{p}}{\mathrm{d}t}$ 与牛顿第二定律的常用形式 $\vec{F}=m\vec{a}$ 是相同的，但当物体的运动速率可与光速相比拟时，考虑相对论效应，其质量会显著增大，后一种形式不再成立，

但是 $\vec{F}=\dfrac{\mathrm{d}\vec{p}}{\mathrm{d}t}$ 仍然严格成立。

稍作整理，式 (3-2) 可以写成

$$\vec{F}\mathrm{d}t=\mathrm{d}\vec{p}=\mathrm{d}\left(m\vec{v}\right) \tag{3-3}$$

此式表示，力 $\vec{F}$ 在 $\mathrm{d}t$ 时间内的积累效应等于质点动量的增量。在物理学中，力 $\vec{F}$ 在 $\mathrm{d}t$ 时间内的累积效应称为力 $\vec{F}$ 的元冲量，用符号 $d\vec{I}$ 表示，即

$$\mathrm{d}\vec{I}=\vec{F}\mathrm{d}t \tag{3-4}$$

将式 (3-4) 代入式 (3-3)，可得

$$\mathrm{d}\vec{I}=\mathrm{d}\vec{p}=\mathrm{d}\left(m\vec{v}\right) \tag{3-5}$$

力 $\vec{F}$ 在 $\mathrm{d}t$ 时间内的元冲量 $\mathrm{d}\vec{I}$ 等于质点动量的元增量 $\mathrm{d}\vec{p}$。

一般说来，作用在质点上的力是时间的函数，即 $\vec{F}=\vec{F}(t)$。在时间 $\Delta t=t_2-t_1$ 内，变力 $\vec{F}(t)$ 在 Δt 时间内的累积效果是

$$\int_{t_1}^{t_2}\vec{F}\mathrm{d}t=\int_{p_1}^{p_2}\mathrm{d}\vec{p}=\vec{p}_2-\vec{p}_1=m\vec{v}_2-m\vec{v}_1 \tag{3-6}$$

式中，$\vec{v}_1$ 和 $\vec{p}_1$ 是质点在时刻 t_1 的速度和动量；$\vec{v}_2$ 和 $\vec{p}_2$ 是质点在时刻 t_2 的速度和动量。$\displaystyle\int_{t_1}^{t_2}\vec{F}\mathrm{d}t$ 为力对时间的积分，称为力的**冲量**，用符号 $\vec{I}$ 表示，则式 (3-6) 可写为

$$\vec{I}=\vec{p}_2-\vec{p}_1=\Delta\vec{p} \tag{3-7}$$

这就是质点的**动量定理**。其物理意义：在给定时间间隔内，外力作用在质点上的冲量 $\vec{I}$，等于质点在此时间内动量的增量 $\Delta\vec{p}$。在 SI 中，冲量的单位是 N·s。

动量定理使人们认识到：力在一段时间内的累积效果，是使物体产生动量增量。要产生同样的效果，即相同的动量增量，力大、力小都可以，但是力大的需要时间短些，力小的需要时间长些。只要力的时间累积量一样，即冲量一样，就能产生同样的动量增量。

如果 $\vec{F}$ 是恒力，那么冲量 $\vec{I}$ 很容易计算

$$\vec{I}=\vec{F}\left(t_2-t_1\right) \tag{3-8}$$

一般情况下，力 $\vec{F}$ 的大小和方向都在随时间变化，变力 $\vec{F}(t)$ 的冲量为

$$\vec{I}=\int_{t_1}^{t_2}\vec{F}\cdot\mathrm{d}t \tag{3-9}$$

在碰撞或冲击问题中，力的作用时间极短，有的短至几千分之一秒 (甚至更短)。而且在这样短促的时间内，作用力迅速增大到很大的量值，然后又急剧地下降为零，其情况如图 3-1 所示。这种量值很大、变化很快、作用时间极短的力，一般称为**冲力**。因为冲力是个变力，它随时间而变化的关系又比较难以确定，所以无法直接应用牛顿第二定律分析质点的瞬时动力学关系。但是，根据动量定理，能够肯定冲力的冲量具有确定的量值。因为可从实验

测出物体在碰撞 (或冲击) 前后的动量，从而由动量增量来确定冲力的冲量。此外，如果能测出冲力的作用时间，就可对冲力的平均大小做出估算。

在图 3-1 中，$\bar{F}$ 表示冲击变力 $\vec{F}$(其方向是一定的) 的平均大小，它是这样定义的：令 $\bar{F}$ 横线下的面积和变力 F 曲线下的面积相等，亦即 $\bar{F}$ 和作用时间 t_2-t_1 的乘积应等于变力 $\vec{F}$ 的冲量大小。当然，这个平均值不是冲力的确切描述，而且其值小于冲力的峰值，但在一些实际问题中，这样的估算就足够了。于是可以得到如下关系

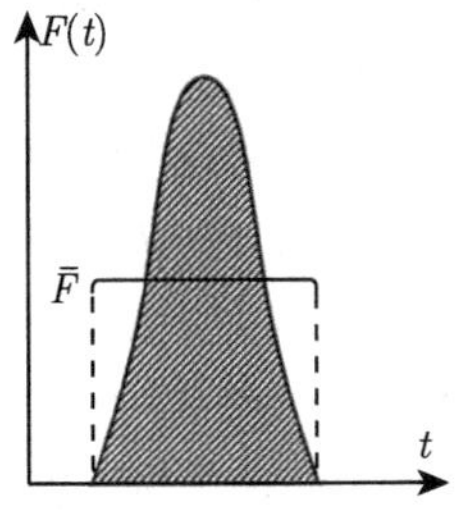

图 3-1 冲力示意图

$$\bar{\vec{F}}(t_2-t_1)=m\vec{v}_2-m\vec{v}_1$$

其中平均冲力 $\bar{\vec{F}}$ 定义为

$$\bar{\vec{F}}=\frac{\int_{t_1}^{t_2}\vec{F}\mathrm{d}t}{t_2-t_1} \tag{3-10}$$

冲量 $\vec{I}$ 是过程量，其大小不仅与力 $\vec{F}$ 有关，且与过程持续的时间有关。冲量是力持续作用一段时间内的积累效应。其量值取决于力的大小和持续时间的长短两个因素。

冲量 $\vec{I}$ 是矢量。恒力冲量的方向与恒力的方向一致。如果力 $\vec{F}$ 是方向不变而大小在改变的力，那么冲量 $\vec{I}$ 的方向仍与力 $\vec{F}$ 的方向相同。如果力 $\vec{F}$ 的大小和方向都在随时间变化，此时冲量 $\vec{I}$ 的方向不能由任意时刻力 $\vec{F}$ 的方向来决定，其方向与质点动量增量的方向相同。

如果有 n 个力 $\vec{F}_1$、$\vec{F}_2$、$\cdots$、$\vec{F}_n$ 同时作用于一个质点上，其合力为

$$\vec{F}=\vec{F}_1+\vec{F}_2+\cdots+\vec{F}_n$$

那么该质点所受的冲量为

$$\vec{I}=\int_{t_1}^{t_2}\vec{F}\mathrm{d}t=\int_{t_1}^{t_2}\vec{F}_1\mathrm{d}t+\int_{t_1}^{t_2}\vec{F}_2\mathrm{d}t+\cdots+\int_{t_1}^{t_2}\vec{F}_n\mathrm{d}t=\vec{I}_1+\vec{I}_2+\cdots+\vec{I}_n \tag{3-11}$$

式中，$\vec{I}_1$、$\vec{I}_2$、$\cdots$、$\vec{I}_n$ 分别表示各分力在 t_1 到 t_2 时间内对该质点的冲量。式 (3-11) 表明合力在一段时间内的冲量等于各分力在同一段时间内冲量的矢量和。

应用动量定理时，应该注意：

(1) 动量定理是矢量式。一般来说，直接进行矢量积分计算是困难的，故在应用动量定理时，常常将动量定理表达式分解成坐标分量式。在直角坐标系中，质点动量定理的分量式为

$$\left.\begin{aligned}I_x&=\int_{t_1}^{t_2}F_x\mathrm{d}t=mv_{2x}-mv_{1x}\\I_y&=\int_{t_1}^{t_2}F_y\mathrm{d}t=mv_{2y}-mv_{1y}\\I_z&=\int_{t_1}^{t_2}F_z\mathrm{d}t=mv_{2z}-mv_{1z}\end{aligned}\right\} \tag{3-12}$$

式 (3-12) 表明，冲量在某个方向的分量等于在该方向上质点动量分量的增量。冲量在任一方向的分量只能改变该方向的动量分量，而不能改变与它相垂直的其他方向的动量分量。由此可知，如果作用于质点的冲量在某个方向上的分量等于零，尽管质点的总动量在改变，但在这个方向的动量分量却保持不变。

(2) 动量定理适用于惯性参考系中的一切力学过程。特别是在打击、碰撞等问题中，由于作用时间极短，冲力很大，致使一些有限大小的力 (如重力、空气阻力等) 可以忽略不计，所以在这类过程中使用动量定理尤为方便。

例 3-1　一质量为 m 的质点在 $O\text{-}xy$ 平面上运动，其运动方程为 $\vec{r}=a\cos\omega t\hat{i}+b\sin\omega t\hat{j}$，其中 a、b、ω 都是常数。求在 $t_1=0$ 到 $t_2=\dfrac{\pi}{2\omega}$ 时间内，质点所受合力的冲量和质点动量的增量。

解　质点任意时刻的速度、加速度分别为

$$\vec{v}=\frac{\mathrm{d}\vec{r}}{\mathrm{d}t}=\frac{\mathrm{d}\left(a\cos\omega t\hat{i}+b\sin\omega t\hat{j}\right)}{\mathrm{d}t}=-a\omega\sin\omega t\hat{i}+b\omega\cos\omega t\hat{j}$$

$$\vec{a}=\frac{\mathrm{d}\vec{v}}{\mathrm{d}t}=\frac{\mathrm{d}\left(-a\omega\sin\omega t\hat{i}+b\omega\cos\omega t\hat{j}\right)}{\mathrm{d}t}=-a\omega^2\cos\omega t\hat{i}-b\omega^2\sin\omega t\hat{j}$$

由牛顿第二定律，得

$$\vec{F}=m\vec{a}=-m\omega^2\left(a\cos\omega t\hat{i}+b\sin\omega t\hat{j}\right)$$

所以，在 $\Delta t=t_2-t_1$ 时间内，合力 $\vec{F}$ 的冲量为

$$\vec{I}=\int_0^{\frac{\pi}{2\omega}}\vec{F}\mathrm{d}t=-m\omega^2\int_0^{\frac{\pi}{2\omega}}\left(a\cos\omega t\hat{i}+b\sin\omega t\hat{j}\right)\mathrm{d}t=-m\omega(a\hat{i}+b\hat{j})$$

又由质点的动量定理，在 $\Delta t=t_2-t_1$ 时间内，质点的动量增量为

$$\Delta\vec{p}=\vec{I}=-m\omega(a\hat{i}+b\hat{j})$$

例 3-2　子弹在枪桶内被加速时，它所受的合力为 $F=(a-bt)\mathrm{N}$，其中 a、b 为常数，设子弹由枪口射出时的速率为 v_0。假设子弹运行到枪口处合力刚好为零。求：(1) 子弹走完枪筒全长所需的时间；(2) 子弹在枪筒内被加速的时间内，子弹所受的冲量；(3) 子弹的质量。

解　(1) 子弹运行到枪口处合力刚好为零，所以

$$a-bt=0,\quad t=\frac{a}{b}$$

(2) 子弹在枪筒这段时间内，合力的冲量为

$$I=\int_0^{\frac{a}{b}}F\mathrm{d}t=\int_0^{\frac{a}{b}}(a-bt)\,\mathrm{d}t=\frac{a^2}{2b}$$

(3) 由质点的动量定理，有

$$I=\Delta p=mv_0-0,\quad m=\frac{a^2}{2bv_0}$$

例 3-3 如例 3-3 图所示，一质量为 0.05 kg 的小钢球以速度 $\vec{v}_1$ 撞击钢板，并以速度 $\vec{v}_2$ 反弹，$\vec{v}_1$、$\vec{v}_2$ 的方向如图所示，其中夹角 $\alpha = 45°$。已知 $v_1 = v_2 = 10\text{m}\cdot\text{s}^{-1}$，撞击时间为 0.05 s。求小钢球所受的平均冲击力。(忽略小钢球的重力)

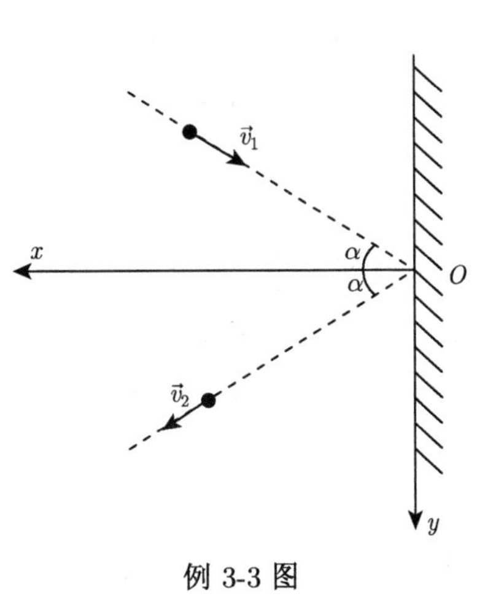

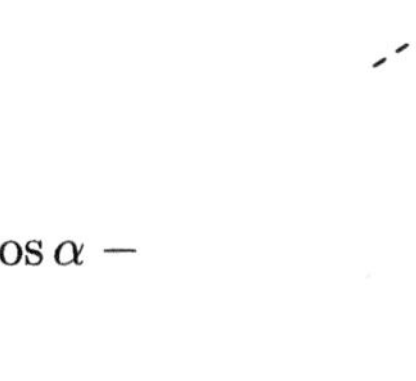

例 3-3 图

解 建立如图所示的 O-xy 坐标系，设钢板作用在小球上的平均冲力为 $\bar{\vec{F}}$

由动量定理得

$$\bar{\vec{F}}\Delta t = \vec{p}_2 - \vec{p}_1 = m\vec{v}_2 - m\vec{v}_1$$

x 坐标分量式：$\bar{F}_x\Delta t = mv_{2x} - mv_{1x} = mv\cos\alpha - (-mv\cos\alpha) = 2mv\cos\alpha$

y 坐标分量式：$\bar{F}_y\Delta t = mv_{2y} - mv_{1y} = mv\sin\alpha - (mv\sin\alpha) = 0$

可得

$$\bar{F}_x = \frac{2mv\cos\alpha}{\Delta t} = 10\sqrt{2}\ \text{N}, \quad \bar{F}_y = 0$$

小钢球所受的平均冲击力

$$\bar{\vec{F}} = \bar{F}_x\hat{i} + \bar{F}_y\hat{j} = 10\sqrt{2}\hat{i}\ \text{N}$$

3.1.2 质点系动量定理

上面讨论的是单个质点动量定理，然而在许多实际问题中经常涉及多个质点组成的系统的运动。由彼此相互作用的多个质点组成的系统，称为**质点系**。质点系内各质点间的相互作用力称为**内力**，而系统外的物体对系统内任意质点的作用力称为**外力**。

一个由 n 个质点组成的质点系，每个质点的质量分别为 m_1、m_2、$\cdots$、m_n。在一般情况下，每个质点既受外力作用，也受内力作用，但系统内的任一质点均满足动量定理。假设质点 1 在初始时刻 t_0 的动量为 $m_1\vec{v}_{10}$，所受来自系统以外的合外力为 $\vec{F}_1$，同时也受到系统内其他质点的作用力，分别为 $\vec{F}'_{12}$、$\vec{F}'_{13}\cdots$、$\vec{F}'_{1n}$(共 n–1 个内力)，时刻 t 时，质点 1 的动量变为 $m_1\vec{v}_1$；质点 2 在初始时刻 t_0 的动量为 $m_2\vec{v}_{20}$，所受来自系统以外的合外力为 $\vec{F}_2$，同时也受到系统内其他质点的作用力，分别为 $\vec{F}'_{21}$、$\vec{F}'_{23}\cdots$、$\vec{F}'_{2n}$，时刻 t 时，质点 2 的动量变为 $m_2\vec{v}_2$。系统内其他质点的情形依此类推。对系统内的每一个质点应用动量定理

$$\int_{t_0}^{t}\left(\vec{F}_1 + \sum_{i\neq 1}^{n}\vec{F}'_{1i}\right)\text{d}t = m_1\vec{v}_1 - m_1\vec{v}_{10}$$

$$\int_{t_0}^{t}\left(\vec{F}_2 + \sum_{i\neq 2}^{n}\vec{F}'_{2i}\right)\text{d}t = m_2\vec{v}_2 - m_2\vec{v}_{20}$$

$$\cdots$$

$$\int_{t_0}^{t}\left(\vec{F}_n + \sum_{i\neq n}^{n}\vec{F}'_{ni}\right)\text{d}t = m_n\vec{v}_n - m_n\vec{v}_{n0}$$

将以上 n 个方程相加，得到

$$\int_{t_0}^{t}\left(\sum_{i=1}^{n}\vec{F}_i\right)\mathrm{d}t+\int_{t_0}^{t}\left(\sum_{i=1}^{n}\sum_{j\neq i}^{n}\vec{F}'_{ij}\right)\mathrm{d}t=\sum_{i=1}^{n}m_i\vec{v}_i-\sum_{i=1}^{n}m_i\vec{v}_{i0} \tag{3-13}$$

式中，求和号 $\sum\limits_{i=1}^{n}\sum\limits_{j\neq i}^{n}\vec{F}'_{ij}$ 表示所有内力的矢量和，i 和 j 都从 1 到 n 变化所得的各项相加，但除去 $i=j$ 的项，即除去 $\vec{F}'_{11}$、$\vec{F}'_{22}\cdots$、$\vec{F}'_{nn}$ 各项。根据牛顿第三定律，内力总是成对出现，并且作用力 $\vec{F}'_{ij}$ 与反作用力 $\vec{F}'_{ji}$ 大小相等、方向相反，所以

$$\vec{F}'_{ij}+\vec{F}'_{ji}=0\quad(i\neq j)$$

因此 $\sum\limits_{i=1}^{n}\sum\limits_{j\neq i}^{n}\vec{F}'_{ij}=0$，即式 (3-13) 等号左侧第二项也等于零，故有

$$\int_{t_0}^{t}\left(\sum_{i=1}^{n}\vec{F}_i\right)\mathrm{d}t=\sum_{i=1}^{n}m_i\vec{v}_i-\sum_{i=1}^{n}m_i\vec{v}_{i0} \tag{3-14}$$

式中，$\sum\limits_{i=1}^{n}\vec{F}_i$ 为系统所受外力的矢量和，可用 $\vec{F}^{\mathrm{ex}}$ 表示；$\sum\limits_{i=1}^{n}m_i\vec{v}_{i0}$ 和 $\sum\limits_{i=1}^{n}m_i\vec{v}_i$ 分别表示质点系在初状态和末状态的总动量。式 (3-14) 表明，在一段时间内，作用于质点系所有外力冲量的矢量和等于质点系动量的增量。这个结论就是**质点系动量定理**。把式 (3-14) 对时间求导即可得到质点系动量定理的微分形式

$$\vec{F}^{\mathrm{ex}}=\frac{\mathrm{d}\vec{p}}{\mathrm{d}t} \tag{3-15}$$

式中，$\vec{p}=\sum\limits_{i=1}^{n}m_i\vec{v}_i$ 表示系统的总动量。式 (3-15) 表明，作用于质点系所有外力的矢量和等于质点系的总动量随时间的变化率。

质点系动量定理式 (3-15) 也可改写为

$$\vec{F}^{\mathrm{ex}}\mathrm{d}t=\mathrm{d}\vec{p} \tag{3-16}$$

它表明系统所受外力矢量和的元冲量等于系统总动量的元增量。

质点系动量定理还表达了这样一个事实：系统总动量的变化完全是外力作用的结果，而系统的内力是不能改变系统的总动量的，这是牛顿第三定律的直接结果。不论是万有引力、弹性力，还是摩擦力，只要它们是作为内力出现的，都不会改变系统的总动量。利用这个结论来研究几个物体组成的系统的动力学问题就可化繁为简了。

式 (3-11) 是矢量式，在处理具体问题时，常使用其分量式

$$\left.\begin{aligned}\int_{t_0}^{t}\sum F_{ix}\mathrm{d}t&=\sum m_iv_{ix}-\sum m_iv_{i0x}\\\int_{t_0}^{t}\sum F_{iy}\mathrm{d}t&=\sum m_iv_{iy}-\sum m_iv_{i0y}\\\int_{t_0}^{t}\sum F_{iz}\mathrm{d}t&=\sum m_iv_{iz}-\sum m_iv_{i0z}\end{aligned}\right\} \tag{3-17}$$

式 (3-17) 表明，外力的矢量和在某一方向的冲量等于在该方向上质点系动量分量的增量。

在人造地球卫星的定轨和运行过程中，常常需要纠正同步卫星的运行轨道。近来，采用一种叫作离子推进器的系统所产生的推力，使卫星能保持在适当的方位上。其基本原理就是质点系的动量定理。

例 3-4 一辆装煤车以 $v = 3\ \mathrm{m \cdot s^{-1}}$ 的速率从煤斗下面水平通过 (例 3-4 图)，已知每秒钟落入车厢的煤为 $\Delta m = 500\ \mathrm{kg}$。如果使车厢的速率保持不变，求拉动车厢的水平牵引力 $\vec{F}$ 的大小应等于多少？(车厢与钢轨间的摩擦忽略不计)

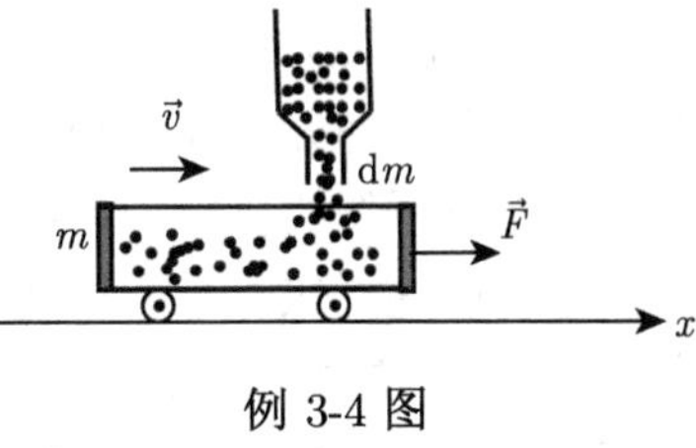

例 3-4 图

解 设 t 时刻煤车和车厢中已有煤的质量为 m，此后 $\mathrm{d}t$ 时间内又有 $\mathrm{d}m$ 的煤落入车厢。研究对象为 m 和 $\mathrm{d}m$ 组成的系统 (质点系)。

t 时刻，质点系的水平总动量

$$mv + \mathrm{d}m \cdot 0 = mv$$

$t+\mathrm{d}t$ 时刻，质点系的水平总动量

$$mv + \mathrm{d}m \cdot v = (m + \mathrm{d}m)v$$

$\mathrm{d}t$ 时间内，质点系水平总动量的增量为

$$\mathrm{d}p = (m + \mathrm{d}m)v - mv = \mathrm{d}m \cdot v$$

由质点系动量定理，有

$$F\mathrm{d}t = \mathrm{d}p = \mathrm{d}m \cdot v$$

所以，水平牵引力应为

$$F = \frac{\mathrm{d}m}{\mathrm{d}t}v = 500 \times 3 = 1.5 \times 10^3\mathrm{N}$$

3.2 动量守恒定律

从式 (3-14) 可以看出，当质点系所受外力的矢量和为零，即 $\vec{F}^{\mathrm{ex}} = 0$ 时，则系统的总动量的增量亦为零，即 $\vec{p} - \vec{p}_0 = 0$。这时系统的总动量保持不变，即

$$\vec{p} = \sum_{i=1}^{n} m_i \vec{v}_i = 恒矢量 \tag{3-18}$$

这就是**动量守恒定律**。它的表述为当系统所受外力的矢量和为零时，系统的总动量将保持不变。式 (3-18) 是动量守恒定律的矢量式，在直角坐标系中，其分量式为

$$\left.\begin{aligned} p_x &= \sum m_i v_{ix} = C_1 \ (当\ F_x^{\mathrm{ex}} = 0\ 时) \\ p_y &= \sum m_i v_{iy} = C_2 \ (当\ F_y^{\mathrm{ex}} = 0\ 时) \\ p_z &= \sum m_i v_{iz} = C_3 \ (当\ F_z^{\mathrm{ex}} = 0\ 时) \end{aligned}\right\} \tag{3-19}$$

式中，C_1、C_2 和 C_3 均为恒量。

在应用动量守恒定律时应该注意以下几点：

(1) 在动量守恒定律中，系统的动量是守恒量或不变量。由于动量是矢量，故系统的总动量不变是指系统内各物体动量的矢量和不变，而不是指其中某一个物体的动量不变。此外，各物体的动量还必须都相对于同一个惯性参考系。

(2) 系统的动量守恒是有条件的，这个条件就是系统所受外力的矢量和必须为零。然而，有时系统所受的外力矢量和虽不为零，但与系统的内力相比较，外力远小于内力，这时可以略去外力对系统的作用，认为系统的动量是守恒的。例如，像碰撞、打击、爆炸等这类问题，一般都可以这样来处理，这是因为参与碰撞的物体的相互作用时间很短，相互作用内力很大，而一般的外力 (如空气阻力、摩擦力、重力) 与内力比较，可忽略不计，所以在碰撞过程的前后，可认为参与碰撞的物体系统的总动量保持不变。

(3) 如果系统所受外力的矢量和并不为零，但外力在某个固定坐标轴上的分量和为零时，系统的总动量虽不守恒，但在该坐标轴的分动量则是守恒的。这一点对处理某些问题是很有用的。

(4) 动量守恒定律是物理学最普遍、最基本的定律之一。动量守恒定律虽然是从表述宏观物体运动规律的牛顿运动定律导出的，但近代的科学实验和理论分析都表明，在自然界中，大到天体间的相互作用，小到质子、中子、电子等微观粒子间的相互作用都遵守动量守恒定律；而在原子、原子核等微观领域中，牛顿运动定律却不适用。因此，动量守恒定律比牛顿运动定律更加基本，它与能量守恒定律一样，是自然界中最普遍、最基本的定律之一。

最后还应指出，动量定理和动量守恒定律只在惯性系中才成立。因此运用它们来求解问题时，要选定惯性系作为参考系。

例 3-5　如例 3-5 图所示，一质量为 $M = 1.5$ kg 的物体，用一根长为 $l = 1.25$ m 的细绳悬挂在天花板上，今有一质量为 $m = 10$ g 的子弹以 $v_0 = 500\ \mathrm{m{\cdot}s^{-1}}$ 的水平速度射穿物体，刚穿出物体时子弹的速度大小 $v = 30\ \mathrm{m{\cdot}s^{-1}}$，设穿透时间极短，求子弹穿出时物体的水平速度 v' 等于多少？

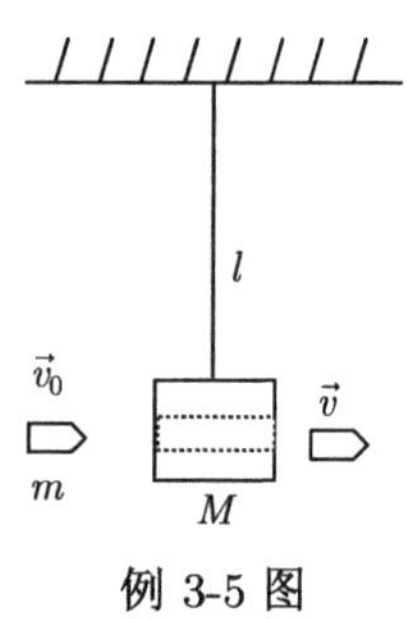

例 3-5 图

解　因子弹穿透物体的时间极短，故可认为物体未离开原来的平衡位置。于是对子弹和物体这一系统，在子弹射穿物体这一短暂过程中，它们所受的水平方向的外力为零，所以系统**水平方向动量守恒**。令子弹穿出时物体的水平速度为 v'，则有

$$mv_0 = mv + Mv'$$

解得

$$v' = \frac{m\,(v_0 - v)}{M} = 3.13\ \mathrm{m{\cdot}s^{-1}}$$

例 3-6　如例 3-6 图所示，质量为 20 g 的子弹以 400 $\mathrm{m{\cdot}s^{-1}}$ 速率射入原来静止的质量为 980 g 的摆球中。已知摆线的长度为 1 m，不可伸缩，且质量不计。求子弹刚射入完成时摆球的速率是多少？

解 子弹从击入开始到击入完成，经历了一个非常短暂的过程，在此过程中，摆线并未发生运动，因此子弹和摆球组成的系统，在水平方向上外力的矢量和为零，即 $\sum F_{外x}=0$，所以系统水平方向动量守恒。设子弹击入前的速率为 v_0，子弹和摆球击入刚完成后的速率为 v，则有

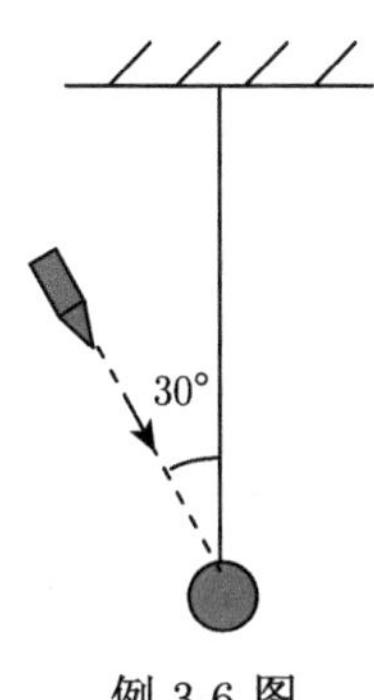

例 3-6 图

$$mv_0 \sin 30^\circ = (M+m)\,v$$

$$20 \times 400 \times \sin 30^\circ = 1000v$$

解得

$$v = 4\ \mathrm{m \cdot s^{-1}}$$

3.3 功 功率 动能定理

前面研究了力的时间积累效应，引入了冲量、动量等概念，并给出了与之相关的动量定理及动量守恒定律。本节将继续研究力的空间积累效应，引入功、动能和势能、保守力与非保守力等概念，以及相关的动能定理、功能原理及机械能守恒定律。

3.3.1 功

1. 恒力做功

如图 3-2 所示，恒力 $\vec{F}$ 作用于一个质点上，质点的位移是 $\Delta\vec{r}$，则在这段过程中恒力做功为

$$A = F\,|\Delta\vec{r}|\cos\theta = \vec{F}\cdot\Delta\vec{r} \tag{3-20}$$

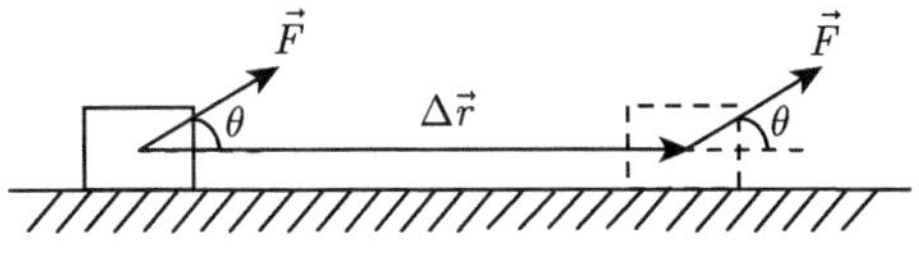

图 3-2 恒力做功

式中，θ 是力 $\vec{F}$ 和位移 $\Delta\vec{r}$ 的夹角。作用于质点上力的大小乘沿力方向的位移分量就是该力的功。功是力的空间累积作用。在 SI 中，功的单位是焦耳 (J)，功是一个标量。一个力对物体做功可正可负：当 $0 \leqslant \theta < \dfrac{\pi}{2}$ 时，力对物体做功为正，$A>0$；当 $\theta = \dfrac{\pi}{2}$ 时，力对物体做功为零，$A=0$；当 $\dfrac{\pi}{2} < \theta \leqslant \pi$ 时，力对物体做功为负，$A<0$，或者说物体克服外力做功。

2. 变力做功

一般情况下，作用在质点上的力的大小和方向都随质点位置变化而变化。若一个质点在变力 $\vec{F}$ 的作用下沿曲线从 a 位置运动到 b 位置，如图 3-3 所示。在这段过程中，变力 $\vec{F}$

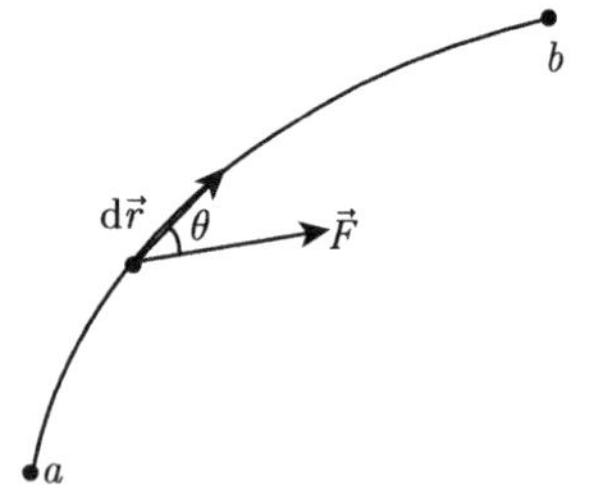

图 3-3　变力做功

所做功可以采用微积分的方法进行计算：

(1) 将质点的位移 $\overrightarrow{ab}$ 分割成无穷多个无限小的元位移 d$\vec{r}$ 的组合；

(2) 在每个元位移上，力可视为恒力，$\vec{F}$ 对质点的元功为

$$\mathrm{d}A = \vec{F}\cdot\mathrm{d}\vec{r} = F\,|\mathrm{d}\vec{r}|\cos\theta \tag{3-21}$$

式中，θ 是元位移处 $\vec{F}$ 与 d$\vec{r}$ 之间的夹角，因为元位移的大小可用路程 ds 表示，即 $|\mathrm{d}\vec{r}| = \mathrm{d}s$，所以元功也可以表示为

$$\mathrm{d}A = F\mathrm{d}s\cos\theta = F_\tau \mathrm{d}s \tag{3-22}$$

(3) 在质点从 a 点运动到 b 点的整个过程中，有无穷多个元位移、无穷多个元功，则整个过程中，变力 $\vec{F}$ 做的功应等于所有元功的代数和，即

$$A = \int \mathrm{d}A = \int_a^b \vec{F}\cdot\mathrm{d}\vec{r} = \int_a^b F\cos\theta\mathrm{d}s \tag{3-23}$$

在数学形式上，力的功等于力 $\vec{F}$ 沿路径 L 从 a 到 b 的线积分 (图 3-3)。表达式 (3-23) 对任何参考系都是成立的，它是力的空间累积效果。在直角坐标系中，式 (3-23) 可写成

$$\vec{F} = F_x\hat{i} + F_y\hat{j} + F_z\hat{k}$$

$$\mathrm{d}\vec{r} = \mathrm{d}x\hat{i} + \mathrm{d}y\hat{j} + \mathrm{d}z\hat{k}$$

$$A = \int_a^b \vec{F}\cdot\mathrm{d}\vec{r} = \int_a^b (F_x\mathrm{d}x + F_y\mathrm{d}y + F_z\mathrm{d}z) \tag{3-24}$$

功也可以采用图示方法来计算。如图 3-4 所示，纵坐标表示作用在质点上的力沿位移方向的分量 $F\cos\theta$，横坐标表示质点沿曲线运动的路程。图中的曲线表示 $F\cos\theta$ 随路径变化的函数关系，曲线下所包围的面积等于变力 $\vec{F}$ 所做的功。

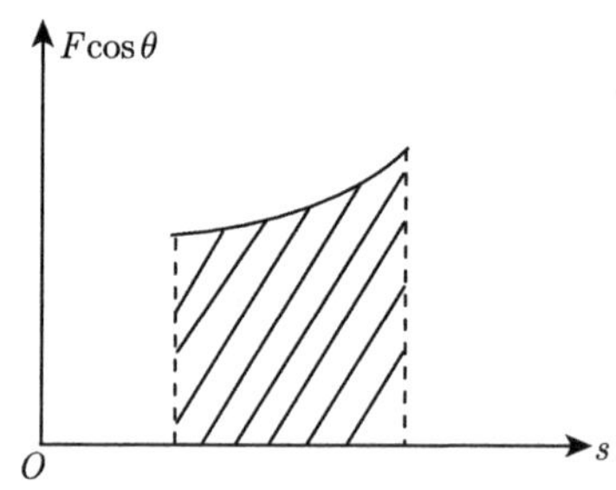

图 3-4　变力做功 $F\cos\theta$-s 图

3. 合力的功

物体受到 $\vec{F}_1$、$\vec{F}_2$、$\cdots$、$\vec{F}_n$ 的作用从 a 点移动到 b 点，则合力 $\vec{F}$ 所做的功等于各分力所做功的代数和。

$$\begin{aligned} A &= \int_a^b \vec{F}\cdot\mathrm{d}\vec{r} = \int_a^b (\vec{F}_1 + \vec{F}_2 + \cdots + \vec{F}_n)\cdot\mathrm{d}\vec{r} \\ &= \int_a^b \vec{F}_1\cdot\mathrm{d}\vec{r} + \int_a^b \vec{F}_2\cdot\mathrm{d}\vec{r} + \cdots + \int_a^b \vec{F}_n\cdot\mathrm{d}\vec{r} = A_1 + A_2 + \cdots + A_n \end{aligned} \tag{3-25}$$

4. 一对作用力与反作用力的功

两个质量为 m_1 和 m_2 的质点，它们相对于参考点 O 的位矢分别为 $\vec{r}_1$ 和 $\vec{r}_2$，两质点在dt 时间内的元位移分别为 d$\vec{r}_1$ 和 d$\vec{r}_2$，它们间的相互作用力为 $\vec{f}_{12}$ 和 $\vec{f}_{21}$，$\vec{f}_{12} = -\vec{f}_{21}$ (图 3-5)。

$\vec{f}_{12}$ 和 $\vec{f}_{21}$ 对质点 m_1 和 m_2 做功之和为

$$\mathrm{d}A = \vec{f}_{12}\cdot\mathrm{d}\vec{r}_1 + \vec{f}_{21}\cdot\mathrm{d}\vec{r}_2 = \vec{f}_{12}\cdot\mathrm{d}(\vec{r}_1 - \vec{r}_2) = \vec{f}_{12}\cdot\mathrm{d}\vec{r}_{12} \tag{3-26}$$

式中，$\vec{r}_{12}$ 是 m_1 相对于 m_2 的位置矢量；$\mathrm{d}\vec{r}_{12}$ 为 m_1 相对于 m_2 的位移。

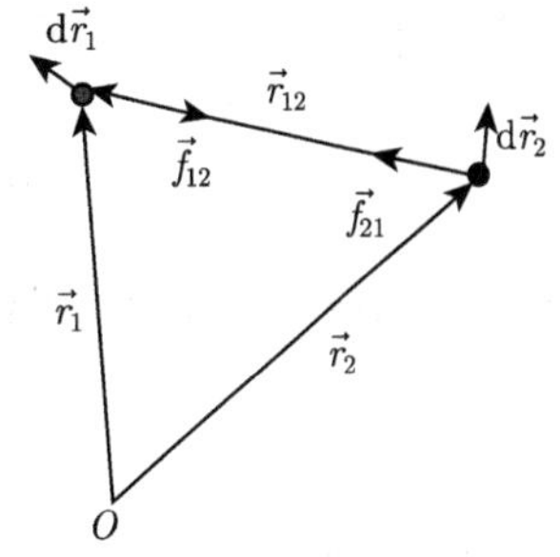

图 3-5 一对作用力和反作用力的功

两质点间的一对作用力和反作用力所做功之和等于其中一个质点受的力沿着该质点相对于另一质点移动的路径所做的功。

在经典力学中，两质点的相对位移不随参考系改变。因此凡是遵从牛顿第三定律的一对作用力与反作用力做功之和均与参考系的选取无关，并且不论在惯性系中还是在非惯性系中都如此。

要注意的是：

(1) 功是标量，有正负之分。

(2) 功是过程量，与路径有关。

(3) 功是相对量。因为在不同的参考系中，同一物体运动的位移是不一样的。

(4) 作用力和反作用力做功的总和不一定为零。

(5) 一对相互作用力做的功与参考系无关。

例 3-7 如例 3-7 图所示，水平桌面上一质点的质量为 m，质点与桌面间的摩擦系数为 μ。求：(1) 当质点沿直径从 a 点运动到 b 点，摩擦力所做的功 $A_{1\overline{ab}}$；(2) 当质点沿圆弧从 a 点运动到 b 点，摩擦力所做的功 $A_{2\overset{\frown}{ab}}$。(已知圆周的半径为 R)

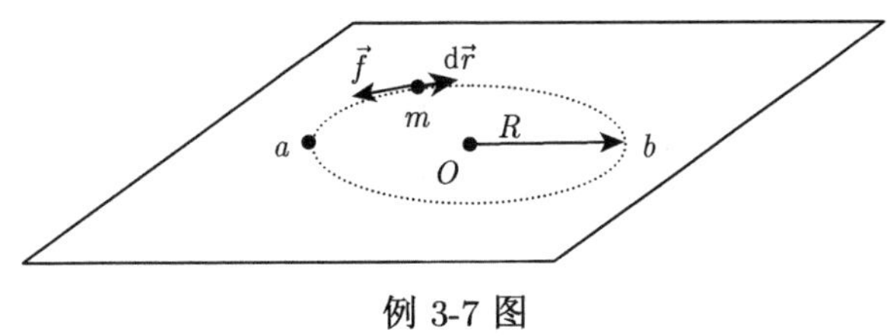

例 3-7 图

解 (1) 质点沿直径从 a 点运动到 b 点，摩擦力所做的功为

$$A_{1\overline{ab}} = \int_a^b \vec{f}_r\cdot\mathrm{d}\vec{r} = -2\mu mgR$$

(2) 质点沿圆弧从 a 点运动到 b 点，摩擦力所做的功为

$$A_{2\overset{\frown}{ab}} = \int_a^b \vec{f}_r\cdot\mathrm{d}\vec{r} = -\mu mg\pi R$$

例 3-8 从 10 m 深的井中把总质量为 10 kg 的水 (包含水桶的质量)，用电机以加速率 g 上提，水桶每升高 1 m 漏 0.2 kg 的水，则当把水从井中水面提升到井口的过程中，电机做了多少功?

解 建立 Oy 坐标系，坐标原点 O 位于井中水面，y 轴竖直向上。

根据题意，水桶及水的质量随高度的变化关系为

$$m = m(y) = m_0 - 0.2y = 10 - 0.2y$$

由牛顿第二定律，电机提升水桶的拉力 F 满足

$$F - mg = ma = mg, \quad F = 2mg$$

则电机拉力所做的功为

$$\begin{aligned} A &= \int_0^{10} F\mathrm{d}y = \int_0^{10} 2mg\mathrm{d}y \\ &= \int_0^{10} 2 \times (10 - 0.2y)g\mathrm{d}y \\ &= 2 \times (10y - 0.1y^2) \times 9.8\Big|_0^{10} \\ &= 1.76 \times 10^3 \text{ J} \end{aligned}$$

3.3.2 功率

在实际工作中，一个值得考虑的重要问题是做功的快慢，因此需引入反映做功快慢的物理量：平均功率和瞬时功率。

1. 平均功率

设力在 Δt 时间里做功 ΔA，则在这段时间内该力所做的功与时间的比值，叫作这段时间的力的**平均功率**

$$\bar{P} = \frac{\Delta A}{\Delta t} \tag{3-27}$$

平均功率的单位：瓦特 (W)，1 W = 1 J·s^{-1}。

2. 瞬时功率

力在 $\mathrm{d}t$ 时间所做的功 $\mathrm{d}A$ 与时间 $\mathrm{d}t$ 的比值叫力的**瞬时功率**

$$P = \lim_{\Delta t \to 0} \frac{\Delta A}{\Delta t} = \frac{\mathrm{d}A}{\mathrm{d}t} \tag{3-28}$$

$$P = \frac{\mathrm{d}A}{\mathrm{d}t} = \vec{F} \cdot \frac{\mathrm{d}\vec{r}}{\mathrm{d}t} = \vec{F} \cdot \vec{v} \tag{3-29}$$

$\vec{F}$ 是物体受到的作用力，$\vec{v}$ 是物体的运动速度。可以看出作用力的功率一定时，物体的运动速率小，作用力大；物体的速率大，则作用力小。

例 3-9 质量为 2 kg 的物体在变力 $\vec{F} = 12t\hat{i}$ (SI) 作用下，由静止出发沿 x 轴做直线运动。试求：(1) 前 2 s 内变力做的功；(2) 第 1 s 末和第 2 s 末的功率。

解 (1) 变力做功

$$A = \int_a^b \vec{F} \cdot \mathrm{d}\vec{r} = \int_a^b F_x \mathrm{d}x = \int_a^b 12t \cdot v\mathrm{d}t$$

由牛顿第二定律

$$a=\frac{F}{m}=\frac{12t}{2}=6t$$

所以

$$\mathrm{d}v=6t\mathrm{d}t,\quad \int_0^v \mathrm{d}v=\int_0^t 6t\mathrm{d}t,\quad v=3t^2$$

所以前 2 s 内变力做的功为

$$A=\int_0^2 12t\cdot 3t^2\mathrm{d}t=144\ \mathrm{J}$$

(2) 物体在变力作用下做变速直线运动，其瞬时功率是

$$P=\vec{F}\cdot\vec{v}=Fv=12t\times 3t^2=36t^3$$

当 $t=1$ s 时，$P_1=36\times 1^3=36$ W
当 $t=2$ s 时，$P_2=36\times 2^3=288$ W

3.3.3 动能定理

外力对物体做功，这样的力对物体位移的积累作用会对物体的运动状态产生什么样的影响？

1. 外力做功与物体运动状态变化之间的关系

1) 恒力做功

设物体在恒定的合外力 $\vec{F}$ 作用下，做匀加速直线运动，加速度为 $\vec{a}_t$，位移为 $\Delta\vec{r}$，根据匀加速直线运动公式 $v^2=v_0^2+2a_t|\Delta\vec{r}|$，可得 $a_t|\Delta\vec{r}|=\dfrac{1}{2}v^2-\dfrac{1}{2}v_0^2$。

计算恒力 $\vec{F}$ 做的功，并将牛顿第二定律 $\vec{F}=m\vec{a}_t$ 代入，考虑到 $\vec{a}_t$ 与 $\Delta\vec{r}$ 方向相同，得

$$A=\vec{F}\cdot\Delta\vec{r}=ma_{\mathrm{t}}|\Delta\vec{r}|=\frac{1}{2}mv^2-\frac{1}{2}mv_0^2 \tag{3-30}$$

计算结果表明，恒力所做的功改变了物体的运动状态，这个状态量为 $\dfrac{1}{2}mv^2$。

2) 变力做功

计算变力做的功，根据变力做功的计算公式 (3-23)，并将牛顿第二定律代入得

$$\begin{aligned}A&=\int_a^b\vec{F}\cdot\mathrm{d}\vec{r}=\int_a^b F\cos\theta\mathrm{d}s=\int_a^b ma_\tau\mathrm{d}s\\&=\int_a^b m\frac{\mathrm{d}v}{\mathrm{d}t}\mathrm{d}s=\int_{v_0}^v mv\mathrm{d}v=\frac{1}{2}mv^2-\frac{1}{2}mv_0^2\end{aligned} \tag{3-31}$$

计算表明，变力所做的功改变了物体的运动状态，这个状态量也为 $\dfrac{1}{2}mv^2$。

3) 动能

从上面的计算可以看出，恒力或变力所做的功，改变的都是物体的状态量 $\dfrac{1}{2}mv^2$，这个状态量就叫物体的**动能**。

$$E_{\mathrm{k}}=\frac{1}{2}mv^2 \tag{3-32}$$

物体的动能是标量和状态量，它的变化代表外力对它做功了或它对外界做功了，因此其数量代表了某时刻物体可以做功的能力，因其与速度有关，所以叫作动能。动能是相对量，与参考系的选择有关。

动能的单位是 J(焦耳)，简称焦，与功的单位和量纲相同。

2. 质点动能定理

在功的计算公式中，我们已找到了外力做功与物体运动状态改变的关系：合外力做功等于物体动能的增量，这就是质点的**动能定理**。

$$A = E_{\mathrm{k}} - E_{\mathrm{k}0} \tag{3-33}$$

式中，A 是合外力对物体 (质点) 所做的功；E_{k} 是物体末状态的动能；$E_{\mathrm{k}0}$ 是物体初状态的动能；$E_{\mathrm{k}} - E_{\mathrm{k}0}$ 是物体动能的增量，增量值可以是正的，也可以是负的。如果是正的表示外力对物体做正功，物体动能增加；如果是负的表示物体克服外力做功，物体的动能减小。

质点的动能定理是过程方程，它描述了物体在一个机械运动过程中所满足的关系，即过程量 A 与状态量 E_{k} 的增量之间的关系。这样的过程方程，有时会给求解机械运动问题带来方便。过程量 A 一般与过程有关，往往比较难求，但有了质点动能定理后，我们可以计算过程始、末状态质点动能的变化 (往往容易求)，从而求出过程量 A。

质点的动能定理只在惯性参考系中成立，如果要在非惯性系中使用动能定理，不仅需要考虑物体所受合外力做的功，还必须考虑惯性力所做的功。

例 3-10 质量为 m 的物体在阻尼介质中做直线运动，阻尼力 $\vec{f}$ 与物体的速度 $\vec{v}$ 的关系为 $\vec{f} = -mk\vec{v}$，k 为正的常数。物体以初速度 $\vec{v}_0$ 开始运动，计算最后静止时阻尼力所做的功，证明阻尼力做功的值正好等于物体损失的动能。

解 阻尼力做功为

$$A_f = \int_{\text{初}}^{\text{末}} \vec{f} \cdot \mathrm{d}\vec{r} = \int_{\text{初}}^{\text{末}} f_x \cdot \mathrm{d}x = \int_{\text{初}}^{\text{末}} -mkv\mathrm{d}x$$

由牛顿第二定律，得

$$-mkv = m\frac{\mathrm{d}v}{\mathrm{d}t} = m\frac{\mathrm{d}v}{\mathrm{d}x}\frac{\mathrm{d}x}{\mathrm{d}t} = mv\frac{\mathrm{d}v}{\mathrm{d}x}$$

所以

$$\mathrm{d}x = -\frac{\mathrm{d}v}{k}$$

代入功的积分式，得

$$A_f = \int_{v_0}^{0} mv\mathrm{d}v = -\frac{1}{2}mv_0^2$$

这一过程，物体的动能损失为

$$E_{\mathrm{k}\text{损}} = E_{\mathrm{k}\text{初}} - E_{\mathrm{k}\text{末}} = \frac{1}{2}mv_0^2$$

可见，这一过程阻尼力做功的值正好等于物体损失的动能，即 $|A_f| = E_{\mathrm{k}\text{损}}$。

例 3-11 用铁锤将一铁钉击入木板内，设木板对铁钉的阻力与铁钉进入木板的深度成正比 $(f=-kx)$，铁钉第一次被击入板内深度为 2 cm，第二次能击入多深？(设两次锤击钉速度相同)

解 第一次击入深度为 x_1 时，阻力所做的功为

$$A_1=\int_0^{x_1} f\mathrm{d}x=\int_0^{x_1} -kx\mathrm{d}x=-\frac{1}{2}kx_1^2$$

当击入深度为 $x_1=2$ cm 时，$A_1=-2k$。

当第二次锤击钉时，阻力所做的功为

$$A_2=\int_2^{x_2} f\mathrm{d}x=\int_2^{x_2} -kx\mathrm{d}x=-\frac{1}{2}kx_2^2+2k$$

因为两次锤击钉的速度 v 相同，由动能定理可得

$$A_1=A_2=0-\frac{1}{2}mv^2$$

所以

$$-2k=-\frac{1}{2}kx_2^2+2k$$

$$x_2=2\sqrt{2}\ \mathrm{cm}$$

则第二次击入深度为

$$\Delta x=x_2-x_1=\left(2\sqrt{2}-2\right)\ \mathrm{cm}$$

3.4 保守力与非保守力 势能

3.3 节介绍了作为机械运动能量之一的动能。本节将介绍另一种机械运动的能量，即势能。为此，从万有引力、弹性力以及摩擦力等力的做功特点出发，引出保守力和非保守力概念，然后介绍引力势能、弹性势能和重力势能。

3.4.1 保守力做功特点

1. *万有引力做功*

如图 3-6 所示，有两个质量为 m 和 m' 的质点，其中质点 m' 固定不动，m 经任一路径由 A 点运动到 B 点。如取 m' 的位置为坐标原点 O，那么 A、B 两点对 m' 的位矢分别为 $\vec{r}_A$ 和 $\vec{r}_B$。设在某一时刻质点 m 相对质点 m' 的距离为 r，其位矢为 $\vec{r}$，这时质点 m 受到质点 m' 的万有引力为

$$\vec{F}=-G\frac{m'm}{r^2}\hat{r}$$

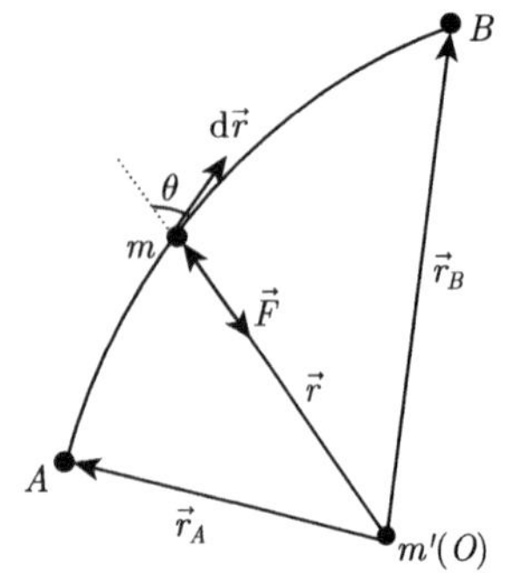

图 3-6　万有引力做功

式中，$\hat{r}$ 为沿位矢 $\vec{r}$ 的单位矢量。当 m 沿路径移动元位移 d$\vec{r}$ 时，万有引力做的元功为

$$\mathrm{d}A=\vec{F}\cdot\mathrm{d}\vec{r}=-G\frac{m'm}{r^2}\hat{r}\cdot\mathrm{d}\vec{r} \tag{3-34}$$

从图 3-6 可以看出

$$\hat{r}\cdot\mathrm{d}\vec{r}=|\hat{r}|\cdot|\mathrm{d}\vec{r}|\cos\theta=|\mathrm{d}\vec{r}|\cos\theta=\mathrm{d}r$$

式中，θ 是单位矢量 $\hat{r}$ 与元位移 d$\vec{r}$ 的夹角；dr 是质点 m 相对 m' 距离的元增量。

于是，万有引力做的元功应为

$$\mathrm{d}A=-G\frac{m'm}{r^2}\mathrm{d}r$$

所以，质点 m 从 A 点沿任一路径到达 B 点的过程中，万有引力做的功为

$$A=\int_A^B\mathrm{d}A=-Gm'm\int_{r_A}^{r_B}\frac{1}{r^2}\mathrm{d}r$$

即

$$A=-Gm'm\left(\frac{1}{r_A}-\frac{1}{r_B}\right) \tag{3-35}$$

式 (3-35) 表明，当质点的质量 m' 和 m 给定时，万有引力做的功只取决于质点 m 的起点和终点位置，而与所经过的路径无关，这是万有引力做功的一个重要特点。所以万有引力是保守力。

2. 重力做功

首先考察在地面附近不大的区域中，重力做功的特点。在垂直地面的平面中建立坐标系 O-xy，y 坐标轴垂直于地面向上 (图 3-7)。设某个质点质量为 m，从 A 点经曲线轨迹 ACB 运动到 B 点，现计算重力在这过程中对质点所做的功。先计算轨迹上任一质点发生位移 d$\vec{r}$ 重力所做的元功

$$\mathrm{d}A=m\vec{g}\cdot\mathrm{d}\vec{r}=-mg\hat{j}\cdot(\mathrm{d}x\hat{i}+\mathrm{d}y\hat{j})=-mg\mathrm{d}y \tag{3-36}$$

计算 A 点到 B 点过程中重力做的总功为

$$A=\int_A^B\mathrm{d}A=-\int_{y_A}^{y_B}mg\mathrm{d}y=mgy_A-mgy_B \tag{3-37}$$

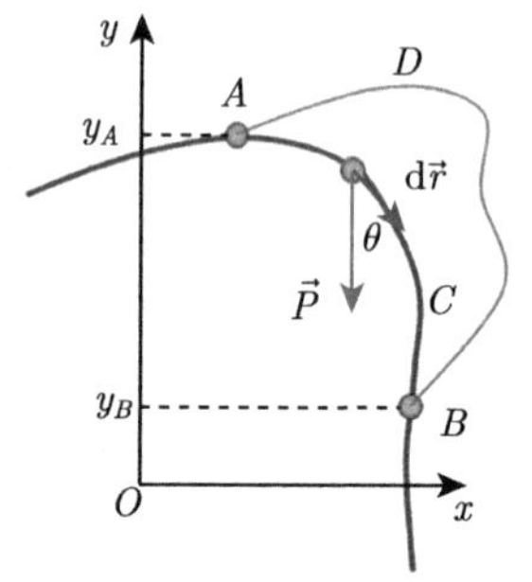

图 3-7　重力做功

从总功结果看出，重力所做的功只与质点的始末位置有关，与 A 点到 B 点的路径无关 (在计算结果中轨迹方程没有任何体现)，所以重力是保守力。

3. 弹性力做功

如图 3-8 所示是一放置在光滑平面上的弹簧，弹簧的一端固定，另一端与一质量为 m 的物体相连接。当弹簧在水平方向不受外力作用时，它将不发生形变，此时物体位于点 O(即

位于 $x=0$ 处)，这个位置叫作平衡位置。现以平衡位置 O 为坐标原点，向右为 Ox 轴正向建立坐标系。

在弹性限度内，若物体 m 位于 x 位置处，弹簧的伸长量为 x，根据胡克定律，弹簧的弹性力 $\vec{F}$ 为

$$\vec{F}=-kx\hat{i}$$

弹性力是变力。式中，k 称为弹簧的劲度系数。当物体 m 发生元位移 $\mathrm{d}x\hat{i}$ 时，弹性力 $\vec{F}$ 做的元功为

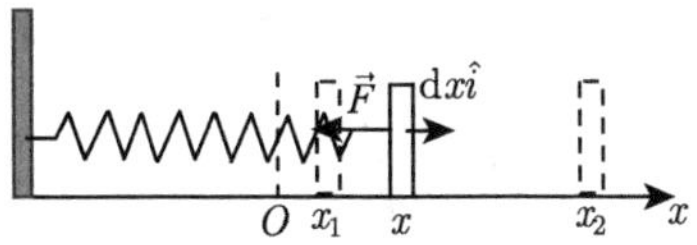

图 3-8　弹性力做功

$$\mathrm{d}A=\vec{F}\cdot\mathrm{d}\vec{r}=-kx\hat{i}\cdot\mathrm{d}\vec{x}=-kx\mathrm{d}x \tag{3-38}$$

物体 m 在弹性力作用下从初位置 x_1 运动到末位置 x_2 的过程，弹性力所做的功为

$$A=\int_{初}^{末}\mathrm{d}A=-k\int_{x_1}^{x_2}x\mathrm{d}x=-\left(\frac{1}{2}kx_2^2-\frac{1}{2}kx_1^2\right) \tag{3-39}$$

从结果可以看出，在弹性限度内，弹性力所做的功只与物体的起点和终点的位置 (x_1 和 x_2) 有关，而与路径无关。这一特点与万有引力做功、重力做功的特点是相同的。所以弹簧弹性力也是保守力。

应当指出，这里所用的弹簧物体系统，虽只是一个特例，但上述结论适用于一切弹性力作用的系统。

3.4.2　保守力与非保守力　保守力做功的数学表达式

从上述对万有引力、重力、弹性力做功的讨论中可以看出，它们对物体所做的功只与物体的始、末位置有关，而与路径无关。这是它们的一个共同特点。我们把具有这种特点的力叫作**保守力**。除了上面所讲的万有引力、重力、弹性力是保守力，电荷间相互作用的库仑力也是保守力。

如何用一个统一的数学式，把各种保守力做功与路径无关这一特点表达出来呢？

如图 3-9(a) 所示，设一质点在保守力 $\vec{F}$ 的作用下，自 A 点沿路径 ACB 到达 B 点，或

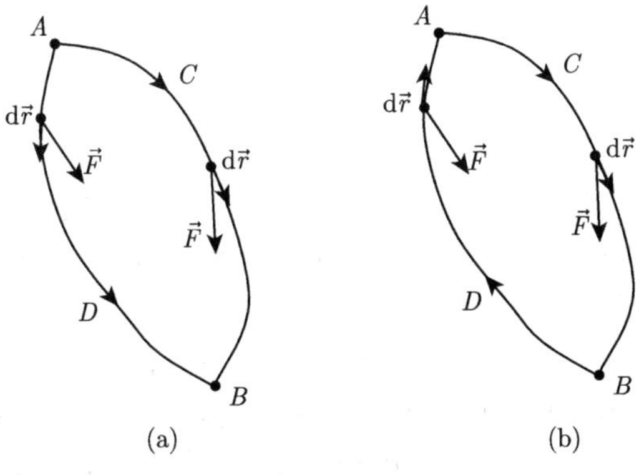

图 3-9　保守力做功

沿路径 ADB 到达 B 点。根据保守力做功与路径无关的特点，有

$$A_{ACB} = \int_{ACB} \vec{F} \cdot \mathrm{d}\vec{r} = A_{ADB} = \int_{ADB} \vec{F} \cdot \mathrm{d}\vec{r} \tag{3-40}$$

显然，此积分结果只是 A、B 两点位置的函数。如果质点沿如图 3-9(b) 所示的 $ACBDA$ 闭合路径运动一周时，保守力对质点做的功为

$$A = \oint_L \vec{F} \cdot \mathrm{d}\vec{r} = \int_{ACB} \vec{F} \cdot \mathrm{d}\vec{r} + \int_{BDA} \vec{F} \cdot \mathrm{d}\vec{r} = \int_{ACB} \vec{F} \cdot \mathrm{d}\vec{r} - \int_{ADB} \vec{F} \cdot \mathrm{d}\vec{r}$$

由于

$$\int_{ACB} \vec{F} \cdot \mathrm{d}\vec{r} = \int_{ADB} \vec{F} \cdot \mathrm{d}\vec{r}$$

所以，上式为

$$A = \oint_L \vec{F} \cdot \mathrm{d}\vec{r} = 0 \tag{3-41}$$

式 (3-41) 表明，质点沿任意闭合路径运动一周时，保守力对它所做的功为零。式 (3-40) 是反映保守力做功特点的数学表达式。无论是万有引力、重力、弹性力，还是库仑力，它们沿闭合路径做功都符合式 (3-41)。此外还应指出，式 (3-41) 是根据式 (3-40) 得出的，所以，可以说，保守力做功与路径无关的特点与保守力沿任意闭合路径一周做功为零的特点是一致的，也是等效的。

然而，在物理学中并非所有的力都具有做功与路径无关这一特点，例如，常见的摩擦力，它所做的功就与路径有关，路径越长，摩擦力做的功也越大。显然，摩擦力就不具有保守力做功的特点。另外，还有一些力做功也与路径有关，如磁场对电流作用的安培力，安培力做功与路径有关。我们把这种做功与路径有关的力叫作**非保守力**，摩擦力、磁场力就是非保守力。

3.4.3 势能

由于保守力做功只与质点的始、末位置有关，可以引入一个位置状态函数，使这个函数在始、末位置的增量恰好决定于受力质点自初始位置通过任意路径到达终止位置保守力做的功。这个与质点位置有关的函数称为系统的**势能**。用符号 E_{P} 表示。

若用 E_{P0}、E_{P} 分别表示质点在始、末位置的势能，用 $A_{保}$ 表示质点自始位置到末位置过程中保守力做的功，则

$$E_{\mathrm{P}} - E_{\mathrm{P0}} = -A_{保} \tag{3-42}$$

这就是势能的定义，当质点在某一保守力作用下，自初始位置通过任意路径到达终止位置，系统势能的增量等于保守力在这一过程中做功的负值。如果保守力做正功，则势能减少；如果保守力做负功，则势能增加。

势能是位置的函数，对于空间不同的点，一般具有不同的势能。如果人为选择某点，并规定该点的势能为零，则该点称为势能零点。势能零点的选择是任意的。如果选择保守力做功的起点位置为势能零点，即 $E_{\mathrm{P0}} = 0$，则质点在终点位置时，系统的势能为

$$E_{\mathrm{P}} = -A_{保} \tag{3-43}$$

这是势能的另一种定义，质点在某一位置时系统的势能等于将该质点从势能零点移动到该位置保守力做功的负值。或者，质点在某一位置时系统的势能等于将该质点从该点移到势能零点过程保守力做的功。

对于引力势能，常常选择以引力相互作用的两质点相距无穷远时为势能零点，即 $r_0 \to \infty$ 时，$E_{\mathrm{P}0} = 0$，则以引力相互作用的两质点构成的系统的**引力势能**为

$$E_{\mathrm{P}} = -G\frac{m'm}{r} \tag{3-44}$$

对于重力，通常选择质点位于地球表面的位置为势能零点，即 $y_0 = 0$ 时，$E_{\mathrm{P}0} = 0$，则地球与受重力作用的质点构成的系统的**重力势能**为

$$E_{\mathrm{P}} = mgy \tag{3-45}$$

对于弹簧，通常选择弹簧原长时为势能零点，则系统的**弹性势能**为

$$E_{\mathrm{P}} = \frac{1}{2}kx^2 \tag{3-46}$$

为加深对势能的理解，我们再作一些讨论：

(1) 势能是只有大小、没有方向的状态量。在保守力作用下，只要质点的起点和终点位置确定了，保守力所做的功也就确定了，而与所经过的路径是无关的。所以说，势能是坐标的函数，也是状态的函数，即 $E_{\mathrm{P}} = E_{\mathrm{P}}(x, y, z)$。前面还说过，动能也是状态的函数，即 $E_{\mathrm{k}} = E_{\mathrm{k}}(v_x, v_y, v_z)$。

(2) 势能的相对性。势能的值与势能零点的选取有关。一般选地面的重力势能为零，引力势能的零点取在无限远处，而水平放置的弹簧处于平衡位置时，其弹性势能为零。当然，势能零点也可以任意选取，选取不同的势能零点，物体的势能就将具有不同的值。所以，通常说势能具有相对意义。但也应当注意，任意两点间的势能之差却是具有绝对性的。

(3) 势能是属于系统的。势能是属于以保守力相互作用的物体系统的。单独谈单个质点的势能是没有意义的。应当注意，在平常叙述时，常将地球与质点系统的重力势能说成是质点的势能，这只是为了叙述上的简便，其实它是属于地球和质点系统的。类似的，质点的引力势能属于以万有引力相互作用的两个质点组成的系统。弹性势能属于弹簧和质点构成的系统。

3.4.4 势能与保守力的微分关系

由保守力做功等于势能增量的负值，即存在关系

$$\vec{F} \cdot \mathrm{d}\vec{r} = -\mathrm{d}E_{\mathrm{P}} \tag{3-47}$$

在直角坐标系中，该关系式可写成

$$F_x\mathrm{d}x + F_y\mathrm{d}y + F_z\mathrm{d}z = -\left(\frac{\partial E_{\mathrm{P}}}{\partial x}\mathrm{d}x + \frac{\partial E_{\mathrm{P}}}{\partial y}\mathrm{d}y + \frac{\partial E_{\mathrm{P}}}{\partial z}\mathrm{d}z\right) \tag{3-48}$$

所以，保守力与势能的微分关系

$$\begin{cases} F_x = -\dfrac{\partial E_{\mathrm{P}}}{\partial x} \\ F_y = -\dfrac{\partial E_{\mathrm{P}}}{\partial y} \\ F_z = -\dfrac{\partial E_{\mathrm{P}}}{\partial z} \end{cases} \tag{3-49}$$

或者，该关系式也可表示为

$$\vec{F} = -\nabla E_{\mathrm{P}} \tag{3-50}$$

式中，$\nabla = \dfrac{\partial}{\partial x}\hat{i} + \dfrac{\partial}{\partial y}\hat{j} + \dfrac{\partial}{\partial z}\hat{k}$，称为哈密顿算子，在保守力场中，空间任意一点保守力矢量等于该点势能梯度的负值。

例 3-12　两核子间强相互作用势能为 $E_{\mathrm{P}}(r) = -E_0\left(\dfrac{r_0}{r}\right)\mathrm{e}^{-\frac{r}{r_0}}$，其中 r 是两核子间的距离，E_0 约为 50 MeV，r_0 约为 1.5×10^{-15} m。(1) 求 F 与 r 的函数关系；(2) 求 $r = r_0$、$r = 2r_0$、$r = 5r_0$、$r = 10r_0$ 时 F 的值。

解　(1) 由势能与保守力的微分关系，得

$$F(r) = -\frac{\mathrm{d}E_{\mathrm{P}}(r)}{\mathrm{d}r} = -\frac{\mathrm{d}}{\mathrm{d}r}\left[-E_0\left(\frac{r_0}{r}\right)\mathrm{e}^{-\frac{r}{r_0}}\right] = -E_0\left(\frac{r_0}{r}\right)\left(\frac{1}{r} + \frac{1}{r_0}\right)\mathrm{e}^{-\frac{r}{r_0}}$$

$F(r) < 0$，核子间的强力为引力。

(2) $r = r_0$ 时，$|F|_{r=r_0} = E_0\dfrac{2}{r_0}\mathrm{e}^{-1} = \dfrac{2E_0}{\mathrm{e}r_0} = 3.29 \times 10^3\ \mathrm{N} = F_0$；

$r = 2r_0$ 时，$|F|_{r=2r_0} = E_0\dfrac{r_0}{2r_0}\left(\dfrac{1}{2r_0} + \dfrac{1}{r_0}\right)\mathrm{e}^{-2} = 0.54 \times 10^3\ \mathrm{N} = \dfrac{3}{8\mathrm{e}}F_0$；

$r = 5r_0$ 时，$|F|_{r=5r_0} = E_0\dfrac{r_0}{5r_0}\left(\dfrac{1}{5r_0} + \dfrac{1}{r_0}\right)\mathrm{e}^{-5} = \dfrac{3}{25\mathrm{e}^4}F_0$；

$r = 10r_0$ 时，$|F|_{r=10r_0} = E_0\dfrac{r_0}{10r_0}\left(\dfrac{1}{10r_0} + \dfrac{1}{r_0}\right)\mathrm{e}^{-10} = \dfrac{11}{200\mathrm{e}^9}F_0$。

从计算结果可见，F 只在数量级为 10^{-14} m 有明显作用，强力是短程力。

3.4.5　势能曲线

当坐标系和势能零点一经确定后，则各种形式的势能是质点的空间坐标的函数，即 $E_{\mathrm{P}} = E_{\mathrm{P}}(x, y, z)$。按此函数画出的势能随坐标变化的曲线，称为**势能曲线**。势能曲线能够更加直观、形象地展示势能随空间坐标的变化关系。

图 3-10 是重力势能的势能曲线，该曲线是过原点的一条直线。图 3-11 是弹性势能的势能曲线，该曲线是一条通过原点的抛物线。原点为平衡位置，其势能为零，它是弹性势能的最小值。图 3-12 是万有引力势能的势能曲线，是一条双曲线。从图中可见，当 $r \to \infty$ 时，引力势能趋于零，这与前面规定在无限远处万有引力势能为零是一致的。

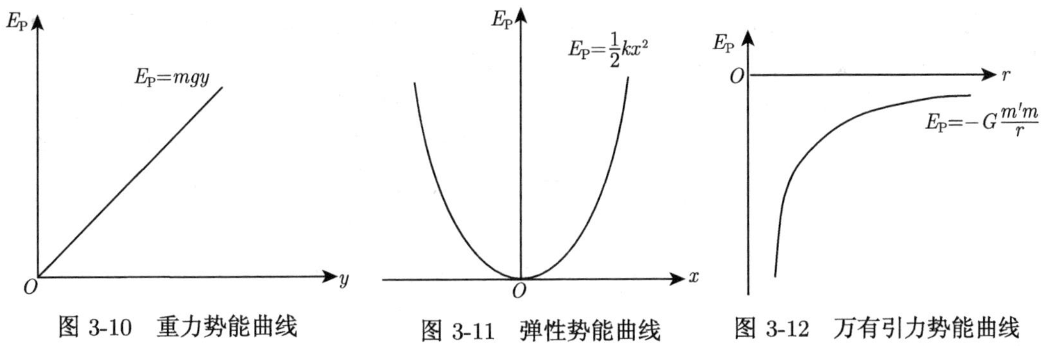

图 3-10 重力势能曲线　图 3-11 弹性势能曲线　图 3-12 万有引力势能曲线

应当强调指出，势能曲线不仅给出势能在空间的分布，而且还可以表示系统的稳定状态。例如，在图 3-11 的弹性势能曲线上，由式 (3-49) 可得 A 点处的 $\dfrac{\mathrm{d}E_P}{\mathrm{d}x}>0$，故该处的弹性力 F_x 是负的；而 B 点处的 $\dfrac{\mathrm{d}E_P}{\mathrm{d}x}<0$，故 B 点处的弹性力 F_x 是正的；而在 O 点处，有 $\dfrac{\mathrm{d}E_P}{\mathrm{d}x}=0$，即 O 点处弹性力 F_x 为零，弹性势能也为零，故 O 点是一维弹簧振子的平衡位置。这就是说，无论振动质点是向左或向右偏离平衡位置 O 点，都将受到指向平衡位置的弹性力作用。

3.5 质点系功能原理 机械能守恒定律

质点的动能定理研究的对象局限于单个质点，作用于单个质点的合力做功等于质点的动能增量。可是，在许多实际问题中，经常研究由许多质点所构成的系统 (质点系)。这时系统内的质点，既受到系统内各质点之间相互作用的内力，又可能受到系统外的质点对系统内质点作用的外力。质点系的动能定理给出质点系的动能增量与所有作用力做功的关系，并结合保守力做功的特点，引入机械能的概念和系统的功能原理。

3.5.1 质点系动能定理

设一系统内有 n 个质点，作用于各个质点的力所做的功分别为 A_1、A_2、$A_3\cdots$，使各质点由初动能 E_{k10}、E_{k20}、$E_{k30}\cdots$ 改变为末动能 E_{k1}、E_{k2}、$E_{k3}\cdots$，由质点的动能定理表达式 (3-33)，可得

$$\begin{gathered}A_1=E_{k1}-E_{k10}\\A_2=E_{k2}-E_{k20}\\A_3=E_{k3}-E_{k30}\\\cdots\end{gathered}$$

以上各式相加，有

$$\sum_{i=1}^{n}A_i=\sum_{i=1}^{n}E_{ki}-\sum_{i=1}^{n}E_{ki0} \tag{3-51}$$

式中，$\sum\limits_{i=1}^{n}E_{ki0}$ 是系统内 n 个质点的初动能之和；$\sum\limits_{i=1}^{n}E_{ki}$ 是这些质点的末动能之和；$\sum\limits_{i=1}^{n}A_i$

则是作用在 n 个质点上的力所做功之和。因此，式 (3-51) 的物理意义是**作用于质点系的力所做之功，等于该质点系的动能增量**。这就是**质点系的动能定理**。

正如前面所说，系统内的质点所受的力，既有来自系统外的外力，也有来自系统内各质点间相互作用的内力，因此，作用于质点系的力所做的功 $\sum A_i$，应是一切外力对质点系所做的功 $\sum A_i^{\mathrm{ex}} = A^{\mathrm{ex}}$ 与质点系内一切内力所做的功 $\sum A_i^{\mathrm{in}} = A^{\mathrm{in}}$ 之和，即

$$\sum_{i=1}^{n} A_i = \sum_{i=1}^{n} A_i^{\mathrm{ex}} + \sum_{i=1}^{n} A_i^{\mathrm{in}} = A^{\mathrm{ex}} + A^{\mathrm{in}}$$

这样，式 (3-51) 也可写成

$$A^{\mathrm{ex}} + A^{\mathrm{in}} = \sum_{i=1}^{n} E_{\mathrm{k}i} - \sum_{i=1}^{n} E_{\mathrm{k}i0} \tag{3-52}$$

这是质点系动能定理的另一数学表达式，它表明，**质点系的动能的增量等于作用于质点系的一切外力做的功与一切内力做的功之和**。

例 3-13　如例 3-13 图所示，一质量为 m 的滑块，从质量为 M 的光滑圆弧形槽顶部由静止释放后沿槽滑下，圆弧形槽的半径为 R，张角为 $\pi/2$，假设所有的摩擦都可以忽略，试求：

(1) 滑块滑至底部刚离开圆弧形槽时，滑块和圆弧形槽的速度各是多少？

(2) 滑块滑至底部刚离开圆弧形槽时，滑块相对圆弧形槽的速度是多少？

(3) 在滑块滑至底部的过程中，滑块对槽所做的功为多少？

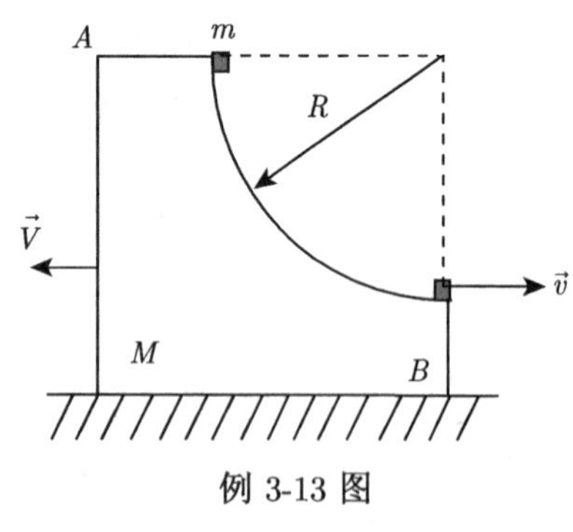

例 3-13 图

解　(1) 取滑块 m 和圆弧槽 M 作为研究对象，在水平方向质点系所受外力的代数和为零，所以水平方向系统动量守恒，即

$$0 = mv - MV$$

又由质点系动能定理，得

$$mgR = \frac{1}{2}mv^2 + \frac{1}{2}MV^2$$

解得

$$v = \sqrt{\frac{2MgR}{M+m}}, \quad V = \frac{m}{M}\sqrt{\frac{2MgR}{M+m}}$$

(2) 滑块相对圆弧形槽的速度

$$v_{\text{相}} = v + V = \frac{M+m}{M}\sqrt{\frac{2MgR}{M+m}}$$

(3) 取向左平动的圆弧槽为研究对象，由质点动能定理得，滑块对槽所做的功为

$$A = \frac{1}{2}MV^2 - 0 = \frac{Mm^2gR}{M(M+m)}$$

3.5.2 质点系功能原理

作用于质点系的力，有保守力与非保守力之分，而内力又有保守内力与非保守内力之分。因此，如果以 A_{c}^{in} 表示质点系内各保守内力做功之和，$A_{\text{nc}}^{\text{in}}$ 表示质点系内各非保守内力做功之和，则质点系内一切内力所做的功为

$$A^{\text{in}} = A_{\text{c}}^{\text{in}} + A_{\text{nc}}^{\text{in}}$$

此外，从式 (3-42) 已知，系统内保守力做的功等于势能增量的负值，因此，有

$$A_{\text{c}}^{\text{in}} = -\left(\sum_{i=1}^{n} E_{\text{P}i} - \sum_{i=1}^{n} E_{\text{P}i0}\right)$$

考虑了以上两点，式 (3-52) 可写为

$$A^{\text{ex}} + A_{\text{nc}}^{\text{in}} = \left(\sum_{i=1}^{n} E_{\text{k}i} + \sum_{i=1}^{n} E_{\text{P}i}\right) - \left(\sum_{i=1}^{n} E_{\text{k}i0} + \sum_{i=1}^{n} E_{\text{P}i0}\right) \tag{3-53}$$

在力学中，动能与势能之和定义为系统的机械能。若以 E_0 和 E 分别代表质点系的初机械能和末机械能，则式 (3-53) 可写成

$$A^{\text{ex}} + A_{\text{nc}}^{\text{in}} = E - E_0 \tag{3-54}$$

式 (3-54) 表明，**质点系的机械能的增量等于外力与非保守内力做功之和**。这就是**质点系的功能原理**。

功和能量有联系又有区别。功是过程量，总是和能量的变化与转化相联系，功是能量变化与转化的一种量度。而能量是状态量，代表质点系统在一定状态下所具有的做功本领，它和质点系统的状态有关。对机械能来说，它与质点系统的机械运动状态 (即各质点间的相对位置和各质点的速度) 有关。

对于质点系的功能原理需要注意的是：

(1) 该原理只适用于质点系。

(2) 该原理表达式是过程方程，表示了质点系在一个机械运动过程中所满足的功和能的转换关系。

(3) 该方程可以由系统的始、末状态量求解有关过程量，因为过程量的直接求解往往是比较复杂的。

(4) 虽然功和能在该式中同时出现，但一定要清楚它们之间的区别。功是过程量，能是状态量。功能原理描述的是在机械运动过程中，系统的机械能通过功来转移。

(5) 功能原理在惯性系中成立，如果要在非惯性系中建立功能原理，必须将惯性力所做的功考虑进去。

3.5.3 机械能守恒定律

从质点系的功能原理式 (3-54) 可以看出，当 $A^{\text{ex}} = 0$ 和 $A_{\text{nc}}^{\text{in}} = 0$，或 $A^{\text{ex}} + A_{\text{nc}}^{\text{in}} = 0$ 时，有

$$E = E_0 \tag{3-55a}$$

$$\left(\sum_{i=1}^{n} E_{\mathrm{k}i}+\sum_{i=1}^{n} E_{\mathrm{P}i}\right)=\left(\sum_{i=1}^{n} E_{\mathrm{k}i0}+\sum_{i=1}^{n} E_{\mathrm{P}i0}\right) \tag{3-55b}$$

它的物理意义：**当作用于质点系的外力和非保守内力均不做功，或外力和非保守内力对质点系做功的代数和为零时，质点系的总机械能是守恒的**。这就是**机械能守恒定律**。机械能守恒定律的数学表达式 (3-55) 还可以写成

$$\sum_{i=1}^{n} E_{\mathrm{k}i}-\sum_{i=1}^{n} E_{\mathrm{k}i0}=-\left(\sum_{i=1}^{n} E_{\mathrm{P}i}-\sum_{i=1}^{n} E_{\mathrm{P}i0}\right)$$

$$即\ \Delta E_{\mathrm{k}}=-\Delta E_{\mathrm{P}} \tag{3-56}$$

可见，在满足机械能守恒的条件下，质点系内的动能和势能可以相互转化，但动能和势能之和却是不变的。所以说，在机械能守恒定律中，机械能是不变量或守恒量。而质点系内的动能和势能之间的转化则是通过质点系内的保守力做功 ($A_{\mathrm{c}}^{\mathrm{in}}$) 来实现的。

例 3-14　要使物体脱离地球的引力范围，从地面发射该物体的速度最小值是多少？(取地面处的重力加速度 $g=9.8\ \mathrm{m \cdot s^{-2}}$、地球半径 $R=6.4\times10^{6}\ \mathrm{m}$)

解　选择物体和地球作为研究系统。如忽略空气阻力作用，在物体运动的过程中，只有万有引力保守内力做功，故系统的机械能守恒。设地面发射物体的速度为 v，物体远离地球时的速度为 v'，物体的质量为 m，地球的质量为 M，地球半径 $R=6.4\times10^{6}\ \mathrm{m}$。由于选取物体离地球无限远处为引力势能零点，所以由机械能守恒定律，得

$$\frac{1}{2}mv^{2}+\left(-G\frac{Mm}{R}\right)=\frac{1}{2}mv'^{2}+0$$

发射速度 v 取最小值时，对应于物体远离地球时的速度 $v'=0$，则

$$v=\sqrt{\frac{2GM}{R}}$$

由于地面上 $\dfrac{GM}{R^{2}}=g$，地球半径 $R=6.4\times10^{6}\ \mathrm{m}$，所以

$$v=\sqrt{2gR}=\sqrt{2\times6.4\times10^{6}\times9.8}=1.12\times10^{4}\ \mathrm{m \cdot s^{-1}}$$

上述速度值称为第二宇宙速度或脱离地球的逃逸速度。

同理，可求得任一天体的逃逸速度 $v=\sqrt{\dfrac{2GM_{\mathrm{g}}}{R_{\mathrm{g}}}}$。其中 M_{g} 为该天体的质量，R_{g} 为天体半径。如果某天体的密度非常大 (即 M_{g} 非常大，而 R_{g} 又非常小)，则脱离该天体的逃逸速度就非常大，如果逃逸速度大于光速，则从该天体上发射的光线仍将被该天体吸引而不得逃逸，该天体发射的光都不能被观测到，而且一切物体经过该天体时都会被它的引力所吸引，这样的天体称为“黑洞”。目前黑洞已成为科学上一个有待深入研究的课题。

3.6　碰　　撞

碰撞是物理学研究的重要现象。交通事故中的车辆碰撞、运动中球员间的冲撞、建筑工地上的打桩、实验室中 α 粒子散射、车间里锻铁等。碰撞有两个特点：第一，碰撞的短暂时

间内物体间的相互作用很强，可以不考虑外界影响；第二，碰撞前后，物体的状态变化突然且明显，适合用守恒定律研究运动状态的变化。

本节以两小球的**对心碰撞**(也称正碰) 为例，研究一些基本的碰撞运动规律。如图 3-13 所示，设两个质量分别为 m_1、m_2 的小球，沿两球的球心连线运动，两小球碰撞前的速度分别为 v_{10}、v_{20}，碰撞后的速度分别为 v_1、v_2。由于在所研究的两小球碰撞过程中外力为零或可忽略不计 (外力远远小于小球间的冲击内力)，则不管两小球材质如何，经历的是何种性质的碰撞，都满足动量守恒定律。故有

$$m_1v_{10} + m_2v_{20} = m_1v_1 + m_2v_2 \tag{3-57}$$

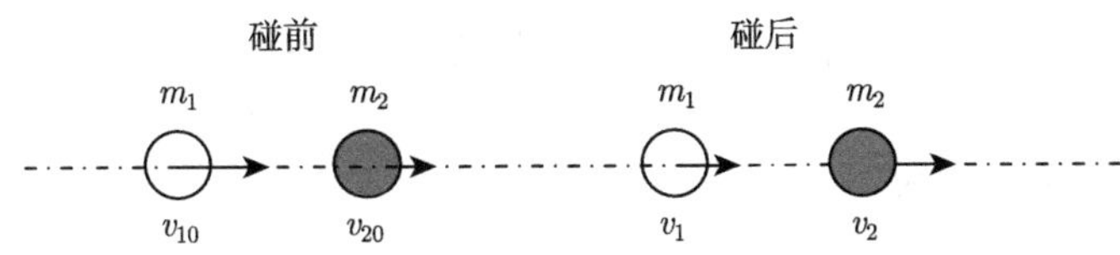

图 3-13　两小球对心碰撞

为了能够根据两小球碰撞前的运动状态，计算出碰撞后的运动状态，还需考虑两小球材质对碰撞的影响。如果两小球由完全弹性材质构成，即两小球在碰撞后的动能之和等于碰前的动能之和，碰撞前后没有机械能损失，这种碰撞叫作**弹性碰撞**。实际上，在小球碰撞时，由于非保守力的作用，致使部分机械能转化为热能、声能、化学能等其他形式的能量，这种碰撞叫作**非弹性碰撞**。如果两物体在非弹性碰撞后以同一速度共同运动，那么这种碰撞叫作**完全非弹性碰撞**。

3.6.1　弹性碰撞

这类碰撞中的两小球弹性非常好，不会出现永久形变，碰撞前后没有机械能损失，这是一种理想化的情况。因此满足机械能守恒

$$\frac{1}{2}m_1v_{10}^2 + \frac{1}{2}m_2v_{20}^2 = \frac{1}{2}m_1v_1^2 + \frac{1}{2}m_2v_2^2 \tag{3-58}$$

又根据动量守恒

$$m_1v_{10} + m_2v_{20} = m_1v_1 + m_2v_2 \tag{3-59}$$

联立两式求解得碰撞后两小球速度分别为

$$v_1 = \frac{(m_1 - m_2)v_{10} + 2m_2v_{20}}{m_1 + m_2} \tag{3-60}$$

$$v_2 = \frac{(m_2 - m_1)v_{20} + 2m_1v_{10}}{m_1 + m_2} \tag{3-61}$$

3.6.2　完全非弹性碰撞

这类碰撞中的两小球弹性非常不好，出现永久形变。碰撞前后有机械能损失，不满足机械能守恒，这也是一种极端的情况。碰后两小球包裹在一起，因此碰后两小球速度相等

$$v_1 = v_2 = v \tag{3-62}$$

又根据动量守恒

$$m_1v_{10} + m_2v_{20} = m_1v_1 + m_2v_2 \tag{3-63}$$

联立两式求解得碰撞后两小球共同的速度为

$$v_1 = v_2 = \frac{m_1v_{10} + m_2v_{20}}{m_1 + m_2} \tag{3-64}$$

碰撞前两小球的总动能

$$E_{k0} = \frac{1}{2}m_1v_{10}^2 + \frac{1}{2}m_2v_{20}^2 \tag{3-65}$$

碰撞后两小球的总动能

$$E_k = \frac{1}{2}(m_1 + m_2)v^2 = \frac{(m_1v_{10} + m_2v_{20})^2}{2(m_1 + m_2)} \tag{3-66}$$

碰撞过程中的机械能损失

$$E_{k损} = E_{k0} - E_k = \frac{m_1m_2(v_{10} - v_{20})^2}{2(m_1 + m_2)} \tag{3-67}$$

这部分损失的机械能转变成了永久形变势能。

3.6.3　非弹性碰撞

这类碰撞中的两小球弹性介于上述两种极端情况之间，弹性不是最好，也不是最差。两小球的弹性与它们的材质密切相关，可定义一个物理量来描述它们的材质关系，这个物理量就叫作恢复系数 e。在所有的碰撞中，碰撞后两小球的分离速度 $v_2 - v_1$ 与碰撞前两小球的接近速度 $v_{10} - v_{20}$ 成正比，比值由两球的材料性质决定，即恢复系数 e，其定义式为

$$e = \frac{v_2 - v_1}{v_{10} - v_{20}} = \frac{\text{分离速度}}{\text{接近速度}} \tag{3-68}$$

实际的两小球碰撞的恢复系数可通过实验测量得到相关数据，或由已测出的数据表格查到不同材质小球间的回复系数。

当 $e = 0$ 时，得 $v_1 = v_2$，就是完全非弹性碰撞的情况，弹性最差；

当 $e = 1$ 时，得 $v_2 - v_1 = v_{10} - v_{20}$，就是弹性碰撞的情况，弹性最好；

当 $0 < e < 1$ 时，就是非弹性碰撞的情况，弹性介于最好、最差之间。

可以看出恢复系数确实描述了碰撞过程中，小球材质决定的碰撞类型。非弹性碰撞类型是碰撞中最一般的类型，弹性碰撞和完全非弹性碰撞只是非弹性碰撞的两个极端情况。根据动量守恒

$$m_1v_{10} + m_2v_{20} = m_1v_1 + m_2v_2 \tag{3-69}$$

联立式 (3-68) 和式 (3-69) 求解得非弹性碰撞后两小球速度分别为

$$v_1 = v_{10} - \frac{(1+e)m_2(v_{10} - v_{20})}{m_1 + m_2} \tag{3-70}$$

$$v_2 = v_{20} + \frac{(1+e)m_1(v_{10} - v_{20})}{m_1 + m_2} \tag{3-71}$$

由 v_1 和 v_2 可进一步计算得非弹性碰撞的机械能损失

$$E_{k损} = \frac{1}{2}(1 - e^2)\frac{m_1 m_2 (v_{10} - v_{20})^2}{m_1 + m_2} \tag{3-72}$$

对恢复系数进行不同的取值可得

$$0 = E_{k损弹性} < E_{k损非弹性} < E_{k损完全非弹性} = E_{k损_{max}} \tag{3-73}$$

在碰撞中，两小球间的平均相互作用力大小为

$$\bar{f} = \frac{m_2 v_2 - m_2 v_{20}}{\Delta t} \tag{3-74}$$

$$\bar{f} = \frac{m_1 m_2 (1 + e)(v_{10} - v_{20})}{(m_1 + m_2)\Delta t} \tag{3-75}$$

例 3-15 如例 3-15 图所示，A、B 两球质量分别为 $m_1 = 0.4\ \text{kg}$、$m_2 = 0.5\ \text{kg}$，并排竖直悬挂在天花板下。现用手将 A 球拉到 $\theta_1 = 40°$ 的位置，然后静止释放，A 球摆动与静止的 B 球相碰，碰后 A 球恰好静止，B 球碰后开始摆动。问：(1) B 球再次摆回与 A 球碰撞，A 球能摆动上升的最大角度等于多少？(2) 两球碰撞的恢复系数 e 等于多少？

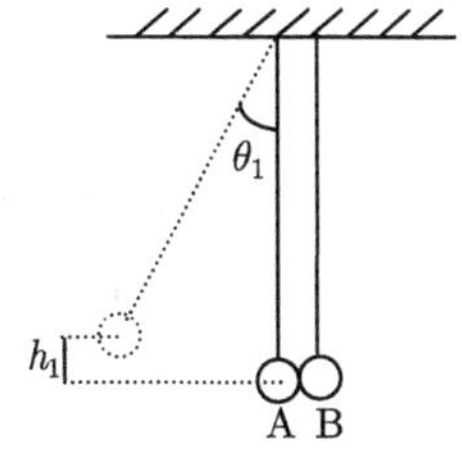

例 3-15 图

解 可将此题分解成如下 5 个阶段求解：

(1) A 球下落过程

设 A 球从高度 h_1 处静止下落，在下落过程中 A 球与地球组成的系统机械能守恒，即

$$m_1 g h_1 = \frac{1}{2} m_1 v_{A1}^2$$

解得 A 球与 B 球发生第一次碰撞前的速度大小为

$$v_{A1} = \sqrt{2gh_1}$$

(2) A 球与 B 球第一次碰撞

以 A 球、B 球组成的系统为研究对象，由于水平方向系统所受外力为零，所以系统水平方向动量守恒，得

$$m_1 v_{A1} + m_2 v_{B1} = m_1 v_{A2} + m_2 v_{B2}$$

式中，v_{A1}、v_{B1} 分别为 A 球、B 球的碰前速度大小；v_{A2}、v_{B2} 分别为 A 球、B 球的碰后速度大小。由题意可知，$v_{B1} = 0$，$v_{A2} = 0$，所以

$$v_{B2} = \frac{m_1}{m_2} v_{A1}$$

由恢复系数的定义，得

$$e = \frac{v_{B2} - v_{A2}}{v_{A1} - v_{B1}} = \frac{v_{B2}}{v_{A1}} = \frac{m_1}{m_2} = \frac{4}{5}$$

(3) B 球第一次碰后摆升又回落的过程

在这个过程中，B 球与地球组成的系统机械能守恒，即第一次碰后 B 球的动能与第二次碰撞前 B 球的动能相等，所以第二次碰前 B 球的速度大小等于第一次碰撞后的速度大小，即

$$v_{\mathrm{B3}} = v_{\mathrm{B2}}$$

(4) B 球、A 球的第二次碰撞过程

B 球、A 球系统满足动量守恒

$$m_2 v_{\mathrm{B3}} + m_1 v_{\mathrm{A3}} = m_2 v_{\mathrm{B4}} + m_1 v_{\mathrm{A4}}$$

式中，$v_{\mathrm{A3}} = 0$ 为 A 球碰前的速度大小；v_{B3} 为 B 球碰前的速度大小；v_{A4}、v_{B4} 为碰后 A 球、B 球的速度大小。第二次碰撞的恢复系数仍然是 $e = \dfrac{4}{5}$。所以

$$v_{\mathrm{A4}} = v_{\mathrm{A3}} - \frac{(1+e)m_2(v_{\mathrm{A3}} - v_{\mathrm{B3}})}{m_1 + m_2} = \frac{4}{5} v_{\mathrm{A1}}$$

(5) A 球摆升到 θ_2 角度的过程

A 球上摆过程中，A 球与地球组成的系统机械能守恒，即

$$\frac{1}{2} m_1 v_{\mathrm{A4}}^2 = m_1 g h$$

式中，h 为与 θ_2 对应的 A 球摆升高度。通过上式解得

$$h = \frac{16}{25} h_1$$

设摆长为 l，则有

$$h_1 = l(1 - \cos\theta_1), \quad h = l(1 - \cos\theta_2)$$

所以

$$l(1 - \cos\theta_2) = \frac{16}{25} l(1 - \cos\theta_1)$$

解得

$$\cos\theta_2 = \frac{16}{25}(\cos\theta_1 - 1) + 1 = 0.85$$

A 球能摆动上升的最大角度为

$$\theta_2 = 31.78^\circ$$

3.7　能量守恒定律

由质点系功能原理可知，在机械运动中，系统的机械能增量等于外力和非保守内力对系统所做的功。如果外力和非保守内力都不做功，系统内的动能和势能之间是可以相互转化的，系统的机械能是守恒的。但是，如果系统内部除重力、弹性力等保守内力做功外，还有摩擦力等其他非保守内力做功，那么系统的机械能就要与其他形式的能量发生转化。

亥姆霍兹于 1847 年发表了《论力 (现称能量) 守恒》的讲演，首先系统地以数学方式阐述了自然界各种运动形式之间都遵守能量守恒这条规律。这对近代物理学的发展起了很大作用。亥姆霍兹是能量守恒定律的创立者之一。

在长期的生产生活和科学实验中，人们总结出一条重要的结论：**对于一个与自然界无任何联系的系统来说，系统内各种形式的能量是可以相互转化的，但是不论如何转化，能量既不能产生，也不能消灭**。这一结论叫作**能量守恒定律**。它是自然界的基本定律之一。能量是这一守恒定律的不变量或守恒量，在能量守恒定律中，系统的能量是不变的，但能量的各种形式之间却可以相互转化。例如，机械能、电能、热能、光能以及分子、原子、核能等能量之间都可以相互转化。应当指出，在能量转化的过程中，能量的变化常用功来量度。在机械运动范围内，功是机械能变化的唯一量度。但是，不能把功与能量等同起来，功是和能量转化过程联系在一起的，而**能量只和系统的状态有关，是系统状态的函数**。

3.8 角动量 角动量守恒定律

在自然界中经常会遇到像恒星绕银河系中心的转动、行星绕太阳的公转、人造卫星绕地球的转动、飞机从航管中心上空掠过、汽车从高速公路测速仪前通过、电子绕原子核转动这样的一类运动。这类运动的共同特点是质点围绕着一定中心运动，其运动轨迹可以是圆形，也可以是其他的任意形状，甚至是直线。对这类质点的运动究竟应该采用什么状态量来描述它们的运动状态？虽然位置矢量、速度、加速度、动量、动能等物理量可以描述质点的运动状态，但它们都没有揭示质点绕一定中心运动的特征。由于这类运动与质点相对于中心点的位置矢量、质点动量均有关系，所以必须引入一个新的物理量——角动量来描述质点的这类运动，并在此基础上，基于牛顿运动定律导出质点的角动量定理和角动量守恒定律。角动量守恒定律也是自然界最基本最重要的守恒规律之一。

3.8.1 角动量

质量为 m 的质点，以速度 $\vec{v}$ 运动，相对于固定点 O 的位置矢量为 $\vec{r}$，定义质点对 O 点的角动量为

$$\vec{L}=\vec{r}\times\vec{p}=\vec{r}\times m\vec{v} \tag{3-76}$$

角动量是矢量，其大小为

$$L=rp\sin\theta=rmv\sin\theta \tag{3-77}$$

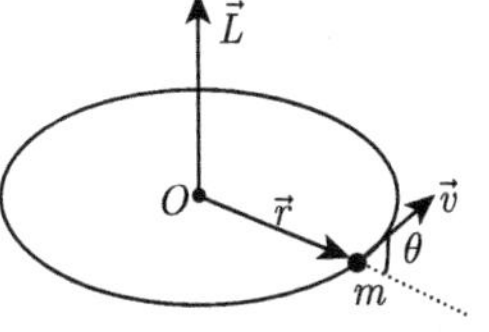

图 3-14 质点的角动量

式中，θ 是质点速度矢量与位置矢量间的夹角。角动量的方向可以用右手螺旋定则确定，如图 3-14 所示。

在 SI 中，角动量的单位是 $\mathrm{kg\cdot m^2\cdot s^{-1}}$。

对于质点的角动量作以下几点说明：

(1) 质点的角动量是状态量。

(2) 质点的角动量是矢量。

(3) 某时刻，质点的角动量与所选的转动中心有关，即与转动中心到质点的位置矢量有关。如果所选的转动中心不同，角动量的大小和方向都不一样。转动中心与质点之间并不一定要有相互作用力，质点也不一定要相对其做圆周运动，转动中心是根据问题的需要而选择的。但在机械运动过程中，转动中心的选择必须是唯一固定的，否则将造成混乱。

(4) 因为质点的动量与参考系的选择有关，不同参考系，质点的动量是不同的，角动量也不相同。所以质点的角动量是相对量。

(5) 当质点做匀速率圆周运动时，相对于圆心，质点的角动量为恒矢量，其大小和方向都不变。

3.8.2　力矩

设作用于质点 m 上的力为 $\vec{F}$，力的作用点相对于 O 点的位置矢量为 $\vec{r}$，定义力 $\vec{F}$ 对 O 点的力矩为

$$\vec{M} = \vec{r} \times \vec{F} \tag{3-78}$$

力矩是矢量，其方向为

$$M = rF\sin\alpha \tag{3-79}$$

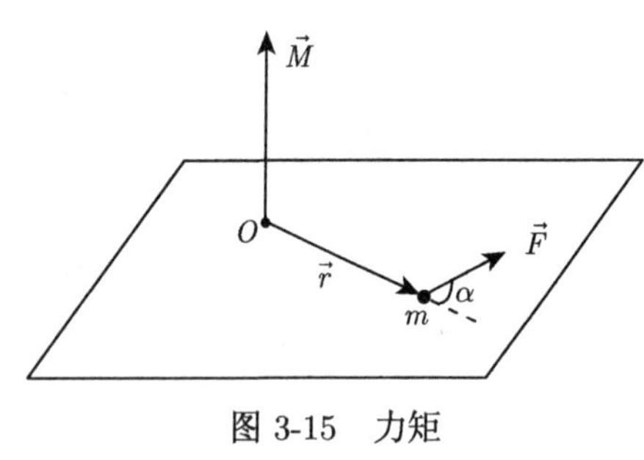

图 3-15　力矩

式中，α 是位置矢量与力矢量之间的夹角。力矩的方向可以用右手螺旋定则确定，如图 3-15 所示。

在 SI 中，力矩的单位是 N · m。注意，力矩不仅与力的大小和方向有关，而且还与力的作用点和参考点的位置有关。对于不同的参考点，力的作用点有不同的位置质量，则力矩也不相同。因此在说明一个力对某一点的力矩时，必须指明是相对于哪一个参考点而言的。

3.8.3　角动量定理

质量为 m 的质点，在合力 $\vec{F}$ 的作用下，在惯性参考系中，其运动遵守牛顿第二定律，即 $\vec{F} = m\vec{a}$，所以

$$\vec{F} = m\vec{a} = m\frac{\mathrm{d}\vec{v}}{\mathrm{d}t} = \frac{\mathrm{d}(m\vec{v})}{\mathrm{d}t}$$

方程两边同时叉乘质点的位置矢量，得

$$\vec{r} \times \vec{F} = \vec{r} \times \frac{\mathrm{d}(m\vec{v})}{\mathrm{d}t}$$

因为

$$\begin{aligned}\frac{\mathrm{d}(\vec{r} \times m\vec{v})}{\mathrm{d}t} &= \frac{\mathrm{d}\vec{r}}{\mathrm{d}t} \times m\vec{v} + \vec{r} \times \frac{\mathrm{d}(m\vec{v})}{\mathrm{d}t} \\ &= \vec{v} \times m\vec{v} + \vec{r} \times \frac{\mathrm{d}(m\vec{v})}{\mathrm{d}t} \\ &= 0 + \vec{r} \times \frac{\mathrm{d}(m\vec{v})}{\mathrm{d}t}\end{aligned}$$

所以

$$\vec{r} \times \vec{F} = \frac{\mathrm{d}(\vec{r} \times m\vec{v})}{\mathrm{d}t}$$

即

$$\vec{M} = \frac{\mathrm{d}\vec{L}}{\mathrm{d}t} \tag{3-80}$$

式 (3-80) 表明，作用在质点上的合力对参考点 O 的力矩，等于质点对该参考点的角动量随时间的变化率。称为质点的**角动量定理**。

可把式 (3-80) 变形为

$$\vec{M}\mathrm{d}t = \mathrm{d}\vec{L}$$

式中，$\vec{M}\mathrm{d}t$ 为力矩和作用时间 $\mathrm{d}t$ 的乘积，称为元冲量矩。对上式积分得

$$\int_{t_1}^{t_2} \vec{M}\mathrm{d}t = \vec{L}_2 - \vec{L}_1 \tag{3-81}$$

式中，$\int_{t_1}^{t_2} \vec{M}\mathrm{d}t$ 为质点在 $\Delta t = t_2 - t_1$ 时间内的合冲量矩；$\vec{L}_1$、$\vec{L}_2$ 分别为质点在 t_1、t_2 时刻的角动量。式 (3-81) 是质点角动量定理的积分形式。它表明对同一参考点，质点所受的合冲量矩等于质点的角动量的增量。

3.8.4 质点系角动量定理

由 n 个质点构成的质点系，系统对某一给定参考点的角动量等于各质点对该参考点角动量的矢量和，即

$$\vec{L} = \sum_{i=1}^{n} \vec{L}_i = \sum_{i=1}^{n} \vec{r}_i \times m_i \vec{v}_i \tag{3-82}$$

对系统内任一质点 m_i 应用角动量定理，有

$$\vec{M}_{i外} + \vec{M}_{i内} = \frac{\mathrm{d}\vec{L}_i}{\mathrm{d}t}$$

对上式两边求和，得

$$\sum_i \vec{M}_{i外} + \sum_i \vec{M}_{i内} = \frac{\mathrm{d}}{\mathrm{d}t} \sum_i \vec{L}_i$$

即

$$\vec{M}_{外} + \vec{M}_{内} = \frac{\mathrm{d}\vec{L}}{\mathrm{d}t}$$

式中，$\vec{M}_{外}$、$\vec{M}_{内}$ 分别是系统所受的所有外力矩矢量和与所有内力矩的矢量和，即

$$\vec{M}_{外} = \sum_i \vec{M}_{i外}, \quad \vec{M}_{内} = \sum_i \vec{M}_{i内}$$

因为系统的内力总是成对出现的作用力与反作用力，它们的大小相等、方向相反，所以所有内力矩的矢量和为零。所以得

$$\vec{M}_{外} = \frac{\mathrm{d}\vec{L}}{\mathrm{d}t} \tag{3-83}$$

这就是**质点系角动量定理**：一个质点系所受的合外力矩等于该质点系的角动量对时间的变化率。

质点系角动量定理也可改写为

$$\vec{M}_{外}\mathrm{d}t = \mathrm{d}\vec{L}$$

积分

$$\int_{t_1}^{t_2} \vec{M}_{外}\mathrm{d}t = \vec{L}_{末} - \vec{L}_{初} \tag{3-84}$$

式 (3-84) 是质点系角动量定理的积分形式。它表明对同一参考点，质点系所受的合冲量矩等于质点系的角动量的增量。

3.8.5 角动量守恒定律

由质点系角动量定理得，当质点系所受的合外力矩为零时，即 $\vec{M}_{外} = 0$，则

$$\vec{L} = 恒矢量 \tag{3-85}$$

这就是质点系角动量守恒定律。

式 (3-85) 当然也适用于单个质点。对于单个质点，当质点所受合力对某固定点的合力矩等于零时，质点对该参考点的角动量守恒。

应用角动量守恒定律应注意

(1) 角动量守恒定律是对应于运动过程的。

(2) 角动量守恒定律的表达式是矢量式。

(3) 角动量守恒定律具有相对性，即相对于某转动中心。

(4) 角动量守恒定律是物理学的基本定律之一，不仅适用于宏观体系，也适用于微观系统。

(5) 质点角动量守恒并不代表质点的运动状态没有变化，角动量不变，但质点的位置矢量和动量都可以变化。

(6) 作用于质点的力矩 $\vec{M} = 0$，可以是该力的作用点相对于参考点的位矢 $\vec{r} = 0$，也可以是力 $\vec{F} = 0$，还可能是 $\vec{r}$ 的方向与力 $\vec{F}$ 方向同向或反向 (质点在有心力作用下的运动)。

(7) 质点在有心力作用下，相对于力心，质点的角动量守恒。太阳系中行星运动的轨道为椭圆，太阳位于椭圆的一个焦点上，太阳作用于行星的万有引力是指向太阳的有心力，因此如果以太阳为参考点，则行星的角动量守恒。

例 3-16　开普勒第二定律认为：对于任意行星，由太阳到行星的位矢在相等的时间内扫过的面积相等。试用角动量守恒定律证明。

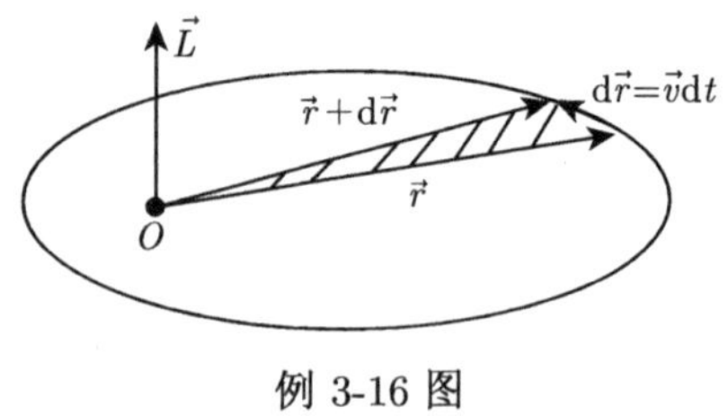

例 3-16 图

证　如例 3-16 图所示，行星在 $\mathrm{d}t$ 时间内的位移为 $\mathrm{d}\vec{r} = \vec{v}\mathrm{d}t$，行星相对于太阳的位矢在 $\mathrm{d}t$ 时间内扫过的面积 $\mathrm{d}S$ 等于

$$\mathrm{d}S = \frac{1}{2}\left|\vec{r} \times \vec{v}\mathrm{d}t\right|$$

根据角动量的定义 $\vec{L} = \vec{r} \times m\vec{v} = m(\vec{r} \times \vec{v})$，有

$$\mathrm{d}S = \frac{L}{2m}\mathrm{d}t$$

$$\frac{\mathrm{d}S}{\mathrm{d}t}=\frac{L}{2m}$$

由于行星受有心力作用，角动量守恒，$L=$ 常数，所以

$$\frac{\mathrm{d}S}{\mathrm{d}t}=\frac{L}{2m}=\text{常数}$$

式中，$\frac{\mathrm{d}S}{\mathrm{d}t}$ 为掠面速率，即行星相对于太阳的位矢在相等的时间内扫过的面积相等。

例 3-17 某人造地球卫星绕地球做椭圆轨道运动，轨道近地点距离地面高度为 h_1，远地点距离地面的高度为 h_2，地球半径为 R，求卫星在近地点和远地点的速率。

解 设卫星的质量为 m，地球的质量为 M。由于卫星运行过程中只受地球的引力作用，该引力相对于地心的力矩为零，所以相对于地心，卫星的角动量守恒

$$L=\text{恒量}$$

卫星位于近地点和远地点的角动量相等

$$(R+h_1)mv_1=(R+h_2)mv_2$$

又由于地球、卫星组成的系统中，只有保守内力 (万有引力) 做功，故系统的机械能守恒

$$\frac{1}{2}mv_1^2-\frac{GMm}{R+h_1}=\frac{1}{2}mv_2^2-\frac{GMm}{R+h_2}$$

又因为

$$\frac{GMm}{R^2}=mg$$

上述三式联立求解，可得卫星在近地点、远地点的速率分别为

$$v_1=R\sqrt{\frac{2g(R+h_2)}{(R+h_1)(2R+h_1+h_2)}}$$

$$v_2=R\sqrt{\frac{2g(R+h_1)}{(R+h_2)(2R+h_1+h_2)}}$$

习　题

3-1 质量分别为 m_A、$m_B(m_A>m_B)$，速度分别为 $\vec{v}_A$、$\vec{v}_B(v_A>v_B)$ 的两质点 A、B，受到相同的冲量作用，则 (　　)

(A) A 的动量增量的绝对值比 B 小

(B) A 的动量增量的绝对值比 B 大

(C) A、B 的动量增量相等

(D) A、B 的速度增量相等

3-2 质量为 m 的质点，以不变速率 v 沿如图所示的正三角形 ABC 的水平光滑轨道运动。质点越过 A 角时，轨道作用于质点的冲量的大小为 (　　)

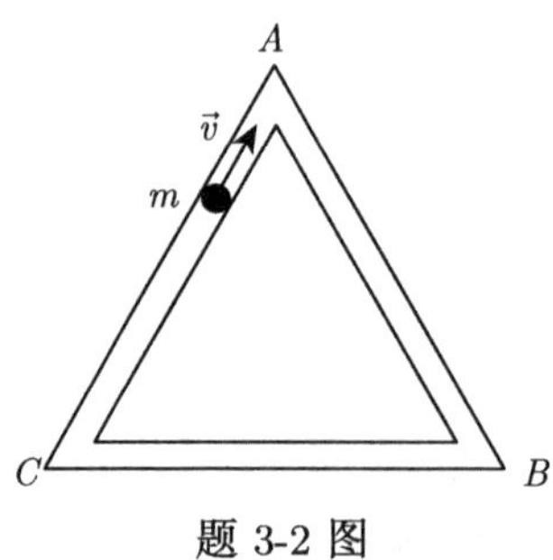

题 3-2 图

(A) mv　　(B) $\sqrt{2}mv$　　(C) $\sqrt{3}mv$　　(D) $2mv$

3-3　质量为 m 的质点在外力作用下，其运动方程为 $\vec{r} = A\cos\omega t\,\hat{i} + B\sin\omega t\,\hat{j}$，式中 A、B、ω 都是正的常量. 由此可知外力在 $t=0$ 到 $t = \pi/(2\omega)$ 这段时间内所做的功为 (　　)

(A) $\frac{1}{2}m\omega^2(A^2 - B^2)$　　(B) $m\omega^2(A^2 + B^2)$

(C) $\frac{1}{2}m\omega^2(A^2 + B^2)$　　(D) $\frac{1}{2}m\omega^2(B^2 - A^2)$

3-4　在固定的 1/4 圆弧轨道顶物体 m 静止开始下滑，在达到水平时 $\vec{v}_{水平}$ 已知，轨道的摩擦阻力 $\vec{f}$ 所做的功 (已知轨道半径 R) 为 (　　)

(A) 0　　(B) mgR　　(C) $\frac{1}{2}mv_{水平}^2$　　(D) $\frac{1}{2}mv_{水平}^2 - mgR$

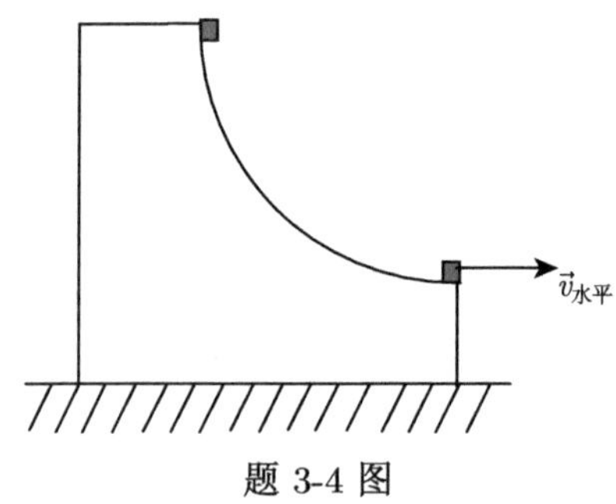

题 3-4 图

3-5　如图所示，一人造地球卫星到地球中心 C 的最大距离和最小距离分别为 R_A 和 R_B，设在这两个位置人造卫星对地球中心 C 的角动量大小分别为 L_A 和 L_B，动能分别为 E_{kA} 和 E_{kB}，则有 (　　)

(A) $L_B > L_A, E_{kB} > E_{kA}$　　(B) $L_B < L_A, E_{kB} = E_{kA}$

(C) $L_B = L_A, E_{kB} < E_{kA}$　　(D) $L_B = L_A, E_{kB} > E_{kA}$

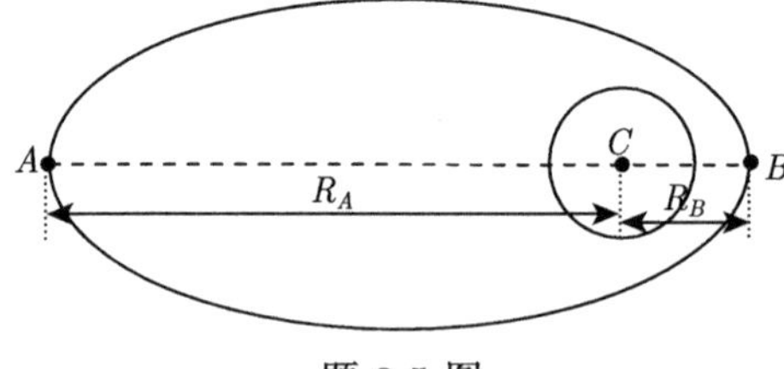

题 3-5 图

3-6　$F_x = 30 + 4t$(式中 F_x 的单位为 N，t 的单位为 s) 的合外力作用在质量 $m = 10$ kg 的物体上，试求：(1) 在开始的 2 s 内此力的冲量；(2) 若物体的初速度 $v_1 = 10\ \text{m·s}^{-1}$，方向与 F_x 相同，在 $t = 2$ s 时，此物体的速度 v_2。

3-7　如图所示，一根线密度为 λ、长度为 l 的均匀柔软链条，上端被人用手提住，下端恰好碰到桌面，并处于静止状态。现将手突然松开，链条下落，设每节链条落到桌面之后就静止在桌面上，求链条下落距离 y 时对桌面的瞬时作用力。(其中 $0 \leqslant y \leqslant l$)

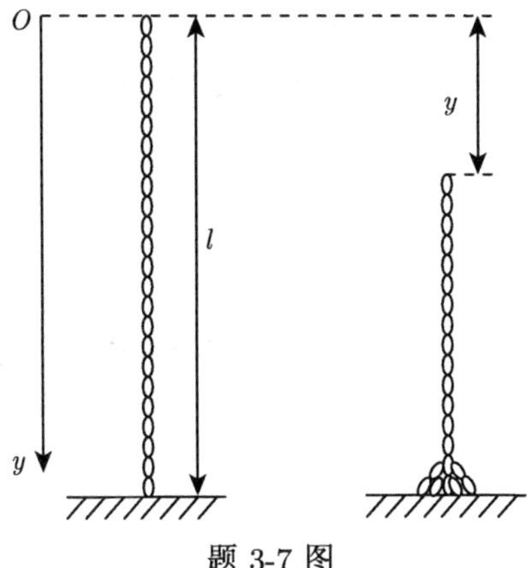

题 3-7 图

3-8　以速率 v_0 后退的炮车，向前发射一炮弹，已知炮车的仰角为 θ，炮弹和炮车的质量分别为 m 和 M，炮弹相对炮车的出口速率为 v，如图所示。求炮车的反冲速率。

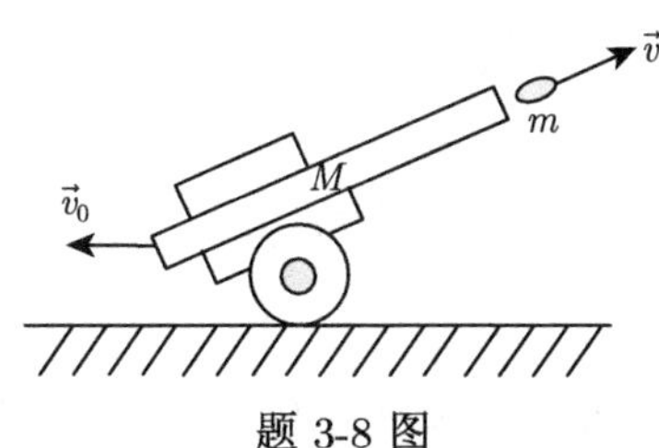

题 3-8 图

3-9　一质点的运动轨迹如图所示，已知质点的质量为 20 g，在 A、B 两位置的速率都是 $20\ \mathrm{m \cdot s^{-1}}$，$\vec{v}_A$ 与 x 轴成 45° 角，$\vec{v}_B$ 与 y 轴垂直，求质点由 A 点运动到 B 点这段时间内，作用在质点上的外力的总冲量。

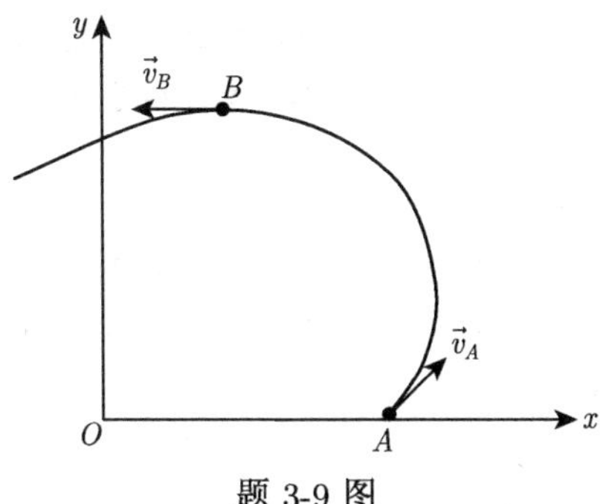

题 3-9 图

3-10　质量为 $m = 2$ kg 的质点沿 x 轴做直线运动，该质点所受合外力为 $F = 10 + 6x^2$ (SI)。如果在 $x_0 = 0$ 处时速度 $v_0 = 0$，求当该质点运动到 $x = 4$ m 处时的速度。

3-11　一劲度系数为 k、原长为 l 的轻质弹簧，一端固定在半径 $R = l$ 圆周的 A 点，另一端系一质点 m，在弹性力的作用下，该质点从距 A 点 $2l$ 的 B 点沿圆周移动 1/4 周长到达 C 点，如图所示。求弹簧弹性力在此过程中所做的功。

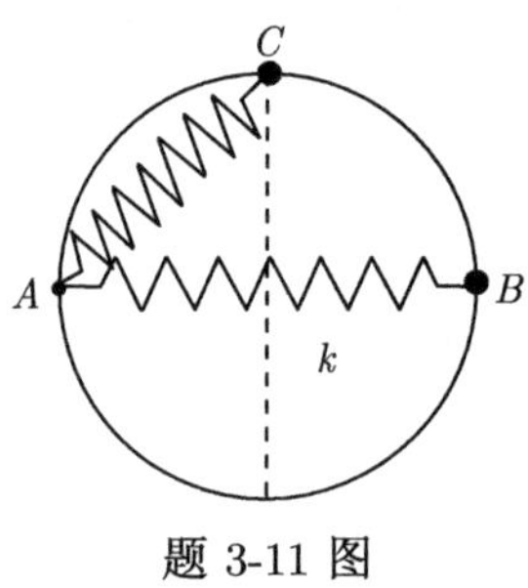

题 3-11 图

3-12　在光滑水平桌面上，平放有如图所示的固定半圆形屏障。质量为 m 的滑块以初速度 $\vec{v}_0$ 沿切线方向由一端进入屏障内，滑块与屏障间的摩擦因数为 μ。试证明当滑块从屏障另一端滑出时，摩擦力所做的功为 $A_f=\dfrac{1}{2}mv_0^2\left(\mathrm{e}^{-2\pi\mu}-1\right)$。

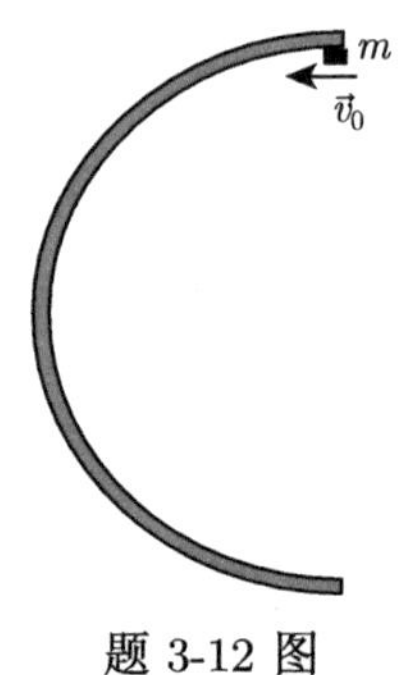

题 3-12 图

3-13　一质点在恒定合力 $\vec{F}_{合}=(7\hat{i}+6\hat{j})\mathrm{N}$ 作用下，(1) 当质点从初位置坐标原点 O 移动到 A 点 $\vec{r}_A=-3\hat{i}+4\hat{j}+16\hat{k}$ 的过程中，合力 $\vec{F}_{合}$ 的功等于多少？(2) 如果已知质点从 O 点移动到 A 点所用时间为 0.6 s，求合力的平均功率；(3) 如果质点的质量为 1 kg，求该质点在这一过程中的动能增量。

3-14　一物体在介质中按规律 $x=ct^3$ 做直线运动，c 为常量。设介质对物体的阻力正比于速度的平方。求物体由 $x_0=0$ 运动到 $x=l$ 处的过程中，阻力所做的功。

3-15　一枚质量为 m 的地球卫星，沿半径为 $3R_{\mathrm{E}}$ 的圆轨道运动，R_{E} 为地球半径。已知地球的质量为 M_{E}。求：(1) 卫星的动能；(2) 卫星的引力势能 (设卫星距地球为无穷远时，卫星的势能为零)；(3) 卫星的机械能。

3-16　质量为 $m=0.002$ kg 的子弹，其出口速率为 $v=300\ \mathrm{m\cdot s^{-1}}$。设子弹在枪筒中前进时所受的合力为 $F=400-800x/9$。开枪时，子弹处在 $x_0=0$ 处，求枪筒的长度。

3-17　一质量为 m_1 与另一质量为 m_2 的质点间有万有引力作用。试求欲使两质点间的距离由 x_1 增加到 $x=x_1+d$ 时，外力克服万有引力所做的功等于多少？

3-18　设两粒子之间的相互作用力为排斥力，其变化规律为 $f=\dfrac{k}{r^3}$，k 为常数，r 为两粒子之间的间距。取两粒子间距为无穷远时作为零势能参考位置，求两粒子相距为 r 时系统的势能。

3-19　双原子中两原子间相互作用势能函数可近似表示成 $E_{\mathrm{P}}(x)=\dfrac{a}{x^{12}}-\dfrac{b}{x^6}$，其势能曲线如图所示，式中 x 为两原子之间的间距，a、b 为常数。求：(1) x 等于多少时，势能等于零？(2) x 等于多少时，势能等于最小值？(3) 两原子间的作用力 $F(x)=$?

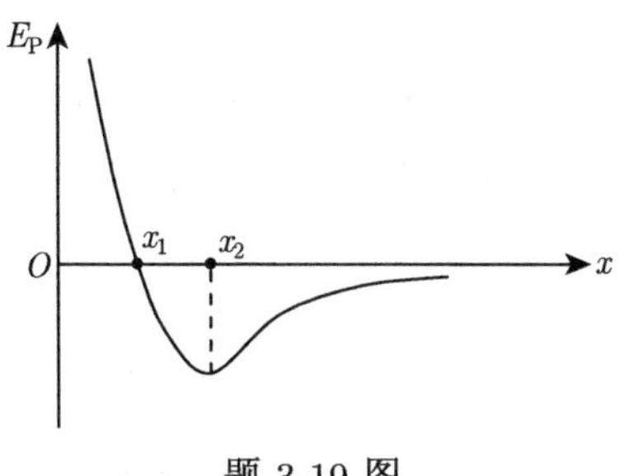

题 3-19 图

3-20　设想有两个自由质点，其质量分别为 m_1 和 m_2，它们之间仅以万有引力相互作用。开始时，两质点间的距离为 l，它们都处于静止状态，试求当它们的距离变为 $\frac{1}{2}l$ 时，两质点的速率各为多少。

3-21　如图所示，一辆小车质量为 $m_A = 300$ kg，另一辆小车质量为 $m_B = 400$ kg，如果两辆车都以 14 $\mathrm{m \cdot s^{-1}}$ 的速率向一个十字路口开去。不幸，它们互相碰撞缠到一起，并在 θ 角的方向上驶了出去。求：(1) 碰撞后缠在一起的两辆车速度的大小和方向；(2) 碰撞中损失的能量。

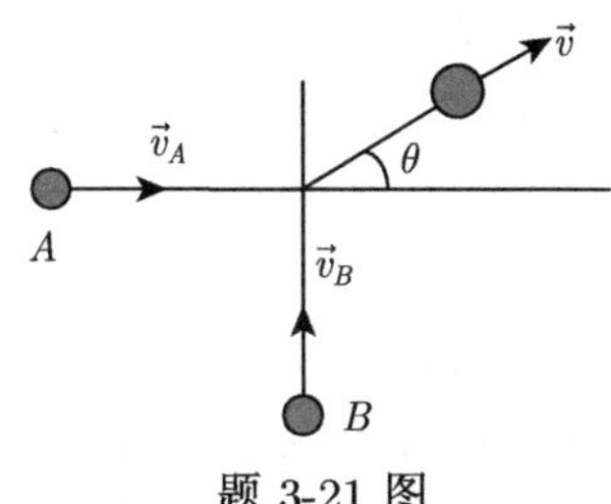

题 3-21 图

3-22　如图所示，一粒质量为 m、速度为 $\vec{v}$ 的钢球，射向质量为 m' 的靶，靶中心有一小孔，内有劲度系数为 k 的轻弹簧 (弹簧处于原长状态)，此靶最初处于静止状态，但可在水平面做无摩擦滑动。求子弹射入靶内弹簧后，弹簧的最大压缩距离，此时靶的速度大小等于多少？

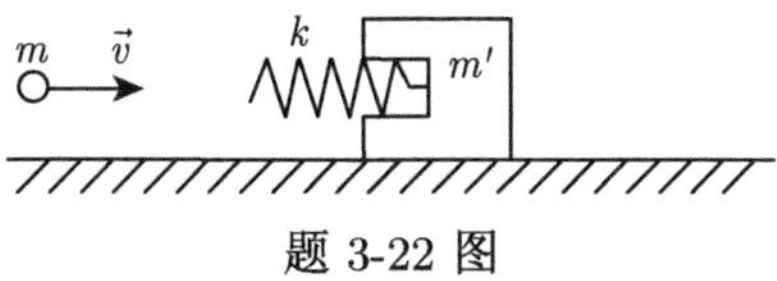

题 3-22 图

3-23　质量为 m 的质点，当它处在 $\vec{r} = -2\hat{i} + 4\hat{j} + 6\hat{k}$ 的位置时的速度为 $\vec{v} = 5\hat{i} + 4\hat{j} + 6\hat{k}$，试求该质点对坐标原点 O 的角动量。

3-24　一辆质量为 $m = 2200$ kg 的汽车 (视为质点) 以 $v = 60\ \mathrm{km \cdot h^{-1}}$ 的速率沿一平直公路行驶。求：(1) 汽车对公路一侧距公路垂直距离为 $d = 50$ m 的 A 点的角动量大小等于多少？(2) 汽车对公路上任一点的角动量是多少？

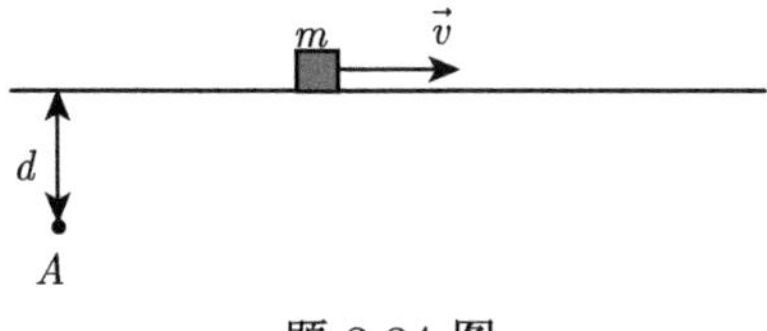

题 3-24 图

3-25　哈雷彗星绕太阳运动的轨道是一个椭圆。它离太阳最近距离是 $r_1 = 8.75 \times 10^{10}$ m 时的速率 $v_1 = 5.46 \times 10^4\ \mathrm{m \cdot s^{-1}}$，它离太阳最远时的速率 $v_2 = 9.08 \times 10^2\ \mathrm{m \cdot s^{-1}}$，求彗星离太阳的最远距离 r_2 是

多少? (太阳位于椭圆的焦点上)

3-26　如果将月球绕地球运行的轨道视为圆周，其转动周期为 27.3 d，试求月球对地球中心的角动量大小及月球相对于地心位矢所扫面积的面积速率。(已知月球的质量为 $m_{月} = 7.35 \times 10^{22}$ kg，月球的轨道半径为 $r = 3.84 \times 10^{8}$ m)

3-27　氢原子中的电子以角速度 $\omega = 4.13 \times 10^{6}$ rad·s^{-1} 在半径 $r = 5.3 \times 10^{-10}$ m 的圆形轨道上绕质子转动。求: (1) 电子的轨道角动量大小; (2) 已知普朗克常数 $h = 6.63 \times 10^{-34}$ J·s，用普朗克常数 h 表示该轨道角动量。(已知电子的质量为 $m_e = 9.11 \times 10^{-31}$ kg)

3-28　海王星绕太阳的轨道运动可看成匀速率圆周运动，轨道半径约为 $r = 5\times10^{12}$ m，周期 $T = 165$ 年。已知海王星的质量约为 $m = 1.0 \times 10^{26}$ kg，求海王星相对于太阳中心的角动量大小。

3-29　水平光滑圆盘上有一质量为 m 的物体 A，拴在一根穿过盘心光滑小孔的细绳上，如图所示。开始时，该物体距盘心 O 的距离为 r_0，并以角速率 ω_0 绕盘心 O 做圆周运动。现向下拉绳，当质点 A 的径向距离由 r_0 减小到 $\frac{1}{2}r_0$ 时，向下拉绳的速率为 v，求下拉过程中拉力所做的功。

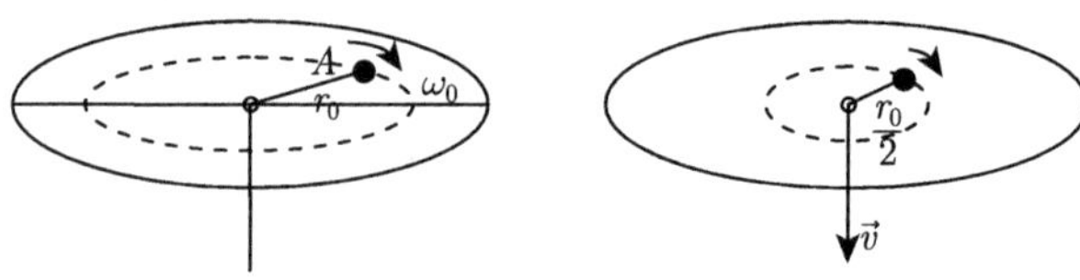

题 3-29 图

3-30　如图所示，在光滑的水平面上有一轻质弹簧 (其劲度系数为 k)，它的一端固定，另一端系一质量为 m' 的滑块。最初当滑块静止时，弹簧处于自然长度 l_0，现有一质量为 m 的子弹以初速度 $\vec{v}_0$ 沿水平方向且垂直于弹簧轴线射向滑块且留在其中，滑块在水平面内滑动，当弹簧被拉伸至长度 l 时，求滑块速度 $\vec{v}$ 的大小和方向 ($\theta =?$)。

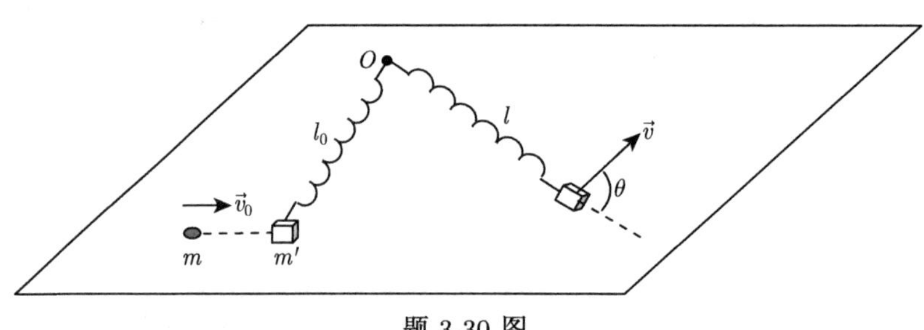

题 3-30 图

第4章 刚 体 力 学

对于物体机械运动一般规律的研究，只局限于质点的情况是不全面的。质点的运动事实上只代表物体的平动。任何物体一定都是有形状和大小的，它既可以做平动、转动，还可以做更复杂的运动，甚至在运动过程中，物体的形状也可能发生改变。一般固体在外力作用下，其形状和大小都要发生变化，但是变化并不显著。所以，研究物体运动的初步方法是把物体看成在外力作用下保持其大小和形状都不变，即物体内任何两质点之间的距离，都不因外力而改变，这样的物体叫作刚体。刚体考虑了物体的形状和大小，但不考虑物体的形变，仍然是一个理想化的模型。以刚体为研究对象，除了研究刚体的平动，还可研究它的转动以及平动与转动的复合运动等，着重讨论刚体的定轴转动。

4.1 刚体运动学

4.1.1 刚体

力的作用效果有两类：其一是引起物体运动状态的改变，称为力的外效应；其二是引起物体的形变，称为力的内效应。但是，绝大多数固体在力的作用下，其形变是极其微小的，一般在研究物体整体的机械运动时，往往可以把这种极其微小的形变忽略不计，因此可以引入刚体的概念。在力的作用下不发生形变的物体叫**刚体**。刚体是一种特殊的质点系统，无论它在多大外力的作用下，系统内任意两质点间的距离始终保持不变。刚体的这个特点使刚体力学与一般质点系统的力学相比，大为简化。一般质点系统的力学问题求解往往很困难，而刚体的力学问题却有不少是能够求解的。

4.1.2 平动和转动

刚体的最基本运动形式是平动和转动，任何复杂的刚体运动都可以看成这两种最简单、最基本运动的合成。

当刚体运动时，如果刚体内任何一条给定的直线，在运动过程中始终保持它的方向不变，这种运动叫作刚体的**平动**，如图 4-1(a) 所示。例如，升降机的运动、汽缸中活塞的运动、刨床上刨刀的运动、车床上车刀的运动等，都是刚体的平动。显然，刚体平动时，在任意一段时间内，刚体中所有质点的位移都是相同的；而且在任何时刻，刚体内各个质点的速度、加速度也都是相同的。所以刚体内任何一个质点的运动，都可代表整个刚体的运动，通常选择刚体的质心运动表示整个刚体的平动。

为了描述运动物体的空间位置，需要采用一系列独立坐标进行描述。确定物体空间位置所需的独立坐标的个数称为物体运动的**自由度**。自由度是描述物体运动自由程度的物理量。因为刚体平动与刚体内任一质点的运动相同，而在直角坐标系中描述一个质点的运动，需要 x、y、z 三个独立坐标，所以刚体平动时，其自由度数目是 3。

刚体运动时，如果在某一瞬时，刚体上的各个质点在运动中都绕同一直线做圆周运动，这种运动叫作刚体的**转动**，这一直线叫作转轴。例如，机器上齿轮的运动、车床上工件的运动、钟摆的运动、地球的自转运动等，都是刚体的转动。如果转轴的位置或方向是随时间改变的 (如旋转陀螺)，这个转轴为瞬时转轴，如果转轴的位置或方向是固定不动而且不随时间改变，如摩天轮的转动，如图 4-1(b) 所示，这种转轴为固定转轴，此时刚体的转动叫作刚体的**定轴转动**。

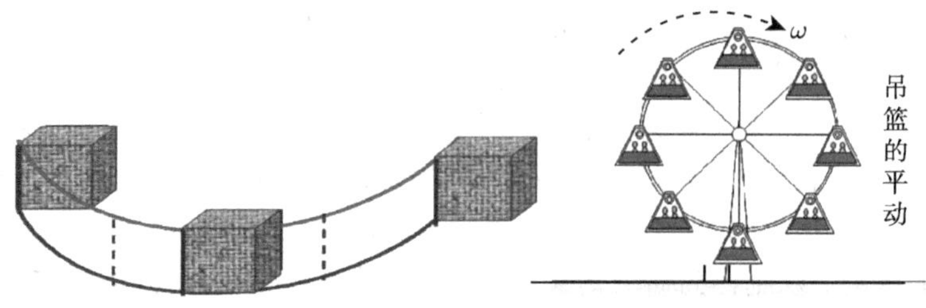

(a) 刚体的平动

(b) 刚体的转动

图 4-1　刚体的平动和转动

刚体的一般运动比较复杂，但可以证明，刚体的一般运动可看成平动和转动的叠加。例如，一个车轮的纯滚动 (图 4-2)，可以分解为车轮随着转轴的平动和整个车轮绕转轴的转动。

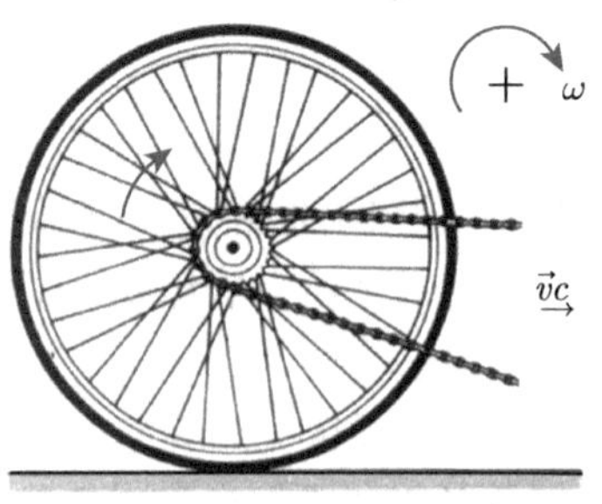

图 4-2　车轮的纯滚动

4.1.3 定轴转动

如图 4-3 所示，做定轴转动的刚体，刚体上各点都绕同一直线 (转轴) 做圆周运动，而且转轴本身在空间的位置不变。例如，机器上飞轮的转动，门的开或关等都是定轴转动，这时刚体中任一个质点都在某个垂直于转轴的平面内做圆周运动。由于刚体内各质点所在位置不同，因此各点的轨迹是半径大小不等的圆周。在同一时间内，各点转过的圆弧长度也不同。但因刚体内各质点间的相对位置不变，所以各点的半径所扫过的角度却是相同的。我们可用这个转角来描述整个刚体的转动，这个转角就是**角位移**。在刚体转动时，刚体内各点不仅角位移相同，而且角速度和角加速度也都相同。因此，第 1 章中引入的角位移 $\Delta\theta$、角速度 ω 和角加速度 α 等概念以及有关公式，对刚体的定轴转动也都是适用的。至于刚体内各个质点的位移、速度和加速度，则因各点到转轴的距离不同而各不相同。刚体定轴转动的角运动量与刚体内各质点的位移、速度和加速度等线运动量之间的关系，在前面讲述的圆周运动时已作过介绍。

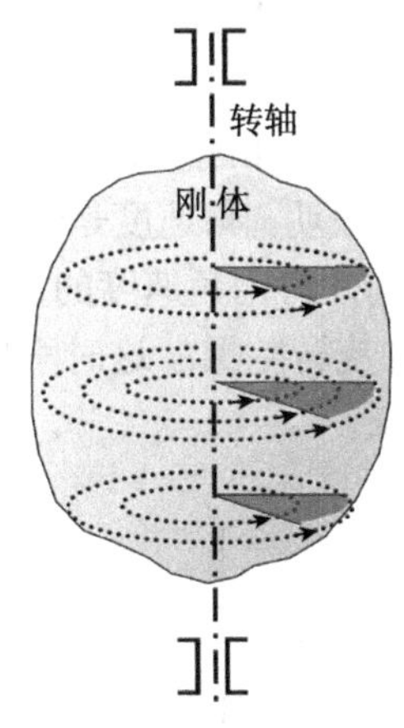

图 4-3 刚体的定轴转动

4.1.4 定轴转动的角量描述

如图 4-4 所示，设有一个刚体绕固定轴 z 轴做定轴转动，则刚体上各点都绕固定轴 z 轴做圆周运动。为了更加方便描述刚体绕固定轴的转动，常常过刚体内任意一点选取一个垂直于转轴的平面作为参考平面 (又称**转动平面**)，把转轴与平面的交点作为原点 O，并在此平面上过转轴任取一固定的参考线，且把这条参考线作为坐标轴 Ox 轴。这样，定轴转动刚体的方位可以由原点 O 到参考平面上的任一点 P 的位置矢量 $\vec{r}$ 相对于 Ox 参考轴的夹角 θ 来确定。角 θ 也叫**角位置**。角位置的单位为弧度，符号为 rad。并且规定，逆着 Oz 轴方向观察，若角位置为逆时针方向旋转，则角 θ 为正；若角位置为顺时针方向旋转，则角 θ 为负。

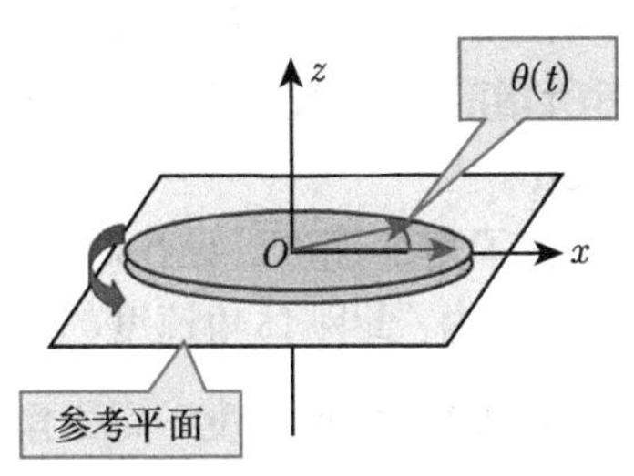

图 4-4 刚体定轴转动分析

刚体定轴转动的自由度数目是 1，该独立坐标就是刚体定轴转动时的角位置坐标 θ。

当刚体绕固定轴 Oz 轴转动时，角位置 θ 随时间 t 改变，也就是说，角位置 θ 是时间 t 的函数，即 $\theta=\theta(t)$，该方程称为定轴转动刚体的**角运动方程**。

刚体绕固定轴 Oz 转动有两种情形，从上向下看，不是顺时针转动就是逆时针转动。因此，为区别这两种转动，我们规定：当位矢 $\vec{r}$ 从 Ox 轴开始沿逆时针方向转动时，角位置 θ 为正；当位矢 $\vec{r}$ 从 Ox 轴开始沿顺时针方向转动时，角位置 θ 为负。按照这个规定，转动正方向为逆时针方向。于是，对于绕固定轴转动的刚体，可由角位置 θ 来表示其方位。

设有一个刚体绕固定轴 Oz 转动，如图 4-5 所示，在时刻 t，刚体上点 P 的位矢相对于 Ox 轴的角位置为 θ，经过时间间隔 $\mathrm{d}t$，刚体上点 P 的角位置为 $\theta+\mathrm{d}\theta$，$\mathrm{d}\theta$ 为刚体在 $\mathrm{d}t$ 时

间内的**角位移**，于是，刚体对于转轴的**角速度**为

$$\omega = \frac{\mathrm{d}\theta}{\mathrm{d}t} \tag{4-1}$$

按照上面关于角位置正、负的规定，若 $\mathrm{d}\theta > 0$，有 $\omega > 0$，这时刚体绕固定轴做逆时针转动；若 $\mathrm{d}\theta < 0$，有 $\omega < 0$，这时刚体绕固定轴做顺时针转动。图 4-6 是两个绕定轴转动的相同的圆盘，它们的角速度 ω 大小相等，但转动方向相反。左边的轮逆时针转动，右边的轮顺时针转动，这表明，角速度是一个有方向的量。应当指出，只有刚体在绕定轴转动的情况下，其转动方向才可用角速度的正负来表示。在一般情况下，刚体的转轴在空间的方位是随时间改变的 (如旋转陀螺)，这时刚体的转动方向就不能用角速度的正负来表示，而需用角速度矢量 $\vec{\omega}$ 来表示。

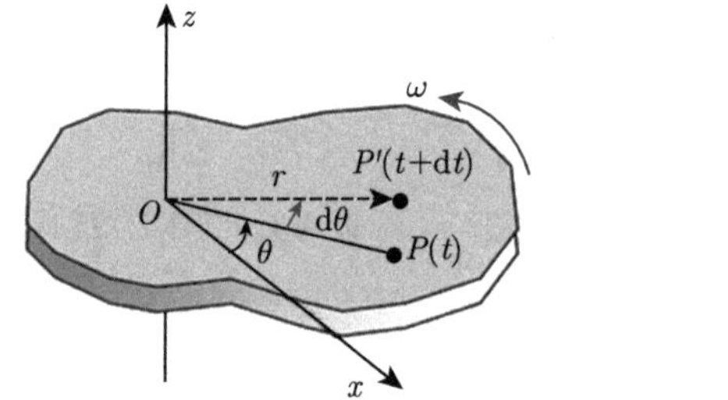

图 4-5　刚体定轴转动角运动量

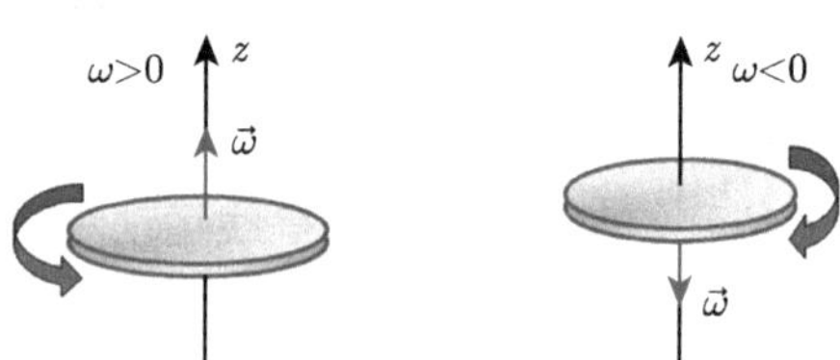

图 4-6　刚体定轴转动角速度

关于角速度 $\vec{\omega}$ 的方向可由右手螺旋定则确定：如图 4-7 所示，把右手的拇指伸直，其余四指弯曲，使弯曲的方向与刚体转动方向一致，这时大拇指所指的方向就是角速度矢量 $\vec{\omega}$ 的方向。在 SI 中，角速度的单位为弧度每秒，符号为 s^{-1} 或 $\mathrm{rad \cdot s}^{-1}$。

刚体绕定轴转动时，如果其角速度发生了变化，刚体就具有了角加速度。设在时刻 t_1，角速度为 ω_1，在时刻 t_2，角速度为 ω_2，则在时间间隔 $\Delta t = t_2 - t_1$ 内，此刚体角速度的增量为 $\Delta\omega = \omega_2 - \omega_1$，当 Δt 趋近于零时，$\dfrac{\Delta\omega}{\Delta t}$ 趋近于某极限值，称为瞬时角加速度，简称**角加速度**，即

$$\alpha = \lim_{\Delta t \to 0} \frac{\Delta\omega}{\Delta t} = \frac{\mathrm{d}\omega}{\mathrm{d}t} = \frac{\mathrm{d}^2\theta}{\mathrm{d}t^2} \tag{4-2}$$

角加速度 α 的方向也可由其正负来表示。在如图 4-8(a) 所示的情况下，角速度 ω 的方向与 ω_0 的方向相同，且 $\omega > \omega_0$，那么 $\Delta\omega > 0$，α 为正值，刚体做加速转动；在如图 4-8(b) 所示的情况下，ω 的方向虽与 ω_0 的方向相同，但 $\omega < \omega_0$，那么 $\Delta\omega < 0$，α 为负值，刚体做减速转动。

在 SI 中，角加速度的单位为弧度每二次方秒，符号为 s^{-2} 或 $\mathrm{rad \cdot s}^{-2}$。

若已知刚体的角加速度与时间的变化规律 $\alpha = \alpha(t)$ 和初始条件，即 $t = 0$ 时刚体的角速度 ω_0 和角位置 θ_0，由角加速度定义式 (4-2) 及角速度定义式 (4-1)，用积分方法求出任意时刻的角速度、角位置随时间的变化规律。由式 (4-2) 可得

$$\mathrm{d}\omega = \alpha(t)\mathrm{d}t$$

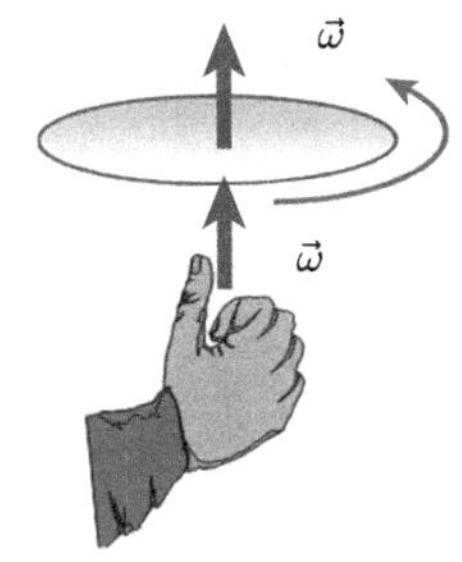

图 4-7 角速度矢量的方向

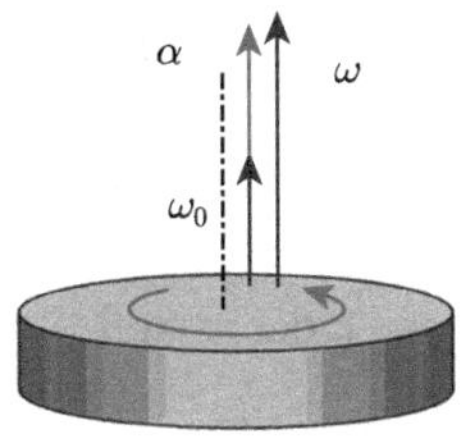

图 4-8 (a) 加速转动

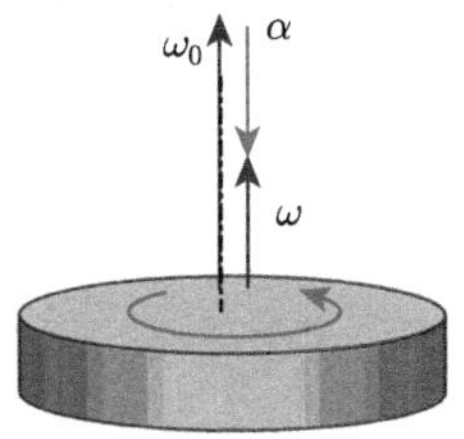

图 4-8 (b) 减速转动

积分可得

$$\int_{\omega_0}^{\omega} \mathrm{d}\omega = \int_0^t \alpha(t)\mathrm{d}t$$

即

$$\omega = \omega_0 + \int_0^t \alpha(t)\mathrm{d}t \tag{4-3}$$

进一步，考虑式 (4-1)，并积分得到

$$\theta = \theta_0 + \int_0^t \omega(t)\mathrm{d}t \tag{4-4}$$

当刚体绕定轴转动时，如果在任意相等时间间隔 Δt 内，角速度增量 $\Delta\omega$ 都相等，这种变速转动称为**匀变速转动**。匀变速转动的角加速度为一恒量，即 $\alpha=$ 恒量。这时其角位移、角速度、角加速度和时间之间的关系式与质点匀变速直线运动的关系式相类似。根据角加速度的定义

$$\alpha = \frac{\mathrm{d}\omega}{\mathrm{d}t}$$

可得

$$\mathrm{d}\omega = \alpha\mathrm{d}t$$

$$\int_{\omega_0}^{\omega} \mathrm{d}\omega = \int_0^t \alpha\mathrm{d}t$$

$$\omega = \omega_0 + \alpha t \tag{4-5a}$$

式中，ω_0 是刚体在 $t=0$ 时刻的初角速度。又因为

$$\omega = \frac{\mathrm{d}\theta}{\mathrm{d}t}$$

所以

$$\mathrm{d}\theta = \omega\mathrm{d}t = (\omega_0 + \alpha t)\mathrm{d}t$$

$$\int_{\theta_0}^{\theta} \mathrm{d}\theta = \int_0^t (\omega_0 + \alpha t)\mathrm{d}t$$

$$\theta = \theta_0 + \omega_0 t + \frac{1}{2}\alpha t^2 \tag{4-5b}$$

式中，θ_0 是刚体在 $t=0$ 时刻的初角位置。

如果将角加速度改写成

$$\alpha=\frac{\mathrm{d}\omega}{\mathrm{d}t}=\frac{\mathrm{d}\omega}{\mathrm{d}\theta}\frac{\mathrm{d}\theta}{\mathrm{d}t}=\omega\frac{\mathrm{d}\omega}{\mathrm{d}\theta}$$

则有

$$\omega\mathrm{d}\omega=\alpha\mathrm{d}\theta$$

$$\int_{\omega_0}^{\omega}\omega\mathrm{d}\omega=\int_{\theta_0}^{\theta}\alpha\mathrm{d}\theta$$

$$\omega^2-\omega_0^2=2\alpha(\theta-\theta_0) \tag{4-5c}$$

注意，表达式 (4-5) 仅适用于刚体做匀变速转动的情况。对于一般的定轴转动，刚体的角加速度 $\alpha\neq$ 恒量，则在计算任意时刻的角速度 ω、角位置 θ 时，必须从刚体角量间的微分关系式出发，应用积分的方法求得，切不可直接使用式 (4-5) 进行计算。

例 4-1　一飞轮绕固定轴转动，其角加速度 $\alpha=A\cos\theta$ (式中 A 为常数)。在 $t=0$ 时刻，角位置 $\theta_0=\frac{\pi}{6}$，角速度 $\omega_0=0$，求在刚体的角位置 $\theta=\frac{\pi}{2}$ 处，角速度是多少?

解　由角加速度定义得

$$\alpha=\frac{\mathrm{d}\omega}{\mathrm{d}t}=\frac{\mathrm{d}\omega}{\mathrm{d}\theta}\frac{\mathrm{d}\theta}{\mathrm{d}t}=\omega\frac{\mathrm{d}\omega}{\mathrm{d}\theta}$$

所以

$$\omega\mathrm{d}\omega=\alpha\mathrm{d}\theta$$

两边积分，并代入初始条件，得

$$\int_0^{\omega}\omega\mathrm{d}\omega=\int_{\theta_0}^{\theta}\alpha\mathrm{d}\theta=\int_{\frac{\pi}{6}}^{\theta}(A\cos\theta)\mathrm{d}\theta$$

$$\frac{\omega^2}{2}=A\sin\theta-\frac{A}{2}$$

$$\omega=\sqrt{2A\sin\theta-A}$$

$$\text{当 }\theta=\frac{\pi}{2}\text{ 处，角速度 }\omega=\sqrt{A}$$

4.1.5　定轴转动角量和线量的关系

对于刚体的定轴转动，可以采用角位置、角速度、角加速度这些“角量”描述刚体整体运动情况；另外，当刚体定轴转动时，组成刚体的任一质点都在绕固定轴做圆周运动，且各质点具有各自的位移、速度、加速度，描述各质点运动情况的物理量称为“线量”，即线位移、线速度、线加速度。当然，描述刚体整体运动状态的角量与描述各质点运动情况的线量之间存在着联系。

如图 4-9 所示，有一刚体以角速度 ω 绕定轴转动，刚体在 $\mathrm{d}t$ 时间内转过的角位移为 $\mathrm{d}\theta$，则刚体上 P 点沿半径为 r 的圆周移动的路程为 $\mathrm{d}s$，由几何关系

$$\mathrm{d}s = r\mathrm{d}\theta$$

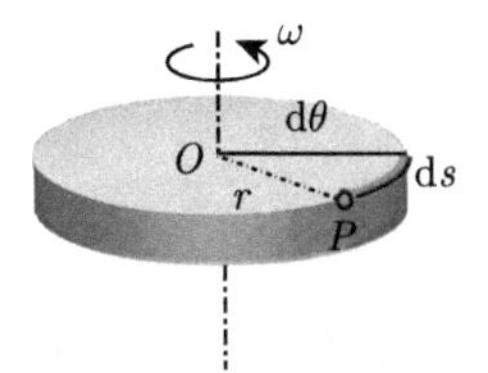

图 4-9　定轴转动角量和线量的关系

求导，得

$$\frac{\mathrm{d}s}{\mathrm{d}t} = r\frac{\mathrm{d}\theta}{\mathrm{d}t}$$

所以 P 点的线速度与角速度大小之间的关系为

$$v = \omega r \tag{4-6}$$

显然，刚体上各点的线速度 v 与各点到转轴的垂直距离 r 成正比，距轴越远，线速度越大。将式 (4-6) 对时间求导，可得

$$\frac{\mathrm{d}v}{\mathrm{d}t} = \frac{\mathrm{d}\omega}{\mathrm{d}t}r$$

P 点的切向加速度与角加速度的关系为

$$a_\tau = \alpha r \tag{4-7}$$

P 点的法向加速度与角速度的关系为

$$a_n = \omega^2 r \tag{4-8}$$

由式 (4-7) 和式 (4-8)，同样可以看出，对一绕定轴转动的刚体，质点距轴越远，其切向加速度和法向加速度越大。

考虑到角速度和角加速度均为矢量，它们的方向由右手螺旋定则确定。则刚体上任一质点 P (离转轴的距离 OP 为 r，相应的位矢为 $\vec{r}$) 的线速度 $\vec{v}$、切向加速度 $\vec{a}_\tau$、法向加速度 $\vec{a}_n$ 和角速度 $\vec{\omega}$、角加速度 $\vec{\alpha}$ 之间的关系式可由下式表示

$$\begin{cases} \vec{v} = \vec{\omega} \times \vec{r} \\ \vec{a}_\tau = \vec{\alpha} \times \vec{r} \\ \vec{a}_n = \vec{\omega} \times \vec{v} = \vec{\omega} \times (\vec{\omega} \times \vec{r}) \end{cases} \tag{4-9}$$

这样采用两矢量的矢积表示式，可同时表述角速度和线速度、线加速度之间在方向上和量值上的关系。

在定轴转动的情形中，角速度的方向是沿着转轴的，因此只要规定了 ω 的正负，就可用标量 ω 进行计算。

总之，刚体定轴转动的特点如下：

(1) 每一质点均做圆周运动，圆面为转动平面；

(2) 角位移 $\mathrm{d}\vec{\theta}$、角速度 $\vec{\omega}$、角加速度 $\vec{\alpha}$ 是描述刚体整体运动的物理量，与质点的位置无关，故各质点都具有相同的 $\mathrm{d}\vec{\theta}$、$\vec{\omega}$、$\vec{\alpha}$，但各质点的速度 $\vec{v}$、加速度 $\vec{a}$ 是不同的，与质点的位置有关；

(3) 运动描述仅需一个独立坐标，即定轴转动刚体的自由度为 1。

4.2 定轴转动的转动定理

4.2.1 力对轴的力矩

刚体的定轴转动运动状态的改变与什么有关？实践发现，刚体定轴转动状态的变化不仅与力有关，还和力的作用点以及力的方向有关。这个物理量就是外界施加在刚体上的相对于固定轴的力矩，正是在力矩的作用下，刚体绕定轴的角速度可以变快或者变慢。

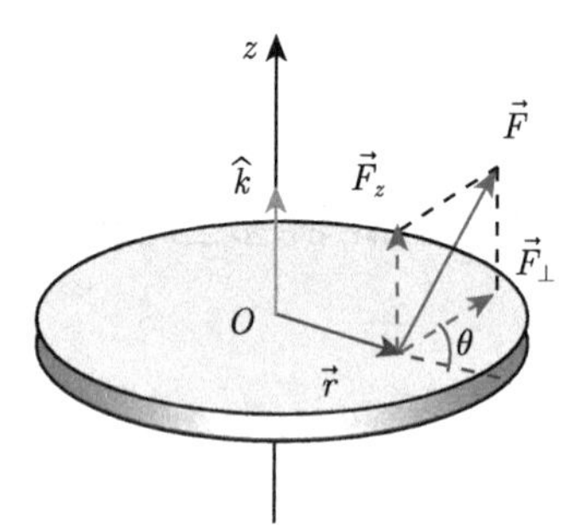

图 4-10 刚体受到的外力矩作用

如图 4-10 所示，考察绕固定 Oz 轴转动刚体中的一个转动平面，设有一个外力 $\vec{F}$ 作用在 P 点，且力 $\vec{F}$ 的方向不一定落在转动平面内，这个力相对于 z 轴的力矩等于什么呢？

按照力矩的定义

$$\vec{M}=\vec{r}\times\vec{F} \tag{4-10}$$

式中，$\vec{r}$ 为转轴到力的作用点的位置矢量，也是力的作用点做圆周运动的转动半径矢量。这个力矩实际上是力 $\vec{F}$ 对 O 点的力矩。

为了求出力 $\vec{F}$ 对 z 轴的力矩，应将力 $\vec{F}$ 分解为平行于轴的分力 $\vec{F}_z$ 和垂直于轴的分力 $\vec{F}_\perp$，$\vec{F}_z$ 产生的力矩不会影响刚体绕 z 轴的转动，只有 $\vec{F}_\perp$ 产生的力矩才会改变刚体绕 z 轴的转动。当外力矩方向与定轴方向相同或相反时使静止刚体绕轴逆 (顺) 时针方向转动，当外力矩与定轴方向垂直时，静止刚体保持不动。故外力 $\vec{F}$ 对固定轴 (z 轴) 的力矩可以表示为

$$\vec{M}_z=\vec{r}\times\vec{F}_\perp \tag{4-11}$$

或

$$M_z=rF_\perp\sin\theta \tag{4-12}$$

式中，θ 是由位置矢量 $\vec{r}$ 方向转至 $\vec{F}_\perp$ 方向的旋转角 (其值小于 180°)。为了确定该外力矩对定轴转动刚体的作用效果，人为规定：逆着 z 轴方向观察，若旋转角是逆时针方向，θ 取正，则外力矩 $M_z>0$；若旋转角是顺时针方向，θ 取负，则外力矩 $M_z<0$。

在刚体定轴转动计算力矩时，只需考虑外力垂直于转轴的分量 $\vec{F}_\perp$，对于平行于转轴的外力分量 $\vec{F}_z$ 是不用考虑的。在下面的转动定理的推导中将用这种方式处理。

如果几个力同时作用于刚体上，且这几个力均在垂直于转轴的转动平面内，则这些力对转轴 z 的合力矩为

$$\vec{M}=\vec{M}_z=\sum_i\vec{M}_i=\sum_i\vec{r}_i\times\vec{F}_i \tag{4-13a}$$

或者

$$M=M_z=\sum_i M_{zi}=\sum_i r_iF_i\sin\theta_i \tag{4-13b}$$

例 4-2 如例 4-2 图所示，长为 l、质量为 m 的匀质细杆，放在粗糙的水平面上，杆可绕通过其中心且与水平面垂直的固定轴转动。已知杆与水平面间的摩擦系数为 μ，求杆绕竖直轴转动时所受的摩擦力矩大小。

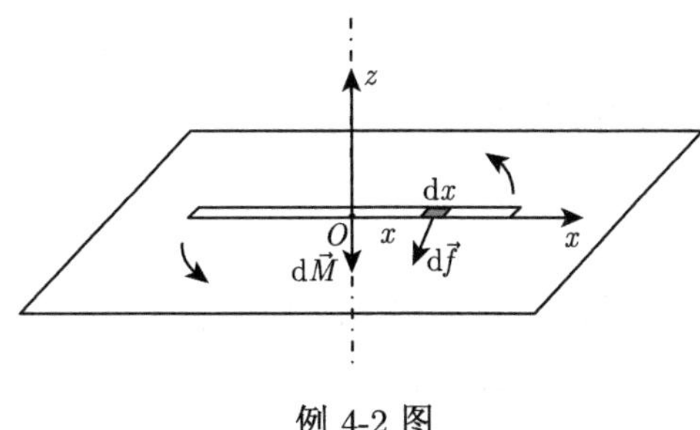

例 4-2 图

解 杆转动时，所受的摩擦力沿杆长连续分布，且杆上不同部位的摩擦力臂不等，故需用积分法求摩擦力的总力矩。

杆上任一质元 $\mathrm{d}m = \frac{m}{l}\mathrm{d}x$，所受的摩擦力大小为

$$\mathrm{d}f = \mu g \mathrm{d}m = \mu g \frac{m}{l}\mathrm{d}x$$

对转轴的阻力矩大小为

$$\mathrm{d}M = x\mathrm{d}f = \mu g \frac{m}{l} x\mathrm{d}x$$

由于各质元所受的阻力矩方向相同，则总的阻力矩大小为

$$M = \int \mathrm{d}M = 2\int_0^{\frac{l}{2}} \mu g \frac{m}{l} x\mathrm{d}x = \frac{1}{4}\mu g l$$

4.2.2 定轴转动的转动定理推导

如图 4-11 所示，刚体可看成由 n 个质点组成，此刚体绕着固定轴 Oz 转动。在刚体中取质点 i，其质量为 m_i，它绕着 Oz 轴做半径为 r_i 的圆周运动，设该质点受到的合外力为 $\vec{F}_i$，受到的合内力为 $\vec{f}_i$，且外力和内力均在与 Oz 轴垂直的转动平面内。

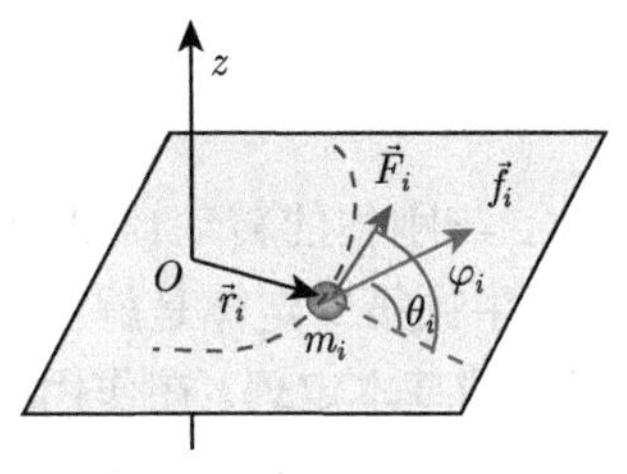

图 4-11 转动定理推导

由牛顿第二定律得，第 i 个质点的动力学方程为

$$\vec{F}_i + \vec{f}_i = m_i\vec{a}_i \tag{4-14}$$

法向分量方程为

$$F_i\cos\varphi_i + f_i\cos\theta_i = -m_i a_{in} = -m_i r_i\omega^2 \tag{4-15}$$

式中，φ_i 是外力 $\vec{F}_i$ 与位矢 $\vec{r}_i$ 的夹角；θ_i 是内力 $\vec{f}_i$ 与位矢 $\vec{r}_i$ 的夹角；法向加速度为 $a_{in} = r_i\omega^2$。

切向分量方程为

$$F_i\sin\varphi_i + f_i\sin\theta_i = m_i a_{it} = m_i r_i\alpha \tag{4-16}$$

切向分量方程两端乘 r_i，得到力矩方程

$$F_i r_i\sin\varphi_i + f_i r_i\sin\theta_i = m_i r_i^2\alpha \tag{4-17}$$

对刚体中所有质点都列出相应力矩方程，然后求和，得

$$\sum F_i r_i\sin\varphi_i + \sum f_i r_i\sin\theta_i = \sum m_i r_i^2\alpha \tag{4-18}$$

因为内力总是成对出现、大小相等、方向相反，它们相对于定轴的合力矩为零

$$\sum f_i r_i \sin\theta_i = 0 \tag{4-19}$$

将式 (4-19) 代入式 (4-18)，得

$$\sum F_i r_i \sin\varphi_i = \sum m_i r_i^2 \alpha \tag{4-20}$$

式中，$\sum F_i r_i \sin\varphi_i$ 为刚体内所有质点所受的外力对转轴的力矩的代数和，即合外力矩，用 M 表示，这样上式为

$$M = \left(\sum m_i r_i^2\right)\alpha \tag{4-21}$$

式中的 $\sum m_i r_i^2$ 与定轴转动的刚体本身的性质和转轴的位置有关，叫作刚体的**转动惯量**。对于绕定轴转动的刚体，它为一个常数，以 J 表示，即

$$J = \sum m_i r_i^2 \tag{4-22}$$

转动惯量与下列因素有关：①刚体的质量。②在质量一定的情况下，还与质量分布有关，即与刚体的形状、大小和各部分的质量密度有关。例如，相同材料的同质量的空心圆柱与实心圆柱，对于圆柱的中心轴而言，空心圆柱的转动惯量较大。③转动惯量与转轴的位置有关。例如，同一匀质细杆，对于通过杆的中心并与杆垂直的转轴和通过杆的一端并与杆垂直的另一转轴，后者的转动惯量较大。所以只有明确转轴，转动惯量才有明确的意义。

刚体定轴转动的转动定理的数学表达式为

$$M = J\alpha \tag{4-23}$$

刚体定轴转动时，刚体的角加速度与它所受的合外力矩成正比，与刚体的转动惯量成反比，这个关系叫作刚体定轴转动时的转动定理，简称**转动定理**。如同牛顿第二定律是解决质点运动问题的基本定律一样，转动定理是定量研究刚体定轴转动问题的基本定理。在作用在刚体上的合外力矩一定的情况下，转动惯量越大，刚体的角加速度越小，刚体的转动状态改变越小。因此转动惯量是度量刚体转动惯性大小的物理量。

运用转动定理时，需要注意以下几点：

(1) 转动定理给出的是一种瞬时关系，M 为某一瞬时刚体所受的合外力矩，α 是该时刻刚体产生的角加速度，两者同时产生，同时消失；

(2) 定理中 M 和 J 都是相对量，且都相对于同一转轴；

(3) 式中 M 为外力矩的代数和；

(4) 式中 $J = \sum m_i r_i^2$ 为刚体的转动惯量，代表在转动中刚体转动惯性的大小。

例 4-3　一转动惯量为 J 的圆盘，绕一固定轴转动，初始角速度为 ω_0，设转动圆盘所受阻力矩与转动角速度成正比，即 $M = -k\omega$，k 为正常数。求角速度从 ω_0 变为 $\dfrac{\omega_0}{3}$ 时所需的时间。

解　由转动定理

$$\alpha = \frac{\mathrm{d}\omega}{\mathrm{d}t} = \frac{M}{J} = -\frac{k\omega}{J}$$

整理，得

$$-\frac{k}{J}\mathrm{d}t = \frac{\mathrm{d}\omega}{\omega}$$

两边积分，得

$$-\frac{k}{J}\int_0^t \mathrm{d}t = \int_{\omega_0}^{\frac{\omega_0}{3}} \frac{\mathrm{d}\omega}{\omega}$$

计算得出

$$t = \frac{J}{k}\ln 3$$

4.2.3 转动惯量

1. 转动惯量的计算

应用刚体定轴转动的转动定理时，首先需要求出刚体对定轴的转动惯量，按刚体转动惯量的定义式 $J = \sum m_i r_i^2$ 计算，其中 r_i 为质量是 m_i 的质点到转轴的转动半径。

对于质量连续分布的刚体，可以将刚体分割为一系列质量微元，每个质量微元可看成质点，质量为 $\mathrm{d}m$，其到转轴的转动半径为 r，则整个刚体的转动惯量就是每个质量微元的转动惯量的积分：

$$J = \int r^2 \mathrm{d}m \tag{4-24}$$

(1) 对质量是线分布的刚体，质量微元分布在 $\mathrm{d}l$ 线段微元上，$\mathrm{d}m = \lambda \mathrm{d}l$，其中 λ 为质量线密度，即单位长度上的质量。转动惯量为

$$J = \int r^2 \lambda \mathrm{d}l \tag{4-25}$$

(2) 对质量是面分布的刚体，质量微元分布在 $\mathrm{d}s$ 面积微元上，$\mathrm{d}m = \sigma \mathrm{d}s$，其中 σ 为质量面密度，即单位面积上的质量。转动惯量为

$$J = \int r^2 \sigma \mathrm{d}s \tag{4-26}$$

(3) 对质量是体分布的刚体，质量微元分布在 $\mathrm{d}v$ 体积微元上，$\mathrm{d}m = \rho \mathrm{d}v$，其中 ρ 为质量体密度，即单位体积上的质量。转动惯量为

$$J = \int r^2 \rho \mathrm{d}v \tag{4-27}$$

在 SI 中，转动惯量的单位为千克二次方米，符号为 $\mathrm{kg \cdot m^2}$。

必须指出，只有几何形状简单、质量连续且均匀分布的刚体，才能用积分的方法算出它们的转动惯量。对于任意形状刚体的转动惯量，通常是用实验的方法测定出来的。

2. 回转半径

一个实际刚体的转动惯量，可用一个等效刚体的转动惯量来表示。这个刚体可看成所有的质量集中在距转轴为 r_{G} 的地方，r_{G} 称为该刚体的回转半径 (图 4-12)。回转半径可用来形象了解一个刚体的转动惯量。

根据转动惯量的定义，回转半径为

$$r_{\mathrm{G}}=\sqrt{J/m} \tag{4-28}$$

式中，$m=\sum m_i$ 为刚体的总质量。

3. 平行轴定理

除了可用上述的方法计算刚体的转动惯量，还可以利用已知的绕某转轴的转动惯量来计算同一刚体绕其他转轴的转动惯量。

如图 4-13 所示，设质量为 m 的刚体绕过质心 C 的转轴的转动惯量为 J_C，将转轴朝任一方向平移一个距离 d，则刚体绕此轴的转动惯量 J_A 为

$$J_A=J_C+md^2 \tag{4-29}$$

式 (4-29) 表明，刚体对各平行轴的不同转动惯量中，对质心轴的转动惯量最小。

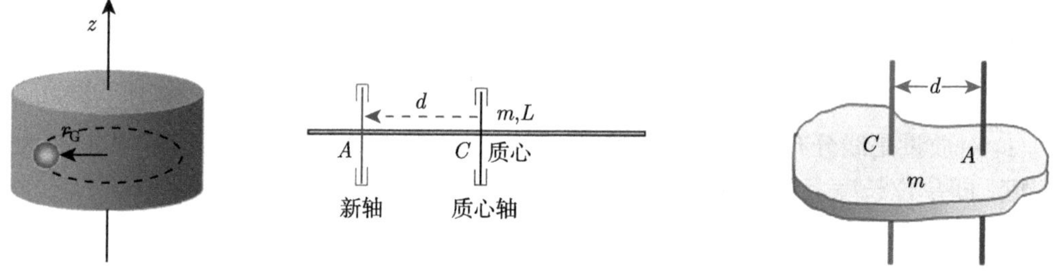

图 4-12　回转半径　　图 4-13　平行轴定理

4. 垂直轴定理

无穷小厚度的薄板对一与它垂直的坐标轴的转动惯量，等于薄板对板面内另两互相垂直轴的转动惯量之和 (图 4-14)。

$$J_z=J_x+J_y \tag{4-30}$$

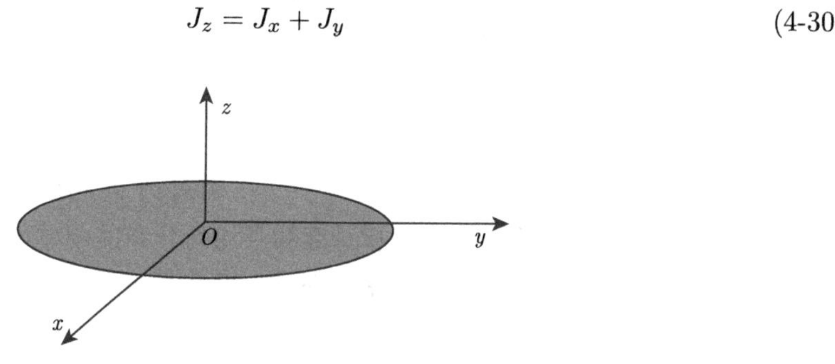

图 4-14　垂直轴定理

垂直轴定理适用条件：x、y、z 轴均过同一点，且互相垂直，z 轴垂直于板面，x、y 轴在板面内。

5. 几种常见刚体的转动惯量

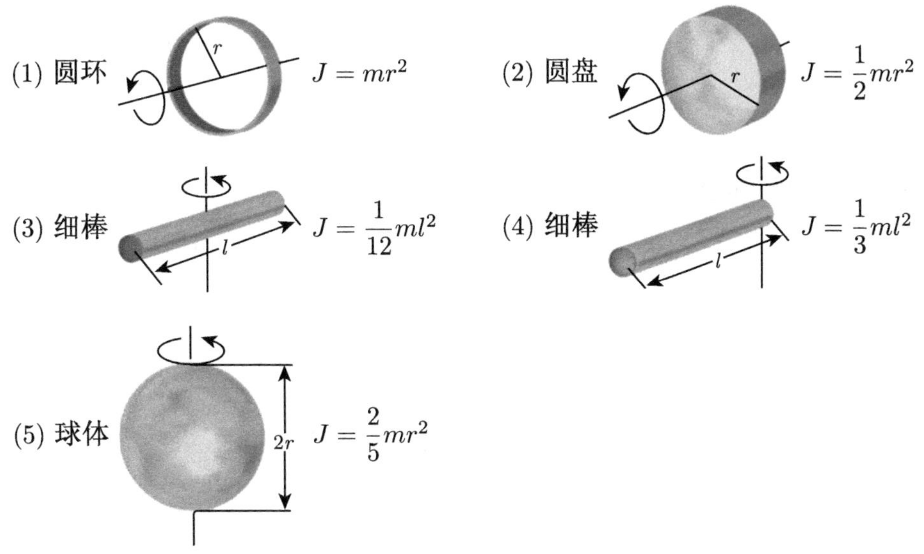

例 4-4 有一质量为 m、长为 L 的匀质细杆，求：(1) 对过质心与杆垂直的轴的转动惯量；(2) 对过一端且平行的轴转动惯量。

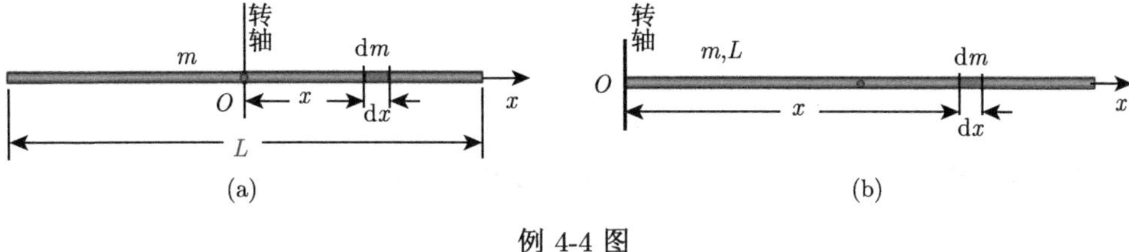

例 4-4 图

解 (1) 建立如例图 4-4(a) 所示的坐标系，坐标原点建立在细杆的中心，选长度为 $\mathrm{d}x$、质量为 $\mathrm{d}m$ 的质量微元，质量微元到转轴的转动半径为 x，则刚体绕该轴的转动惯量

$$J_c = \int_{-L/2}^{L/2} x^2 \frac{m}{l}\mathrm{d}x = \frac{1}{12}mL^2$$

(2) 建立如例图 4-4(b) 所示的坐标系，坐标原点建立在细杆的左端点，选长度为 $\mathrm{d}x$、质量为 $\mathrm{d}m$ 的质量微元，质量微元到转轴的转动半径为 x，则刚体绕该轴的转动惯量

$$J_A = \int_0^L x^2 \frac{m}{l}\mathrm{d}x = \frac{1}{3}mL^2$$

另解：运用平行轴定理，得

$$J_A = J_c + m\left(\frac{L}{2}\right)^2 = \frac{1}{12}mL^2 + \frac{m}{4}L^2 = \frac{1}{3}mL^2$$

例 4-5 一根长为 l 的匀质细棒，在竖直平面内绕通过其一端并与棒垂直的水平轴转动，如例 4-5 图所示。现使棒从水平位置自静止状态自由下摆，求：(1) 开始摆动时的角加速度；(2) 细棒下摆到 θ 位置时的角加速度和角速度；(3) 细棒下摆到竖直位置时的角速度。

解　(1) 开始摆动时，由转动定理，得

$$M = mg\frac{l}{2} = J\alpha = \frac{1}{3}ml^2\alpha$$

解得

$$\alpha = \frac{3g}{2l}$$

(2) 当细棒下摆到 θ 位置时

$$M = mg\frac{l}{2}\cos\theta = J\alpha = \frac{1}{3}ml^2\alpha$$

$$\alpha = \frac{3g}{2l}\cos\theta$$

又因为

$$\alpha = \frac{\mathrm{d}\omega}{\mathrm{d}t} = \frac{\mathrm{d}\omega}{\mathrm{d}\theta}\frac{\mathrm{d}\theta}{\mathrm{d}t} = \omega\frac{\mathrm{d}\omega}{\mathrm{d}\theta} = \frac{3g}{2l}\cos\theta$$

所以

$$\omega\mathrm{d}\omega = \frac{3g}{2l}\cos\theta\mathrm{d}\theta$$

上式积分，得

$$\int_0^\omega \omega\mathrm{d}\omega = \frac{3g}{2l}\int_0^\theta \cos\theta\mathrm{d}\theta$$

所以

$$\omega = \sqrt{\frac{3g}{l}\sin\theta}$$

(3) 当细棒下摆到竖直位置时，$\theta = \frac{\pi}{2}$，细棒的角速度为

$$\omega = \sqrt{\frac{3g}{l}}$$

例 4-6　求质量为 m，半径为 R，厚度为 t 的均匀圆盘的转动惯量。轴与圆盘平面垂直并通过其圆心，如例 4-6 图所示。

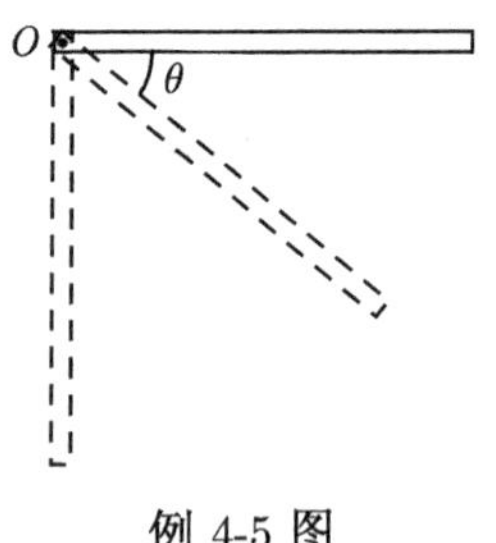

例 4-5 图

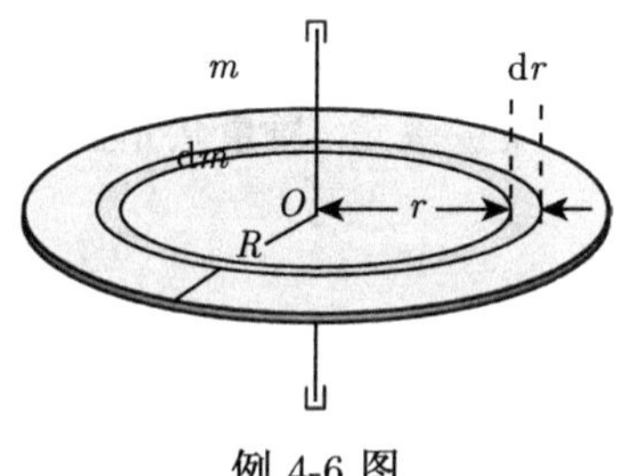

例 4-6 图

解　根据转动惯量的定义式，又因为圆盘可以认为由许多圆环组成。取任一半径为 r，宽为 $\mathrm{d}r$ 的薄圆环，其转动惯量为

$$\mathrm{d}J = r^2\mathrm{d}m$$

式中，$\mathrm{d}m$ 为薄圆环的质量。

以 ρ 表示圆盘的体密度，则 $\mathrm{d}m=\rho 2\pi rt\mathrm{d}r$，所以 $\mathrm{d}J=2\pi r^3 t\rho\mathrm{d}r$

$$\rho=\frac{m}{\pi R^2 t}$$

$$J=\int_0^R 2\pi\rho tr^3\mathrm{d}r=\frac{1}{2}\pi\rho lR^4=\frac{1}{2}mR^2$$

例 4-7 一定滑轮质量为 M，半径为 R，转动惯量为 $\frac{1}{2}MR^2$，轴的摩擦可忽略 (例 4-7 图)。求用轻绳绕在定滑轮上质量为 m 的物体由静止开始下落过程中，下落速度与时间的关系。(设绳与定滑轮边沿没有相对滑动)

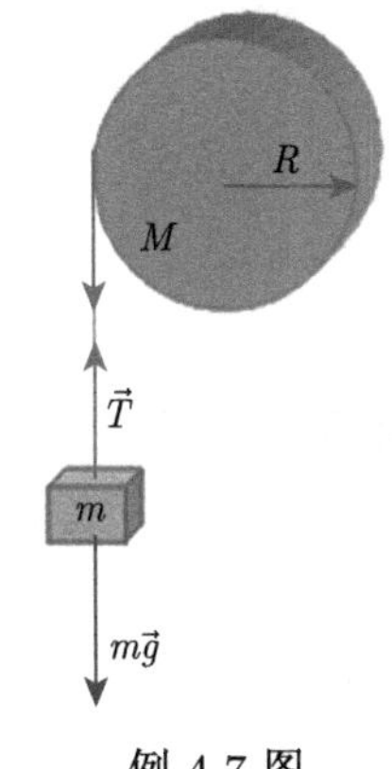

例 4-7 图

解 对物体 m 采用隔离物体受力分析，设物体受绳子向上的拉力 T 和自身的重力作用，加速度为 a，其动力学方程为

$$mg-T=ma$$

对定滑轮 M 进行运动分析，M 在外力矩 TR 的作用下，产生角加速度 α，其所满足的转动定理为

$$TR=J\alpha$$

又因为定滑轮边沿绳子的线加速度 a 与定滑轮角加速度 α 的关系

$$a=R\alpha$$

已知的定滑轮转动惯量

$$J=\frac{1}{2}MR^2$$

解得物体 m 的线加速度

$$a=\frac{mg}{m+\dfrac{M}{2}}$$

由物体初速度 $v_0=0$，得物体下落速度与时间的关系

$$v=at=\frac{mgt}{m+\dfrac{M}{2}}$$

例 4-8 如例 4-8(a) 图所示，一条轻质绳绕过一只轴承光滑的定滑轮绳的两端分别悬挂质量为 m_1 和 m_2 的物体，且 $m_2>m_1$。设滑轮的质量为 m，半径为 R，绳与轮之间无相对滑动。试求物体的加速度和绳中的张力。

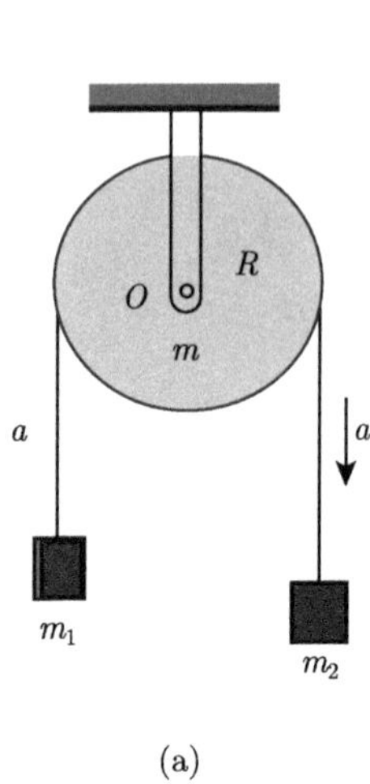

(a)

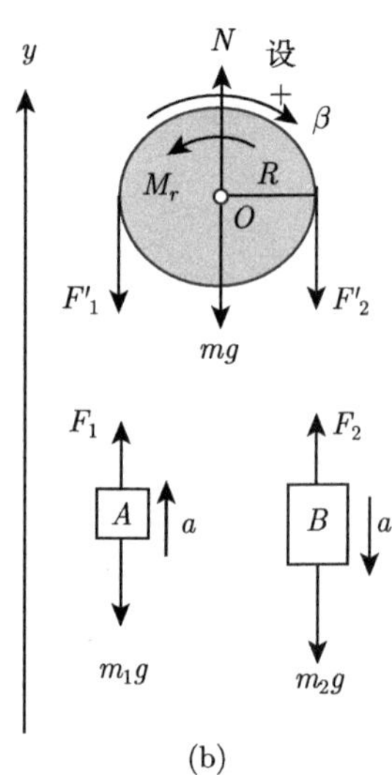

(b)

例 4-8 图

解　用隔离体法分别对物体进行受力分析如例 4-8(b) 图所示，对 m_1 运用牛顿第二定律

$$F_1 - m_1 g = m_1 a$$

对 m_2 运用牛顿第二定律

$$m_2 g - F_2 = m_2 a$$

对定滑轮用刚体转动定律

$$F_2' R - F_1' R = \frac{1}{2} M R^2 \alpha$$

根据牛顿第三定律有

$$F_1' = F_1, \quad F_2 = F_2'$$

因为绳子与转轴间无相对滑动，线量与角量的关系为

$$a = R\alpha$$

联立上面各式解得物体的加速度和绳子的张力分别为

$$a = \frac{(m_2 - m_1)g}{m_1 + m_2 + M/2}$$

$$F_1 = \frac{m_1(2m_2 + M/2)g}{m_1 + m_2 + M/2}$$

$$F_2 = \frac{m_2(2m_1 + M/2)g}{m_1 + m_2 + M/2}$$

例 4-9　如例 4-9 图所示，一质量为 M、半径为 r 的圆盘，通过在盘心并垂直于盘的光滑轴转动，质量为 m，长为 l 的匀质柔软绳索挂在盘上，绳与圆盘间无相对滑动，由于圆盘两边垂挂的绳长度不一样，所受重力不一样，会带动盘的转动。试求当两侧绳长之差为 s 时，绳的加速度的大小。

解　建立如图 (例 4-9 图) 所示坐标系，坐标原点在盘心。设任一时刻绳长分别为 x_1、x_2，单位长度质量为 λ。

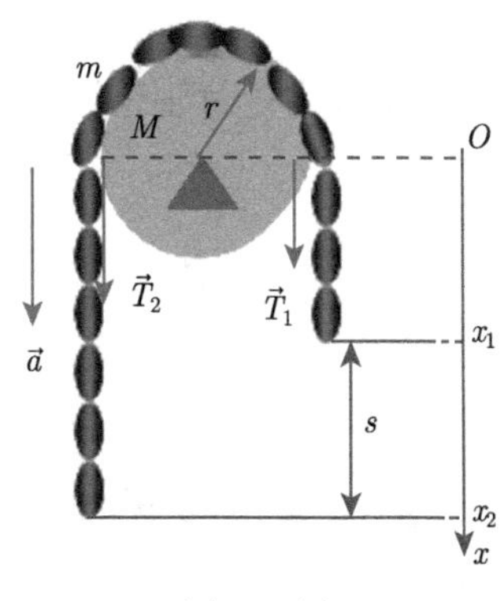

例 4-9 图

对 x_1 段绳子，列动力学方程，各量向上为正

$$T_1' - x_1\lambda g = x_1\lambda a$$

式中，T_1' 为盘作用于这段绳子的力；a 为这段绳子的加速度大小。

对 x_2 段绳子，列动力学方程，各量向下为正

$$x_2\lambda g - T_2' = x_2\lambda a$$

式中，T_2' 为盘作用于这段绳子的力；a 为这段绳子的加速度大小。

对圆盘，由转动定理得

$$(T_2 - T_1)r = \left(\frac{1}{2}Mr^2 + \pi r\lambda r^2\right)\alpha$$

式中，T_1、T_2 为绳子作用于圆盘上的拉力，由牛顿第三定律得，$T_1 = T_1'$、$T_2 = T_2'$；$\frac{1}{2}Mr^2 + \pi r\lambda r^2$ 是圆盘和某时刻附着在圆盘上的绳子组成的刚体的转动惯量；α 为圆盘的角加速度。

根据角量和线量的关系

$$a = r\alpha$$

绳长为

$$l = \pi r + x_1 + x_2$$

圆盘外两边垂挂绳长之差

$$x_2 - x_1 = s$$

联立上面各式得

$$a = \frac{smg}{\left(m + \frac{1}{2}M\right)l}$$

4.3　定轴转动的动能定理

在研究质点问题中，力是质点运动状态改变的原因，引入功的概念描述力的空间累积效果，作用于质点上合力的功等于质点动能的增量。对于刚体的定轴转动，力矩是刚体转动运动状态改变的原因。本节将介绍作用在刚体上的力矩的空间累积，给出力矩的功、刚体的转动动能及将它们联系在一起的动能定理。

4.3.1　力矩的功

首先考察外力矩对刚体转动的持续作用，这个作用就是外力矩在对刚体转动做功。如图 4-15 所示，在外力 $\vec{F}$ 的作用下刚体发生定轴转动 (设力 $\vec{F}$ 作用在转动平面内)，且作用点为 P 点，经历了 $\mathrm{d}t$ 时间，刚体的角位移为 $\mathrm{d}\theta$，力的作用点产生了位移 $\mathrm{d}\vec{r}$，则 $\vec{F}$ 所做的元功为

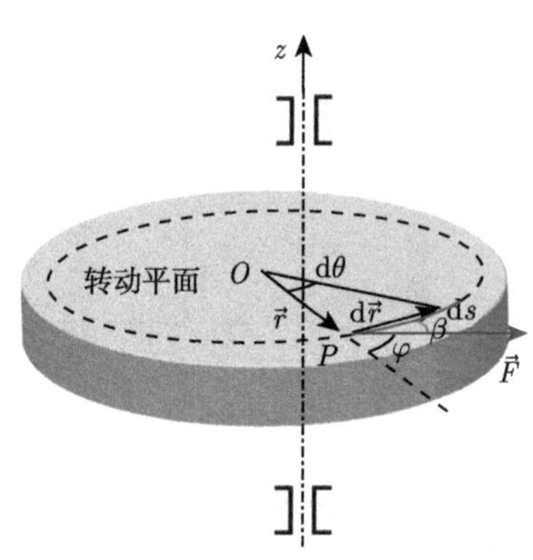

图 4-15　外力矩对刚体转动做功

$$\mathrm{d}A = \vec{F}\cdot\mathrm{d}\vec{r} = F\cos\beta\mathrm{d}s = Fr\cos\beta\mathrm{d}\theta \tag{4-31}$$

式中，r 为转轴到力点的转动半径；β 是力 $\vec{F}$ 与位移 $\mathrm{d}\vec{r}$ 间的夹角。

如果外力 $\vec{F}$ 不在转动平面内，只需要考虑该力在转动平面内的分量的功。因为对刚体的定轴转动而言，外力在垂直转动平面内的分量并不改变刚体的转动状态，该分量并不做功。

因为 $\beta+\varphi=90°$，$\cos\beta=\sin\varphi$，所以

$$\mathrm{d}A = Fr\sin\varphi\mathrm{d}\theta$$

即外力 $\vec{F}$ 的元功为

$$\mathrm{d}A = M\mathrm{d}\theta \tag{4-32}$$

式中，$M=Fr\sin\varphi$ 为外力对转轴的力矩。由式 (4-32) 得到：当刚体在外力矩作用下绕定轴转动而发生角位移时，外力对位移的积累作用等效于外力矩对角位移的积累作用。即在刚体定轴转动问题中，外力做功等于外力矩做功，力矩做功就是力矩对角位移的积累。

在上面的推导中，只是一个外力的情况，但在一般情况下，可能有多个外力作用于刚体上，这时应先求出每一个力的力矩，再求出合外力矩。所以式 (4-32) 也适用于合外力矩做功的计算。

如果刚体在合外力矩 M 的作用下绕定轴从位置 θ_1 转到 θ_2，在此过程中力矩所做的功为

$$A = \int_{\theta_1}^{\theta_2} M\mathrm{d}\theta \tag{4-33}$$

在 SI 中，力矩的功的单位也是焦耳 (J)。

注意：

(1) 若式 (4-33) 中力矩为恒量，力矩做的功为 $A=M(\theta_2-\theta_1)$；即恒力矩做功等于力矩与角位移的乘积。

(2) 刚体内部的内力由于总是成对出现、大小相等、方向相反，作用在同一直线上，因此内力矩做功之和为零。

(3) 力矩的功有正、负。当力矩与角速度同向时，力矩的功为正；反之为负。

4.3.2 力矩的功率

力矩做功的快慢，称为力矩的功率。

如果在 Δt 时间内，力矩做功为 ΔA，则在该段时间内，该力矩做功的平均功率为

$$\bar{P} = \frac{\Delta A}{\Delta t} \tag{4-34}$$

当 Δt 趋于零时，可得力矩的瞬时功率

$$P = \frac{\mathrm{d}A}{\mathrm{d}t} = M\frac{\mathrm{d}\theta}{\mathrm{d}t} = M\omega \tag{4-35}$$

式中，ω 是刚体绕转轴的角速度。在刚体定轴转动时，力矩和角速度的方向或者相同，或者相反。当力矩与角速度的方向相同时，力矩的功率为正；当力矩与角速度的方向相反时，力矩的功率为负。

在 SI 中，力矩功率的单位是瓦特 (W)，$1\ \mathrm{W} = 1\ \mathrm{J\cdot s^{-1}}$。

4.3.3 转动动能

刚体的转动动能应该是组成刚体的各个质点的动能之和。设刚体中第 i 个质点的质量为 m_i，速率为 v_i，则该质点的动能为 $\frac{1}{2}m_iv_i^2$。刚体做定轴转动时，各质点的角速度 ω 相同。设质点 m_i 离轴的垂直距离为 r_i，则它的线速度大小 $v_i = \omega r_i$，因此整个刚体的动能为

$$E_\mathrm{k} = \sum\frac{1}{2}m_iv_i^2 = \left(\sum\frac{1}{2}m_ir_i^2\right)\omega^2 = \frac{1}{2}J\omega^2 \tag{4-36}$$

式 (4-36) 就是刚体定轴转动动能的表达式。式中，$\sum m_ir_i^2$ 为刚体绕定轴的转动惯量 J。

注意：

(1) 刚体的转动动能是状态量；

(2) 刚体的转动动能是相对量，与刚体所绕的定轴有关；

(3) 刚体的转动动能代表刚体在该状态下做功的能力；

(4) 刚体转动动能是刚体定轴转动时刚体内所有质点的动能之和。

4.3.4 定轴转动的动能定理

定轴转动中合外力矩所做的功对刚体运动状态会产生什么样的影响呢？

合外力矩所做的功为

$$A = \int M\mathrm{d}\theta \tag{4-37}$$

根据刚体定轴转动定理 $M = J\alpha = J\frac{\mathrm{d}\omega}{\mathrm{d}t}$ 及角速度的定义 $\omega = \frac{\mathrm{d}\theta}{\mathrm{d}t}$，式 (4-37) 变为

$$A = \int_{t_1}^{t_2} J\frac{\mathrm{d}\omega}{\mathrm{d}t}\omega\mathrm{d}t = \int_{\omega_1}^{\omega_2} J\omega\mathrm{d}\omega = \frac{1}{2}J\omega_2^2 - \frac{1}{2}J\omega_1^2 \tag{4-38}$$

即

$$A = \frac{1}{2}J\omega_2^2 - \frac{1}{2}J\omega_1^2 \tag{4-39}$$

这就是刚体定轴转动的**动能定理**。其表述为合外力矩对刚体所做的功等于刚体定轴转动动能的增量。

注意：

(1) 转动动能定理式是过程方程；

(2) 由式 (4-39) 可方便地运用转动动能状态量的增量去求解过程量功。

例 4-10　一飞轮转动惯量为 J，现有一制动力矩 $M=-k\omega$ 作用在其上，使得飞轮的转动角速度由 ω_0 减小到 $\dfrac{\omega_0}{2}$ (例 4-10 图)，问：在此过程中所需的时间和制动力矩所做的功各是多少？

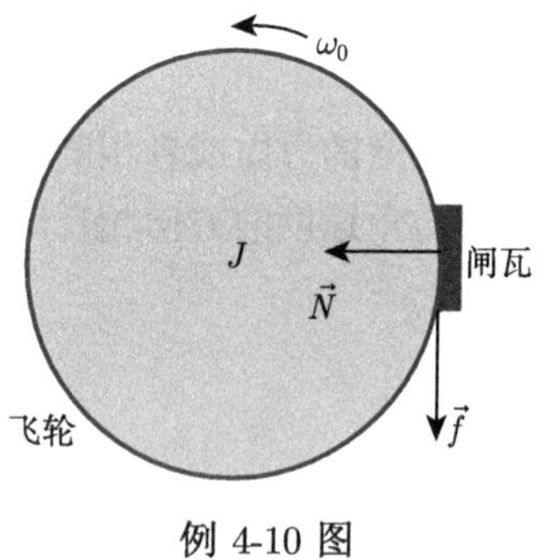

例 4-10 图

解　根据转动动能定理，制动力矩所做的功等于飞轮转动动能的增量。计算可得制动力矩所做的功为

$$A=\frac{1}{2}J\left(\frac{\omega_0}{2}\right)^2-\frac{1}{2}J\omega_0^2=-\frac{3}{8}J\omega_0^2$$

运用转动定理

$$M=J\frac{\mathrm{d}\omega}{\mathrm{d}t}=-k\omega$$

$$\frac{\mathrm{d}\omega}{\omega}=-\frac{k}{J}\mathrm{d}t$$

两边分别积分

$$\int_{\omega_0}^{\frac{\omega_0}{2}}\frac{\mathrm{d}\omega}{\omega}=-\frac{k}{J}\int_0^t\mathrm{d}t$$

得此过程所用时间为

$$t=\frac{J}{k}\ln 2$$

4.4　质心与质心运动定理

刚体虽然是一个刚性的整体，但它可以看成许多质点的集合，刚体内各质点的间距不变，常称为不变的质点系。为了研究刚体的势能以及刚体的平动问题，必须找到一个能够代表刚体整体运动的点，这个点的运动规律与刚体所受的所有外力、整个刚体的质量有关。这个特殊的点就是刚体的质心。有了质心概念之后，求解刚体运动问题就可以变得简单。对于刚体的一般运动，可以将运动分解成整个刚体随质心的平动和相对于通过质心转轴的刚体转动。刚体运动的机械能也可以分解成平动动能、转动动能、与质心有关的势能。本节所介绍的质心及质心运动定理不仅适用于刚体力学问题，而且也适用于非刚体质点系的力学问题。

4.4.1　质心

考察刚体或质点系中每个质点的运动是十分复杂的，但引入质心的概念后，可以简化刚体或质点系运动的研究。例如，一人向空中抛出一匀质薄三角板 (图 4-16(a))，实际观测表明，板上只有一个特殊点 C 的运动轨迹为抛物线，而其他各点既随点 C 做抛物线运动，同时又绕着这个特殊点 C 做圆周运动。这个特殊点 C 就是三角板的质心。三角板的运动可以看成两种基本运动的组合：板的整体平动和板绕通过质心 C 的转轴的转动的合成。其中整个板的平动可用质心点 C 的运动来描述。就平动而言，板的全部质量似乎集中在质心这一点上。图 4-16(b) 所示的跳水运动员在空中的质心的运动轨迹也是抛物线。下面分别讨论质心位置的确定和质心的运动规律。

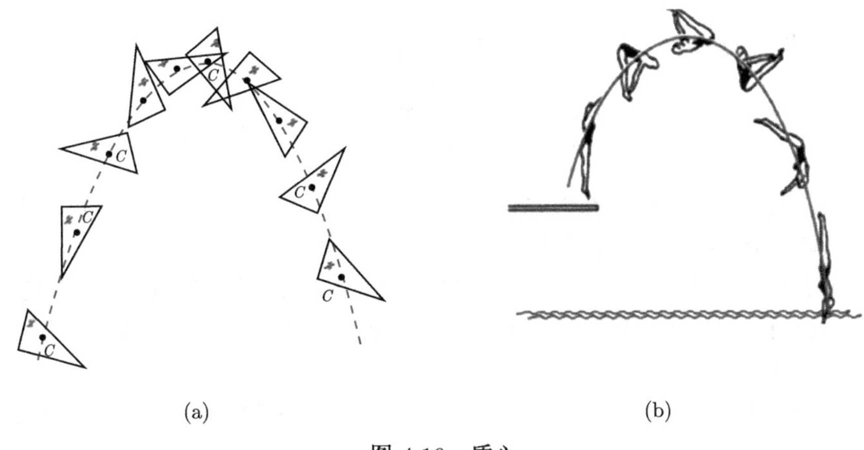

图 4-16 质心

在如图 4-17 所示的直角坐标系中，有 n 个质点组成的质点系，其质心位置可由下式确定

$$\vec{r}_C = \frac{m_1\vec{r}_1 + m_2\vec{r}_2 + \cdots + m_i\vec{r}_i + \cdots}{m_1 + m_2 + \cdots + m_i + \cdots} = \frac{\sum\limits_{i=1}^{n} m_i\vec{r}_i}{M} \tag{4-40a}$$

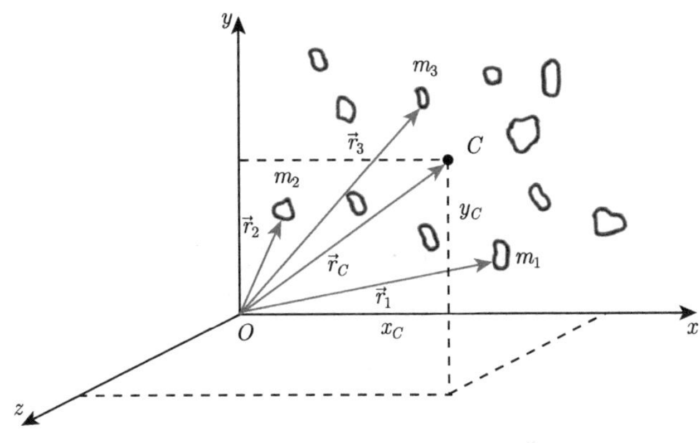

图 4-17 质心位置的确定

式中，M 为质点系内各质点的质量总和；$\vec{r}_i$ 为第 i 个质点相对于原点 O 的位矢；$\vec{r}_C$ 为质心相对于原点 O 的位矢，它在 Ox 轴、Oy 轴和 Oz 轴上的分量，即质心在 Ox 轴、Oy 轴和 Oz 轴上的坐标分别为

$$x_C = \frac{\sum\limits_{i=1}^{n} m_i x_i}{M}, \quad y_C = \frac{\sum\limits_{i=1}^{n} m_i y_i}{M}, \quad z_C = \frac{\sum\limits_{i=1}^{n} m_i z_i}{M} \tag{4-40b}$$

对于质量连续分布的刚体 (图 4-18)，可认为它是无穷多个质量元的组合，其中任意一个质量元的质量为 $\mathrm{d}m$，视其为质点，位置矢量为 $\vec{r}$，则该刚体的质心位置矢量为

$$\vec{r}_C = \frac{\displaystyle\int_M \vec{r}\mathrm{d}m}{M} \tag{4-41a}$$

式中，M 为刚体的总质量。在直角坐标系中，质心的坐标为

$$x_C = \frac{\displaystyle\int_M x\mathrm{d}m}{M}, \quad y_C = \frac{\displaystyle\int_M y\mathrm{d}m}{M}, \quad z_C = \frac{\displaystyle\int_M z\mathrm{d}m}{M} \tag{4-41b}$$

对于密度均匀、形状对称分布的物体，其质心都在它的几何中心处，例如，圆环的质心在圆环中心，球的质心在球心等。应当明确，物体所受重力的作用点称为重心。在一般情况下，质心与重心是重合的。但是，质心的位置只决定于物体的质量分布，与物体是否受到重力的作用无关；而物体的重力随物体在地球上的位置不同会发生变化，离开地球引力范围，重力就失去了意义。

例 4-11　求腰长为 a 的等腰直角三角形匀质薄板质心的位置坐标 (例 4-11 图)。

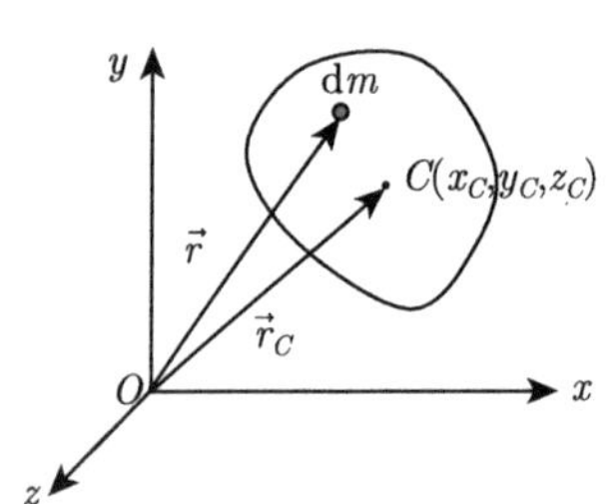

图 4-18　质量连续分布物体的质心

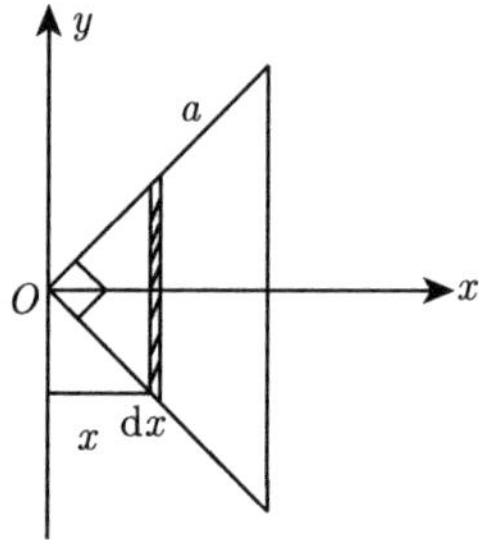

例 4-11 图

解　建立如例 4-11 图所示的直角坐标系，Ox 轴平分直角，由对称性可知质心的纵坐标 $y_C = 0$，下面只要求 x_C。

由几何学可知，等腰直角三角形上面腰所在的直线方程为 $y = x$。在薄板上任意选取一个面积微元，微元上每一点的水平坐标值都是 x，微元的面积为

$$\mathrm{d}s = 2y\mathrm{d}x = 2x\mathrm{d}x$$

设薄板的质量密度为 σ，则微元质量为

$$\mathrm{d}m = \sigma\mathrm{d}s = 2\sigma x\mathrm{d}x$$

则整个薄板的水平质心坐标为

$$x_C = \frac{\displaystyle\int x\mathrm{d}m}{\displaystyle\int \mathrm{d}m} = \frac{\displaystyle\int_0^{\frac{a}{\sqrt{2}}} 2\sigma x^2\mathrm{d}x}{\displaystyle\int_0^{\frac{a}{\sqrt{2}}} 2\sigma x\mathrm{d}x} = \frac{\sqrt{2}}{3}a$$

4.4.2 质心运动定理及质心运动守恒定律

在如图 4-17 所示的质点系中，由质点系质心定义式 (4-40) 得

$$M\vec{r}_C=\sum_{i=1}^{n}m_i\vec{r}_i$$

考虑到质点系内各质点的质量总和是一定的，因此，上式对时间的一阶导数为

$$M\frac{\mathrm{d}\vec{r}_C}{\mathrm{d}t}=\sum_{i=1}^{n}m_i\frac{\mathrm{d}\vec{r}_i}{\mathrm{d}t} \tag{4-42}$$

式中，$\dfrac{\mathrm{d}\vec{r}_C}{\mathrm{d}t}$ 是质心的速度，用 $\vec{v}_C$ 表示；$\dfrac{\mathrm{d}\vec{r}_i}{\mathrm{d}t}$ 是第 i 个质点的速度，用 $\vec{v}_i$ 表示，故式 (4-42) 为

$$\vec{p}=M\vec{v}_C=\sum_{i=1}^{n}m_i\vec{v}_i=\sum_{i=1}^{n}\vec{p}_i \tag{4-43}$$

式中，$\vec{p}$ 是质点系总动量。该式表明：**质点系动量等于系统内各质点的动量的矢量和，也等于系统的质心速度乘系统的质量。**

对于质点系，考虑到系统内各质点间相互作用的内力的矢量和为零，即 $\sum\limits_{i=1}^{n}\vec{F}_i^{\text{in}}=0$。由质点系的动量定理

$$\sum_{i=1}^{n}\vec{F}_i^{\text{ex}}=\frac{\mathrm{d}\vec{p}}{\mathrm{d}t}$$

因此，质点系动量定理可以改写为

$$\vec{F}^{\text{ex}}=\sum_{i=1}^{n}\vec{F}_i^{\text{ex}}=M\frac{\mathrm{d}\vec{v}_C}{\mathrm{d}t}=M\vec{a}_C \tag{4-44}$$

式中，$\dfrac{\mathrm{d}\vec{v}_C}{\mathrm{d}t}$ 是质心的加速度，用 $\vec{a}_C$ 表示。式 (4-44) 表明，**作用在系统上的外力矢量和等于系统的总质量乘系统质心的加速度**。它与牛顿第二定律在形式上完全相同，只是系统的质量集中于质心，在外力的作用下，质心以加速度 $\vec{a}_C$ 运动。这就是质点系**质心运动定理**。

根据质心运动定理，质点系质心的运动只与外力有关，质点系内部各个质点之间相互作用的内力并不影响质心的运动。当作用于质点系或刚体上的外力矢量和为零，即 $\sum\limits_{i=1}^{n}\vec{F}_i^{\text{ex}}=0$ 时，质心的加速度应等于零 ($\vec{a}_C=0$)，质心将保持静止或匀速直线运动状态。这就是**质心运动守恒定律**。

例 4-12 在光滑水平面上有一质量为 m、长为 l 的匀质细杆，一端可以绕固定竖直轴无摩擦转动，另一端与质量为 $m/2$ 的小球固定在一起。若系统以不变的角速度 ω 在水平面上转动。求：(1) 系统的质心位置；(2) 固定轴对细杆的作用力。

解 (1) 对于匀质细杆，其质心在杆的中点。而小球可以视为质点，所以杆轴一端的距离为

$$x_C=\frac{m\dfrac{l}{2}+\dfrac{m}{2}l}{m+\dfrac{m}{2}}=\frac{2}{3}l$$

(2) 根据质心运动定理，固定轴对细杆的作用力 $\vec{F}$ 是系统的外力，它使系统质心绕固定轴中心做圆周运动，其大小等于

$$F=\left(m+\frac{m}{2}\right)a_{Cn}=\left(m+\frac{m}{2}\right)\cdot\omega^2\frac{2}{3}l=ml\omega^2$$

该作用力的方向沿着细杆、由质心指向转轴；转轴对细杆的作用点在细杆的固定端。

例 4-13　如例 4-13 图所示，在光滑水平面上，有一质量为 M、长为 l 的小车，质量为 m 的人站在车的一端，起初人和车都静止。当人从车一端走到另一端时，人和车相对于地面移动的距离分别为多少？

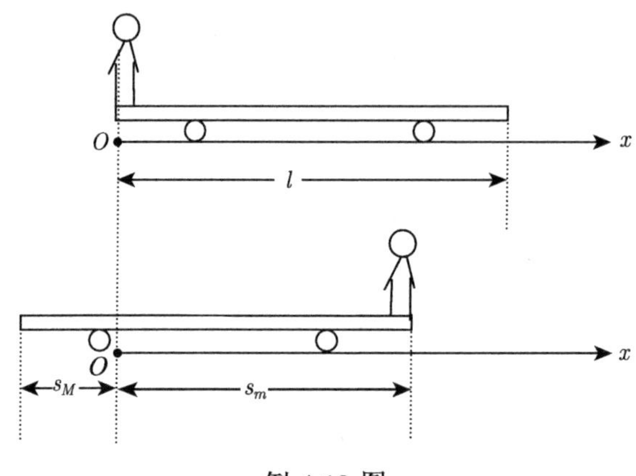

例 4-13 图

解　在惯性参考系中 (地面) 建立坐标系，坐标原点位于开始时与车端重合的地面上的 O 点，Ox 轴正方向向右。

以人、车系统为研究对象。因为系统所受外力的矢量和等于零，且初始时刻系统静止，所以系统质心始终静止，即初、末时刻系统质心坐标相等

$$x_{C\text{初}}=x_{C\text{末}}$$

设人相对于地面移动的距离为 s_m，车相对于地面移动的距离为 s_M，则

$$\frac{m\cdot 0+M\dfrac{l}{2}}{m+M}=\frac{m\cdot s_m+M\cdot\left(\dfrac{l}{2}-s_M\right)}{m+M}$$

所以

$$m\cdot s_m=M\cdot s_M$$

因为人相对车走过的距离等于车长 l，即 $s_m+s_M=l$。联立解得

$$s_m=\frac{M}{m+M}l,\quad s_M=\frac{m}{m+M}l$$

4.5 刚体系统的功能原理及机械能守恒定律

4.5.1 刚体的重力势能

刚体的重力势能是组成刚体的各个质点重力势能之和。设刚体上任一质元的质量为 m_i，距离零势能点的高度为 h_i，如图 4-19 所示，则该质元的重力势能为

$$E_{\mathrm{P}i} = m_i g h_i$$

对所有质元的重力势能求和，并应用质心的定义，得到整个刚体的重力势能为

$$E_{\mathrm{P}} = \sum m_i g h_i = mg\frac{\sum m_i h_i}{\sum m_i} = mgh_C \qquad (4\text{-}45)$$

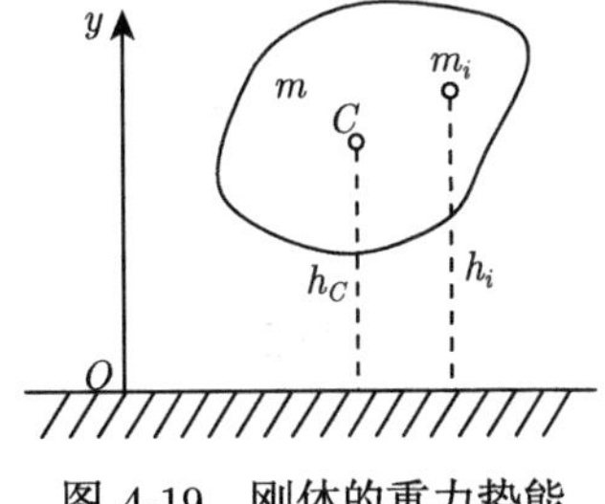

图 4-19 刚体的重力势能

式中，h_C 为质心位置的纵坐标。式 (4-45) 表明刚体的重力势能相当于质量集中在刚体质心的重力势能。

4.5.2 刚体系统的机械能

在机械运动过程中，刚体系统所具有的机械能包括各刚体的平动动能、转动动能、重力势能、其他的势能。具体形式为

$$E = \sum \frac{1}{2} m_i v_{iC}^2 + \sum \frac{1}{2} J_i \omega_i^2 + \sum m_i g h_{iC} + \text{其他} \qquad (4\text{-}46)$$

4.5.3 刚体系统的功能原理

刚体系统是质点系统中的一种，所以根据质点系的功能原理，刚体系统的功能原理

$$A_{\text{外力}} + A_{\text{非保守内力}} = E_2 - E_1 \qquad (4\text{-}47)$$

式中，$A_{\text{外力}}$ 为刚体系统所受外力做功之和；$A_{\text{非保守内力}}$ 为刚体系统非保守内力所做功之和；$E_2 - E_1$ 为刚体系统的机械能增量。刚体系统的功能原理表明，可以运用刚体系统功和能的计算及它们的关系，研究刚体系统的有关机械运动过程。

4.5.4 刚体系统的机械能守恒定律

当刚体系统所受外力做功和非保守内力做功之和为零时，即 $A_{\text{外力}} + A_{\text{非保守内力}} = 0$，刚体系统机械能守恒

$$E_2 = E_1 \qquad (4\text{-}48)$$

这就是刚体系统的机械能守恒定律。

例 4-14 如例 4-14 图所示，匀直细棒 (m、l) 一端为轴，由水平位置静止释放，即 $t=0$ 时，$\theta_0 = 0$，$\omega_0 = 0$，求摆至垂直位置时的角速度 ω，质心 C 的 $\vec{v}_C$ 和 $\vec{a}$。

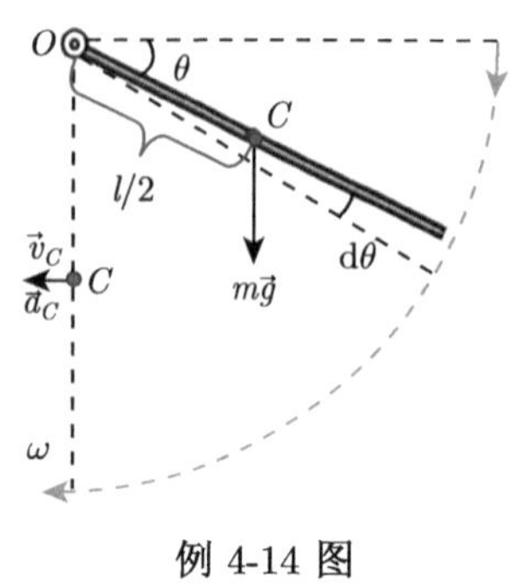

例 4-14 图

解　选择棒和地球组成刚体系统，在棒转动的过程中，外力做功为零，非保守内力做功也为零，因此刚体系统的机械能守恒。棒水平位置时的机械能等于棒竖直位置的机械能。重力势能零点选在棒竖直位置时的 C 点，J 是刚体绕 O 轴的转动惯量。有

$$mg\frac{l}{2}=\frac{1}{2}J\omega^2$$

根据平行轴定理

$$J=J_C+md^2=\frac{1}{12}ml^2+m\left(\frac{l}{2}\right)^2=\frac{1}{3}ml^2$$

刚体转到竖直位置时的角速度为

$$\omega=\sqrt{\frac{3g}{l}}$$

质心 C 的速度为

$$\vec{v}_C=\frac{l}{2}\omega\hat{\tau}=\frac{l}{2}\sqrt{\frac{3g}{l}}\hat{\tau}$$

棒摆至竖直位置时，由 $M=J\alpha$ 得

$$\alpha=0$$

所以质心 C 的加速度为

$$a_{C\tau}=\alpha\frac{l}{2}=0$$

$$a_{Cn}=\omega^2\frac{l}{2}=\frac{3g}{l}\frac{l}{2}=\frac{3g}{2}$$

$$\vec{a}=\frac{3g}{2}\hat{n}$$

例 4-15　A、B 两盘无摩擦转动 (例 4-15 图)。绳与圆盘间无相对滑动。已知 A、B 半径分别为 R_1、R_2，A、B、C 质量分别为 m_1、m_2、m，求：重物 C 由静止下降 h 时的速度 v。

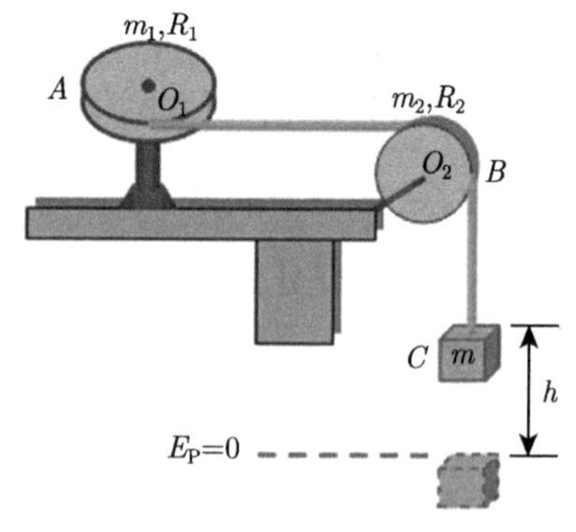

例 4-15 图

解　选择 A、B、C 和地球组成刚体系统，在重物 C 下落的过程中，外力做功为零，非保守内力做功为零，所以系统机械能守恒

$$mgh=\frac{1}{2}mv^2+\frac{1}{2}J_1\omega_1^2+\frac{1}{2}J_2\omega_2^2$$

即重物下落前系统的机械能等于重物下落 h 后系统的机械能。

重物下落的速度就是 A、B 圆盘边沿绳的速度。绳的速度大小 v 与 A、B 圆盘转动角速度 ω_1 和 ω_2 满足线量和角量的转换关系

$$v = R_1\omega_1 = R_2\omega_2$$

A、B 圆盘的转动惯量分别为

$$J_1 = \frac{1}{2}m_1R_1^2,\quad J_2 = \frac{1}{2}m_2R_2^2$$

重物下落的速度大小为

$$v = 2\sqrt{\frac{mgh}{m_1 + m_2 + 2m}}$$

例 4-16 如例 4-16 图所示，一轻质弹簧的劲度系数为 $k = 10\ \mathrm{N\cdot m^{-1}}$，连接了一匀质细杆，杆长为 $l = 1\ \mathrm{m}$，质量为 $m = 3\ \mathrm{kg}$。细杆可以绕过 C 点的水平转轴在竖直平面内无摩擦转动。若当 $\theta = 0°$ 时弹簧处于原长，问：此位置处细杆至少具有多大的角速度才能使其转到水平位置？

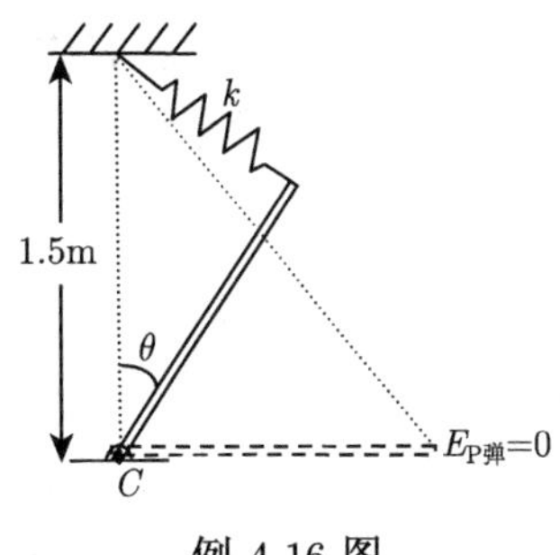

例 4-16 图

解 取弹簧、细杆、地球组成的系统作为研究对象。因为系统所受外力做功为零，非保守内力做功为零，所以系统的机械能守恒，则

$$E_{\mathrm{k1}} + E_{\mathrm{P重1}} + E_{\mathrm{P弹1}} = E_{\mathrm{k2}} + E_{\mathrm{P重2}} + E_{\mathrm{P弹2}}$$

$$\frac{1}{2}\left(\frac{1}{3}ml^2\right)\omega^2 + mg\frac{l}{2} + 0 = 0 + 0 + \frac{1}{2}k(\sqrt{1.5^2 + 1.0^2} - 0.5)^2$$

解得

$$\omega = 6.18\ \mathrm{rad\cdot s^{-1}}$$

4.6 定轴转动的角动量定理及角动量守恒定律

针对质点相对于固定参考点的运动，可以通过引入质点的角动量来描述其运动状态，该状态量的改变等于质点所受合力矩的时间累积过程量，即满足质点的角动量定理。类似情况，对于刚体的定轴转动，常常引入刚体对轴的角动量来描述刚体的转动状态，并研究合外力矩与角动量改变之间的关系和角动量守恒定律。

4.6.1 角动量定理

1. 定轴转动的角动量

如图 4-20 所示，刚体以 ω 角速度绕固定轴转动时，刚体内每个质点都围绕着转轴做圆周运动。设第 i 个质点的质量为 m_i、圆周运动的线速度为 $\vec{v}_i$、转动半径为 r_i，则该质点对轴的角动量大小为 $L_i = m_iv_ir_i$，方向与角速度方向相同。

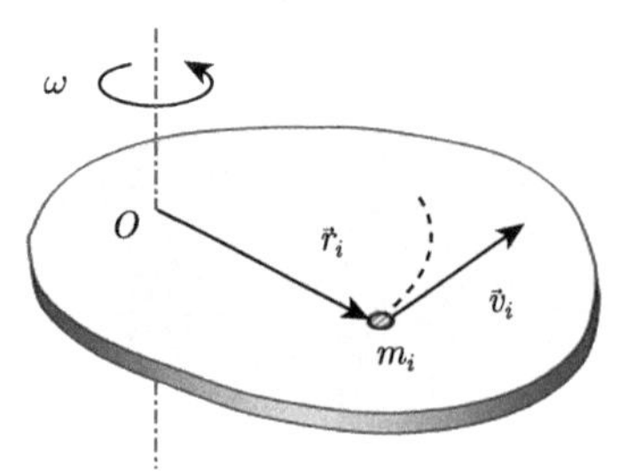

图 4-20　刚体中任一质点对转轴的角动量

由于刚体上每个质点的角动量方向都相同，所以刚体上所有质点的角动量总和 L 为

$$L=\sum m_i v_i r_i=\left(\sum m_i r_i^2\right)\omega=J\omega \tag{4-49}$$

式中，用到 $v_i=r_i\omega$，刚体中每个质点的角速度都相同，都等于刚体转动角速度 ω，将 ω 从每一项中提出来，剩下的部分 $\sum m_i r_i^2$ 就是刚体的转动惯量 J。所以 $J\omega$ 就是刚体绕定轴转动的**角动量**。

刚体的角动量 $L=J\omega$ 是描述刚体定轴转动状态的物理量，其方向与角速度 ω 方向相同。在 SI 中，角动量的单位是 $\mathrm{kg\cdot m^2\cdot s^{-1}}$。

注意：

(1) 刚体角动量是瞬时值；

(2) 刚体角动量是相对量，相对刚体转动的定轴。

2. 冲量矩

对于一个定轴转动的刚体，设在 t_1 到 t_2 时间内，刚体持续受到一随时间变化的合外力矩 $M(t)$ 作用，如何定义该力矩在这段时间内对刚体的作用效果？

由于在 $\Delta t=t_2-t_1$ 时间内，力矩的大小及转向都是变化的，即一个变力矩，为求得变力矩的时间累积效果，可以按如下的步骤引出冲量矩概念：

(1) 首先将这段时间分割成无穷多个无穷小的元时间段 $\mathrm{d}t$，虽然力矩在 t_1 到 t_2 时间内是变力矩，即在不同的元时间段内力矩是不同的，但在任一个元时间段内，外力矩 M 可视为恒定。

(2) 合外力矩 M 在 $\mathrm{d}t$ 时间内的作用效果，可以用 $M\mathrm{d}t$ 描述，称为该力矩的**元冲量**。

(3) 将无穷多个元冲量进行求和，即可得到该力矩在整个时间内 $(t_1\to t_2)$ 对刚体的累积作用情况。由数学可知，无穷多个元冲量矩的求和就是外力矩对时间的积分，即 $\int_{t_1}^{t_2}M\mathrm{d}t$。该积分式称为合外力矩的**冲量矩**。

可见冲量矩是一个过程量，它反映了外力矩在 $t_1\to t_2$ 时间内对刚体的作用效果。在 SI 中，冲量矩的单位是 $\mathrm{N\cdot m\cdot s}$。

3. 定轴转动的角动量定理

作用在刚体上合外力矩的冲量矩，对刚体的定轴转动会产生怎样的影响？根据定轴转动定理

$$M=J\alpha=J\frac{\mathrm{d}\omega}{\mathrm{d}t}=\frac{\mathrm{d}(J\omega)}{\mathrm{d}t}=\frac{\mathrm{d}L}{\mathrm{d}t} \tag{4-50}$$

式 (4-50) 表明，刚体绕定轴转动时，作用在刚体上的合外力矩等于刚体对轴的角动量的时间变化率，这就是微分形式的刚体定轴转动的**角动量定理**。

或者改写成

$$M\mathrm{d}t=\mathrm{d}L=\mathrm{d}(J\omega) \tag{4-51}$$

当刚体在合外力矩作用下，由 t_1 时刻的角速度 ω_1 改变到 t_2 时刻的角速度 ω_2 时，对式 (4-51) 两边取积分，得

$$\int_{t_1}^{t_2} M\mathrm{d}t = \int_{J\omega_1}^{J\omega_2} \mathrm{d}(J\omega) = J\omega_2 - J\omega_1 = L_2 - L_1 \tag{4-52}$$

式 (4-52) 表明，在定轴转动中，刚体所受的冲量矩，等于刚体在这段时间内角动量的增量。这就是积分形式的角动量定理。

若定轴转动的物体不能视为刚体，其内部各质点相对转轴的位置可以改变。这时，虽然物体的转动惯量不再是常数，但是角动量定理仍然成立，其形式为

$$\int_{t_1}^{t_2} M\mathrm{d}t = \int_{J_1\omega_1}^{J_2\omega_2} \mathrm{d}(J\omega) = J_2\omega_2 - J_1\omega_1 = L_2 - L_1 \tag{4-53}$$

注意：

(1) 定轴转动的角动量定理是过程方程；

(2) 方程中各量都是相对同一转轴的；

(3) 角动量的增量方向与合外力矩方向相同；

(4) 可通过该方程由状态量求解相关过程量；

(5) 角动量定理对于非刚体也成立。

4.6.2 角动量守恒定律

考察对轴的角动量定理的微分形式，当物体所受合外力矩为零时

$$M = \frac{\mathrm{d}L}{\mathrm{d}t} = 0$$

则得到对轴的角动量守恒定律

$$J\omega = \text{恒量} \tag{4-54}$$

定律表述：在定轴转动中，当对转轴的合外力矩为零时，物体对转轴的角动量保持不变。

物体对转轴的角动量守恒是经常可以见到的，例如，人手持哑铃的转动，芭蕾舞演员和花样滑冰运动员做各种快速旋转动作 (图 4-21)，都利用了对转轴的角动量守恒定律。

图 4-21 运动中的角动量守恒

注意：

(1) 角动量守恒的条件是相对转轴的合外力矩为零。

(2) 刚体 (J 不变) 的角动量守恒：J 不变，故 ω 的大小、方向保持不变。如直立旋转的陀螺 (图 4-22)。

(3) 非刚体 (J 可变) 的角动量守恒：当 J 增大，ω 就减小；当 J 减小，ω 就增大。例如，芭蕾舞、花样滑冰、跳水中的转动 (图 4-23)，恒星坍缩到中子星的形成等。

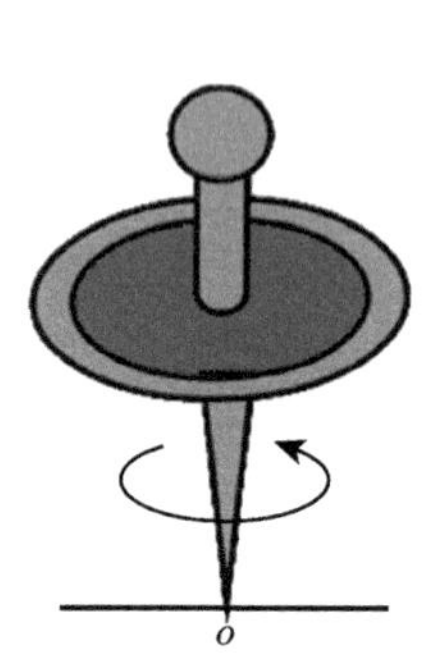

图 4-22　直立旋转的陀螺

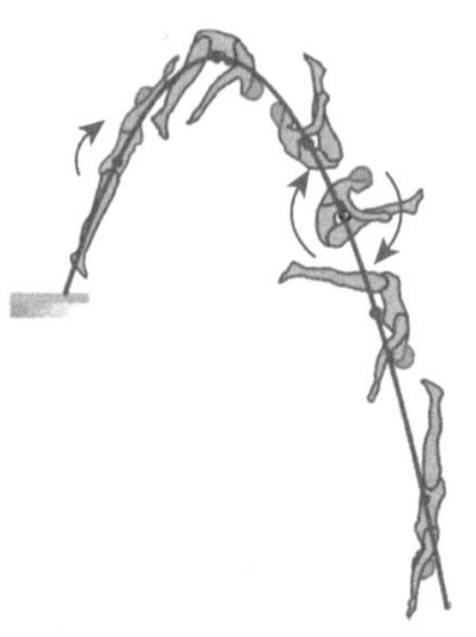

图 4-23　跳水中的转动

(4) 多个物体的角动量守恒：若系统由几个物体组成，当系统受到的外力对轴的力矩的矢量和为零，则系统的总角动量守恒，即 $\sum\limits_i J_i\omega_i =$ 常量。例如，直升机机尾加侧向旋叶，是为防止机身的反转 (图 4-24)。

图 4-24　直升机机尾的构造

(5) 若系统内既有平动又有转动现象发生，若对某一定轴的合外力矩为零，则系统对该轴的角动量守恒，如常平架上的回转仪 (图 4-25)。

(6) 内力矩不改变系统的角动量。

(7) 在冲击等问题中，因为内力矩 $\gg$ 外力矩，所以系统角动量 $\approx$ 常数，仍可用角动量守恒定律求解问题。

(8) 角动量守恒定律中，所有各物体的角动量必须相对同一轴。

(9) 该定律不但适用于刚体，同样也适用于绕定轴转动的任意物体系统。

(10) 角动量守恒定律是自然界的一个基本定律。

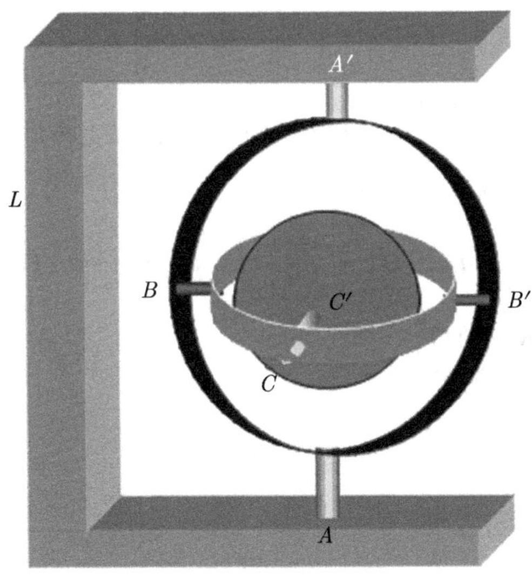

图 4-25 回转仪

刚体定轴转动的运动学及动力学分析与前面章节中学习的质点力学有很多类似之处，为加深理解两类基本的力学模型的力学规律的区别与联系，表 4-1 给出了质点的运动规律与刚体定轴转动规律的对比。

表 4-1 质点的运动规律和刚体的定轴转动规律对比

质点的运动	刚体的定轴转动
速度 $\vec{v}=\dfrac{\mathrm{d}\vec{r}}{\mathrm{d}t}$	角速度 $\omega=\dfrac{\mathrm{d}\theta}{\mathrm{d}t}$
加速度 $\vec{a}=\dfrac{\mathrm{d}\vec{v}}{\mathrm{d}t}=\dfrac{\mathrm{d}^2\vec{r}}{\mathrm{d}t^2}$	角加速度 $\alpha=\dfrac{\mathrm{d}\omega}{\mathrm{d}t}=\dfrac{\mathrm{d}^2\theta}{\mathrm{d}t^2}$
力 $\vec{F}$	力矩 $\vec{M}=\vec{r}\times\vec{F}$
质量 m	转动惯量 $J=\int r^2\mathrm{d}m$
运动定律 $\vec{F}=m\vec{a}$	转动定理 $M=J\alpha$
动量 $\vec{P}=m\vec{v}$、动能 $E_\mathrm{k}=\dfrac{1}{2}mv^2$	动量 $\vec{P}=\sum\limits_i\Delta m_i\vec{v}_i$、动能 $E_\mathrm{k}=\dfrac{1}{2}J\omega^2$
角动量 $\vec{L}=\vec{r}\times m\vec{v}$	角动量 $L=J\omega$
动量定理 $\vec{F}=\dfrac{\mathrm{d}(m\vec{v})}{\mathrm{d}t}$	角动量定理 $M=\dfrac{\mathrm{d}(J\omega)}{\mathrm{d}t}=J\alpha$
动量守恒 $\sum\limits_i\vec{F}_i=0$，$m\vec{v}=$ 恒矢量	角动量守恒 $M=0$，$J\omega=$ 恒量
动能定理 $A=\dfrac{1}{2}mv_B^2-\dfrac{1}{2}mv_A^2$	动能定理 $A=\dfrac{1}{2}J\omega_B^2-\dfrac{1}{2}J\omega_A^2$

例 4-17 一长为 $L=0.8$ m 的木棒，质量 $M=3$ kg，铅直悬挂，可绕 O 轴转动。现有一质量 $m=1.3$ kg 的黏土团以速率 $v_0=4\ \mathrm{m\cdot s^{-1}}$ 与棒垂直碰撞并黏在下端 (例 4-17 图)。求：(1) 棒刚刚被碰后的角速度；(2) 棒碰后最大的偏转角度。

解　棒和黏土团组成的系统在碰撞过程中，角动量守恒

$$Lmv_0 = \left(\frac{ML^2}{3} + mL^2\right)\omega$$

式中，ω 为棒碰后的角速度；$\dfrac{ML^2}{3} + mL^2$ 为碰后黏土团黏上棒后的转动惯量。

由于碰撞是弹性碰撞，机械能守恒

$$\frac{1}{2}\left(\frac{ML^2}{3} + mL^2\right)\omega^2 = \frac{MgL}{2}(1-\cos\theta) + mgL(1-\cos\theta)$$

式中，θ 为棒碰后偏转的最大角度。

联立上两式得刚碰后棒的角速度

$$\omega = 2.7\ \mathrm{rad\cdot s^{-1}}$$

棒碰后偏转的最大角度

$$\theta = 30^\circ$$

例 4-18　恒星晚期在一定条件下，会发生超新星爆发，这时星体中有大量物质喷入星际空间，同时星的内核却向内坍缩，成为体积很小的中子星。设某恒星绕自转轴每 45 天转一周，它的内核半径 $R_0 \approx 2\times10^7$ m，坍缩成半径 $R\approx 6\times 10^3$ m 的中子星。试求中子星的角速度。(设坍缩前后的星体内核均看成匀质圆球)

解　内核在坍缩前后的角动量守恒

$$J\omega = J_0\omega_0$$

式中，恒星转动惯量 $J_0 = \dfrac{2}{5}mR_0^2$；中子星转动惯量 $J = \dfrac{2}{5}mR^2$；中子星的角速度 $\omega = \omega_0\left(\dfrac{R_0}{R}\right)^2 = 3\ \mathrm{rad\cdot s^{-1}}$。

例 4-19　质量为 M、半径为 R 的转台，可绕垂直中心轴无摩擦地转动，质量为 m 的人站在台边。开始时，人与转台都静止。若人沿台边走动一周 (例 4-19 图)。求：转台和人相对地面各转动了多少角度？

例 4-17 图　　例 4-19 图

解　设人对地角速度为 ω'，转台对地角速度为 ω，人对转台角速度为 $\omega_{相对}$，则

$$\omega' = \omega_{相对} + \omega$$

人与转台系统的角动量守恒

$$\frac{1}{2}MR^2\omega + mR^2\omega' = 0$$

人对地角速度

$$\omega' = -\frac{M}{2m}\omega = -\frac{M}{2m}\omega_{相对} - \frac{M}{2m}\omega'$$

$$\omega' = \frac{M}{M+2m}\omega_{相对}$$

所以人对地转过的角度：(设 T 为人沿转台走一周所需时间)

$$\theta' = \omega' T = \frac{M}{M+2m}\omega_{相对}T = \frac{2\pi M}{M+2m}$$

转台对地转过的角度

$$\theta = \omega T = -\frac{2m}{M}\omega' T = -\frac{4\pi M}{M+2m}$$

负号表示人与转台的转动方向相反。

4.7 刚体的平面运动

在刚体的一般运动中，有一种比较简单的常见运动，就是刚体的平面运动。当刚体运动时，其中各点始终和某一平面保持一定的距离，或者说刚体中各点都在平行于某一平面内运动，这就叫刚体的**平面运动**。刚体的平面运动的特点：刚体质心被限制在一个平面内，刚体绕通过质心并与平面垂直的转轴转动。例如，车轮在地面上的滚动、手榴弹在空中翻滚飞行等都是刚体的平面运动。

根据平面运动的定义，刚体平面运动的自由度有三个，两个独立坐标决定质点位置，另一个独立坐标决定刚体转动的角度。

运用刚体运动的合成与分解方法，刚体平面运动可表示为

刚体平面运动 ＝ 跟随质心的平动 ＋ 绕通过质心且垂直平面的轴的转动

基于刚体平面运动的构成，我们可以采用“动力学＋辅助条件”的方法研究其运动问题。当然也可以用功和能等其他方法来研究。

4.7.1 平动

在刚体平面运动中，刚体的平动就是刚体跟随质心所做的运动。因此刚体的平动运动规律就是刚体的质心运动定理

$$\sum \vec{F} = m\vec{a}_C \tag{4-55}$$

式中，$\sum \vec{F}$ 为刚体所受外力的矢量和；m 为整个刚体质量；$\vec{a}_C$ 为刚体的质心加速度。

设质心在 O-xy 平面内运动，则在直角坐标系中的平动动力学方程为

$$\sum F_x = ma_{Cx} \tag{4-56}$$

$$\sum F_y = ma_{Cy} \tag{4-57}$$

式中，$\sum F_x$、$\sum F_y$ 为刚体在 x、y 方向所受外力的代数和；a_{Cx}、a_{Cy} 为刚体质心在 x、y 方向的瞬时加速度。

4.7.2　转动

刚体平面运动中的转动就是刚体绕通过质心且垂直于质心运动平面的转轴所做的转动，因此刚体绕质心轴转动满足对质心轴的转动定理，其形式与刚体对固定轴转动的转动定理完全相同，即

$$M_C = J_C\alpha \tag{4-58}$$

式 (4-58) 为刚体对质心轴的转动定理。式中，M_C 为刚体所受相对于通过质心转轴的合外力矩；J_C 为刚体绕通过质心转轴的转动惯量；α 为刚体绕通过质心转轴的角加速度。

式 (4-57) 和式 (4-58) 称为刚体平面运动的动力学基本方程。

4.7.3　纯滚动条件 (无滑滚动)

在刚体平面运动中，刚体除了满足平动和转动的动力学基本方程，常常还会满足刚体一些运动学条件。例如，对于在地面上做纯滚动 (无滑滚动) 的刚体，刚体与静止地面的接触点的瞬时速度应等于零。

1. 纯滚动刚体上任一点的速度

在满足纯滚动条件下，刚体做平面运动时既平动又滚动。如图 4-26 所示，一个半径为 R 的车轮在水平地面上做纯滚动，在滚动的过程中车轮与地面间无相对滑动。车轮中心前进的距离 x 与绕质心转动的角度 θ 之间的关系为

$$x = R\theta \tag{4-59}$$

故车轮质心平动的速度 $\vec{v}_C$ 与车轮转动的角速度 ω 之间满足

$$v_C = R\omega \tag{4-60}$$

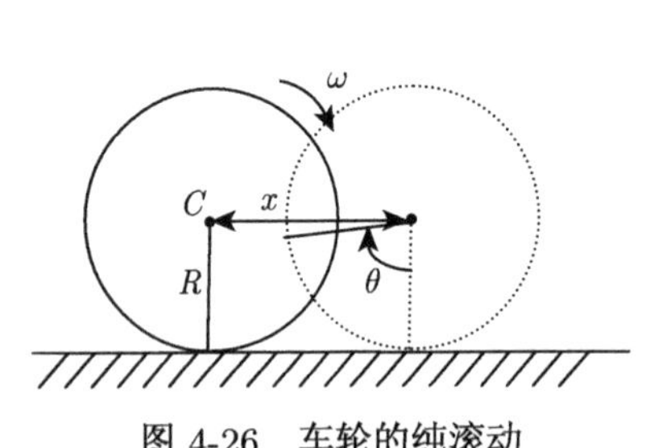

图 4-26　车轮的纯滚动

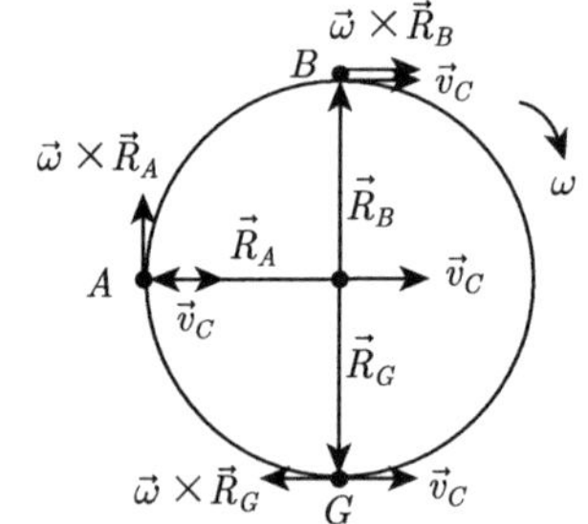

图 4-27　纯滚动车轮上任一点的速度

因为刚体的平面运动可分解成随质心平动和绕质心轴转动的合成，所以刚体上任一点的速度应等于质心的平动速度与该点绕质心做圆周运动的速度的矢量和。对纯滚动车轮上的任意一点的速度 $\vec{v}_i$ 可以表示为

$$\vec{v}_i = \vec{v}_C + \vec{\omega}\times\vec{r}_i \tag{4-61}$$

式中，$\vec{r}_i$ 为车轮上的某任意点相对于质心的位置矢量；$\vec{\omega}$ 是车轮转动的角速度矢量；$\vec{v}_C$ 是质心速度。如图 4-27 所示，对于车轮上的 G 点、B 点、A 点的线速度分别为

G 点的速度为

$$\vec{v}_G = \vec{v}_C + \vec{\omega} \times \vec{r}_G = 0$$

B 点的速度为

$$\vec{v}_B = \vec{v}_C + \vec{\omega} \times \vec{r}_B$$

$$\text{大小为 } v_B = v_C + \omega r = 2v_C$$

A 点的速度为

$$\vec{v}_A = \vec{v}_C + \vec{\omega} \times \vec{r}_A$$

$$\text{大小为 } v_A = \sqrt{v_C^2 + (\omega R)^2} = \sqrt{2} v_C$$

2. 纯滚动刚体的加速度关系式

对纯滚动的车轮，设车轮质心的加速度为 $\vec{a}_C$，车轮绕通过轮心 C 的转动角加速度为 α。通过运动分析可以得到：由于车轮纯滚动，车轮质心单位时间内运动的长度等于车轮边沿一点绕轴做圆周运动转过的弧长，所以质心运动规律与绕轴做圆周运动车轮边沿一点的切向运动规律相同，质心加速度大小应等于轮边沿点的切向线加速度大小，即 $a_C = a_{\text{边沿切向}}$。根据圆周运动角量和线量的转换关系

$$a_{\text{边沿切向}} = R\alpha$$

从而有

$$a_C = R\alpha \tag{4-62}$$

这就是刚体纯滚动运动学条件。

在该问题中我们将车轮的运动分解为质心的平动和绕通过质心转轴的转动两部分运动。其实该问题可以有另外一种运动分析：这个车轮的运动可看成绕通过车轮与地面的接触点 G 且垂直于轮面的转轴转动，该转轴相对地面是静止的，称为瞬时轴。在此分析下，刚体只有绕该轴的转动，没有其他的运动。

总之刚体运动的分解可有多种方法，在问题中具体采用哪种方法，取决于求解问题是否简单方便。在刚体平面运动中，一般就是通过式 (4-57)、式 (4-58)、式 (4-62) 这三组方程来求解相关问题，也可以根据问题再结合其他方法和其他辅助条件去求解。

例 4-20 如例 4-20 图所示，一质量为 m 的均匀细杆，杆长为 l，用两根轻质细绳 A、B 水平悬挂。问：当 A 绳被剪断的瞬间，B 绳上的张力有多大？

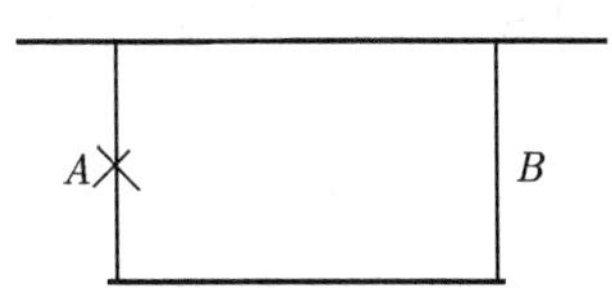

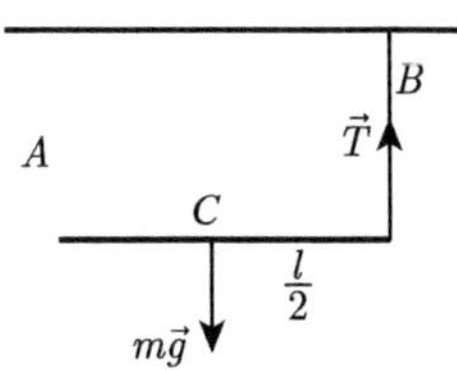

例 4-20 图

解一　用平动+转动的运动分解法。

本题是刚体平面运动问题。运动分解为两部分：细杆跟随质心 (杆的中心) 的平动，细杆绕通过质心的轴转动。

设此时绳中张力为 T，细杆质心加速度为 a_C，满足质心运动定律

$$mg - T = ma_C$$

以质心 C 为轴，满足转动定理

$$T\frac{l}{2} = \frac{1}{12}ml^2\alpha$$

细杆质心加速度与细杆 B 端点绕通过质心转轴的角加速度满足角量和线量的关系，类似纯滚动条件，B 相对地面不动，质心相对地面的加速度为

$$a_C = \frac{l}{2}\alpha$$

上面三式联立求解，得绳子张力

$$T = \frac{1}{4}mg$$

解二　混合方法。对平动用细杆质心 C 的运动定律，对转动用细杆绕瞬时轴 B 的转动定理。质心运动定理

$$mg - T = ma_C$$

绕 B 轴的转动定理

$$mg\frac{l}{2} = \frac{1}{3}ml^2\alpha$$

式中，$mg\frac{l}{2}$ 为合外力相对 B 轴的力矩；$\frac{1}{3}ml^2$ 为细杆绕 B 轴的转动惯量。

纯滚动条件：　　$a_C = \frac{l}{2}\alpha$

绳的张力：　　$T = \frac{1}{4}mg$

计算结果与解一完全相同，说明刚体问题的计算方法不是唯一的。

例 4-21　一质量为 m、半径为 R 的圆柱体，无滑动地从倾角为 θ 的斜坡上滚下 (例 4-21 图)，求圆柱体质心的加速度。

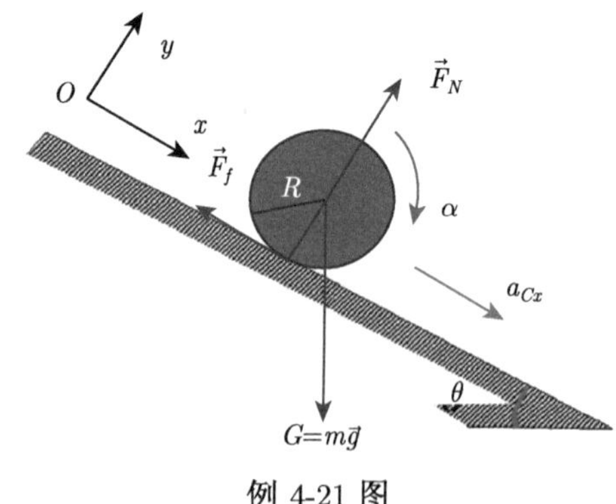

例 4-21 图

解　如图 (例 4-21 图) 沿斜坡建立坐标系，圆柱体的质心为几何对称中心，可判断出圆柱体做平面运动。

设 $\vec{F}_f$ 为圆柱体受到的摩擦力，重力 $\vec{G}$ 在 x 轴上的投影为 $mg\sin\theta$，圆柱体所满足的质心运动定理为

$$mg\sin\theta - F_f = ma_C$$

绕通过质心转轴的转动定理

$$F_f R = J\alpha = \frac{1}{2}mR^2\alpha$$

无滑动的滚动就是纯滚动，角量和线量变换满足

$$a_C = R\alpha$$

上面三式联立解得圆柱体滚下时质心加速度

$$a_C = \frac{2}{3}g\sin\theta$$

4.7.4 刚体平面运动的动能

因为刚体平面运动可分解为随质心的平动和绕通过质心转轴的转动两部分运动，故刚体平面运动动能应等于随质心平动动能和刚体绕质心轴的转动动能之和，其表达式为

$$E_{\mathrm{k}} = \frac{1}{2}mv_C^2 + \frac{1}{2}J_C\omega^2 \tag{4-63}$$

式中，J_C 为刚体绕质心轴转动的转动惯量。

将质点系的动能定理应用于刚体的平面运动，并考虑刚体内所有内力做功的代数和为零的特点，可以得到平面运动刚体的动能定理：

$$A_{外力} = E_{\mathrm{k}2} - E_{\mathrm{k}1} = \left(\frac{1}{2}mv_{C2}^2 + \frac{1}{2}J_C\omega_2^2\right) - \left(\frac{1}{2}mv_{C1}^2 + \frac{1}{2}J_C\omega_1^2\right) \tag{4-64}$$

例 4-22 在例 4-21 中，设圆柱体自静止开始纯滚动滚下，求质心下落高度为 h 时，圆柱体质心的速率。

解 因为圆柱体做无滑动滚动，静摩擦力 $\vec{F}_f$ 的作用点速度等于零，静摩擦力不做功，只有重力做功，由平面运动动能定理，得

$$\begin{aligned} mgh &= \frac{1}{2}mv_C^2 + \frac{1}{2}\left(\frac{1}{2}mR^2\right)\omega^2 - 0 \\ &= \frac{1}{2}mv_C^2 + \frac{1}{4}mR^2\omega^2 \end{aligned}$$

因为圆柱体做无滑滚动，所以

$$v_C = R\omega$$

解得

$$v_C = \frac{2}{3}\sqrt{3gh}$$

习　题

4-1 判断对错。

(1) 匀速定轴转动的刚体上任一点的切向加速度和法向加速度均为零；

(2) 若作用在定轴转动刚体上的两个力的矢量和为零，则合力矩一定为零，总功也一定为零；

(3) 若作用在定轴转动刚体上的两个力的合力矩为零，则这两个力的矢量和一定为零，总功也一定为零；

(4) 如果一个物体可绕定轴无摩擦匀速转动，当它热胀冷缩时，其角速度保持不变；

(5) 已知刚体质心 C 距离转轴为 r_C，则刚体对该轴的转动惯量为 $J = mr_C^2$。

4-2　如果一个刚体很大，它的重力势能还能等于它的全部质量集中在质心时的势能吗？

4-3　花样滑冰运动员想高速旋转时，她先把一条腿和两臂伸开，并用脚蹬冰使自己转起来，然后她再收拢腿和手臂，她的转速就明显地加快了，这利用了什么原理？

4-4　宇航员悬立在飞船座舱内的空中时，不触按舱壁，只能用右脚顺时针划圈，身体就会向左转；当两臂伸直向后划圈时，身体又会向前转，这利用了什么原理？

4-5　静止的电机皮带轮在接通电源后做匀变速转动，30 s 后转速达到 150 $\mathrm{rad \cdot s^{-1}}$。求：

(1) 在这 30 s 内电机皮带轮的角加速度；

(2) 在这 30 s 内电机皮带轮转过的转数；

(3) 接通电源后 20 s 时皮带轮的角速度；

(4) 接通电源后 20 s 时皮带轮边缘上一点的线速度、切向加速度和法向加速度。已知皮带轮的半径为 5.0 cm。

4-6　一飞轮的转速为 250 $\mathrm{rad \cdot s^{-1}}$，开始制动后做匀减速转动，经过 90 s 停止。求：(1) 开始制动后的角加速度；(2) 开始制动后，飞轮转过 3.14×10^3 rad 时的角速度。

4-7　(1) 分别求出质量为 $m = 0.50$ kg、半径为 $r = 36$ cm 的匀质金属细圆环和匀质薄圆盘相对于通过其中心并垂直于环面和盘面的轴的转动惯量；(2) 如果它们的转速都是 105 $\mathrm{rad \cdot s^{-1}}$，它们的转动动能各为多大？

4-8　转动惯量为 20 $\mathrm{kg \cdot m^2}$、直径为 50 cm 的飞轮以 105 $\mathrm{rad \cdot s^{-1}}$ 的角速度旋转。现用闸瓦将其制动，闸瓦对飞轮的正压力为 400 N，闸瓦与飞轮之间的摩擦系数为 0.50。求：

(1) 闸瓦作用于飞轮的摩擦力矩；

(2) 从开始制动到停止，飞轮的角加速度；

(3) 从开始制动到停止，飞轮转过的转数和经历的时间；

(4) 摩擦力矩所做的功。

4-9　轻绳跨过一个质量为 M 的匀质圆盘状定滑轮，其一端悬挂一个质量为 m 的物体，另一端施加一个竖直向下的拉力 F，使定滑轮按逆时针方向转动，如图所示。如果滑轮的半径为 r，求物体与滑轮之间的绳子张力和物体上升的加速度。

4-10　一根质量为 m、长为 l 的均匀细棒，在竖直平面内绕通过其一端并与棒垂直的水平轴转动，如图所示。现使棒从水平位置自由下摆，求：

(1) 开始摆动时的角加速度；

(2) 摆到竖直位置时的角速度。

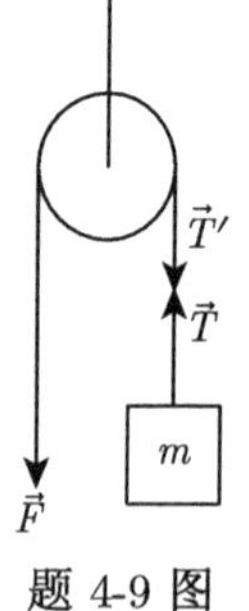

题 4-9 图

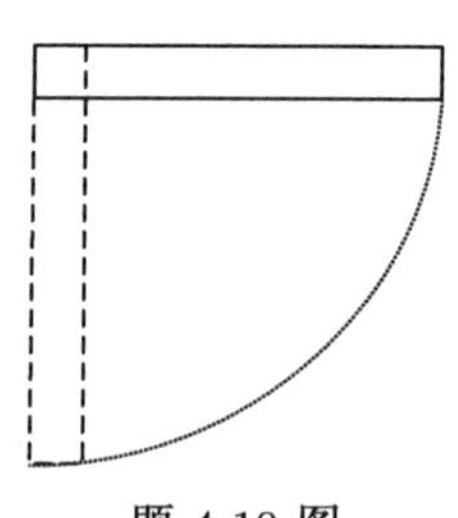
题 4-10 图

4-11　一水平放置的圆盘绕竖直轴旋转，角速度为 ω_1，它相对于此轴的转动惯量为 J_1。现在它的正上方有一个以角速度 ω_2 转动的圆盘，这个圆盘相对于其对称轴的转动惯量为 J_2。两圆盘相平行，圆心在同一条竖直线上。上盘的底面有销钉，如果上盘落下，销钉将嵌入下盘，使两盘合成一体。

(1) 求两盘合成一体后的角速度；

(2) 求上盘落下后两盘总动能的改变量；

(3) 解释动能改变的原因。

4-12　如图所示，在光滑的水平面上有一匀质塑料棒，其质量为 $m_1 = 1.0$ kg、长为 $l = 40$ cm，可绕通过其中心并与棒垂直的轴转动。一颗质量为 $m_2 = 10$ g 的子弹以 $v = 200\ \mathrm{m \cdot s^{-1}}$ 的速率射向棒端，并嵌入棒内。设子弹的运动方向与棒和转轴垂直，求棒受子弹撞击后的角速度。

4-13　质量为 $M = 0.03$ kg，长为 $l = 0.2$ m 的均匀细棒，在一水平面内绕通过棒中心并与棒垂直的光滑固定轴自由转动。细棒上套有两个可沿棒滑动的小物体，每个质量都为 $m = 0.02$ kg。开始时，两小物体分别被固定在棒中心的两侧且距棒中心各为 $r = 0.05$ m，此系统以 $\omega_1 = \dfrac{\pi}{2}\ \mathrm{rad \cdot s^{-1}}$ 的转速转动。若将小物体松开，设它们在滑动过程中受到的阻力正比于它们相对棒的速度$\left(\text{已知棒对中心轴的转动惯量为 } J = \dfrac{Ml^2}{12}\right)$，求：

(1) 当两小物体到达棒端时，系统的角速度是多少？

(2) 当两小物体飞离棒端，棒的角速度是多少？

4-14　如图所示，一质量为 m 的小球由一绳索系着，以角速度 ω_0 在无摩擦的水平面上做半径为 r_0 的圆周运动。如果在绳的另一端作用一竖直向下的拉力，使小球做半径为 $r_0/2$ 的圆周运动。试求：(1) 小球新的角速度；(2) 拉力所做的功。

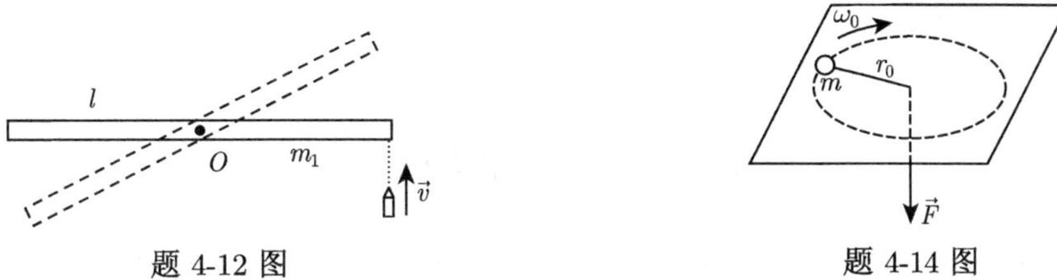

题 4-12 图　　　　题 4-14 图

4-15　一轴承光滑的定滑轮，质量为 $M = 2.00$ kg，半径为 $R = 0.100$ m，一根不能伸长的轻绳，一端固定在定滑轮上，另一端系有一质量为 $m = 5.00$ kg 的物体，如图所示。已知定滑轮的转动惯量为 $J = \dfrac{1}{2}MR^2$，其初角速度 $\omega_0 = 10.0\ \mathrm{rad \cdot s^{-1}}$，方向为顺时针。求：(1) 定滑轮的角加速度的大小和方向；(2) 定滑轮的角速度变化到 $\omega = 0$ 时，物体上升的高度。

4-16　一质量为 m、半径为 R 的自行车轮，假定质量均匀分布在轮缘上 (可看成圆环)，可绕固定轴 O 自由转动。另一质量为 m_0 的子弹 (可看成质点) 以速度 v_0 射入轮缘，并留在轮内。开始时轮是静止的，求子弹打入后车轮的角速度。

4-17　如图所示，一长为 l、质量为 m 的匀质细杆竖直放置，其下端与一固定光滑铰链 O 相接，并可绕其转动。由于此竖直放置的细杆处于非稳定平衡状态，当其受到微小扰动时，细杆将在重力作用下由静止开始绕铰链 O 转动。求当细杆转动到与竖直线成 θ 角时的角加速度和角速度。

4-18　如图所示，一长为 $L = 0.8$ m 的均匀木棒，质量为 $M = 3$ kg，可绕水平轴 O 在铅直平面内转动，开始时棒自然地铅直悬挂。现有一质量 $m = 1.3$ kg 的黏土以 $v_0 = 4\ \mathrm{m \cdot s^{-1}}$ 的速率垂直地与木棒下端碰撞并黏在下端。

求：(1) 棒开始运动时的角速度；

(2) 棒的最大偏转角。

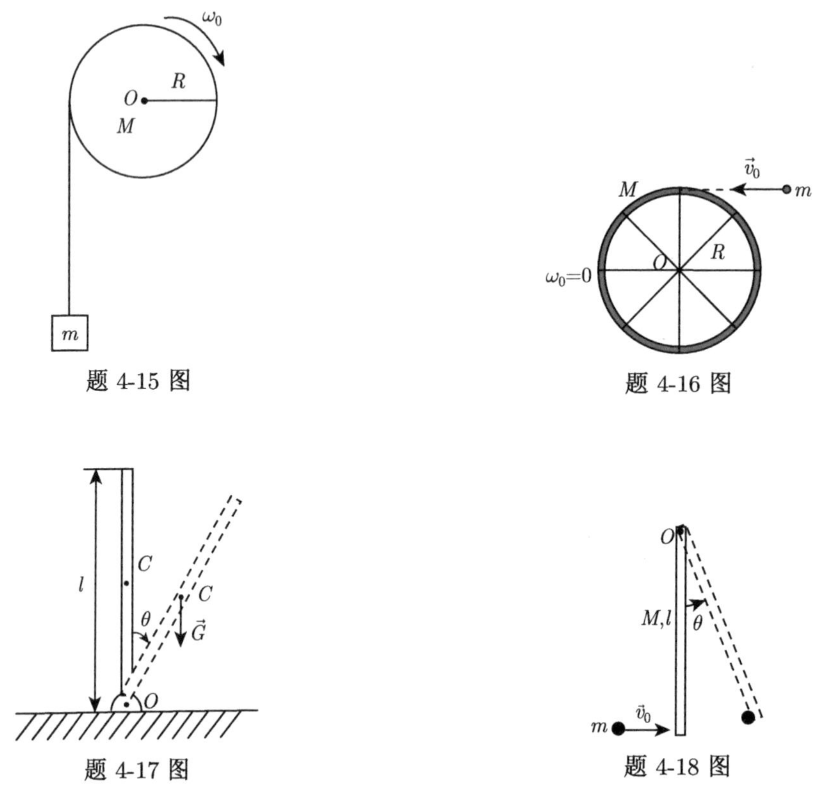

题 4-15 图　　题 4-16 图

题 4-17 图　　题 4-18 图

气象物语 C　流体力学简介

流体力学是大气科学领域的重要理论基础之一。流体力学是研究流体的宏观运动规律以及它们与固体之间的相互作用规律的科学，它涉及工程技术和科学研究的各个领域，尤其与大气科学密切相关。流体是具有流动性的连续介质，是流动的液体、气体的统称。例如，水、空气都是流体。

C.1　理想流体模型

流体具有共同的宏观性质，即易流动性、可压缩性和黏性。流体与固体不同，即使在极小的引力作用下，流体内各部分之间极易发生相对运动，流体将发生连续不断的形变，因而没有固定的形状，这就是流体的流动性。可压缩性是指流体的密度会随外界压力大小的改变而变化的性质。液体的可压缩性很小，通常都看成不可压缩的。气体虽然是可压缩的，但由于它极易流动，只要出现很小的压强差，就立即发生流动，使各处的密度差异减小。所以，在某些场合下，气体也可以视为不可压缩的。黏性就是流体中各部分之间存在内摩擦的特性。由于流体具有黏性，当两层流体之间发生相对运动时，沿它们之间的接触面将产生切向阻力，并引起机械能的损耗，但是在某些场合下，例如，流体在小范围内流动，流体的黏性也是可以忽略不计的。

实际流体在一定程度上都具有可压缩性和黏性，但在一些实际问题中，当可压缩性和黏性只是影响流体运动的次要因素时，可以将流体视为绝对不可压缩且完全没有黏性的理想流体。理想流体是对实际流体运动的一种理想化的简化模型。

一般情况下，在同一时刻，流体各处的流速可能不同，在不同时刻，流体流经空间某给定点的流速也可能在变化。但在某些常见的情况下，尽管流体内各处的流速不同，而各处的流速却不随时间变化，这样的流动称为定常流动。

为了形象描述流体的运动，可在流体中引入一系列有向曲线，曲线上任一点的切向都与该点处流体质点的速度方向一致，这种曲线称为流线，如图 C-1(a) 所示。在定常流动中，流线是不随时间变化的，由于流线上每一点的切向都与流体质点的速度方向一致，所以流体质点将沿着流线运动，流线就是流体质点的运动轨迹。

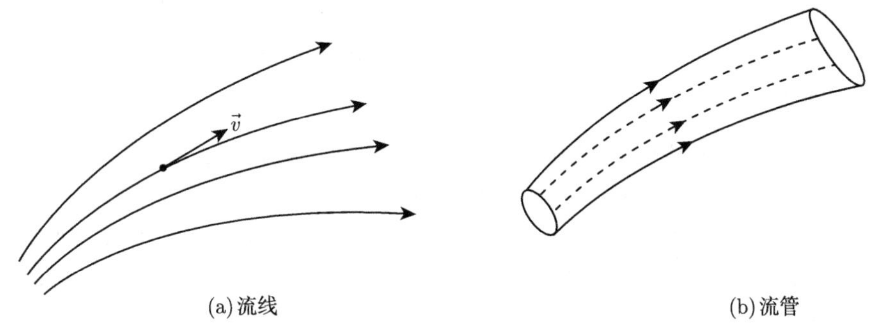

(a) 流线　(b) 流管

图 C-1　流线和流管

在定常流动中，通过流体中的每一点都可以画一条流线。由流线围成的管状区域，称为流管，如图 C-1(b) 所示。因为流管的边界是由许多流线组成的，所以流管内的流体不能流出管外，管外的流体也不能流入管内，流管就是一种无形的管道。流体在流管中的运动规律代表了整个流体的运动规律。

C.2　理想流体的连续性方程

在流体中任取一细流管，并任意作两个与流管垂直的截面，截面面积分别为 S_1 和 S_2。设流体流经截面 S_1 和 S_2 时的流速分别为 v_1 和 v_2，则在 Δt 时间内流过这两个截面的流体体积可分别表示为

$$\Delta V_1 = S_1 v_1 \cdot \Delta t, \quad \Delta V_2 = S_2 v_2 \cdot \Delta t \tag{C-1}$$

定义单位时间内流过某一截面的流体体积，称为流体流过该截面的体积流量，简称流量，并用 Q 表示。则流过截面 S_1 和 S_2 的流量分别为

$$Q_1 = \frac{\Delta V_1}{\Delta t} = S_1 v_1, \quad Q_2 = \frac{\Delta V_2}{\Delta t} = S_2 v_2 \tag{C-2}$$

由于理想流体的不可压缩性，所以单位时间内从截面 S_1 进入流管的流体体积，必等于同一时间内从截面 S_2 流出流管的流体体积，如图 C-2 所示。因此有

$$S_1 v_1 = S_1 v_2 \tag{C-3}$$

式 (C-3) 就是**理想流体连续方程**。它表示，当理想流体做定常运动时，流体的速率与流管截面

积的乘积是一个恒量，或者说，流体的速率与流管的截面积成反比。在流速大的地方，流管狭窄，流线密集；在流速小的地方，流管粗大，流线稀疏。

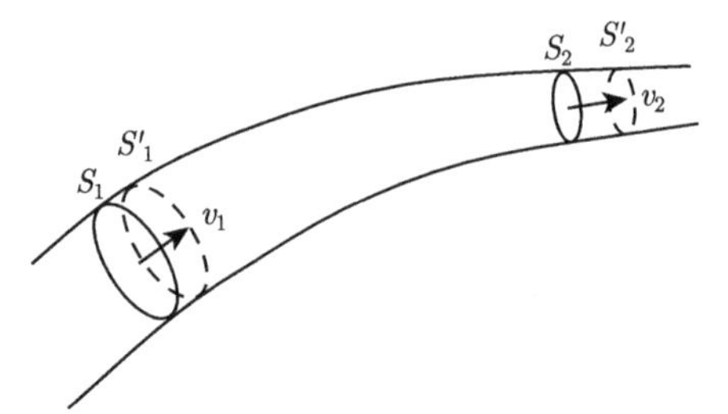

图 C-2　理想流体的连续性

在式 (C-3) 等号的两边同乘流体的密度，则理想流体连续性方程可以写成：

$$\rho Sv = \text{恒量} \tag{C-4}$$

式 (C-4) 表示：单位时间内流进流管的流体质量等于同一时间内流出流管的流体质量。可见，理想流体连续性方程是质量守恒定律在不可压缩条件下的具体体现。

C.3　伯努利方程

伯努利方程是流体动力学的基本定律，它说明了理想流体在管道内做定常流动时，流体中某点的压强 p、流速 v 和高度 h 三个量之间的关系。

下面从质点系功能原理出发导出伯努利方程。如图 C-3 所示，在流体中取任意一段截面很小的流管，在该流管中任意取两个截面 S_1 和 S_2，如果在截面 S_1 和 S_2 处的流速分别为 v_1 和 v_2，且 S_1 和 S_2 处相对于某一选定参考平面的高度分别为 h_1 和 h_2。以 t 时刻位于截面 S_1 和 S_2 之间的一部分流体作为研究对象，经过 Δt 时间后，该段流体流动到 S_1' 和 S_2' 之间，考察这段液柱从 S_1S_2 流到 $S_1'S_2'$ 的过程中外力所做的功与这段液柱机械能的变化。

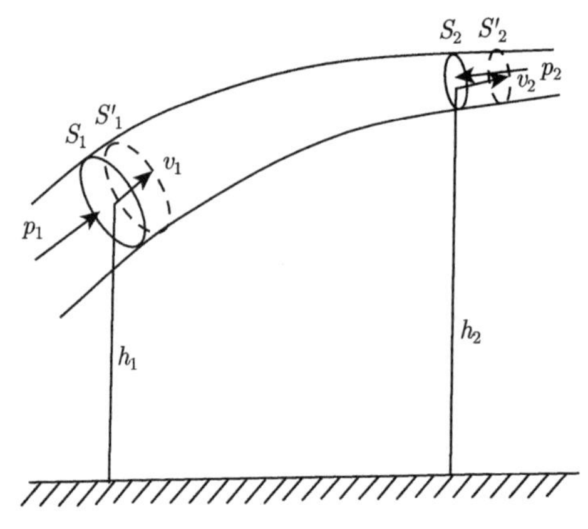

图 C-3　伯努利方程的推导

在这段流体运动过程中，有哪些系统外力对其做功？因为理想流体没有黏性，故管壁对这段流体没有摩擦力；流管管壁外的液体对液体柱 S_1S_2 压力垂直于流管的侧壁，故压力对这段液柱也不做功；在流管内，这段液柱后面的液体对它施加一个向前的推力 $F_1 = p_1S_1$，这段液柱前面的液体对它施加一个向后的阻力 $F_2 = p_2S_2$ (p_1、p_2 分别是作用在截面 S_1 和 S_2 处的压强)。正是在力 F_1、F_2 的作用下，这段液柱在 Δt 时间内从 S_1S_2 流到 $S_1'S_2'$。在这一过程中，系统外力所做的功为

$$A = F_1v_1\Delta t - F_2v_2\Delta t = p_1S_1v_1\Delta t - p_2S_2v_2\Delta t \tag{C-5}$$

式中，$S_1v_1\Delta t$ 和 $S_2v_2\Delta t$ 分别是包含在 S_1S_1' 和 S_2S_2' 之间的流体体积。因为理想流体做定常流动，所以这两部分体积相等，用 ΔV 表示，则外力做功为

$$A = p_1\Delta V - p_2\Delta V \tag{C-6}$$

根据功能原理，系统外力所做的功等于该系统机械能的增量，即等于液柱 $S_1'S_2'$ 的机械能减去液柱 S_1S_2 的机械能。但液体从 S_1S_2 流至 $S_1'S_2'$ 时，$S_1'S_2$ 截面间液体的机械能没有变化。因此，这一过程中机械能的增量就等于小液柱 S_2S_2' 与 S_1S_1' 之间的机械能之差，设小液柱 S_2S_2' 与 S_1S_1' 的质量为 Δm，则

$$\Delta E = \left(\frac{1}{2}\Delta m v_2^2 + \Delta m g h_2\right) - \left(\frac{1}{2}\Delta m v_1^2 + \Delta m g h_1\right) \tag{C-7}$$

由质点系功能原理可得

$$p_1\Delta V - p_2\Delta V = \left(\frac{1}{2}\Delta m v_2^2 + \Delta m g h_2\right) - \left(\frac{1}{2}\Delta m v_1^2 + \Delta m g h_1\right)$$

整理上式得

$$p_1\Delta V + \frac{1}{2}\Delta m v_1^2 + \Delta m g h_1 = p_2\Delta V + \frac{1}{2}\Delta m v_2^2 + \Delta m g h_2$$

将上式左右同时除以 ΔV，利用密度定义 $\rho = \Delta m/\Delta V$，整理得

$$p_1 + \frac{1}{2}\rho v_1^2 + \rho g h_1 = p_2 + \frac{1}{2}\rho v_2^2 + \rho g h_2 \tag{C-8}$$

因为 S_1、S_2 截面是任意选取的，所以得

$$p + \frac{1}{2}\rho v^2 + \rho g h = \text{恒量} \tag{C-9}$$

式 (C-9) 称为**伯努利方程**。它表明，理想流体做定常流动时，沿同一流线中任意一点处，流体每单位体积动能 (动能密度)、单位体积势能 (势能密度)、压强之和是一恒量。生活中人们常常使用的喷雾器、水流抽气机等都是利用这个原理制成的。

如果理想流体沿水平线做定常流动，则伯努利方程可写成

$$p + \frac{1}{2}\rho v^2 = \text{恒量} \tag{C-10}$$

式 (C-10) 表明，在同一条水平流线管中，流速大的地方压强必定小，反之流速小的地方压强必定大。同时，基于连续性方程表明截面积与流速成反比的结论，可以得出：当理想流体沿水平管道流动时，管道截面积小的地方流速大、压强小，管道截面积大的地方流速小、压强大。

如果流体静止，从伯努利方程可以推导出高度差为 Δh 两点的压强差满足

$$\Delta p = \rho g \Delta h$$

显然高度相等的两点，它们的压强也相等。静止流体是定常流动的特例。

伯努利方程在气象、水利、造船、航空等部门都有着广泛的应用。在测量技术上常常用伯努利方程来测压求速。例如，皮托管就是测定流体流速的仪器，常用来测定气体的流速。图 C-4 是皮托管的示意图，它由两个同轴细管组成，内管的开口 A 在正前方，外管的开口 B 在管壁上，两管分别与 U 型管的两臂相连，在 U 型管中盛有液体 (如水银)，构成了一个气压计，由 U 型管两臂的液面高度差 h 可以确定气体的流速。将皮托管沿气流方向放置，并将 A 口与气流方向相对。A、B 两开口与待测气流相通。在 A 点气流速度为零，并且 A 点和 B 点近似在同一高度，在流线 OA 上运用伯努利方程，得到下面关系式

$$p_A+\frac{1}{2}\rho v_A^2=p_B+\frac{1}{2}\rho v_B^2$$

式中，ρ 为待测气体的密度。考虑到 $v_A=0$、$p_A=p_B+\rho_{液}gh$，其中 $\rho_{液}$ 为压强计中液体的密度，则由上式可得到气流的流速为

$$v_B=\sqrt{\frac{2\rho_{液}gh}{\rho}} \tag{C-11}$$

可见，可以由压强计中两液面的高度差 h 计算出待测气体的流速。如果在皮托管上将 h 直接标定成速率，则可直接读出气流的速率。

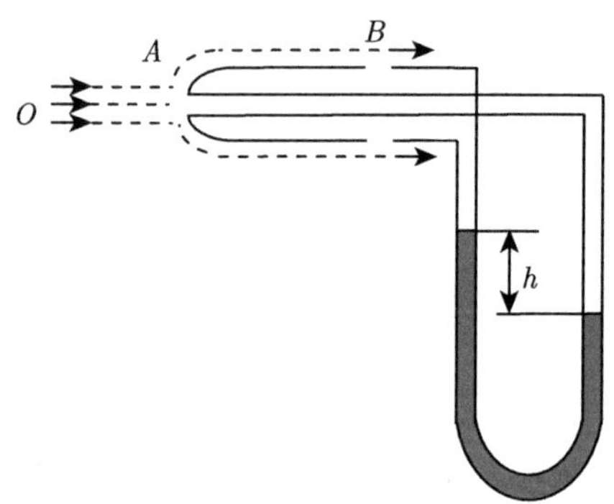

图 C-4　皮托管

第 2 部分

振动与波动

第5章 机械振动

振动与波动是自然界中最基本的运动形式，它们在物理学的各个领域中都有所体现。尽管在各学科里振动与波动的具体内容不同，但是在形式上却有很大的相似性。物体在某一确定位置附近做来回往复的运动称为机械振动。例如，钟摆、发声体、开动的机器、行驶中的交通工具都有机械振动。波动是振动的传播，机械振动的传播就是机械波，机械振动的规律是研究波动的基础。

广义地说，一切物理量 (包括非机械量的气温、大气压强、空气湿度、电量、场强等) 在一定值附近往复变化的过程均是振动，因此振动是自然界及人类生产实践中经常发生的一种普遍运动形式，其基本规律是光学、电学、声学、机械、造船、建筑、气象、地震、无线电等科学与工程技术中的重要基础知识，甚至社会科学中的经济等领域中，也有振动和波动的运动形式。

刚体力学是质点、质点系力学知识的继续，是将质点系力学规律应用于不变质点系 (刚体)；本章又是质点力学、刚体力学知识的继续和应用，利用质点和刚体的运动规律，研究质点或刚体的振动这种特殊的、具有普遍意义的运动形式和运动规律，其研究结论可以推广应用到非机械的广义振动中。

5.1 简谐振动

简谐振动是最简单、最基本的振动形式。因为任何一个复杂的振动都可以应用数学工具 (傅里叶级数或傅里叶积分变换) 分解成若干个 (或无穷多个) 不同频率的简谐振动的合成 (图 5-1)，所以通过对简谐振动的系统研究，有助于掌握其他复杂的振动，故本节将先从简谐振动基本规律的分析出发开始振动的研究。

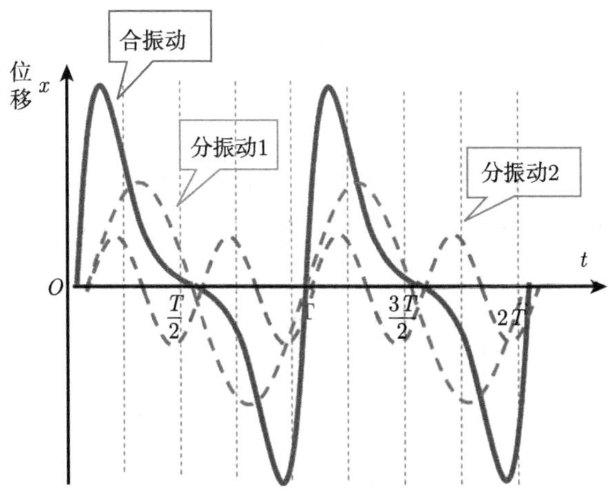

图 5-1 振动的分解

5.1.1　振动的基本概念

物体在某一固定位置附近做来回往复运动，这种运动称为**机械振动**。物体在发生摇摆、颠簸、打击、发声之处均有振动。任何一个具有惯性 (质量) 和弹性的系统在其运动状态发生突变时，都会发生振动。广义地说，凡是描述物质运动状态的物理量，在某一固定值附近做周期性变化，都可称该物理量在做振动。

机械振动的物体都具有平衡位置。当物体在某位置所受的合力 (或沿运动方向受的合力) 等于零时，该位置称为**平衡位置**。很多机械振动也具有周期性，振动物体的位置周而复始地在平衡位置附近变化。

机械振动可按不同的方法分为不同的类型，对于不同的类型可以用不同的研究方法去解决相关问题。按振动规律可将振动分为简谐振动、非简谐振动、随机振动等；按产生振动原因可分为自由振动、受迫振动、自激振动、参变振动等；按振动物体振动的自由度数目可分为单自由度振动、多自由度振动；按振动物体振动位移的类型可分为角量振动、线量振动；按系统参数特征可分为线性振动 (在小振幅条件下，弹性力和阻尼力与物体位移 x 呈线性关系) 和非线性振动。

5.1.2　简谐振动

当物体运动时，若物体离开平衡位置的位移 (或角位移) 按余弦 (或正弦) 规律随时间变化，则该物体做简谐振动。下面分别通过对弹簧振子、单摆和复摆的运动分析，来阐述简谐振动的基本规律。

1. 弹簧振子

图 5-2 建立了一个弹簧振子系统：轻质弹簧的自然长度为 l_0，劲度系数为 k，其一端固定在墙壁上，另一端与刚性小球 (即振子) 连接，小球放在光滑的水平面上，在弹簧弹性力的作用下, 小球可在水平方向做平动。建立一维直角坐标系，x 轴正方向水平向右，坐标原点为小球振子的平衡位置 O 点，平衡位置为小球不受力的位置，此时弹簧处于自然长度 l_0。任意时刻小球的位置用坐标 x 表示，弹簧伸长量限定在弹性限度内，不计弹簧内部摩擦，振子所受弹性力 F 大小和振子位移 x 大小成正比，弹性力 F 的方向始终和位移 x 方向相反，且始终指向平衡位置。因为这种性质，弹簧的弹性力称为**线性回复力**，可表示为

$$F = -kx \tag{5-1}$$

式 (5-1) 反映了线性回复力的特征：力 F 是质点位移 x 的线性函数，且与位移 x 反向，即促使质点返回平衡位置。**质点在线性回复力作用下围绕平衡位置的运动叫作简谐振动**。

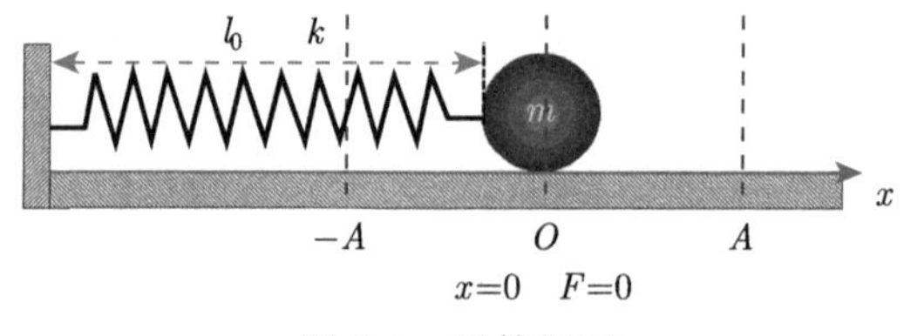

图 5-2　弹簧振子

对于弹簧振子系统，取系统中的小球作为研究对象，小球的振动规律就是弹簧振子系统的振动规律。

首先分析小球在弹性力作用下的运动情况 (图 5-3)。小球原来处在平衡位置处，现将小球向右移到 A 处，然后放开，此时，由于弹簧伸长而出现指向平衡位置的弹性力。在弹性力作用下，物体向左运动，当通过位置 O 时，作用在小球上的弹性力等于 0，但是由于惯性作用，小球将继续向左边运动，使弹簧压缩。此时，由于弹簧被压缩，而出现了指向平衡位置的弹性力并将阻止物体向左运动，使小球速率减小，直至物体静止于 $-A$ 处 (瞬时静止)，之后物体在弹性力作用下改变方向，向右运动。这样在弹性力作用下物体左右往复运动，即做机械振动。

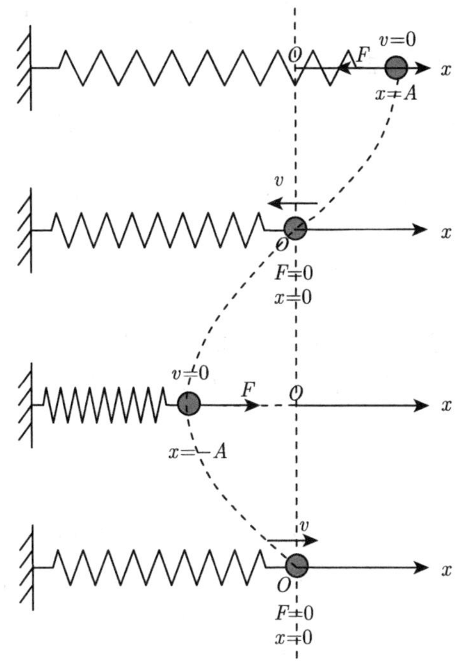

图 5-3 弹簧振子在平衡位置往复运动

下面从小球在振动中的动力学行为中，找出其定量的振动规律。设在振动中的任一时刻，小球的位置为 x (或相对平衡位置的位移为 x)，则小球在水平 x 轴方向所受合外力为弹簧的弹性力 $F=-kx$ (图 5-4)。

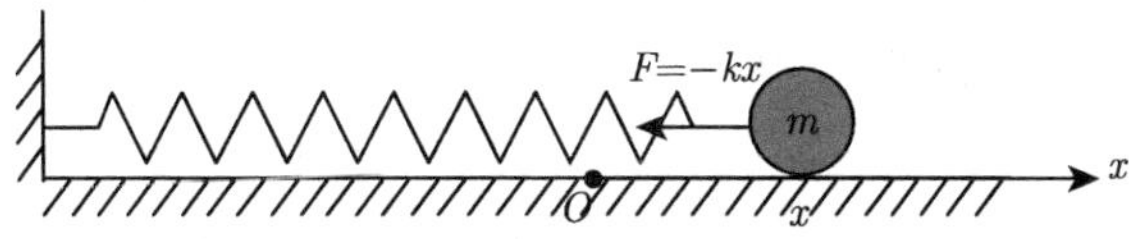

图 5-4 弹簧振子受力分析

根据牛顿第二定律，在 x 轴上，对小球有

$$F = ma \tag{5-2}$$

式中，a 为小球的加速度。

$$a = \frac{F}{m} = -\frac{kx}{m} \tag{5-3}$$

因为 $a = \dfrac{\mathrm{d}^2 x}{\mathrm{d}t^2}$，所以得

$$\frac{\mathrm{d}^2 x}{\mathrm{d}t^2} + \frac{k}{m}x = 0 \tag{5-4}$$

令 $\dfrac{k}{m} = \omega^2$，代入式 (5-4) 得

$$\frac{\mathrm{d}^2 x}{\mathrm{d}t^2} + \omega^2 x = 0 \tag{5-5}$$

式中的 ω 取决于弹簧的劲度系数和振子质量。由此给出简谐振动的另一种较普遍的定义：如果振动系统的振子的动力学方程可归结为 $\dfrac{\mathrm{d}^2 x}{\mathrm{d}t^2} + \omega^2 x = 0$ 的形式，且其中的 ω 取决于振动系统本身的性质 (称为**固有角频率**)，则振子做简谐振动。式 (5-5) 称为**简谐振动的动力学方程**。

弹簧振子 (小球) 所满足的动力学方程是二阶常系数齐次微分方程。其解为

$$x = A\cos(\omega t + \varphi) \tag{5-6}$$

式 (5-6) 给出了弹簧振子**简谐振动的运动学规律**，即任意 t 时刻振子的位置坐标。由于弹簧振子位置 (即偏离平衡位置的位移) 按时间的余弦函数变化，所以弹簧振子的运动就是简谐振动。

2. 单摆

接着考察单摆振动系统：如图 5-5 所示，一小球 (视为质点) 的质量为 m，用长为 l 的轻绳悬挂在固定点 O'。当小球处于铅垂位置 O 时，小球处于平衡状态。现将小球拉离平衡位置，相对于铅垂位置的角位移为 θ (逆时针旋转为角位移正方向)，小球在重力与拉力的作用下，将在铅垂面内沿圆弧做小角度摆动，设摆角 $\theta < 5^\circ$。O 点为角坐标的原点。

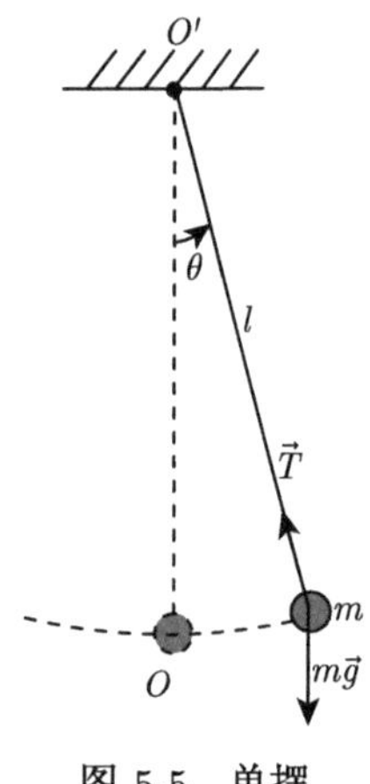

图 5-5　单摆

重力对过悬点 O' 的水平轴的力矩为

$$M = -mgl\sin\theta \tag{5-7}$$

在 $\theta < 5^\circ$ 的条件下，$\sin\theta \approx \theta$，则重力对过悬点的水平轴的力矩可写为

$$M = -mgl\theta \tag{5-8}$$

负号的出现是因为规定了角位移的参考正方向为逆时针方向，而力矩的方向始终与角位移方向相反，促使小球振子返回平衡位置，另外该力矩的大小与角位移大小成正比，即单摆振子在振动过程中，始终受到**线性回复力矩**的作用，所以单摆做简谐振动。

根据刚体转动定理：$M=J\alpha$。分别将摆球对过悬点水平轴的转动惯量 $J=ml^2$、小球的角加速度 $\alpha=\dfrac{\mathrm{d}^2\theta}{\mathrm{d}t^2}$ 代入式 (5-7)，可得

$$-mgl\theta=ml^2\frac{\mathrm{d}^2\theta}{\mathrm{d}t^2} \tag{5-9}$$

所以单摆的动力学方程

$$\frac{\mathrm{d}^2\theta}{\mathrm{d}t^2}+\frac{g}{l}\theta=0 \tag{5-10}$$

令 $\omega^2=\dfrac{g}{l}$，得动力学方程的标准形式

$$\frac{\mathrm{d}^2\theta}{\mathrm{d}t^2}+\omega^2\theta=0 \tag{5-11}$$

式中的 ω 决定于振动系统本身的性质，称为**固有角频率**。式 (5-11) 符合简谐振动的动力学标准方程。

式 (5-11) 是二阶常微分方程，解此方程可解得单摆振子的运动学方程为

$$\theta=\theta_{\mathrm{m}}\cos(\omega t+\varphi) \tag{5-12}$$

由上述分析可知，单摆所得的动力方程和运动学方程与弹簧振子的形式完全一样，只是相关变量和参数的物理量不同，所以小角度单摆是简谐振动。

3. 复摆

一刚体绕通过 O 点的水平光滑轴做小角度摆动 (摆角 $\theta<5°$)，如图 5-6 所示。重力对过 O 点的水平轴的力矩为

$$M=-mgb\sin\theta\approx-mgb\theta$$

式中，b 为转轴 O 到刚体质心 C 的距离；θ 是刚体相对于平衡位置的角位移，并规定逆时针方向为正。显见重力矩的大小与角位移大小成正比，方向始终与角位移方向相反，即复摆运动过程中始终受线性回复力矩作用，故复摆是简谐振动。

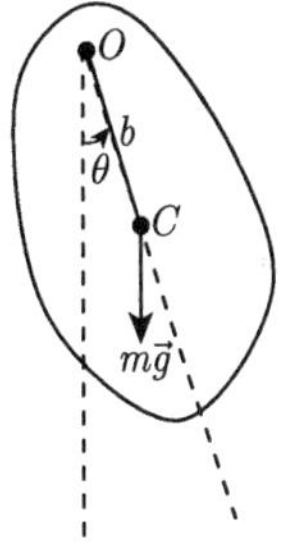

图 5-6 复摆

由转动定理：$M=J\alpha$，得

$$J\frac{\mathrm{d}^2\theta}{\mathrm{d}t^2}=-mgb\theta \tag{5-13}$$

式中，J 为刚体相对转轴 O 的转动惯量。

令 $\omega^2=\dfrac{mbg}{J}$，可见 ω 决定于复摆系统自身的固有性质，称为**固有角频率**。故从动力学角度分析可见，复摆的动力学方程满足简谐振动的标准方程，即

$$\frac{\mathrm{d}^2\theta}{\mathrm{d}t^2}+\omega^2\theta=0 \tag{5-14}$$

所以当摆角很小时，复摆的运动近似为简谐振动。

解此二阶常微分方程，得复摆的运动学方程为

$$\theta = \theta_m \cos(\omega t + \varphi) \tag{5-15}$$

式中，θ_m 是振子的最大角位移值，即振子偏离平衡位置的最大角位移值。

将复摆周期 $T = \dfrac{2\pi}{\omega} = 2\pi\sqrt{\dfrac{J}{mbg}}$ 与单摆周期 $T = \dfrac{2\pi}{\omega} = 2\pi\sqrt{\dfrac{l}{g}}$ 对比，复摆可等效于一个等值摆长的单摆。其等值摆长为 $l_{等值} = \dfrac{J}{mb}$。

4. **动力学特征**

通过对上面三个例子的具体分析可知，简谐振动动力学方程一般形式为 (以弹簧振子系统为例)

$$\frac{d^2x}{dt^2} + \omega^2 x = 0 \tag{5-16}$$

该方程是对具体的振动系统进行动力学分析所建立起来的，这种动力学分析的基础是牛顿运动定律，或是刚体定轴转动的转动定理。对于不同的振动系统，式中的固有角频率 ω 是不同的物理量。在分析某个振动系统动力学行为，建立动力学方程的同时，也可以求解出该系统的固有角频率 ω 参数。

5. **运动学特征**

同样对动力学方程进行求解，可得到简谐振动系统中物体的运动方程

$$x = A\cos(\omega t + \varphi) \tag{5-17}$$

振动物体的速度为

$$v = \frac{dx}{dt} = -A\omega\sin(\omega t + \varphi) \tag{5-18}$$

由式 (5-18) 可得振子的最大速率为

$$v_{max} = \omega A \tag{5-19}$$

振子加速度为

$$a = \frac{d^2x}{dt^2} = -A\omega^2\cos(\omega t + \varphi) \tag{5-20}$$

由式 (5-20) 可得振动物体最大加速率为

$$a_{max} = \omega^2 A \tag{5-21}$$

图 5-7 描述了简谐振动的运动学方程和速度、加速度随时间的变化曲线。

6. **简谐振动的判断**

当一个物体振动时，只要满足下面一条，则可以判断该物体的运动就是简谐振动：

(1) 物体受**线性回复力** $F = -kx$ **或线性回复力矩** $M = -k\theta$ 的作用，平衡点 $x = 0$ 或 $\theta = 0$；

(2) 物体的**动力学方程**为 $\dfrac{d^2x}{dt^2} + \omega^2 x = 0$ 或 $\dfrac{d^2\theta}{dt^2} + \omega^2\theta = 0$；

(3) 物体的**运动学方程**为 $x = A\cos(\omega t + \varphi)$ 或 $\theta = \theta_m\cos(\omega t + \varphi)$。

7. 简谐振动图像

由图 5-8 可看到，简谐振动的振子位置、振子速度和振子加速度之间的关系。

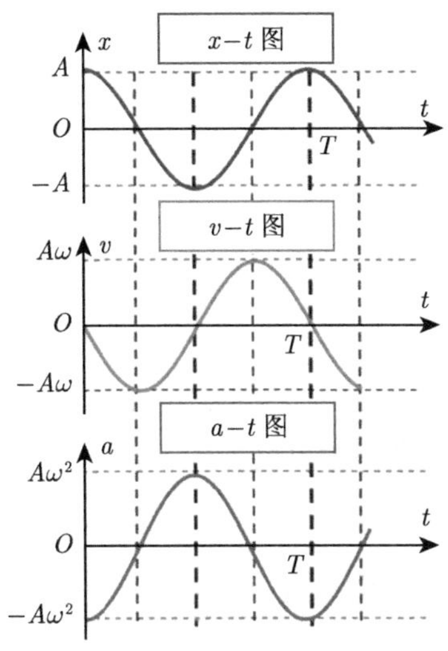

图 5-7 简谐振动的运动学特征

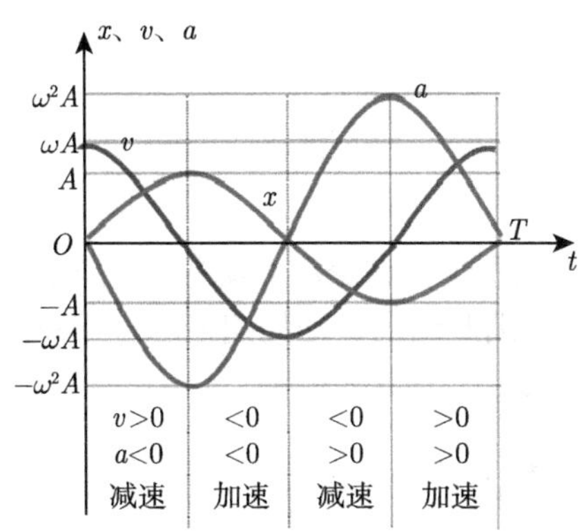

图 5-8 简谐振动图像

5.1.3 简谐振动的特征量及计算

由简谐振动的运动学方程 $x = A\cos(\omega t+\varphi)$ 和简谐振动函数曲线，可以发现一些参数决定着振动的运动特征，这些参数叫作简谐振动的**特征量**。下面分析这些特征量的物理意义。

1. 振幅

按简谐振动的运动学方程，物体的最大位移不能超过 A，物体偏离平衡位置的最大位移的绝对值叫作振幅。振幅的大小不仅与振动系统构成有关，还和振动的初始状态有关。在 SI 中，振幅的单位为 m。

2. 周期

周期 T 就是振子完成一次完全振动所经历的时间。由简谐振动图像可看到，在 t 从 0 到 T 的过程中，当 $t = T$ 时，简谐振动物体的位置回到了原来 $t=0$ 时的位置，物体速度的大小和方向也回到原来的状态。简谐振动是周期振动，周期的大小就由参数 T 来表示，那么简谐振动系统的周期由什么来决定呢？根据余弦函数 $\cos(\omega t+\varphi)$ 的周期性可得，当 $\omega T = 2\pi$ 时，函数值经过一个周期变回到原来的值。根据这个关系，可得周期与振动系统固有角频率的关系

$$T = \frac{2\pi}{\omega} \tag{5-22}$$

对弹簧振子系统

$$\omega = \sqrt{\frac{k}{m}} \tag{5-23}$$

$$T = 2\pi\sqrt{\frac{m}{k}} \tag{5-24}$$

对单摆振动系统

$$\omega = \sqrt{\frac{g}{l}} \tag{5-25}$$

$$T = 2\pi\sqrt{\frac{l}{g}} \tag{5-26}$$

对复摆振动系统

$$\omega = \sqrt{\frac{mbg}{J}} \tag{5-27}$$

$$T = 2\pi\sqrt{\frac{J}{mbg}} \tag{5-28}$$

可以看出简谐振动系统的周期与振动系统本身的构成有关，当系统构成后，振动周期就确定了，因此简谐振动周期也叫作**固有周期**。在 SI 中，周期的单位为秒 (s)。

3. 频率

频率 f 是指简谐振动系统中的振子在单位时间内完成完全振动的次数。

$$f = \frac{1}{T} = \frac{\omega}{2\pi} \tag{5-29}$$

或 $T = \frac{1}{f}$，频率也与振动系统本身性质有关，也称振动系统**固有频率**，在 SI 中，频率的单位为赫兹 (Hz)。

4. 圆频率 (角频率)

在建立起周期、频率等概念之后，我们就可以看出参数 ω 的物理意义。

$$\omega = \frac{2\pi}{T} = 2\pi f \tag{5-30}$$

其物理意义就是：单位时间内简谐振动余弦函数中变化的角度值。单位为弧度 · 秒 $^{-1}$ ($\text{rad}\cdot\text{s}^{-1}$)。简谐振动完成一次完整的变化，余弦函数角度值变化 2π 弧度，一秒钟内完成 f 次变化，则一秒钟内余弦函数角度值变化 $2\pi f$ 弧度。圆频率与振动系统本身有关，系统确定后，圆频率就确定了，因此又称**固有圆频率**。

5. 位相

简谐振动的振幅描述了振动的范围，频率或周期描述了振动的快慢，所以振幅和周期已大体勾画了振动的图像。但振幅和周期还不能确切描述振动系统在任意瞬时的振动状态，即任意时刻振子的振动位移和速度。因此，仅仅知道振幅和频率，还不足以充分地描述简谐振动。由简谐振动的运动学方程可知，只有知道 A、ω 和 φ，才能完全确定系统的振动状态。

简谐振动运动学方程中的 $\omega t + \varphi$ 称为振子的位相，位相表征任意时刻 t 物体振动状态。物体经一周期的振动，其振动位相改变 2π。

简谐振动状态是指振子的位移和振动速度。由于简谐振动的位移、速度按余弦规律变化，当简谐振动系统的振幅、角频率一定时，可以用位相决定任意瞬时振子的振动状态，也可以通过比较两个系统的位相来比较两个简谐振动的运动状态。

振子在 $t=0$ 时刻的振动位相 φ 称为**初位相**。

图 5-9 描绘了几种不同振动初位相情况下，振子的振动位移随时间的变化规律。

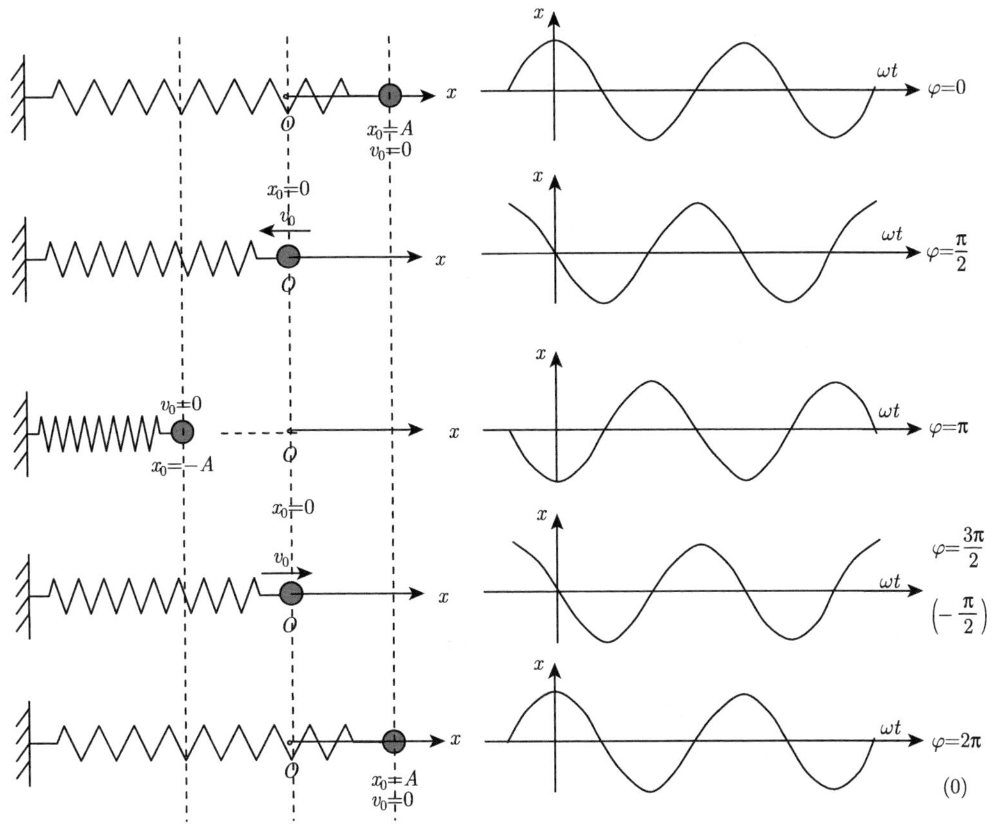

图 5-9 弹簧振子几种初位相的运动图像和振动曲线

6. 位相差

位相差 $\Delta\varphi$ 为两个简谐振动位相的差值。可用于比较两个简谐振动之间在振动步调上的差异，它决定了两个简谐振动合成后的振动性质。

设有两个同频率的谐振动，表达式分别为

$$x_1 = A_1\cos(\omega t+\varphi_{10}) \tag{5-31}$$

$$x_2 = A_2\cos(\omega t+\varphi_{20}) \tag{5-32}$$

φ_{10}、φ_{20} 分别是两振动的初位相，则两振动的位相差为 (图 5-10)

$$\Delta\varphi = (\omega t+\varphi_{20})-(\omega t+\varphi_{10}) = \varphi_{20}-\varphi_{10} \tag{5-33}$$

即振动 2 超前振动 1 的位相差。

两者振动的时间差为 (图 5-10)

$$\Delta t = \frac{\varphi_{20}-\varphi_{10}}{\omega} \tag{5-34}$$

即振动 2 超前振动 1 的时间差。

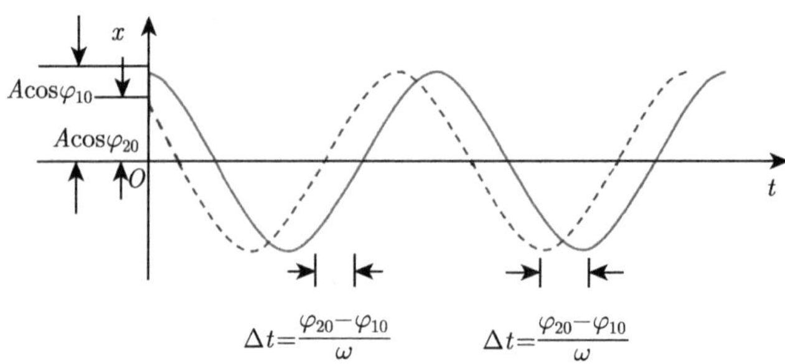

图 5-10　位相差和时间差

当 $\Delta\varphi = 2k\pi$ 时，两振动同相 (图 5-11)。

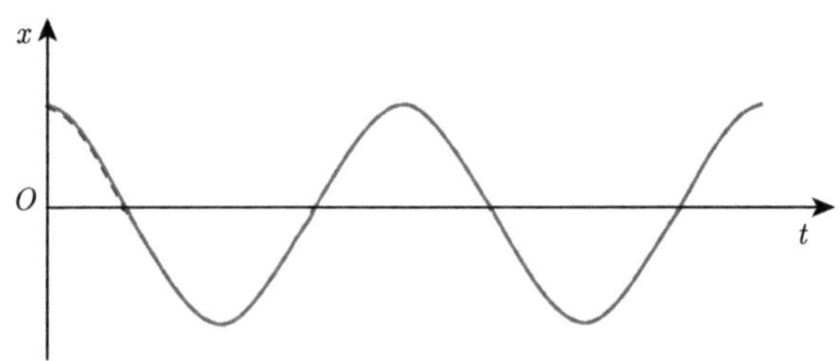

图 5-11　同相振动

当 $\Delta\varphi = (2k+1)\pi$ 时，两振动反相 (图 5-12)。

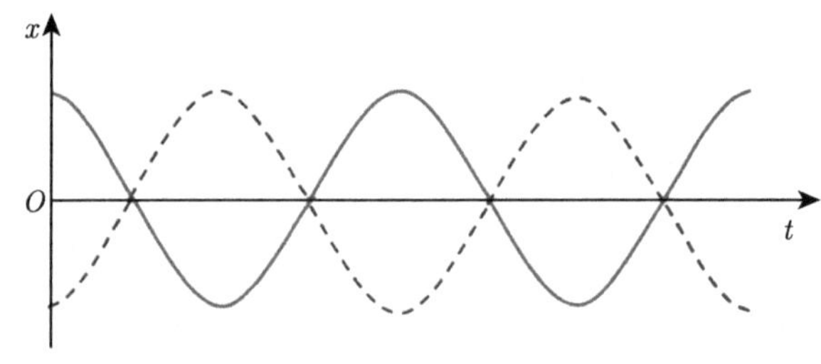

图 5-12　反相振动

当 $\Delta\varphi > 0$ 时，第二振动 (虚线) 超前第一振动 $\Delta\varphi$ (图 5-13)。

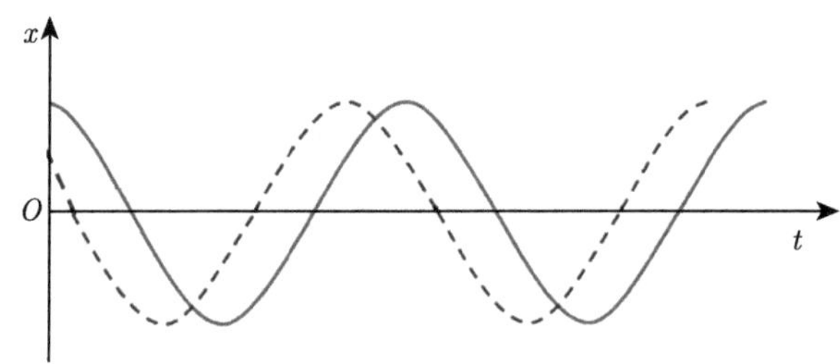

图 5-13　第二振动超前第一振动

当 $\Delta\varphi < 0$ 时，第二振动 (虚线) 落后第一振动 $\Delta\varphi$ (图 5-14)。

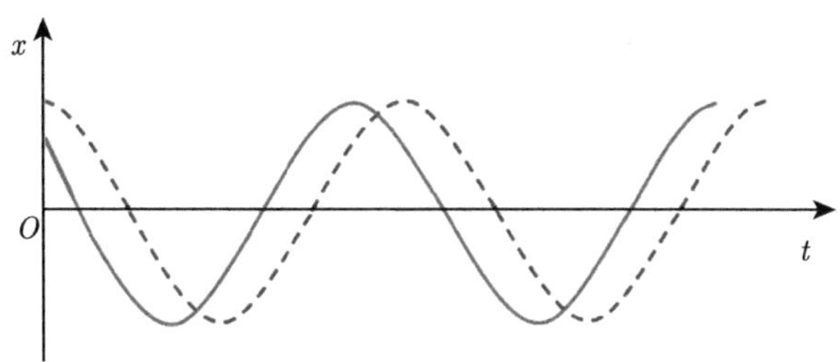

图 5-14 第二振动落后第一振动

位相还可以用来比较同一简谐振动中不同物理量变化的步调，例如，简谐振动的位移、速度和加速度的表达式分别为

$$x = A\cos(\omega t + \varphi)$$

$$v = -v_{\mathrm{m}}\sin(\omega t + \varphi) = v_{\mathrm{m}}\cos(\omega t + \varphi + \pi/2)$$

$$a = -a_{\mathrm{m}}\cos(\omega t + \varphi) = a_{\mathrm{m}}\cos(\omega t + \varphi + \pi)$$

可见，速度位相比位移位相超前 $\dfrac{\pi}{2}$，加速度位相比位移位相超前 π，如图 5-15 所示。或者从物理量随时间的变化先后来看，同一简谐振动的速度变化规律比位移变化规律超前 $\dfrac{T}{4}$，加速度变化规律比位移变化规律超前 T，如图 5-16 所示。

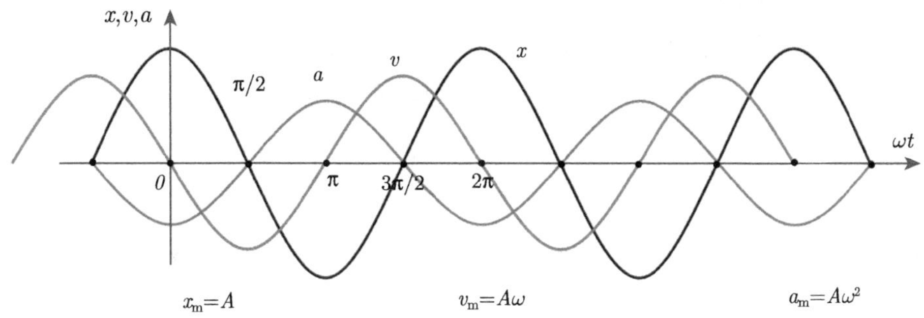

图 5-15 振子位移、速度、加速度的位相差

7. 周期、频率、振幅、初位相的计算

上面研究了简谐振动的 6 个参数，实际上这 6 个参数并不是互相独立的，完全独立的参数只有 3 个，这 3 个参数称为**简谐振动三要素**。在交流电研究中称为交流电三要素。当这三要素求解并确定以后，该振动系统的运动规律就完全得到了。下面通过有关条件来求解确定这三要素。

(1) 第一个要素：由相互关联的三个量构成，圆频率 ω、频率 f、周期 T。

圆频率、频率和周期这三个量都由振动系统本身构成的固有性质决定，可通过对某振动系统的动力学分析，建立动力学方程，从而得到 ω^2。对于弹簧振子 $\omega^2 = \dfrac{k}{m}$，对于单摆 $\omega^2 = \dfrac{g}{l}$，对于复摆 $\omega^2 = \dfrac{mbg}{J}$。再利用 $T = \dfrac{2\pi}{\omega}$ 可以求出周期，或者利用 $f = \dfrac{\omega}{2\pi}$ 计算出频率。

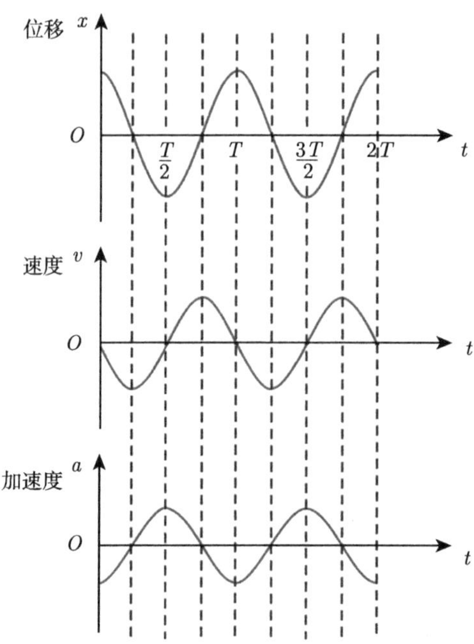

图 5-16　振子位移、速度、加速度的时间差

(2) 第二个要素：振幅 A。

振幅 A 由振动系统的初始条件决定：$t=0$ 时有物体初始位置 $x_0=A\cos\varphi$，物体初始速度 $v_0=-\omega A\sin\varphi$，将两初始条件方程联立求解得简谐振动振幅为

$$A=\sqrt{x_0^2+\frac{v_0^2}{\omega^2}} \tag{5-35}$$

(3) 第三个要素：初位相 φ 由简谐振动的运动学分析，确定简谐振动系统的初位相可以采用两种方法。

解法一

由两初始方程联立解得振动初位相

$$\varphi=\arctan\left(\frac{-v_0}{\omega x_0}\right) \tag{5-36}$$

将初始条件代入求出 φ，再根据三角函数的性质可得 φ 值所在象限 (图 5-17)：

当 $x_0>0$，$v_0<0$ 时，φ 在 I 象限；当 $x_0<0$，$v_0<0$ 时，φ 在 II 象限；当 $x_0<0$，$v_0>0$ 时，φ 在III象限；当 $x_0>0$，$v_0>0$ 时，φ 在IV象限。这里位相的取值为 $-\pi\sim\pi$，也可按 $0\sim2\pi$。

为方便记忆，图 5-17 给出了依据振子初位置及初速判断初位相 φ 的象限示意图。

解法二

由第一个初始条件 $x_0=A\cos\varphi$，先求出 φ 在 $-\pi\sim\pi$ 或 $0\sim2\pi$ 的两解，再通过验证两解是否满足第二个初始条件 $v_0=-\omega A\sin\varphi$，舍去一个非问题的解，而得到真实的解。

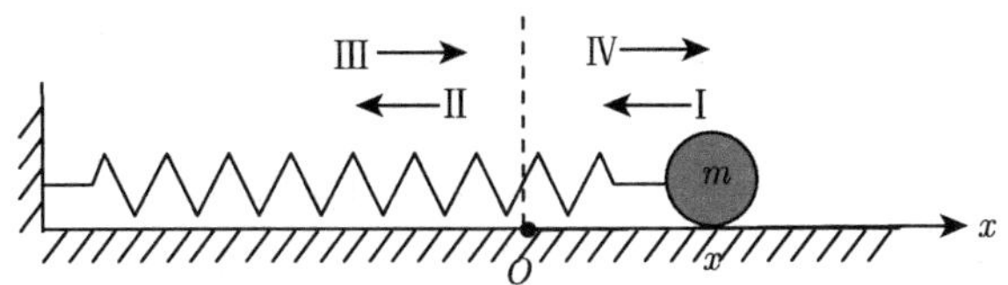

图 5-17 弹簧振子初始条件决定的初位相的象限

例 5-1 如例 5-1 图所示，在光滑的水平面上，有一弹簧振子，弹簧的弹性系数 $k = 1.60\ \mathrm{N\cdot m^{-1}}$，振子质量 $m = 0.40\ \mathrm{kg}$，求在下面两种初始条件下的振动方程。(1) 振子 m 在 $x_0 = 0.10\ \mathrm{m}$ 的位置由静止释放；(2) 振子 m 在 $x_0 = 0.10\ \mathrm{m}$ 处向左运动，速度为 $v_0 = -0.20\ \mathrm{m\cdot s^{-1}}$。

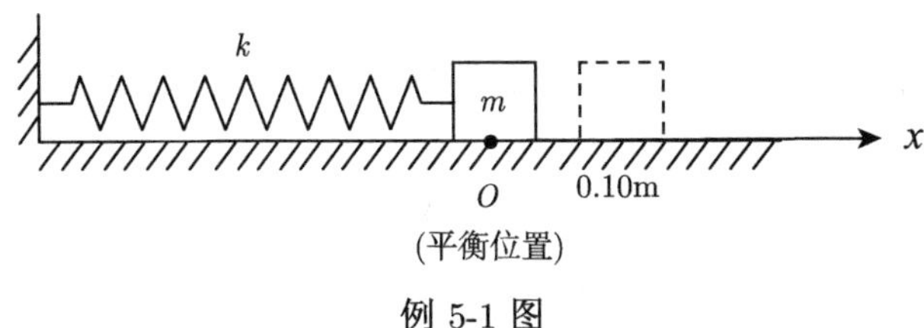

例 5-1 图

解 (1) 设简谐振动振动方程为

$$x = A\cos(\omega t + \varphi)$$

由已知条件

$$\omega = \sqrt{\frac{k}{m}} = \sqrt{\frac{1.60}{0.40}} = 2\ \mathrm{rad\cdot s^{-1}}$$

再由初始条件可得

$$A = \sqrt{x_0^2 + \frac{v_0^2}{\omega^2}} = \sqrt{0.10^2 + 0} = 0.10\ \mathrm{m}$$

$$\varphi = \arctan\left(\frac{-v_0}{\omega x_0}\right) = \arctan 0$$

$\because x_0 > 0$，$v_0 = 0$，$\therefore \varphi = 0$

$\therefore$ 振动方程为 $x = 0.10\cos 2t\ \mathrm{m}$

(2) 初始条件：$t = 0$ 时，$x_0 = 0.10\ \mathrm{m}$，$v_0 = -0.20\ \mathrm{m\cdot s^{-1}}$。

$$A = \sqrt{x_0^2 + \frac{v_0^2}{\omega^2}} = \sqrt{0.10^2 + \frac{(-0.20)^2}{2^2}} = 0.10\sqrt{2}\ \mathrm{m}$$

$$\varphi = \arctan\left(\frac{-v_0}{\omega x_0}\right) = \arctan\left(-\frac{-0.20}{2\times 0.10}\right) = \arctan 1$$

$$\because x_0 > 0,\quad v_0 < 0, \therefore \varphi = \frac{\pi}{4}$$

$\therefore$ 振动方程为

$$x = 0.10\sqrt{2}\cos\left(2t + \frac{\pi}{4}\right)\ \mathrm{m}$$

例 5-2　如例 5-2 图所示，在倾角为 θ 的光滑斜面上，有一原长为 l_0、弹性系数为 K 的轻质弹簧，其一端固定，另一端连接一物体，物体质量为 m，试求该振动系统的平衡位置和振动周期。

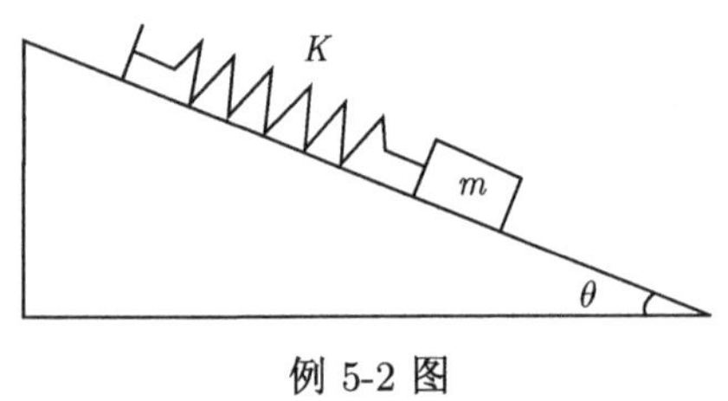

例 5-2 图

解　设该系统平衡后弹簧比原长伸长了 x_0，以物体 m 为对象，物体在斜面方向达到静力平衡

$$mg\sin\theta = Kx_0$$

解得，弹簧伸长量为

$$x_0 = \frac{mg\sin\theta}{K}$$

建立坐标系，坐标原点建立在平衡点，x 正向沿斜面向下。当物体偏离平衡位置的位移为 x 时，物体受到的合力为

$$F = -Kx$$

由此可得该振动系统为简谐振动系统，动力学方程为

$$\frac{\mathrm{d}^2x}{\mathrm{d}t^2} + \frac{K}{m}x = 0$$

$\omega^2 = \dfrac{K}{m}$，所以振动周期为

$$T = 2\pi\sqrt{\frac{m}{K}}$$

例 5-3　如例 5-3 图所示，两轻质弹簧，弹性系数分别为 k_1 和 k_2，两滑块质量分别为 M 和 m，叠放在光滑的桌面上，M 与两弹簧连接着，M 和 m 间存在摩擦，摩擦系数为 μ。问：m 能跟随 M 一起水平运动，M 的水平振动的最大振幅可以是多少？

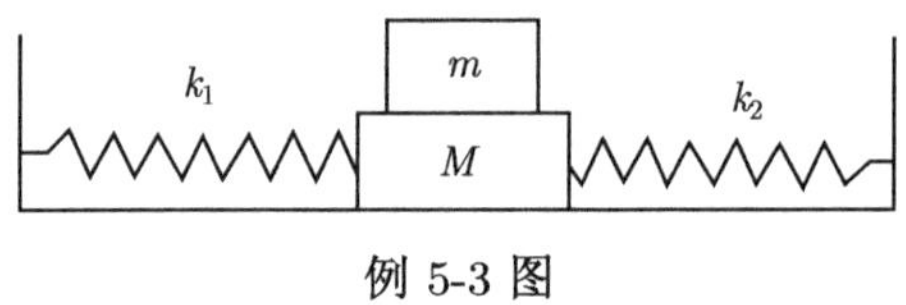

例 5-3 图

解一　m 滑块能跟随 M 的最大加速度为

$$a_{\max} = \frac{\mu mg}{m} = \mu g$$

在 m 跟随 M 做振动的过程中，该系统做简谐振动，最大加速度为

$$a_{\max} = \omega^2 A$$

该系统的圆频率的平方为

$$\omega^2 = \frac{k_1 + k_2}{M + m}$$

则振动时可能的最大振幅为

$$A = \frac{a_{\max}}{\omega^2} = \frac{M + m}{k_1 + k_2}\mu g$$

解二 m 和 M 所满足的动力学方程为

$$-(k_1+k_2)x=(M+m)a$$

式中，$-(k_1+k_2)x$ 为 m 和 M 所受水平方向弹性力；a 为 m 和 M 的加速度，x 为 m 和 M 偏离平衡位置的位移。由式可以看出 x 随 a 增大而增大，而 $a_{\max}=\mu g$，所以振动时可能的最大振幅为

$$A=x_{\max}=\frac{M+m}{k_1+k_2}\mu g$$

解一和解二的计算结果一样，证明简谐振动方法的有效性。

例 5-4 如例 5-4 图所示，一静止的弹簧振子质量 $M=4.99$ kg，一子弹质量 $m=10$ g 以水平速度 $v_0=1000\ \mathrm{m\cdot s^{-1}}$ 射入振子 M 并嵌入其中。弹簧的弹性系数 $k=8\times10^3\ \mathrm{N\cdot m^{-1}}$，水平桌面光滑，求新振动系统的振动方程。

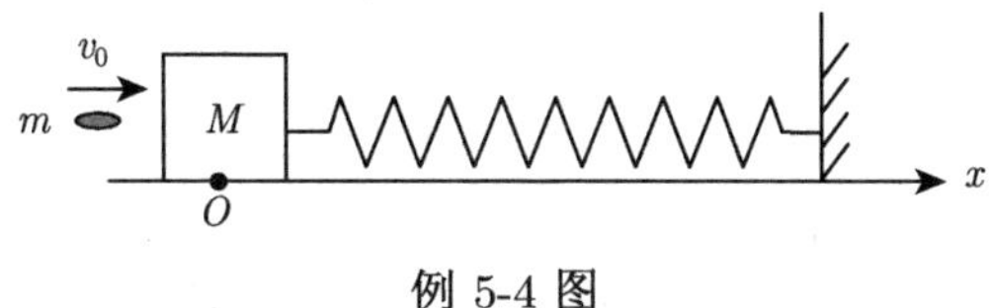

例 5-4 图

解 新系统的圆频率：

$$\omega=\sqrt{\frac{k}{M+m}}=40\ \mathrm{rad\cdot s^{-1}}$$

在子弹射入过程中子弹和振子动量守恒：

$$mv_0=(M+m)v$$

解得子弹射入后子弹和振子的速度：

$$v=\frac{mv_0}{M+m}=2\ \mathrm{m\cdot s^{-1}}$$

如图建坐标系，坐标原点建在平衡位置上，原来振子静止和子弹射入后的位置相同，即为平衡位置。根据初始条件 $t=0$ 时有 $x_0=A\cos\varphi=0$。
可求得振动的初位相：

$$\varphi=\frac{\pi}{2}\ \text{或}\ -\frac{\pi}{2}$$

将 φ 的两个值分别代入第二个初始条件验证：初速 $v=-\omega A\sin\varphi=2>0$，
故 $\varphi=\frac{\pi}{2}$ 舍去，得振动初位相为

$$\varphi=-\frac{\pi}{2}$$

在向右压缩弹簧的过程中，机械能守恒。子弹和振子的动能转变为弹性势能

$$\frac{1}{2}(m+M)v^2=\frac{1}{2}kA^2$$

得振动的振幅为

$$A=0.05\ \mathrm{m}$$

简谐振动的三要素都求出，代入后得振动方程

$$x = 0.05\cos\left(40t - \frac{\pi}{2}\right)$$

5.1.4　旋转矢量法和复数法

在前面的研究中，对简谐振动的描述是通过其运动学方程 $x = A\cos(\omega t + \varphi)$ 来表示的，称为三角函数表示法。这种表示方法虽然出现了简谐振动三要素，但三要素的表示不够直观，不易于理解其物理意义。此外，三角函数表示在振动合成等问题中，计算起来也不方便。因此为了解决上述问题，以及在其他的工程等领域中直观方便地表示简谐振动，可以采用旋转矢量法和复数法来表示简谐振动。

1. 旋转矢量法

表示简谐振动的方法很多，但任何一种方法是否有效就要看其能否有效地表示简谐振动的三要素。

已知一简谐振动为 $x = A\cos(\omega t + \varphi)$，则其旋转矢量如图 5-18 所示。在 O-xy 坐标平面上建立一个旋转矢量 $\vec{A}$，其模为振幅 A。$\vec{A}$ 以坐标原点为圆心在 O-xy 坐标平面内逆时针转动，角速度为 ω。初始时刻 $\vec{A}$ 与 x 轴的夹角为 φ，任意 t 时刻 $\vec{A}$ 与 x 轴的夹角为 $\omega t + \varphi$。

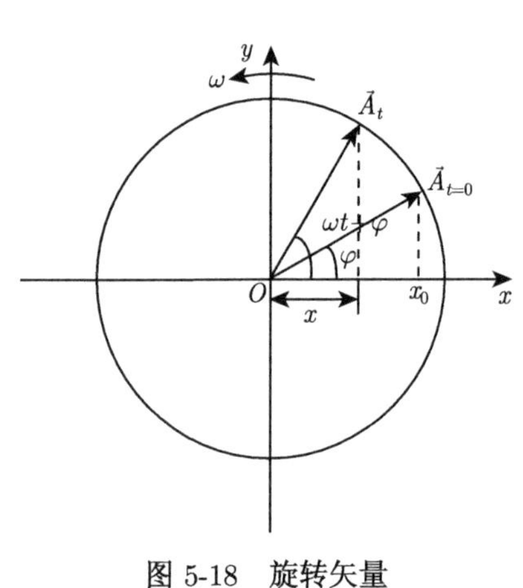

图 5-18　旋转矢量

旋转矢量 $\vec{A}$ 本身并不是简谐量，但是在任一时刻它在 x 轴上的投影 $x = A\cos(\omega t + \varphi)$ 表示了简谐振动，同时用直观的图形方式表示出了简谐振动的三要素。旋转矢量 $\vec{A}$ 的模表示了简谐振动的振幅 A，旋转矢量转过的圆周的半径越大振幅就越大。旋转矢量初始时刻与 x 轴的夹角表示了初位相 φ，根据直观的初位相可以看出振子初始时刻位置坐标 x、运动方向。任一时刻振动位相 $\omega t + \varphi$，可以通过 $\vec{A}$ 与 x 轴的夹角直观地表示出来，并且可得该时刻振子的位置和速度方向。圆频率 ω 更是可以通过旋转矢量转动的角速度表示出来，周期 T 可以理解为旋转矢量转一圈所用的时间，频率 f 可理解为一秒钟内旋转矢量旋转的圈数。

例 5-5　一物体沿水平 x 轴做简谐振动，坐标原点建在平衡位置上，振幅为 0.12 m，振动周期为 2 s。$t = 0$ 时，物体偏离平衡位置位移为 0.06 m，向 x 轴正向运动。(1) 求物体振动方程；(2) t_1 时刻第一次运动到 $x = -0.06$ m 处，求物体从 t_1 时刻的位置运动到平衡位置所用的最短时间。

解　(1) 设物体的振动方程为

$$x = A\cos(\omega t + \varphi)$$

由题意，振子的振幅 $A = 0.12$ m，角频率 $\omega = \dfrac{2\pi}{T} = \dfrac{2\pi}{2} = \pi\ \mathrm{rad\cdot s^{-1}}$。

解一 用三角函数法求 φ。

代入初始条件：$x_0 = A\cos\varphi$，$A = 0.12\ \text{m}$，$x_0 = 0.06\ \text{m}$

所以 $\cos\varphi = \dfrac{1}{2}$，初位相有两个解，为 $\varphi = \pm\dfrac{\pi}{3}$。

再用另一初始条件检验初位相的解：

$\because v_0 = -\omega A\sin\varphi > 0$，$\therefore \varphi = -\dfrac{\pi}{3}$

$\therefore$ 振子的振动方程为

$$x = 0.12\cos\left(\pi t - \frac{\pi}{3}\right)\ \text{m}$$

解二 用旋转矢量法求 φ。

根据初始条件画出旋转矢量图 (例 5-5a 图)，由图易得

$$\varphi = -\frac{\pi}{3}$$

所以振子的振动方程为

$$x = 0.12\cos\left(\pi t - \frac{\pi}{3}\right)\ \text{m}$$

(2) **解一** 三角函数法。

将 t_1 时刻条件代入振动方程：$-0.06 = 0.12\cos\left(\pi t_1 - \dfrac{\pi}{3}\right)$

$$\pi t_1 - \frac{\pi}{3} = \pm\frac{2\pi}{3}$$

$$\because v_1 = -\omega A\sin\left(\pi t_1 - \frac{\pi}{3}\right) < 0$$

$$\therefore \pi t_1 - \frac{\pi}{3} = \frac{2\pi}{3}$$

得

$$t_1 = 1\ \text{s}$$

设 t_2 为物体在 t_1 时刻后第一次到达平衡位置的时刻，则有

$$0 = 0.12\cos\left(\pi t_2 - \frac{\pi}{3}\right)$$

所以

$$\pi t_2 - \frac{\pi}{3} = \pm\frac{\pi}{2}, \pm\frac{3\pi}{2}$$

但考虑到 $t_2 > t_1$ 和关于初速度的初始条件

$$\pi t_2 - \frac{\pi}{3} = \frac{3\pi}{2}$$

得

$$t_2 = \frac{11}{6}\ \text{s}$$

物体所用最短时间为

$$t_2 - t_1 = \frac{5}{6}\ \text{s}$$

解二 旋转矢量法。

画出 t_1 时刻的旋转矢量图 (例 5-5b 图)

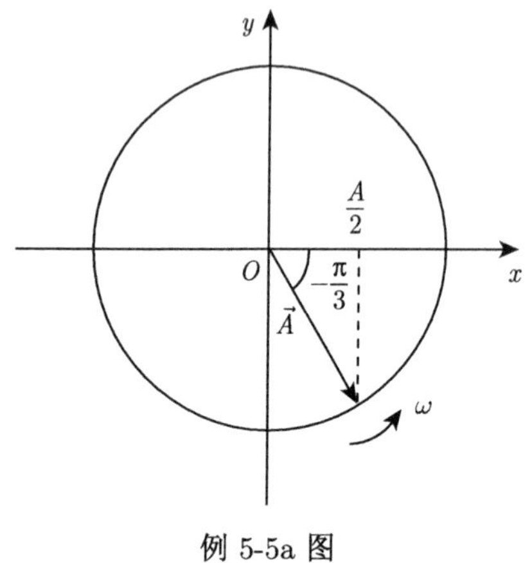

例 5-5a 图

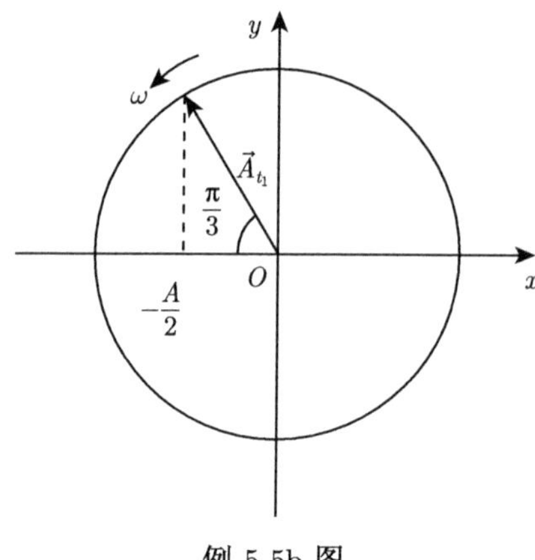

例 5-5b 图

由图得

$$\omega(t_2 - t_1) = \frac{\pi}{3} + \frac{\pi}{2} = \frac{5\pi}{6}$$

物体从 t_1 时刻的位置运动到平衡位置所用的最短时间为

$$t_2 - t_1 = \frac{5}{6}\ \mathrm{s}$$

可见用旋转矢量法求解类似问题，较为直观方便。

例 5-6 例 5-6 图为某质点做简谐振动的 $x-t$ 曲线，求振子的振动方程。

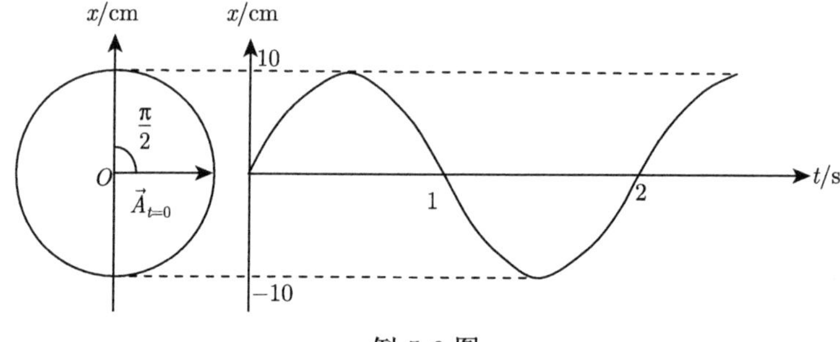

例 5-6 图

解 由 $x-t$ 曲线可得

$$x = A\cos(\omega t + \varphi)$$

其中振幅 $A = 10$ cm，角频率 $\omega = \dfrac{2\pi}{T} = \dfrac{2\pi}{2} = \pi\ \mathrm{rad\cdot s^{-1}}$。

由旋转矢量可知初位相 $\varphi = -\dfrac{\pi}{2}$，所以，振子的振动方程为

$$x = 10\cos\left(\pi t - \frac{\pi}{2}\right)\ \mathrm{cm}$$

例 5-7 弹簧振子在光滑的水平面上做简谐振动，A 为振幅，$t=0$ 时刻振子运动情况如图所示 (例 5-7a 图)。O 为坐标原点。试求各种情况下初位相。

解 画出旋转矢量图 (例 5-7b 图) 即可得解

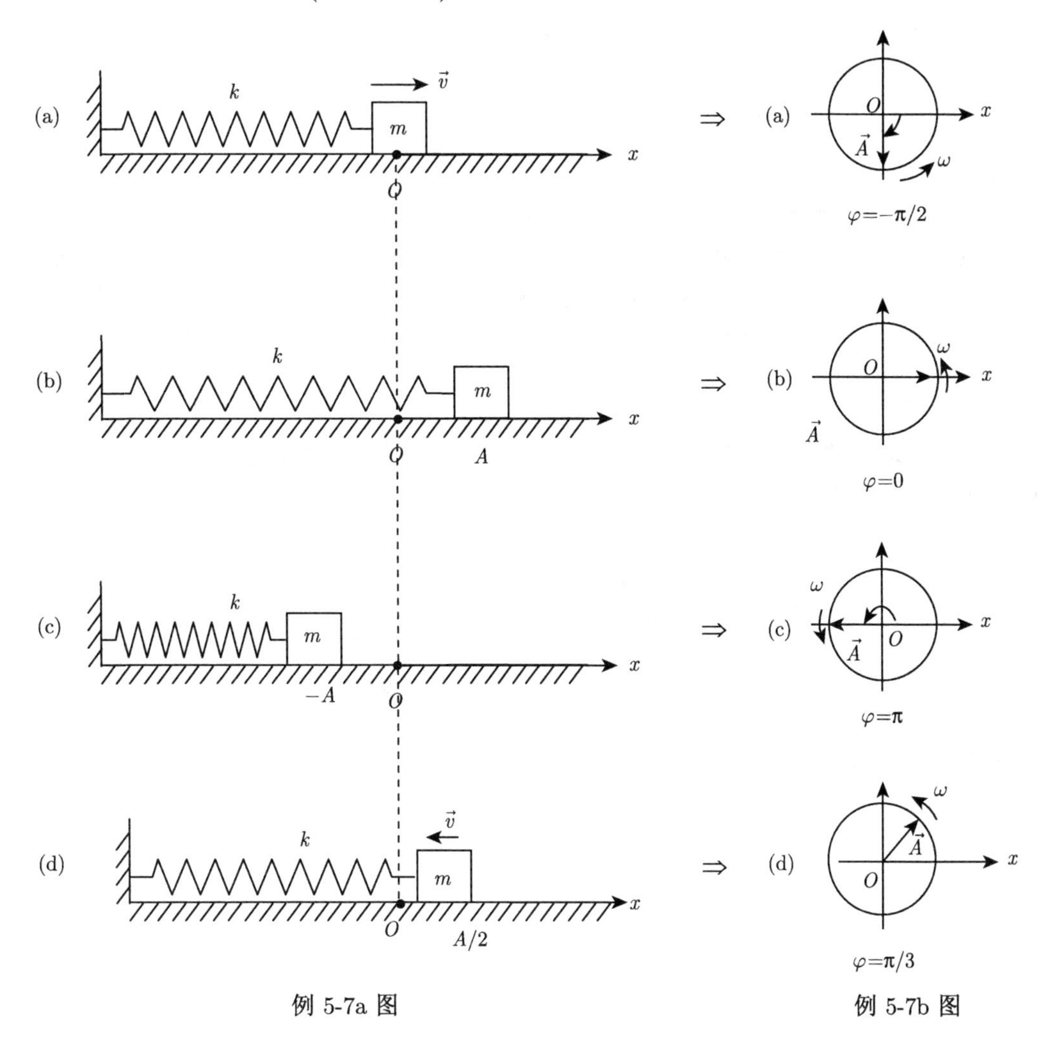

(a) $\varphi=-\pi/2$

(b) $\varphi=0$

(c) $\varphi=\pi$

(d) $\varphi=\pi/3$

例 5-7a 图　　例 5-7b 图

2. 复数法

在有关工程的交流电计算中，常常还用复数来表示交流电流、交流电压等的简谐振动，如图 5-19 所示。复数法是用复数表示简谐振动。复数的代数形式为

$$C=a+\mathrm{i}b$$

式中，$\mathrm{i}=\sqrt{-1}$ 为复数的虚数单位；a 为复数的实部；b 为复数的虚部。复数的指数形式为

$$A\mathrm{e}^{\mathrm{i}\theta}=A\cos\theta+\mathrm{i}A\sin\theta$$

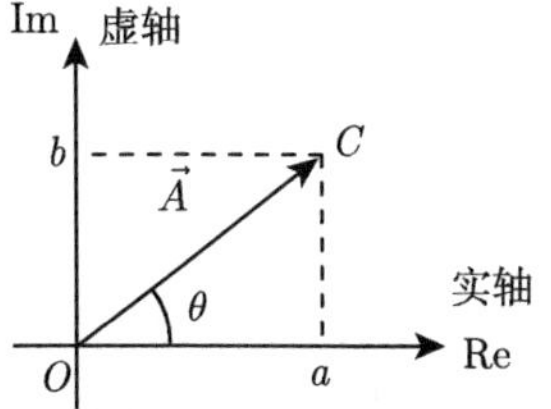

图 5-19 简谐振动的复数表示

$A=\sqrt{a^2+b^2}$ 为复数的模，在复数法中用来表示简谐振动的振幅；$\theta=\arctan\dfrac{b}{a}$ 为复数的辐角，用来表示简谐振动的初位相。

因此简谐振动表示为 $C=A\cos(\omega t+\varphi)+\mathrm{i}\sin(\omega t+\varphi)=A\mathrm{e}^{\mathrm{i}(\omega t+\varphi)}$。

其实部为简谐振动的运动学方程：$x=A\cos(\omega t+\varphi)$。

用复数法求合振动的步骤

(1) 将谐振动用复数表示。

(2) 将这些复数相加。

(3) 取这些复数相加结果的实部就得合振动。

复数法不仅有直观的几何图像，而且还有各种形式的解析表达式以及一套完整的数学运算方法。所以用复数法可以很方便地研究简谐振动物理量的加减乘除运算，这在交流电一类工程问题中有很重要的应用。

5.1.5 简谐振动的能量

除了运用运动学和动力学方法研究简谐振动，还可以从能量的角度研究简谐振动。以水平弹簧振子为例 (图 5-20) 进行分析。

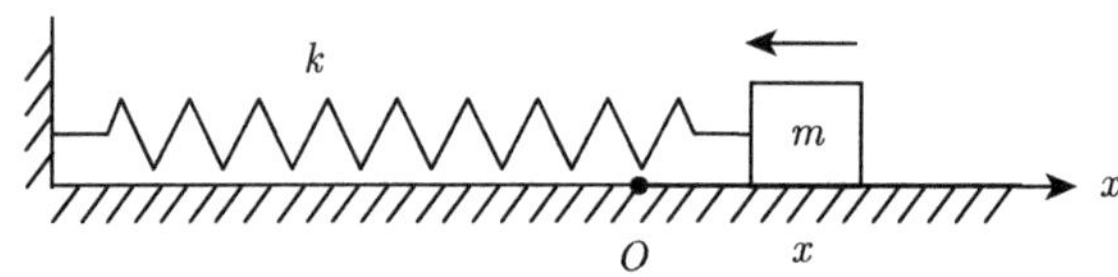

图 5-20 水平振动的弹簧振子

因为简谐振动的振子运动方程为

$$x=A\cos(\omega t+\varphi)$$

振子的振动速度为

$$v=-\omega A\sin(\omega t+\varphi)$$

对弹簧振子有

$$\omega^2=\frac{k}{m}$$

所以振子的振动动能为

$$E_{\mathrm{k}}=\frac{1}{2}mv^2=\frac{1}{2}m\omega^2A^2\sin^2(\omega t+\varphi) \tag{5-37}$$

振动势能为

$$E_{\mathrm{P}}=\frac{1}{2}kx^2=\frac{1}{2}kA^2\cos^2(\omega t+\varphi) \tag{5-38}$$

由式 (5-37) 和式 (5-38) 可见，弹簧振子的动能和势能按正弦或余弦的平方随时间做周期性变化。当振子位移最大时，速度为零，动能也为零，而势能达到最大值；当振子在平衡位置时，势能为零，而速度为最大值，所以动能也达到最大值。简谐振动的过程正是动能势能相互转换的过程。

将振动动能与势能相加，可得振动系统的总机械能

$$E=E_{\mathrm{k}}+E_{\mathrm{P}}=\frac{1}{2}mv^2+\frac{1}{2}kx^2 \tag{5-39}$$

$$\begin{aligned}E&=E_{\mathrm{k}}+E_{\mathrm{P}}\\&=\frac{1}{2}m\omega^2A^2\sin^2(\omega t+\varphi)+\frac{1}{2}kA^2\cos^2(\omega t+\varphi)\\&=\frac{1}{2}kA^2\sin^2(\omega t+\varphi)+\frac{1}{2}kA^2\cos^2(\omega t+\varphi)\\&=\frac{1}{2}kA^2[\sin^2(\omega t+\varphi)+\cos^2(\omega t+\varphi)]\end{aligned}$$

$$E=\frac{1}{2}kA^2 \tag{5-40}$$

动能的平均值为

$$\bar{E}_{\mathrm{k}}=\frac{1}{T}\int_0^T\frac{1}{2}m\omega^2A^2\sin^2(\omega t+\varphi)\mathrm{d}t=\frac{1}{4}kA^2 \tag{5-41}$$

势能的平均值为

$$\bar{E}_{\mathrm{P}}=\frac{1}{T}\int_0^T\frac{1}{2}kA^2\cos^2(\omega t+\varphi)\mathrm{d}t=\frac{1}{4}kA^2 \tag{5-42}$$

$$\bar{E}_{\mathrm{k}}=\bar{E}_{\mathrm{P}}=\frac{E}{2} \tag{5-43}$$

注意：①振动总机械能与弹簧的弹性系数 k 成正比，与振幅的平方 A^2 成正比，弹性系数和振幅越大，总机械能越大。由于弹性系数和振幅与时间无关，所以 $E=E_{\mathrm{k}}+E_{\mathrm{P}}$ 机械能守恒。②振动过程中动能 E_{k} 和势能 E_{P} 互相转化。③E_{k}、E_{P} 周期性变化的频率为简谐振动的两倍，如图 5-21 所示。

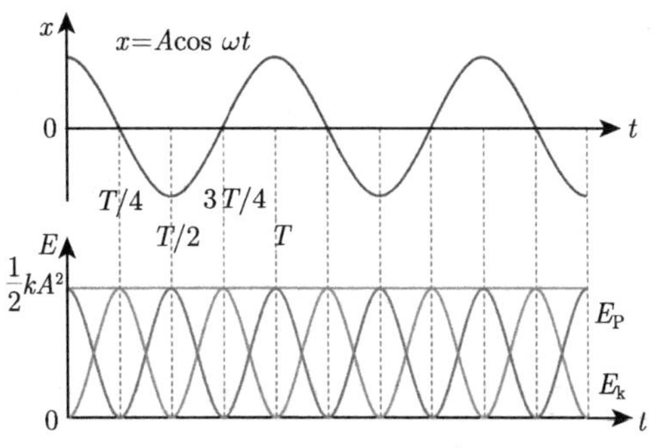

图 5-21 简谐振子的能量

例 5-8 一水平弹簧振子系统在水平面谐振动，坐标原点在平衡位置处，振幅为 A，求振子振动时 $E_{\mathrm{k}}=\frac{1}{2}E_{\mathrm{P}}$ 的位置。

解 设弹簧的弹性系数为 k，总机械能：$E=E_{\mathrm{k}}+E_{\mathrm{P}}=\frac{1}{2}kA^2$

在 $E_{\mathrm{k}}=\dfrac{1}{2}E_{\mathrm{P}}$ 时，有

$$E=E_{\mathrm{k}}+E_{\mathrm{P}}=\frac{3}{2}E_{\mathrm{P}}=\frac{3}{2}\cdot\frac{1}{2}kx^2$$

$$\frac{3}{4}kx^2=\frac{1}{2}kA^2$$

所以，振子的位置为

$$x=\pm\sqrt{\frac{2}{3}}A$$

例 5-9　如例 5-9 图所示，U 型管中的液体总长度为 L，求该液体振动起来后的圆频率 ω。

解一　动力学方法。

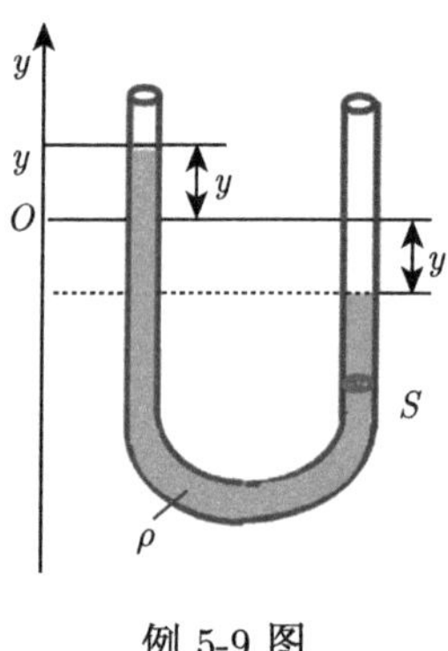

例 5-9 图

设液体的质量体密度为 ρ，玻璃管横截面为 S，建立坐标系，坐标原点在两液面平行的位置。现将液体看成一个质点，该质点处在左管的液面上，当质点随液面运动到 y 处时，质点受到始终指向平衡位置处的线性回复力 (重力) $-2\rho Syg$ 作用，则液体运动的动力学方程为

$$-2\rho Syg=\rho SL\frac{\mathrm{d}^2y}{\mathrm{d}t^2}$$

整理得

$$\frac{\mathrm{d}^2y}{\mathrm{d}t^2}+\frac{2g}{L}y=0$$

这是一个典型的简谐振动方程。

所以圆频率为

$$\omega=\sqrt{\frac{2g}{L}}$$

解二　能量法。

如上建立坐标系，将液体看成质点，由于质点受线性回复力作用，可判断液体运动为简谐振动。根据简谐振动机械能守恒的关系，左液面升高到 y 时的机械能为

$$\frac{1}{2}\rho SL\left(\frac{\mathrm{d}y}{\mathrm{d}t}\right)^2+\rho Sygy=E(\text{常数})$$

式中，左边第一项为系统动能；左边第二项为系统的重力势能。当左边的液面升高 y，右边的液面下降 y，相当于右边的液柱升高到左边，升高了 y 的高度。以 $-y/2$ 为重力势能零点，系统的重力势能为 $\rho Sygy$。右液面升高的情况与左液面情况一样。

将总机械能表达式的两边对 t 求导，得

$$L\left(\frac{\mathrm{d}y}{\mathrm{d}t}\right)\left(\frac{\mathrm{d}^2y}{\mathrm{d}t^2}\right)+2yg\frac{\mathrm{d}y}{\mathrm{d}t}=0$$

解得圆频率为

$$\omega=\sqrt{\frac{2g}{L}}$$

例 5-10 两物体 M_1 与 M_2 质量相同为 m，如例 5-10 图所示，用轻质绳连接，M_1 放在光滑的桌面上，一端用轻质的弹性系数为 k 的弹簧连接，M_2 通过轻质滑轮竖直垂挂。当弹簧为自然伸长时，M_1 与 M_2 的系统无初速度释放，求弹簧最大伸长量、M_1 的最大速度及振动周期。

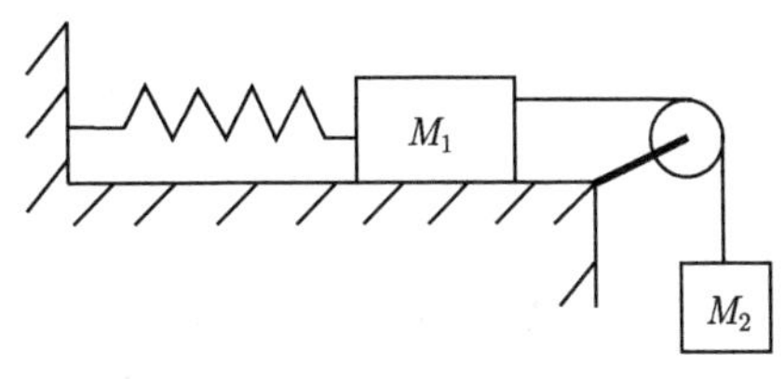

例 5-10 图

解 将整个系统看成质量集中在 M_2 上的振子系统，振子受弹簧的弹性力和重力作用。平衡点是弹簧伸长到自然伸长 $+\dfrac{mg}{k}$ 的位置，在此坐标系下系统所受作用力为线性回复力 $F=-ky$，y 是振子偏离平衡位置的坐标，据此可判断该系统做简谐振动。

本题为求解方便选 M_1 初始位置为坐标原点，x 坐标轴水平向右为正。系统机械能守恒，初始时系统机械能为零，振子运动到 x 位置时的机械能为

$$\frac{1}{2}(2m)\left(\frac{\mathrm{d}x}{\mathrm{d}t}\right)^2+\frac{1}{2}kx^2-mgx=0$$

式中，第一项为系统的动能；第二项为弹性势能；第三项为重力势能。重力势能零点选在 M_1 处在坐标原点时的 M_2 位置，$x>0$ 时，重力势能为负。

当 $\dfrac{\mathrm{d}x}{\mathrm{d}t}=0$ 时，振子一定处在振幅位置，其中一个振幅位置时的弹簧长度为弹簧最大伸长量，由该系统机械能表达式可得弹簧的最大伸长量：$x_{\max}=\dfrac{2mg}{k}$。

再用系统机械能表达式对时间求导数得

$$\frac{\mathrm{d}^2x}{\mathrm{d}t^2}+\frac{k}{2m}x-\frac{g}{2}=0$$

当 $\dfrac{\mathrm{d}^2x}{\mathrm{d}t^2}=0$ 时，即 $\dfrac{k}{2m}x-\dfrac{g}{2}=0$ 时，$\dfrac{\mathrm{d}x}{\mathrm{d}t}$ 最大，将 $x=\dfrac{mg}{k}$ 代入机械能表达式，得振子 (与 M_1 和 M_2 相同) 的最大速率为

$$v_{\max}=\left(\frac{\mathrm{d}x}{\mathrm{d}t}\right)_{\max}=\left(\frac{mg^2}{2k}\right)^{\frac{1}{2}}$$

振幅 $A=\dfrac{mg}{k}$。

再由 $v_{\max}=\omega A$，得振动系统圆频率为

$$\omega=\frac{v_{\max}}{A}=2\pi\sqrt{\frac{2m}{k}}$$

另解可用动力学方法求解，更加简单，这里可看到的是能量方法与动力学方法的一致性。

例 5-11 如例 5-11 图所示，两物体质量分别为 $m_1=0.6\ \mathrm{kg}$、$m_2=0.4\ \mathrm{kg}$，一弹性系数为 $k=25\ \mathrm{N\cdot m^{-1}}$ 的轻质弹簧与 m_2 连接，m_1 与 m_2 间最大静摩擦系数为 $\mu=0.5$，m_1

与地面间是光滑的。使 m_2 在振动中不致从 m_1 上滑落，问：系统所能具有的最大振动动能是多少？

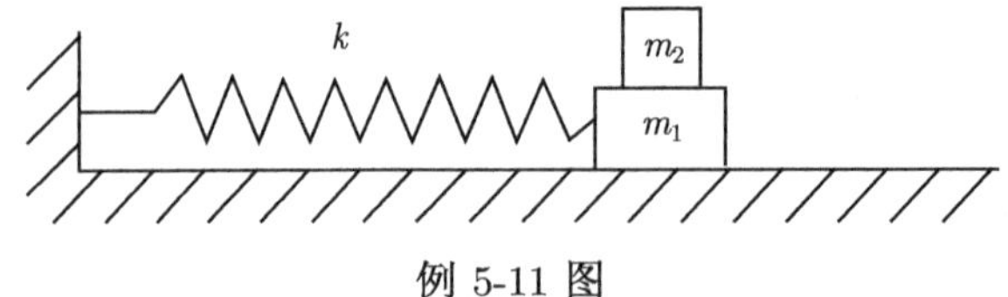

例 5-11 图

解 系统总能量 $E=\dfrac{1}{2}kA^2$。

当 $E_P=0$ 时，$E_{k\max}=E=\dfrac{1}{2}kA^2$。

m_2 不致从 m_1 上滑落时，须有 $m_2a\leqslant \mu m_2 g$。

极限情况 $a_{\max}=\mu g=A\omega^2$，

即

$$A=\frac{\mu g}{\omega^2}=\mu g\frac{m_1+m_2}{k}$$

最大振动动能为

$$\begin{aligned}E_{k\max}&=\frac{1}{2}k\left(\mu g\frac{m_1+m_2}{k}\right)^2=\frac{1}{2}(m_1+m_2)^2\frac{\mu^2g^2}{k}\\&=\frac{1}{2}(0.6+0.4)^2\times\frac{9.8^2\times0.5^2}{25}=0.48\ \text{J}\end{aligned}$$

5.2 简谐振动的叠加

一个物体可以同时参与两个或两个以上的振动。例如，在有弹簧支撑的车厢中，人坐在车厢的弹簧垫子上，当车厢振动时，人便参与两个振动，一个是人对车厢的振动，另一个是车厢对地的振动。又如，两个声源发出的声波同时传播到空气中某点时，由于每一声波都在该点引起一个振动，所以该质点同时参与两个振动。

5.2.1 同一直线上两个同频率简谐振动的合成

设某一质点同时参与两个在同一直线的、同频率的振动。取振动所在直线为 x 轴，平衡位置为原点。设两个分振动的振动方程为

$$x_1=A_1\cos(\omega t+\varphi_1),\quad x_2=A_2\cos(\omega t+\varphi_2)$$

A_1、A_2 分别表示第一个振动和第二个振动的振幅；φ_1、φ_2 分别表示第一个振动和第二个振动的初相。ω 是两振动的角频率。由于 x_1、x_2 表示同一直线上距同一平衡位置的位移，所以合成振动的位移 x 在同一直线上，而且等于上述两分振动位移的代数和。

如图 5-22 所示，$t=0$ 时，两振动对应的旋转矢量为 $\vec{A}_1$、$\vec{A}_2$，合矢量为 $\vec{A}=\vec{A}_1+\vec{A}_2$。因为 $\vec{A}_1$、$\vec{A}_2$ 以相同角速度 ω 转动，所以转动过程中 $\vec{A}_1$ 与 $\vec{A}_2$ 间夹角不变，可知 $\vec{A}$ 大小不变，并且 $\vec{A}$ 也以 ω 转动。任意时刻 t，$\vec{A}$ 矢量在 x 轴上的投影即合振动

$$x=x_1+x_2=A\cos(\omega t+\varphi)\tag{5-44}$$

A 是 $\vec{A}$ 矢量的模，φ 是 $\vec{A}$ 与 x 轴初始时刻的夹角，振动圆频率 ω、周期 T、频率 f 不变，与两分振动一样。至此可以证明同方向同频率的两个简谐振动合成后仍为一简谐振动，其振动频率与分振动频率相同，合振动的振幅 A、初位相 φ 与两分振动的振幅 A_1、A_2 和初位相 φ_1、φ_2 有关。

考察旋转矢量图中的三角形 OBC，$\angle OBC = 180° - (\varphi_2 - \varphi_1)$，由余弦定理可得合振动的振幅为

$$A = \sqrt{A_1^2 + A_2^2 + 2A_1A_2\cos(\varphi_2 - \varphi_1)} \tag{5-45}$$

这样的合成就是矢量合成的平行四边形法则。同样可得合成振动中的初位相

$$\varphi = \arctan\frac{A_1\sin\varphi_1 + A_2\sin\varphi_2}{A_1\cos\varphi_1 + A_2\cos\varphi_2} \tag{5-46}$$

讨论：两分振动的位相差不同将决定合成振幅的不同。

(1) 当 $\Delta\varphi = \varphi_2 - \varphi_1 = \pm 2k\pi$ 时，$k = 0, 1, 2, \cdots$，两分振动同位相，合振幅最大 (图 5-23)：

$$A = A_1 + A_2 \tag{5-47}$$

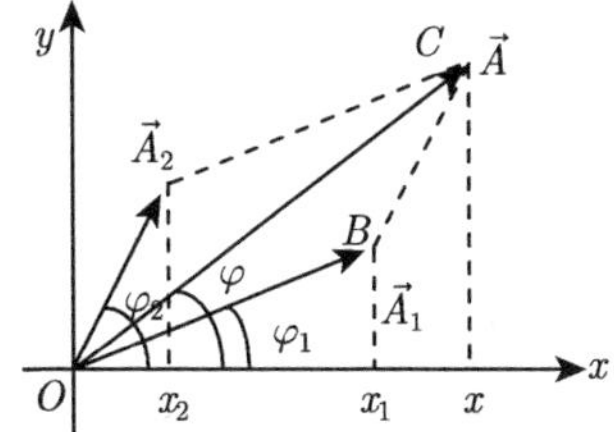

图 5-22 同频率同振向两振动旋转矢量合成

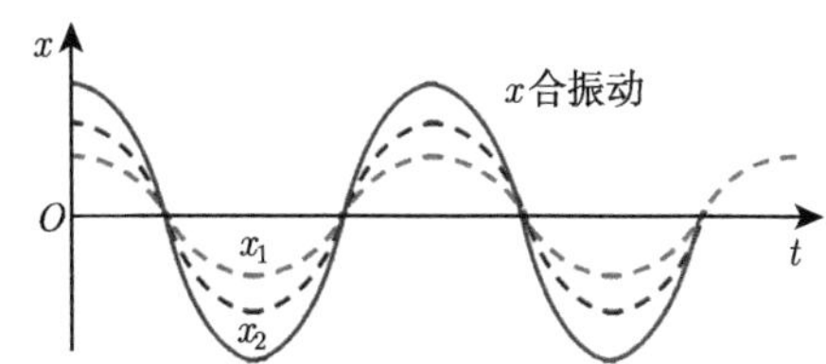

图 5-23 两同位相简谐振动的合成

(2) 当 $\Delta\varphi = \varphi_2 - \varphi_1 = \pm(2k+1)\pi$ 时，$k = 0, 1, 2, \cdots$，两分振动反位相，合振幅最小 (图 5-24)

$$A = |A_1 - A_2| \tag{5-48}$$

当 $A_1 = A_2$ 时，合振幅 $A = 0$。

(3) 当 $\Delta\varphi =$ 其他值时，合成振动的振幅介于最大、最小之间 (图 5-25)

$$|A_1 - A_2| < A < A_1 + A_2 \tag{5-49}$$

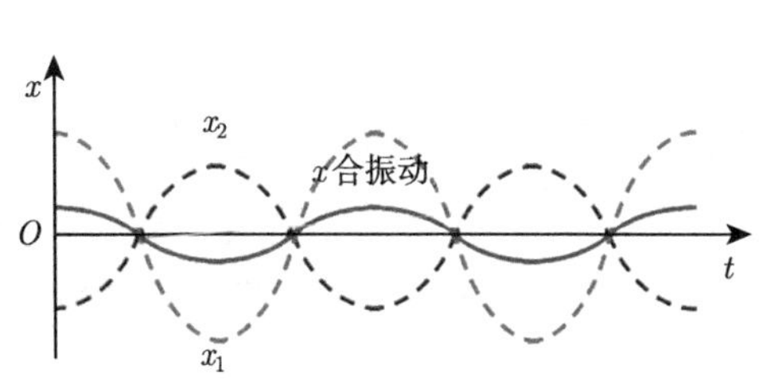

图 5-24 两反位相简谐振动的合成

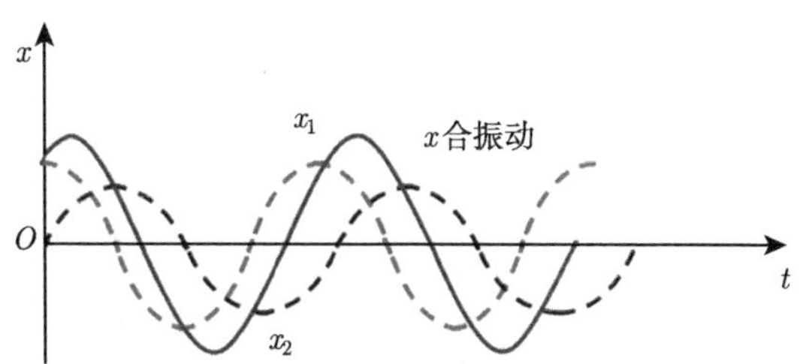

图 5-25 其他情况简谐振动的合成

例 5-12　已知两个同方向同频率简谐振动的振动方程分别为

$$x_1 = 0.05\cos\left(10t + \frac{3}{5}\pi\right)\ \text{m},\quad x_2 = 0.06\cos\left(10t + \frac{1}{5}\pi\right)\ \text{m}$$

(1) 求其合振动的振幅及初位相；

(2) 设另一同方向同频率简谐振动的振动方程为 $x_3 = 0.07\cos(10t + \varphi_3)$ m，问：φ_3 为何值时，$x_1 + x_3$ 的振幅最大？φ_3 为何值时，$x_2 + x_3$ 的振幅最小？

解　(1) 由题意知 $A_1 = 0.0\ \text{m}, \varphi_1 = \frac{3}{5}\pi, A_2 = 0.06\ \text{m}, \varphi_2 = \frac{1}{5}\pi$，将上述各值代入合振动振幅式

$$\begin{aligned} A &= \sqrt{A_1^2 + A_2^2 + 2A_1A_2\cos(\varphi_2 - \varphi_1)} \\ &= \sqrt{0.05^2 + 0.06^2 + 2\times 0.05\times 0.06\cos\left(-\frac{2}{5}\pi\right)} \\ &= 8.92\times 10^{-2}\ \text{m} \end{aligned}$$

合振动的初位相为

$$\begin{aligned} \varphi &= \arctan\frac{A_1\sin\varphi_1 + A_2\sin\varphi_2}{A_1\cos\varphi_1 + A_2\cos\varphi_2} \\ &= \arctan\frac{0.05\sin\frac{3}{5}\pi + 0.06\sin\frac{\pi}{5}}{0.05\cos\frac{3}{5}\pi + 0.06\cos\frac{\pi}{5}} \\ &= 68^\circ 12' \text{ 或 } 248^\circ 12' \end{aligned}$$

$248^\circ 12'$ 位于第三象限不合题意，故知合振动的初位相 $\varphi = 68^\circ 12'$。

(2) 当 $\varphi_3 - \varphi_1 = \varphi_3 - \frac{3}{5}\pi = \pm 2k\pi$ 时，$x_1 + x_3$ 的振幅最大，得

$$\varphi_3 = \frac{3}{5}\pi \pm 2k\pi\ (k = 0, 1, 2, \cdots)$$

当 $\varphi_3 - \varphi_2 = \varphi_3 - \frac{1}{5}\pi = \pm(2k+1)\pi$ 时，$x_2 + x_3$ 的振幅最小，得

$$\varphi_3 = \frac{\pi}{5} \pm (2k+1)\pi\ (k = 0, 1, 2, \cdots)$$

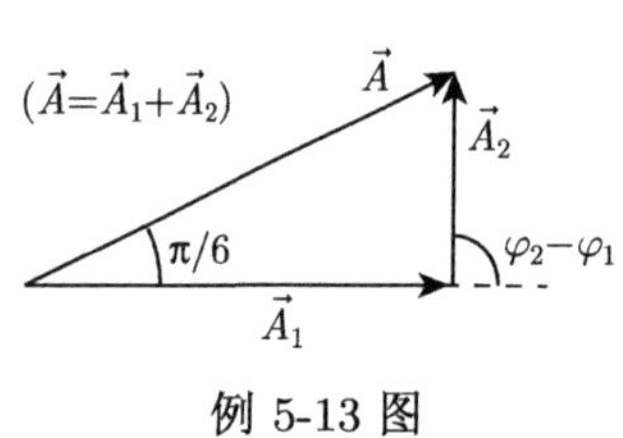

例 5-13 图

例 5-13　两同方向同频率谐振动 (例 5-13 图)，合成振幅 0.2 m，与第一振动位相差 $\frac{\pi}{6}$，第一振动振幅 $\sqrt{3}\times 10^{-1}$ m，求第二振动振幅及两振动位相差。

解　(1) 运用余弦定理得第二振动振幅

$$A_2 = \sqrt{A_1^2 + A^2 - 2A_1A\cos\frac{\pi}{6}}$$

$$= \sqrt{\left(\sqrt{3} \times 10^{-1}\right)^2 + 0.2^2 - 2 \times \sqrt{3} \times 10^{-1} \times 0.2 \cos \frac{\pi}{6}} = 0.1 \text{ m}$$

(2) $\because A^2 = A_1^2 + A_2^2$

$\therefore$ 两振动位相差为

$$\varphi_2 - \varphi_1 = \frac{\pi}{2}$$

5.2.2 同一直线上 n 个同频率简谐振动的合成

n 个同方向、同频率的简谐振动，它们的振幅相等，均为 a，初位相分别为 0、δ、2δ、3δ，依次差一个恒量 δ。其振动表达式可写成：

$$x_1 = a\cos\omega t$$

$$x_2 = a\cos(\omega t + \delta)$$

$$x_3 = a\cos(\omega t + 2\delta)$$

$$\cdots\cdots$$

$$x_n = a\cos[\omega t + (n-1)\delta]$$

根据矢量合成法则，n 个简谐振动对应的旋转矢量的合成如图 5-26 所示。

图 5-26 中各个矢量的起点和终点都在以 C 为圆心的圆周上，令其半径为 R，根据简单的几何关系，可得

$$\angle OCM = n\delta, \quad OC = CM = R$$

所以

$$A = 2R\sin\frac{n\delta}{2}$$

又因为

$$a = 2R\sin\frac{\delta}{2}$$

所以

$$R = \frac{a}{2\sin\frac{\delta}{2}}$$

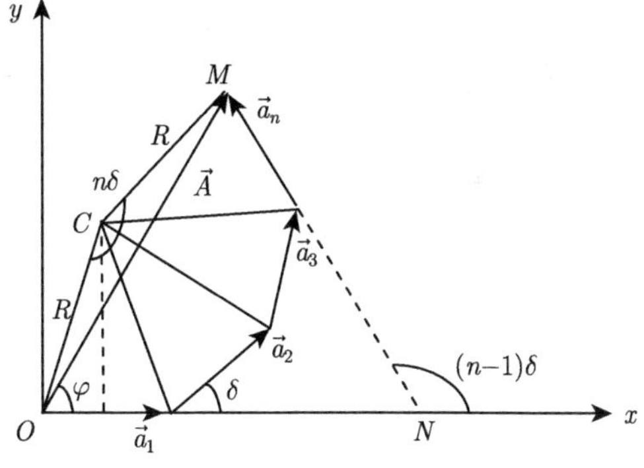

图 5-26 n 个简谐振动的合成

故合振动的振幅为

$$A = a\frac{\sin\frac{n\delta}{2}}{\sin\frac{\delta}{2}} \tag{5-50}$$

可证 $\triangle ONM$ 为等腰三角形，$2\varphi = (n-1)\delta$

所以合振动的初位相为

$$\varphi = \frac{n-1}{2}\delta \tag{5-51}$$

合振动方程为

$$x = A\cos(\omega t + \varphi) = a\frac{\sin\dfrac{n\delta}{2}}{\sin\dfrac{\delta}{2}}\cos\left(\omega t + \frac{n-1}{2}\delta\right) \tag{5-52}$$

多个同频率、不同初位相简谐振动的合成计算分析可以应用在波动光学中光栅衍射一类问题的研究中。

5.2.3 同一直线上两个频率相近的简谐振动合成

当两个同方向简谐振动的频率不同时，在旋转矢量图示法中两个旋转矢量的转动角速度不相同，二者的相位差与时间有关，合矢量的长度和角速度都将随时间变化。

设两个简谐振动的频率 ω_1 和 ω_2 很接近，且 $\omega_2 > \omega_1$。

1. 不同振幅

一般情况下，两分振动的振幅不相等 $A_1 \neq A_2$，两分振动的初位相也不相等 $\varphi_1 \neq \varphi_2$。

设两分振动的振动方程分别为

$$x_1 = A_1\cos(\omega_1 t + \varphi_1),\quad x_2 = A_2\cos(\omega_2 t + \varphi_2)$$

则合振动方程为

$$x = x_1 + x_2 = A_1\cos(\omega_1 t + \varphi_1) + A_2\cos(\omega_2 t + \varphi_2) \tag{5-53}$$

2. 分振动的振幅和初位相都相等

为研究问题的方便，考虑两分振动振幅相等 $A_1 = A_2$，两分振动的初位相相等 $\varphi_1 = \varphi_2 = \varphi$ 的情况。

合振动方程为

$$x = x_1 + x_2 = A_1\cos(\omega_1 t + \varphi) + A_2\cos(\omega_2 t + \varphi) \tag{5-54}$$

$$x = 2A_1\cos\left(\frac{\omega_2 - \omega_1}{2}t\right)\cos\left(\frac{\omega_2 + \omega_1}{2}t + \varphi\right) \tag{5-55}$$

令 $A = 2A_1\cos\left(\dfrac{\omega_2 - \omega_1}{2}t\right)$ 称为该合成振动的振幅，因为 ω_1 和 ω_2 很接近，所以 $\omega_2 - \omega_1 \ll \omega_1$ 或 ω_2，而 $\dfrac{\omega_2 + \omega_1}{2} \approx \omega_1 \approx \omega_2$，所以合成振动的振幅随时间做缓慢变化。合成振动方程变为

$$x = A\cos\left(\frac{\omega_2 + \omega_1}{2}t + \varphi\right) \tag{5-56}$$

合成振动仍然可近似是简谐振动，不过与真正的简谐振动相比，式 (5-56) 中的振幅随时间做缓慢变化，余弦函数变化的圆频率接近两分振动的圆频率 ω_1 或 ω_2。合振动可视为圆频率为 $\dfrac{\omega_2 + \omega_1}{2}$、振幅为 $2A_1\cos\left(\dfrac{\omega_2 - \omega_1}{2}t\right)$ 的简谐振动。由于合振动的振幅随时间做缓慢的周期性的变化，振动出现时强时弱的拍现象 (图 5-27)。

拍频：单位时间内强弱变化的次数，即合成振动振幅变化的频率。

$$f=\frac{1}{T}=\left|\frac{\omega_2-\omega_1}{2\pi}\right|=|f_2-f_1| \tag{5-57}$$

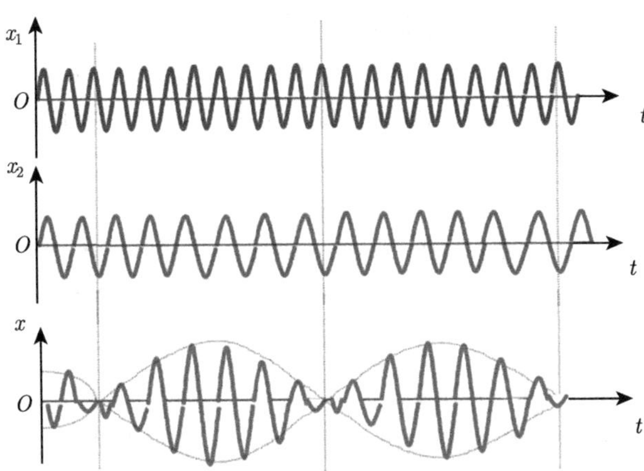

图 5-27 两个频率相近振向相同谐振动的合成拍

合成振动的函数曲线是一个振幅缓慢变化的谐振动曲线，称为**调幅波**。

键盘式手风琴的两排中音簧的频率大概相差 6 到 8 个赫兹，其作用就是产生“拍”频，因此产生悦耳的颤音效果。利用拍频还可以测速。从运动物体反射回来的波的频率由于多普勒效应要发生微小的变化，通过测量反射波与入射波所形成的拍频，可以算出物体的运动速度。这种方法广泛应用于对卫星、各种交通工具的雷达测速装置中。

5.2.4 同一振子同时参与两个相互垂直的简谐振动的合成

质点如果同时参与两个互相垂直的简谐振动，则质点的位移是这两个分振动位移的矢量和。通常情况下质点的实际运动是一个平面曲线运动，这个曲线运动的规律是由两个分振动的振幅、频率、初位相共同决定的。下面根据两分振动的频率是否相同分别进行研究。

1. 同频率

设有两个同频率、振动方向互相垂直的简谐振动

$$x=A_1\cos(\omega t+\varphi_1),\quad y=A_2\cos(\omega t+\varphi_2)$$

这两个振动方程决定了振动质点任意时刻的 x、y 坐标，在两方程中消去时间参数 t 就可得振动质点在运动平面内的轨迹方程

$$\frac{x^2}{A_1^2}+\frac{y^2}{A_2^2}-\frac{2xy}{A_1A_2}\cos(\varphi_2-\varphi_1)=\sin^2(\varphi_2-\varphi_1) \tag{5-58}$$

根据标准二次方程 $Ax^2+Bxy+Cy^2+Dx+Ey+F=0$ 的判别式

$$\varDelta=B^2-4AC=\frac{4}{A_1^2A_2^2}\cos^2(\varphi_2-\varphi_1)-\frac{4}{A_1^2A_2^2} \tag{5-59}$$

可以判别出轨迹方程的类型。

如果 $\varDelta < 0$，轨迹方程是椭圆；

$\varDelta > 0$，轨迹方程是双曲线；

$\varDelta = 0$，轨迹方程是抛物线。

根据判别式可以判断，两个同频率振动方向互相垂直的简谐振动的轨迹基本是椭圆 (除了 $\Delta\varphi = \varphi_2 - \varphi_1 = \pm k\pi$，$k = 0, 1, 2, \cdots$ 的情况)。由于轨迹方程性质与判别式有关，而判别式与两分振动的位相差 $\Delta\varphi$ 有关，下面通过对几个典型的 $\Delta\varphi$ 取值的情况，深入分析振动轨迹。

讨论：

(1) 当 $\Delta\varphi = \varphi_2 - \varphi_1 = 0$ 或 2π 时，轨迹方程变为 $\left(\dfrac{x}{A_1} - \dfrac{y}{A_2}\right)^2 = 0$，轨迹方程为直线方程

$$y = \frac{A_2}{A_1}x \tag{5-60}$$

直线的斜率为 $\dfrac{A_2}{A_1}$，振子在Ⅰ、Ⅲ象限振动 (图 5-28)，合振动的振幅为 $A = \sqrt{A_1^2 + A_2^2}$。

(2) 当 $\Delta\varphi = \varphi_2 - \varphi_1 = \pi$ 时，轨迹方程变为 $\left(\dfrac{x}{A_1} + \dfrac{y}{A_2}\right)^2 = 0$，轨迹方程为直线方程

$$y = -\frac{A_2}{A_1}x \tag{5-61}$$

直线的斜率为 $-\dfrac{A_2}{A_1}$，振子在Ⅱ、Ⅳ象限振动 (图 5-29)，合振动的振幅为 $A = \sqrt{A_1^2 + A_2^2}$。

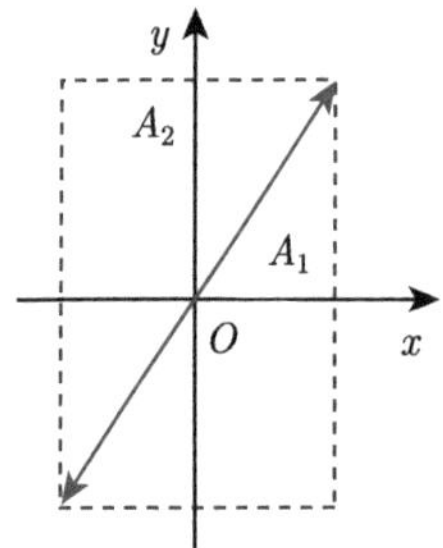

图 5-28　$\Delta\varphi = 0$ 时振动轨迹

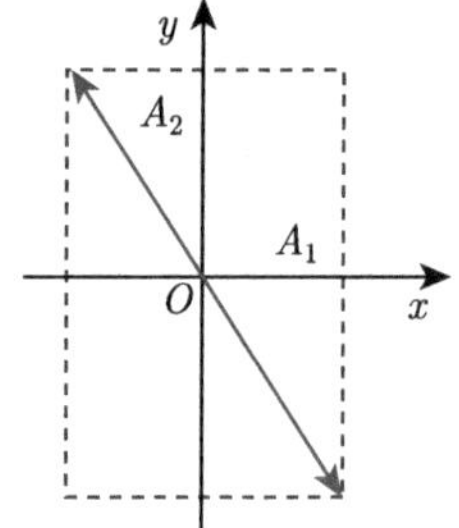

图 5-29　$\Delta\varphi = \pi$ 时振动轨迹

(3) 当 $\Delta\varphi = \varphi_2 - \varphi_1 = \dfrac{\pi}{2}$ 时，轨迹方程为正椭圆方程

$$\frac{x^2}{A_1^2} + \frac{y^2}{A_2^2} = 1 \tag{5-62}$$

A_1 为椭圆的长半轴，A_2 为椭圆的短半轴。质点沿椭圆轨迹顺时针右旋运动 (图 5-30)，y 方向振动超前于 x 方向 $\dfrac{\pi}{2}$ 位相。质点沿轨迹运动方向的判断如下，将 y 振动方程中的 φ_2 用 φ_1 来表示得

$$x = A_1\cos(\omega t + \varphi_1), \quad y = A_2\cos\left(\omega t + \varphi_1 + \frac{\pi}{2}\right)$$

当 $\omega t+\varphi_1=0$，$x=A_1$，$y=0$，质点处在 P 点位置。随 t 增加，x，y 为负，故质点由 P 点向下运动，沿顺时针方向在椭圆轨迹上转动 (右旋)，如图 5-30 所示。

(4) 当 $\Delta\varphi=\varphi_2-\varphi_1=\dfrac{3\pi}{2}$ 时，轨迹方程为正椭圆

$$\frac{x^2}{A_1^2}+\frac{y^2}{A_2^2}=1 \tag{5-63}$$

A_1 为椭圆的长半轴，A_2 为椭圆的短半轴。质点沿椭圆轨迹逆时针左旋运动 (图 5-31)，y 方向振动超前于 x 方向 $\dfrac{3\pi}{2}$ 位相。质点沿轨迹运动方向的判断如下，将 y 振动方程中的 φ_2 用 φ_1 来表示得

$$x=A_1\cos(\omega t+\varphi_1),\quad y=A_2\cos\left(\omega t+\varphi_1+\frac{3\pi}{2}\right)$$

当 $\omega t+\varphi_1=0$，$x=A_1$，$y=0$，质点在 P 点位置，随 t 增加，x、y 都为正，故质点由 P 点向上运动，沿逆时针方向在椭圆轨迹上转动 (左旋)，如图 5-31 所示。

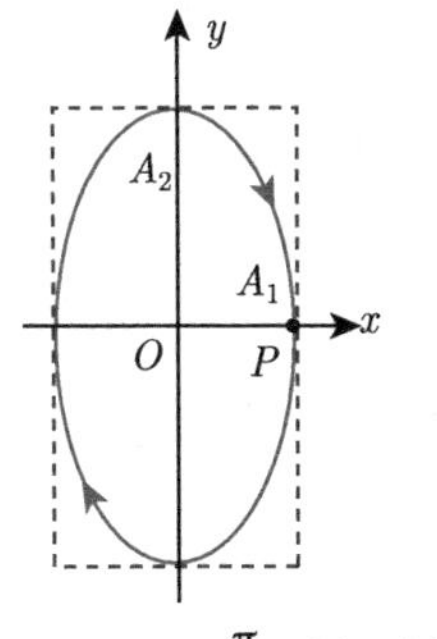

图 5-30 $\Delta\varphi=\dfrac{\pi}{2}$ 时振动轨迹

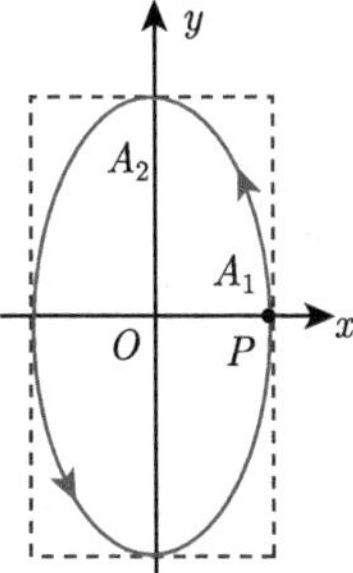

图 5-31 $\Delta\varphi=\dfrac{3\pi}{2}$ 时振动轨迹

(5) 一般情况，$\Delta\varphi=$ 其余值时。当位相差从 0 变化到 2π 时，振动质点的运动轨迹如图 5-32 所示变化，由三角函数的周期性，随位相差值的增大，轨迹的变化是周期性的。

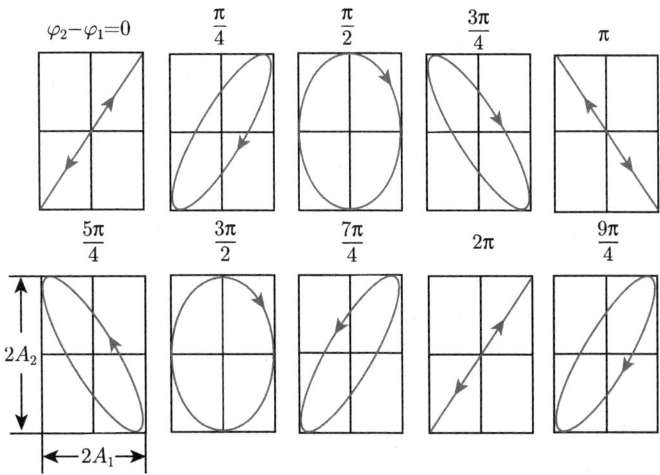

图 5-32 一般情况下轨迹随位相差 $\Delta\varphi$ 的变化

2. 不同频率

设有两个不同频率、振动方向互相垂直的简谐振动为

$$x = A_1 \cos(\omega_1 t + \varphi_1) \tag{5-64}$$

$$y = A_2 \cos(\omega_2 t + \varphi_2) \tag{5-65}$$

对于频率不同、互相垂直的两个简谐振动合成的讨论，又分为两种情况。

(1) 两分振动的频率相差很小，即 $\omega_2 - \omega_1 = \varepsilon \ll 1$

将两分振动方程改写为

$$x = A_1 \cos(\omega_1 t + \varphi_1) \tag{5-66}$$

$$y = A_2 \cos[(\omega_1 t + \varphi_1) + \delta] \tag{5-67}$$

式中，$\delta = (\omega_2 - \omega_1)t + (\varphi_2 - \varphi_1) = \varepsilon t + (\varphi_2 - \varphi_1)$ 为两分振动的位相差，随时间缓慢变化。因此在这种情况下，合成振动可看成两同频率的情况，只是两振动的位相差在随时间缓慢变化，其轨迹也随时间缓慢变化。轨迹的变化与同频率中一般情况的图一样。

(2) 若两分振动频率成简单整数比 —— 李萨如图形

当两振动频率不接近，但成简单整数比关系时，合成振动的轨迹呈现出封闭稳定的图形，称为李萨如图形 (图 5-33)。

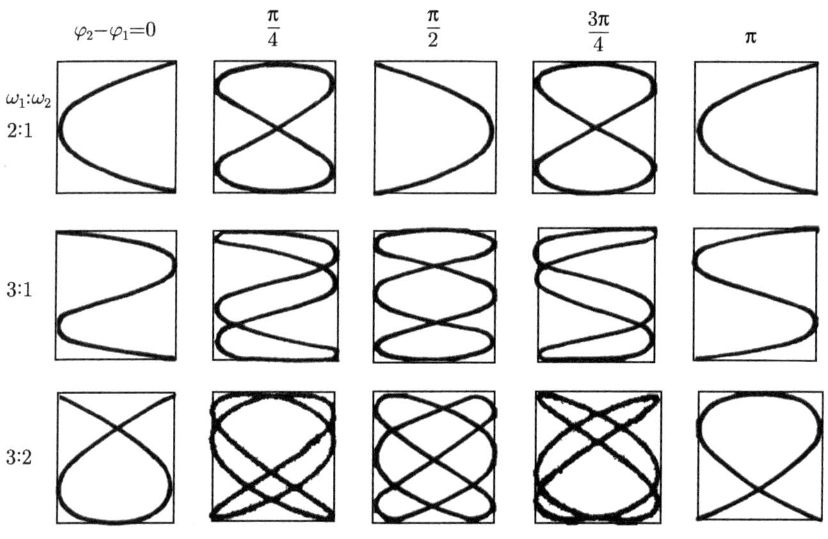

图 5-33　李萨如图形

如果已知一个振动的周期，就可以根据李萨如图形求出另一个振动的周期，这是一种比较方便也是比较常用的测定频率的方法。

例如，下图是 $\omega_x : \omega_y = 3:2$，$\varphi_1 = 0$，$\varphi_2 = \dfrac{\pi}{2}$ 时的李萨如图形 (图 5-34)。

振动质点在 x 方向达到正最大的次数 n_x 和在 y 方向达到正最大的次数 n_y 之比正好等于质点振动 x 方向和 y 方向的频率之比，$\dfrac{n_x}{n_y}=\dfrac{f_x}{f_y}=\dfrac{3}{2}$。可根据李萨如图形由已知的 f_x 求出未知的 f_y。

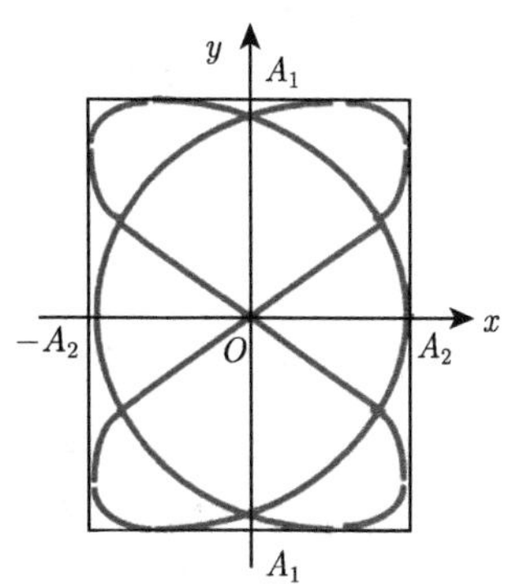

图 5-34 $\omega_x{:}\omega_y=3{:}2$，$\varphi_1=0$，$\varphi_2=\pi/2$ 时的李萨如图形

例 5-14 两个互相垂直振动的简谐振动周期比为 $T_x:T_y=3:2$，$x=A_1\cos\left(\dfrac{2\pi}{T_x}t\right)$，$y=A_2\cos\left(\dfrac{2\pi}{T_y}t+\pi\right)$，试用旋转矢量法画出合成后的李萨如图形。

解 根据 $x=A_1\cos\left(\dfrac{2\pi}{T_x}t\right)$，知其初位相为 0。将 T_x 分成 12 个时间步，即将控制 x 坐标的旋转矢量圆分割为 12 等份。

根据 $y=A_2\cos\left(\dfrac{2\pi}{T_y}t+\pi\right)$，知初位相为 π。将 T_y 分成 8 个时间步，同样将旋转矢量圆等分为 8 等份。根据初位相，确定第一时间步位置，逆时针旋转确定各时间步位置，最后手工描点作图，即得合成振动的李萨如图形 (例 5-14 图)。

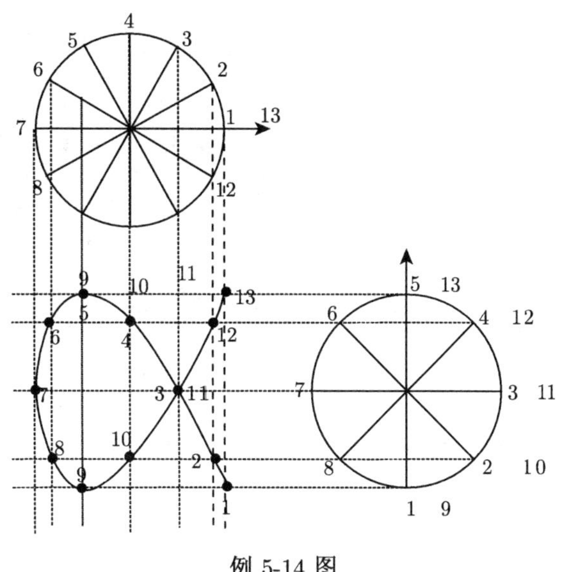

例 5-14 图

5.2.5 振动的分解频谱

在气象中，各种气象要素 (如大气的温度、压强、湿度等) 随时间的变化可看成一类广义的振动，而这些振动大多不是简谐振动，是复杂的振动。处理这类问题，往往可把复杂的气象要素变化看成由一系列不同频率的简谐振动叠加而成，也就是可以把复杂的振动分解为一系列不同频率的简谐振动，这样分解在数学上的依据是傅里叶级数和傅里叶积分变换

的理论，因此这种方法称为傅里叶分析。

设气象要素随时间的周期变化为 $f(t)$，则其可以用傅里叶级数表示

$$f(t) = \frac{1}{2}c + \sum_{n=1}^{\infty} a_n \sin(2\pi nft) + \sum_{n=1}^{\infty} b_n \cos(2\pi nft) \tag{5-68}$$

式中，$a_n = \frac{2}{T}\int_0^T f(t)\sin(2\pi nft)\mathrm{d}t$，$b_n = \frac{2}{T}\int_0^T f(t)\cos(2\pi nft)\mathrm{d}t$，$c = \frac{2}{T}\int_0^T f(t)\mathrm{d}t$ 称为傅里叶系数，T 为周期，f 为频率，n 为频率倍数。傅里叶级数中的每一项都是一个简谐振动项，不同的谐振项对应的频率不一样，f 称为基频，nf 称为 n 倍频。不同的谐振项的系数也不同，这些系数实际就是简谐振动的振幅。通过对不同振动系数 $\sqrt{a_n^2+b_n^2}$ 大小的比较可以分析出哪些频率的振动占主要成分，这就是气象上的周期分析方法。

为了显示实际振动中所包含的各个简谐振动的振动情况 (振幅、相位)，常用图线把它表示出来。若用横坐标表示各简谐振动的频率，纵坐标表示相应的振幅 $\sqrt{a_n^2+b_n^2}$，就得到谐频振动的振幅分布图，称为振动的**频谱图** (图 5-35)。不同的周期运动，具有不同的频谱，周期运动的各谐振成分的频率都是基频的整数倍，所以它的频谱是分立谱。

例如，两个频率比为 1:2 的简谐运动的合成，见图 5-36，合成振动的表达式为

$$x = x_1 + x_2 = A_1\cos\omega t + A_2\cos 2\omega t \tag{5-69}$$

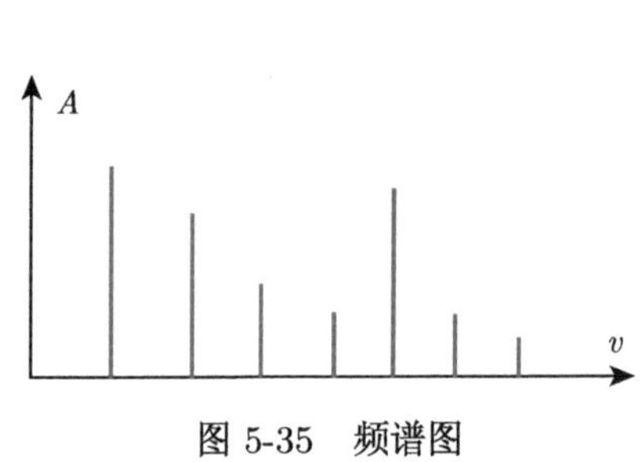

图 5-35　频谱图

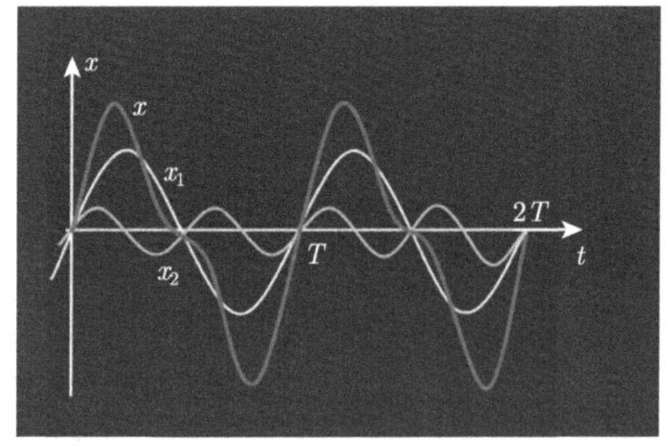

图 5-36　两个频率比为 1:2 的简谐运动的合成

如果将一系列圆频率是某个基本圆频率 ω (又称主频) 的整数倍的简谐运动叠加，则其合振动仍然是以 ω 为圆频率的周期性振动，但一般不再是简谐运动。

在现代数字通信中，信道中传输的是数字信号，即方波信号。通信工程设计时对不同方波电信号的频谱分析，可以掌握有关方波信号所需通信频率带宽，从而保证通信的可靠性。下图中两种虚线代表两分振动，频率之比为 3:1，实线代表它们的合振动，图 5-37 (a)、(b)、(c) 分别表示三种不同的初位相所对应的合振动。三种不同情况，合振动各有不同形式，它们不再是简谐振动，但仍然是周期运动，而且合振动的频率与分振动中的最低频率 (基频) 相等。

如果分振动不止两个，而且它们的振动频率是基频的整数倍 (倍频)，则它们的合振动仍然是周期运动，其频率等于倍频。按规律

$$x(t) = A\left(\cos\omega t - \frac{1}{3}\cos 3\omega t + \frac{1}{5}\cos 5\omega t - \frac{1}{7}\cos 7\omega t + \cdots\right) \tag{5-70}$$

如果增加合成的项数，就可以得到方波形的振动 (图 5-38)。

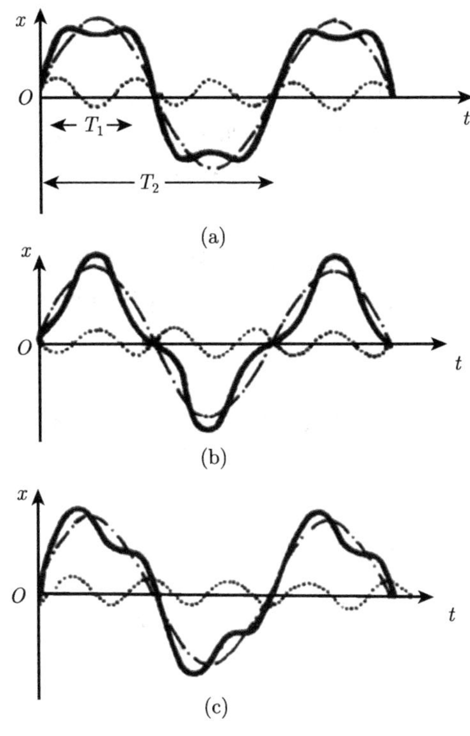

图 5-37　不同初位相的两个振动的合成

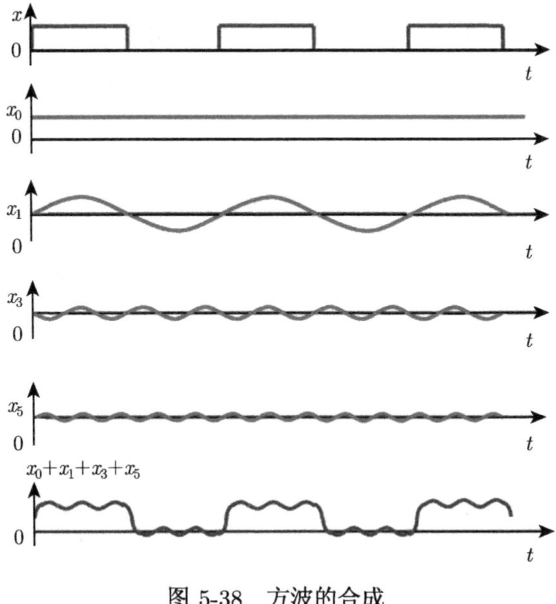

图 5-38　方波的合成

5.3　阻尼振动、受迫振动和共振

5.3.1　阻尼振动

前面所研究的振动都是质点或刚体不受任何阻力的自由振动，是一种理想化的运动状态。在实际的振动中，质点或刚体都要受到各种阻力的作用，振子的振幅不断变小，振动能量也不断变小，直至停止振动而静止。振动系统因受阻力作用进行振幅不断减小的运动，叫做**阻尼振动**。

如图 5-39 所示，弹簧振子在油中或在较黏稠液体中缓慢运动时受到阻力的运动就是典型的阻尼振动。对于一般的阻尼振动，阻尼力与振子运动的速度关系为

$$f_r = -\gamma_1 v - \gamma_2 v^2 \tag{5-71}$$

因为振子运动较慢，故只考虑该阻力的线性部分，即阻尼力大小与振子振动速率成正比：

$$f_r = -\gamma v = -\gamma \frac{\mathrm{d}x}{\mathrm{d}t} \tag{5-72}$$

γ 为阻力系数，振动系统的动力学方程为

$$m\frac{\mathrm{d}^2 x}{\mathrm{d}t^2} = -\gamma \frac{\mathrm{d}x}{\mathrm{d}t} - kx \tag{5-73}$$

令 $\omega_0^2 = \dfrac{k}{m}$，$2\beta = \dfrac{\gamma}{m}$，则有

$$\frac{\mathrm{d}^2 x}{\mathrm{d}t^2} + 2\beta\frac{\mathrm{d}x}{\mathrm{d}t} + \omega_0^2 x = 0 \tag{5-74}$$

β 为阻尼因子，ω_0 为振动系统固有圆频率。此方程为二阶线性常系数齐次方程。按照微分方程理论，对于一定的振动系统，可根据阻尼因子 β 的大小不同，解出三种可能的运动状态。

1. 弱阻尼状态

当阻力很小时，有 $\beta^2 < \omega_0^2$，振动系统运动学方程为

$$x = A_0 \mathrm{e}^{-\beta t}\cos(\omega t + \varphi) \tag{5-75}$$

式中，A_0、φ 是由初始条件所决定的两个积分常数；$\omega = \sqrt{\omega_0^2 - \beta^2}$。

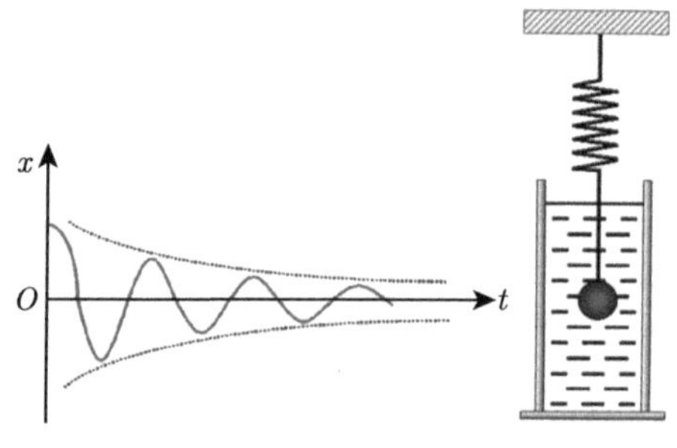

图 5-39　阻尼振动演示实验

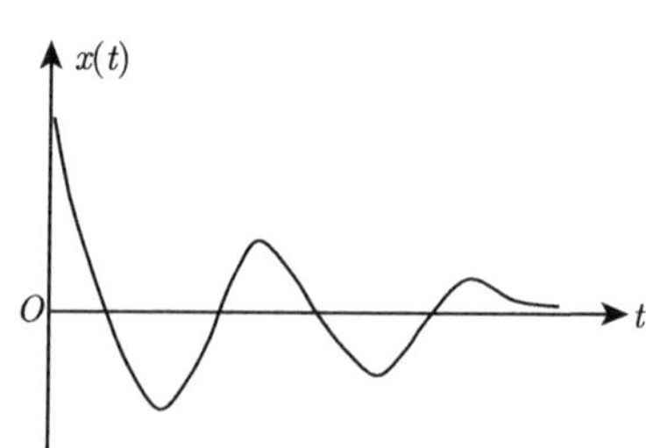

图 5-40　弱阻尼振动

弱阻尼振动的振幅为 $A = A_0 \mathrm{e}^{-\beta t}$。即振幅按指数规律衰减，$\beta$ 越大衰减越快，故阻尼振动又称减幅振动 (图 5-40)。阻尼振动是准周期运动，周期为 $T = \dfrac{2\pi}{\omega} = \dfrac{2\pi}{\sqrt{\omega_0^2 - \beta^2}} > T_0 = \dfrac{2\pi}{\omega_0}$，说明由于阻力的作用，运动变慢，振动系统的周期变长。

2. 过阻尼状态

当阻力很大时，$\beta^2 > \omega_0^2$，振动系统动力学方程的解为

$$x = c_1 \mathrm{e}^{-(\beta - \sqrt{\beta^2 - \omega_0^2})t} + c_2 \mathrm{e}^{-(\beta + \sqrt{\beta^2 - \omega_0^2})t} \tag{5-76}$$

c_1、c_2 为由初始条件决定的积分常数，此时振子的运动不再是往复运动，偏离平衡位置后振子的坐标随着时间单调地趋于零 (图 5-41)。

3. 临界阻尼状态

如阻力的大小介于前面两种情况之间，$\beta^2 = \omega_0^2$，振动系统动力学方程的解为

$$x = (c_1 + c_2 t)\mathrm{e}^{-\beta t} \tag{5-77}$$

c_1、c_2 为由初始条件决定的积分常数，此状态下的振子运动仍不是往复运动，但由于阻力较过阻尼时要小，偏离平衡位置后振子的坐标很快趋于零并静止下来 (图 5-42)。

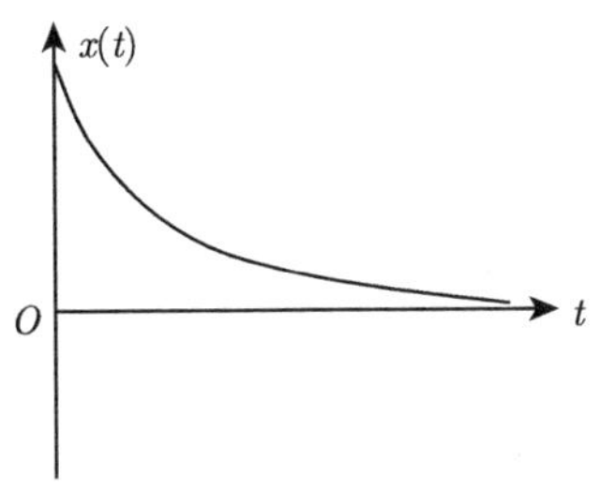

图 5-41 过阻尼振动

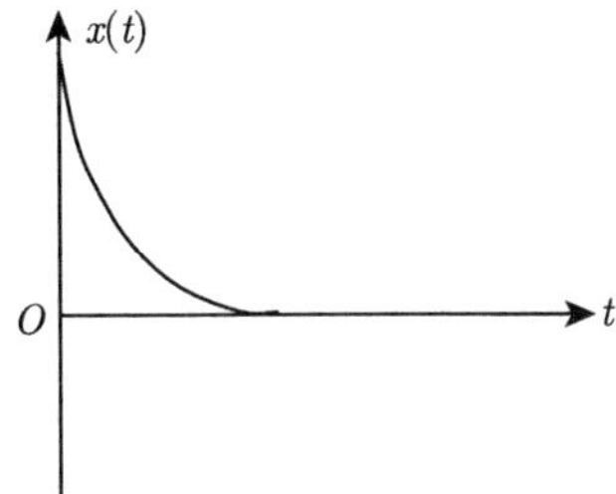

图 5-42 临界阻尼振动

由图 5-43 可以看到三种阻尼振动的对比关系：对弱阻尼振动，振子很快就能回到平衡位置，但并不能在平衡位置处静止下来，而是在平衡位置附近做振幅不断衰减的振动；临界阻尼振动，振子是最快回到平衡位置并静止下来的运动方式；对过阻尼振动，振子只有向平衡位置回归的趋势，所需的时间最长。

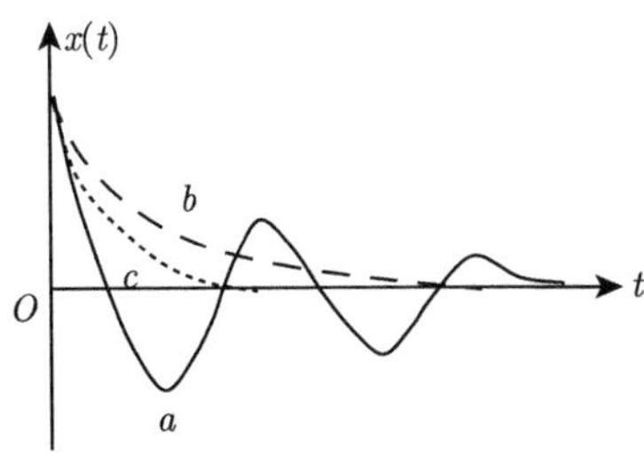

图 5-43 三种阻尼振动曲线的对比：a 为弱阻尼，b 为过阻尼，c 为临界阻尼

例 5-15 一物体悬挂在弹簧下做阻尼振动。开始时其振幅为 120 mm，经过 2.4 min 后，振幅减为 60 mm。问：(1) 阻尼因子 β 为多少？(2) 振幅减至 30 mm 需要经历多长时间？

解　(1) 阻尼振动运动方程为

$$x = A_0 e^{-\beta t}\cos(\omega t + \varphi)$$

$$A = A_0 e^{-\beta t}, \quad e^{\beta t} = \frac{A_0}{A}$$

阻尼因子 $\beta = \dfrac{\ln(A_0/A)}{t} = \dfrac{\ln(120/60)}{2.4\times 60} = 4.81\times 10^{-3}\ \text{s}^{-1}$

(2) 取两不同的时刻 t_1 和 t_2，$\beta = \dfrac{\ln(A_0/A_1)}{t_1} = \dfrac{\ln(A_0/A_2)}{t_2}$

$$t_2 = \frac{\ln(A_0/A_2)}{\ln(A_0/A_1)}t_1 = \frac{\ln(120/30)}{\ln(120/60)}\times 2.4\times 60\ \text{s} = 288\ \text{s}$$

$A_0 \to\ A_2$，$t_2 = 288$ s。$A_0 \to\ A_1$，$t_1 = 2.4\times 60$ s $= 144$ s。

振幅减至 30 mm 时需要经历的时间：$\Delta t = t_2 - t_1 = 144$ s

5.3.2　受迫振动和共振

在前面研究的阻尼振动的基础上，进一步研究系统的受迫振动。振动系统在弱阻尼力和一个连续的周期性外力作用下进行的振动叫做**受迫振动**。例如，大电机引起的工作台振动，大气受到海洋和陆地周期性强迫力的作用而发生的相关气象要素的变化等。

设振子受到三个力的作用：弹性力 $-kx$、阻尼力 $-\gamma\dfrac{\mathrm{d}x}{\mathrm{d}t}$、周期性的外力 (驱动力)$F = H\cos\omega' t$，$H$ 为驱动力振幅，ω' 为驱动力圆频率。则受迫振动动力学方程为

$$m\frac{\mathrm{d}^2x}{\mathrm{d}t^2} + \gamma\frac{\mathrm{d}x}{\mathrm{d}t} + kx = H\cos\omega' t \tag{5-78}$$

$$\frac{\mathrm{d}^2x}{\mathrm{d}t^2} + 2\beta\frac{\mathrm{d}x}{\mathrm{d}t} + \omega_0^2 x = h\cos\omega' t \tag{5-79}$$

$\dfrac{H}{m} = h$ 代表单位质量驱动力幅。

在 $\beta < \omega$ (相当于小阻尼) 的情况下，方程的解为

$$x = A_0 e^{-\beta t}\cos(\omega t + \alpha) + A\cos(\omega' t - \psi) \tag{5-80}$$

式 (5-80) 表示，受迫振动是由阻尼振动 $A_0 e^{-\beta t}\cos(\omega t + \alpha)$ 和简谐振动 $A\cos(\omega' t - \psi)$ 两项相加而成的。第一项称为**暂态响应**，表示的是随时间迅速衰减的阻尼项，虽然该项中的 A_0 和 α 由初始条件来确定，但由于该项随时间衰减地非常快，对最终的受迫振动无影响。第二项称为**稳态响应**，表示的是系统稳定后的振动项，如图 5-44 所示。在稳定振动状态下，受迫振动的频率等于驱动力的频率。在受迫振动中，周期性的驱动力对振动系统提供能量，另一方面系统又因阻尼而消耗能量，若二者相等，则系统达到稳定振动状态。

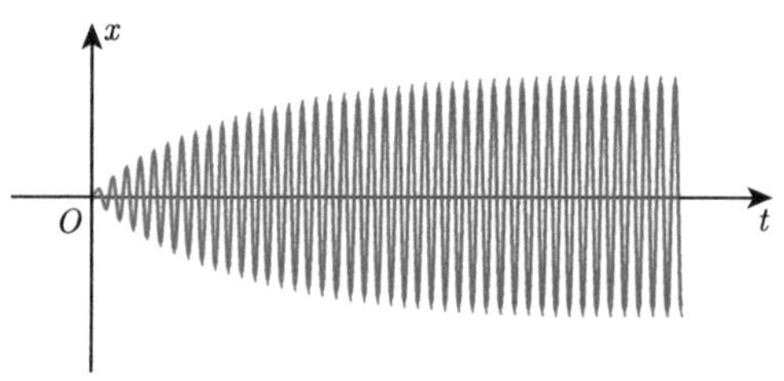

图 5-44　稳态响应

将稳态响应式 $A\cos(\omega' t-\psi)$ 代入受迫振动动力学方程，得

$$A(\omega_0^2-\omega'^2)\cos(\omega' t-\psi)-2\beta\omega' A\sin(\omega' t-\psi)\equiv h\cos\omega' t \tag{5-81}$$

将 $\cos(\omega' t-\psi)$ 和 $\sin(\omega' t-\psi)$ 展开，则

$$\begin{aligned}&[A(\omega_0^2-\omega'^2)\cos\psi+2\beta\omega' A\sin\psi]\cos\omega' t\\&+[A(\omega_0^2-\omega'^2)\sin\psi-2\beta\omega' A\cos\psi]\sin\omega' t\equiv h\cos\omega' t\end{aligned} \tag{5-82}$$

得

$$A(\omega_0^2-\omega'^2)\cos\psi+2\beta\omega' A\sin\psi=h$$

$$A(\omega_0^2-\omega'^2)\sin\psi-2\beta\,\omega' Acos\psi=0$$

进一步得

$$\psi=\arctan\frac{2\beta\omega'}{\omega_0^2-\omega'^2} \tag{5-83}$$

$$\sin\psi=\frac{2\beta\omega'}{\sqrt{(\omega_0^2-\omega'^2)^2+4\beta^2\omega'^2}} \tag{5-84}$$

$$\cos\psi=\frac{\omega_0^2-\omega'^2}{\sqrt{(\omega_0^2-\omega'^2)^2+4\beta^2\omega'^2}} \tag{5-85}$$

$$A=\frac{h}{\sqrt{(\omega_0^2-\omega'^2)^2+4\beta^2\omega'^2}} \tag{5-86}$$

可以看出稳态振幅 A 与初始条件无关。

稳态振幅随驱动力圆频率变化情况：对于一定振动系统，在阻尼一定的条件下，最初，振幅随驱动力圆频率的增加而增加，达到最大后，又随驱动力圆频率的增加而减小，最后，驱动力达到很高频率后振子几乎不动。即

当驱动力圆频率 $\omega'=0$ 时，振幅 $A=\dfrac{h}{\omega_0^2}$；当驱动力圆频率 $\omega'\to\infty$ 时，振幅 $A=0$。

当驱动力圆频率 $\omega' = \omega_r = \sqrt{\omega_0^2-2\beta^2}$ 时，振幅达到最大值 $A_{最大}=\dfrac{h}{2\beta\sqrt{\omega_0^2-\beta^2}}$，此时系统发生共振，共振圆频率为 ω_r，此时的共振叫作**位移共振**。在共振时，随着系统的阻尼因子 β 变小，系统共振圆频率 ω_r 趋向于系统的固有圆频率 ω_0，系统共振振幅变大。当系统的阻尼因子 β 趋向于零时，系统共振圆频率 ω_r 等于系统的固有圆频率 ω_0，系统共振振幅趋于无穷大 (图 5-45)。

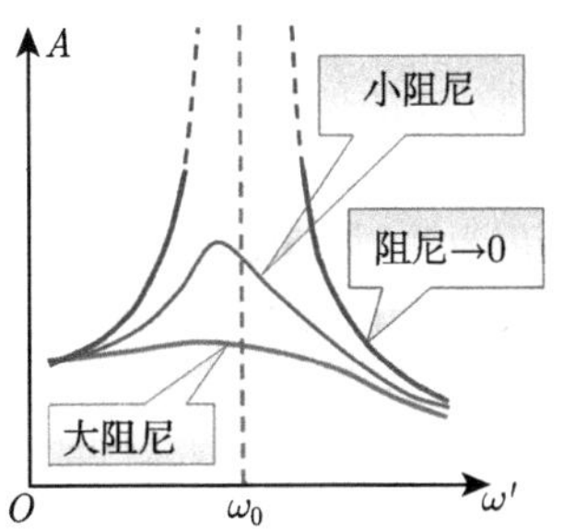

图 5-45 位移共振曲线

$\psi=\arctan\dfrac{2\beta\omega'}{\omega_0^2-\omega'^2}$ 为稳态振动位相滞后驱动力振动位相的位相差。当驱动力圆频率 $\omega'=0$ 时，位相差 $\psi=0$；当驱动力圆频率 $\omega'\to\infty$ 时，位相差 $\psi\to\pi$；当系统共振时，驱动

力圆频率 $\omega' = \omega_0$，位相差 $\psi \to \dfrac{\pi}{2}$，此时稳态振子的振动速度为

$$v = \frac{\mathrm{d}x}{\mathrm{d}t} = -A\omega' \sin(\omega' t - \psi) = -A\omega' \sin\left(\omega' t - \frac{\pi}{2}\right) = A\omega' \cos\omega' t$$

振子振动速度的位相与驱动力位相相同。驱动力方向与速度方向相同，驱动力始终对振子做正功，造成系统振动速度 $v_{\mathrm{m}} = A\omega' = A\omega_0$ 达到最大值，此时称为系统的**速度共振**或**能量共振**。在阻尼因子 β 很小的情况下，速度共振和位移共振可以不加以区分。

共振现象有其有利的一面，例如，考虑位移共振设计的机械筛设备、核磁共振设备、声学仪器，再如，考虑能量共振设计的电子调谐电路和光学谐振装置等。共振现象也可能引起损害，桥梁等建筑物的共振会引起建筑物损坏和垮塌，机械设备的共振会引起工作的不稳定及设备的损坏。避免共振危害的方法往往是设法改变共振物体的固有频率，使外界驱动力的频率远离系统的固有频率从而不能引发系统的共振。

习　　题

5-1　有一质量 m 的小球，同时被两个劲度系数均为 k 的弹簧系住，两弹簧的另一端各自拴在处于同一水平高度的两个固定点上，如题 5-1 图所示。小球仅可沿两固定点的连线运动，则小球振动周期为（　　）

(A) $\sqrt{\dfrac{2m}{k}}$　(B) $\pi\sqrt{\dfrac{2m}{k}}$　(C) $\pi\sqrt{\dfrac{m}{k}}$　(D) $\pi\sqrt{\dfrac{m}{2k}}$

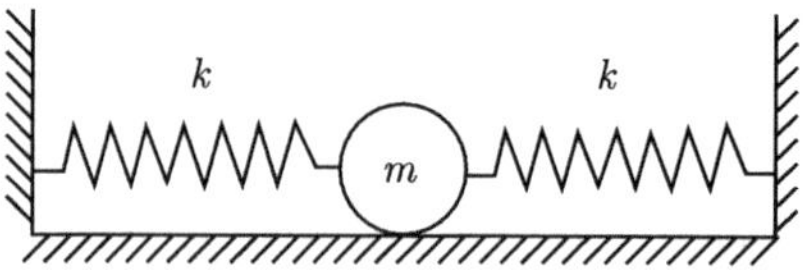

题 5-1 图

5-2　一质点做简谐振动，振幅为 A，在起始时刻质点的位移为 $-A/2$，且向 x 轴正方向运动，代表此简谐振动的旋转矢量图为（　　）

5-3　一质点做简谐振动，其位移 x 与时间的关系曲线如题 5-3 图所示，由图可知，在 $t = 4$ s 时，质点的（　　）

(A) 速度为正的最大值，加速度为零

(B) 速度为负的最大值，加速度为零

(C) 速度为零，加速度为正的最大值

(D) 速度为零，加速度为负的最大值

5-4　一弹簧振子做简谐振动，当振子位移为振幅的一半时，其势能与动能之比为（　　）

(A) $\dfrac{1}{2}$　(B) $\dfrac{1}{3}$　(C) $\dfrac{1}{4}$　(D) $\dfrac{3}{4}$

5-5　有两个同方向同频率的简谐振动，振动方程分别为 $x_1 = 3\cos(50\pi t + 0.25\pi)$ cm，$x_2 = 4\cos(50\pi t - 0.75\pi)$ cm，则它们叠加的合振幅为（　　）

(A) 1 cm　(B) 5 cm　(C) 7 cm　(D) 12 cm

5-6　劲度系数为 k 的弹簧下面悬挂一质量为 m 的小球，如题 5-6 图所示．不计弹簧质量和阻力，证明小球在平衡位置附近的振动为简谐振动，且振动周期仍为 $T = 2\pi\sqrt{m/k}$。

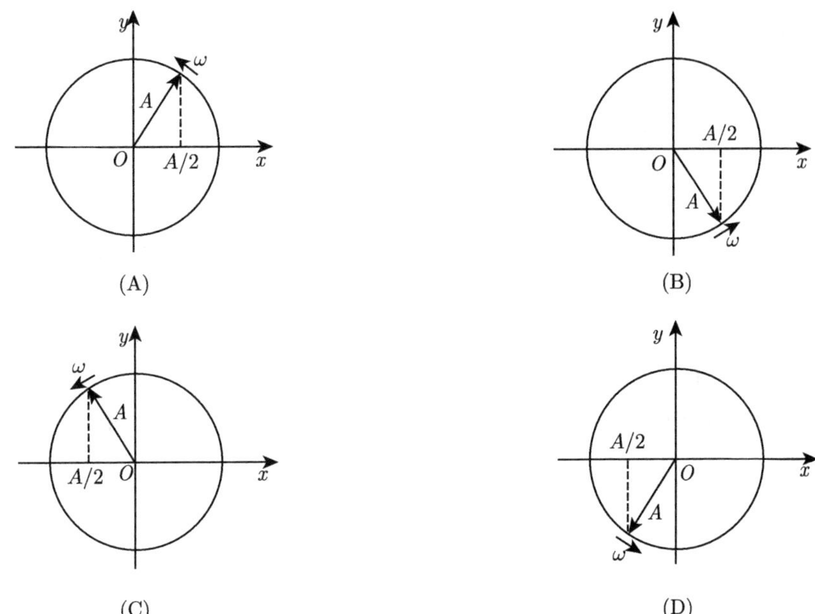

题 5-2 图

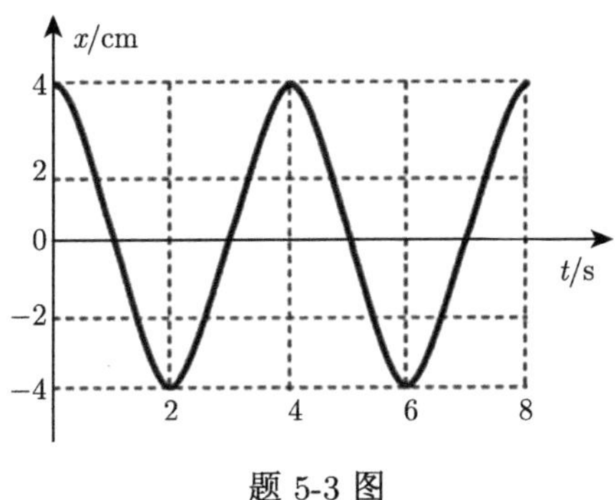

题 5-3 图

5-7　一简谐振动的表达式为 $x = A\cos(3t + \varphi)$，已知初始条件：$t = 0$ 时，$x_0 = -2\sqrt{3}$ cm，$v_0 = 6$ cm·s^{-1}，求振幅 A 和初相位 φ。

5-8　题 5-8 图是一质点做简谐振动的位移 x 随时间 t 变化的函数曲线，试写出该简谐振动的运动方程。

5-9　一质点沿 x 轴做简谐振动，振幅为 0.12 m，周期为 2 s，$t = 0$ 时位移为 0.06 m，且向 x 轴正方向运动。求：

(1) 初相位 φ；

(2) $t = 0.5$ s 时，质点的位置、速度和加速度。

5-10　一质点做简谐振动，振动方程为 $x = 6.0 \times 10^{-2}\cos\left(\dfrac{\pi}{3}t - \dfrac{\pi}{4}\right)$ m。求：

(1) 当 x 值为多大时，系统的动能等于势能？

(2) 质点从平衡位置运动到此位置所需的最短时间。

5-11　一质点同时参与在同一直线上的两简谐振动，振动方程分别为

$$x_1 = 4.0\cos\left(2.0t + \frac{\pi}{6}\right)\ \text{cm},\quad x_2 = 3.0\cos\left(2.0t - \frac{5\pi}{6}\right)\ \text{cm}$$

求合振动的振幅和初位相，并写出合振动的方程。

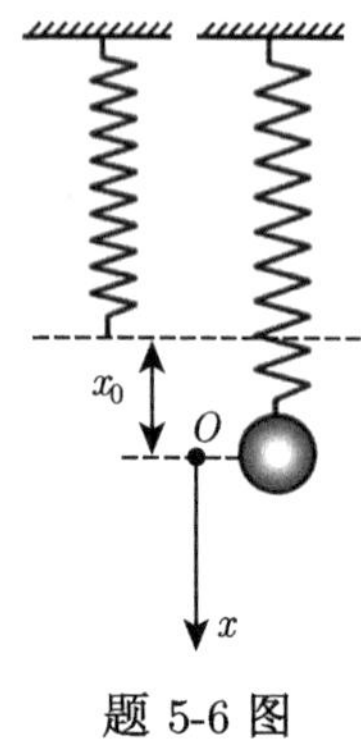

题 5-6 图

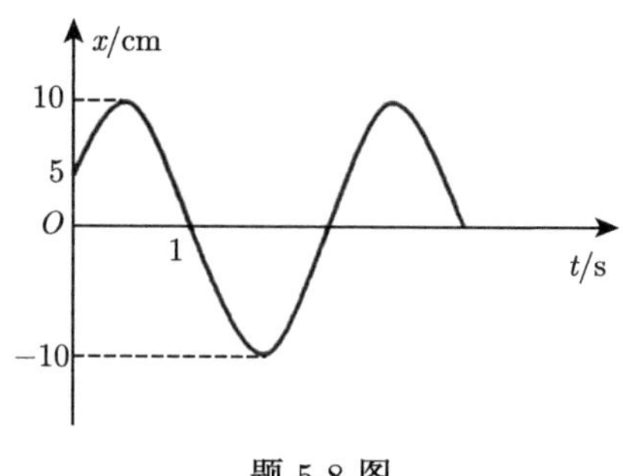

题 5-8 图

第6章　波　　动

波动就是振动状态在空间的传播，简称波。波源就是激发波动的振动系统。在自然界中波动广泛存在，这类运动有着自己独特的传播、叠加等运动规律，因此专门针对波动进行研究是非常必要的。波动通常分为两大类：一类是机械振动在媒质中的传播，称为**机械波**，如水面波、声波等。另一类是变化的电磁场在空间的传播，如**无线电波**、**光波**等。本章只介绍机械波的运动规律，但这些规律同样适用于电磁波。

6.1　关于波动的基本概念

6.1.1　波的产生和传播

1. 波的现象

声波、水波、绳波、电磁波、物质波都是物理学中常见的波。波既可以是物体运动状态的传递而非物体自身的传递，也可以是物质本身的运动结果，甚至把波直接看作粒子运动的方式。

各种类型的波有其特殊性，例如，声波、水波、绳波需要弹性介质才能传播，但电磁波、光波却可以在真空中传播，甚至光波有时可以直接把它看作粒子 —— 光子的运动，是一种物质波 (或概率波)。但它们也有普遍的共性，例如，都具有叠加性，都能发生干涉和衍射现象，都有类似的数学描述，即波动方程或波函数。

机械振动在弹性介质中的传播称为机械波，本章研究学习的皆为机械波。

2. 波的产生和传播

机械振动在弹性媒质中传播时形成机械波，机械振动必须依赖于媒质质点间的弹性力联系才得以传播，故也称**弹性波**。波动过程中媒质中各质点均在各自的平衡位置附近做振动，质点本身并不传播，只是振动状态在空间的逐点传递。某点的振动借助于弹性力带动邻近质点振动，进而又带动更远质点的振动，于是在空间形成波动。

波产生和传播的条件是有波源和弹性介质存在。波源就是做机械振动的物体，弹性介质是指由无穷多质量微元通过相互之间的弹性力组合而成的连续介质。

波动是振动状态的传播，也是能量的传播，但不是质点的传播。波源的振动状态或振动能量在介质中传播时，介质的质点并不随波前进。机械波实际就是连续介质中大量质元参与的集体振动，如图 6-1 所示，波源 1 质元的振动状态依次由近及远地被连续介质中 2、3、4、$\cdots$ 各质元依次传递下去。

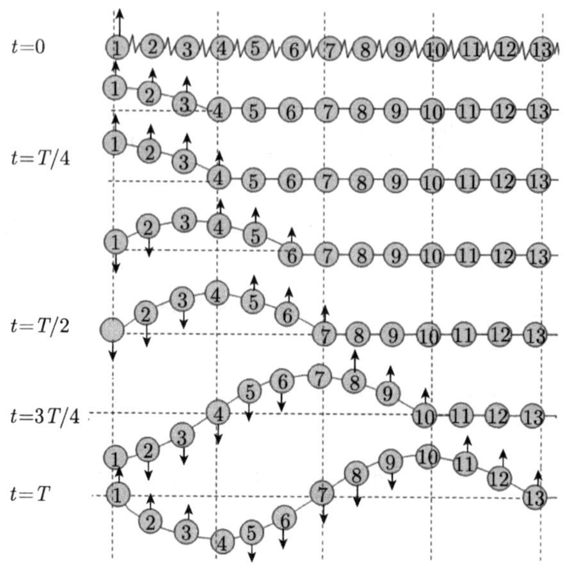

图 6-1　波在介质中的传播

6.1.2　横波与纵波

根据媒质中各质元振动方向与波传播方向的关系，可以将波动分为横波、纵波和复杂波。

1. 横波

波传播时，若质元振动方向与波传播方向相互垂直，该波称为**横波**。横波只能在固体媒质中传播。横波的特点是具有交替出现的波峰、波谷。如绳波，如图 6-2 所示。

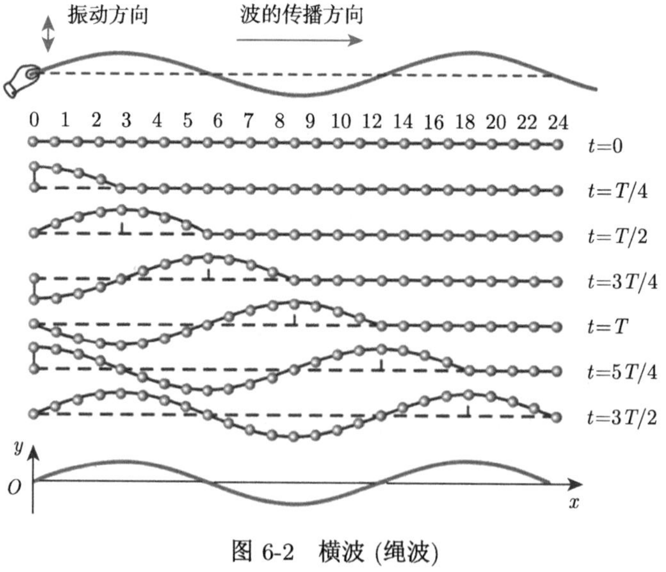

图 6-2　横波 (绳波)

从图 6-2 可以看出，绳波的传播就是绳的波峰、波谷 (即振动位相) 随时间向右滚动的过程。波动函数曲线中的 y 坐标代表绳子质量微元偏离平衡位置的坐标，x 坐标代表绳子质量微元 (即弹性介质微元) 空间分布坐标。

2. 纵波

波传播时，若质元振动方向与波传播方向平行，则这类波称为**纵波**。纵波可在固体、气体和液体中传播。纵波的特点是存在着稀疏和稠密的区域。如弹簧波、声波等，如图 6-3 所示。

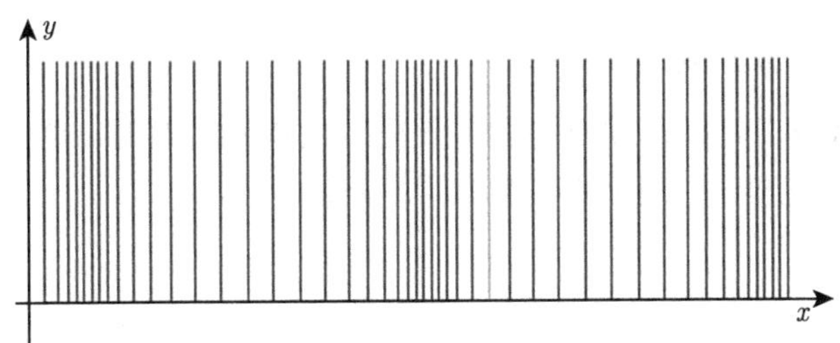

图 6-3 纵波 (弹簧波)

从图 6-3 可以看出，弹簧波的传播就是弹簧的疏密波峰、波谷 (即振动位相) 随时间向右滚动的过程。波动函数曲线中的 y 坐标代表弹簧质量微元偏离平衡位置的坐标，x 坐标代表弹簧质量微元 (即弹性介质微元) 空间分布坐标。

3. 复杂波

复杂波是横波与纵波的合成，如表面波、地震波等。

4. 简谐波

若波源的振动是简谐振动，则相应的波称为**简谐波**。

6.1.3 波面和波线

波在传播过程中，离波源较远的质元比较近的质元相继有一定的相位滞后，介质中同一时刻振动相位相同的点组成的曲面叫做**波面**。某时刻波源最初的振动状态传到的波面叫做**波前**，一般为传播最前面的波面，如图 6-4 所示。代表波的传播方向的射线叫**波线**。各向同性均匀介质中，波线恒与波面垂直，沿波线方向各质点的振动位相依次落后。

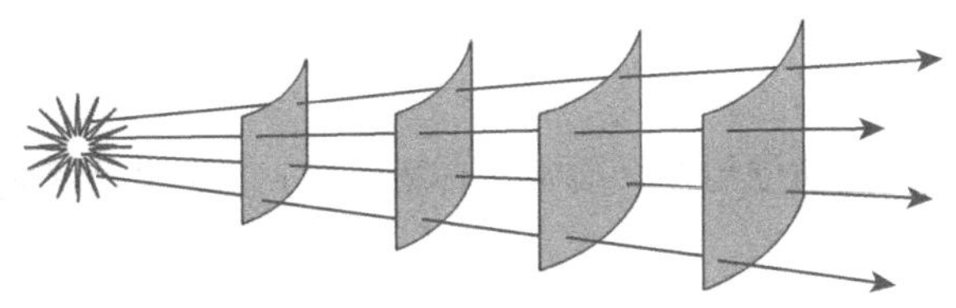

图 6-4 波面和波线

常见的波面有平面和球面。平面波的波面为平面，波线与波面垂直，如图 6-5 所示。对于一个任意的波在远离波源处，很小区域内的波面可近似看作是平面。球面波往往是点波源激发的，波面为以波源为球心的球面，如图 6-6 所示。

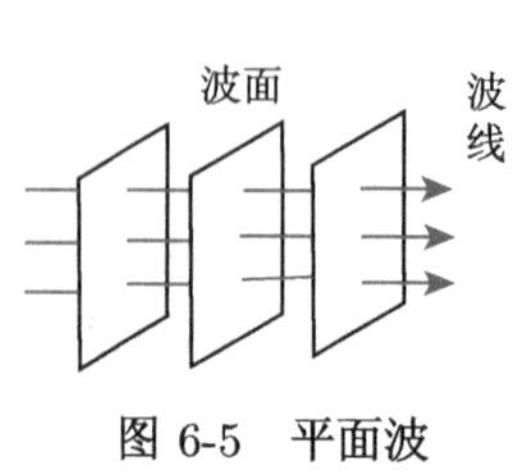

图 6-5 平面波

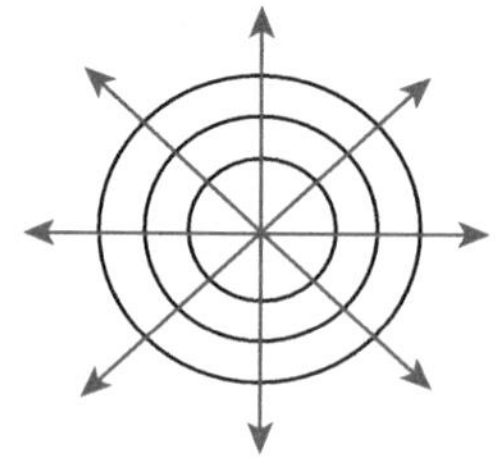

图 6-6 球面波

6.1.4 波速、波长以及波的周期和频率

对于不同的机械波，可以通过一些物理量描述这些波的性质，这些物理量就是波的参数。常见的波的参数有波长λ、周期 T、频率 f、波速 u 等。

1. 波长

振动位相相同的两个相邻波面之间的距离称为一个波长，或某振动状态在一个周期中传播的距离，用λ表示波长。波长描述了波在空间上的周期性 (图 6-7 和图 6-8)。

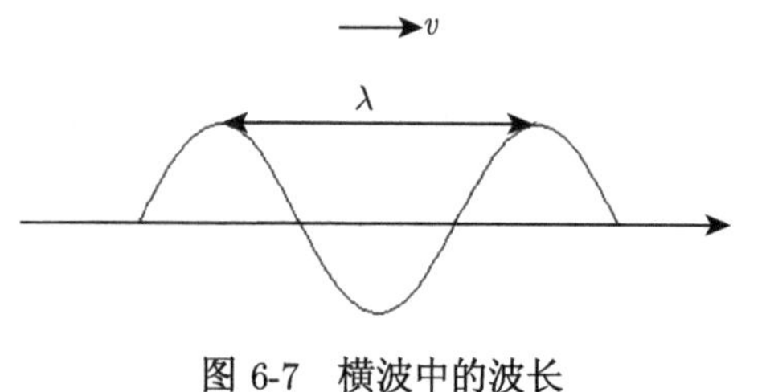

图 6-7 横波中的波长

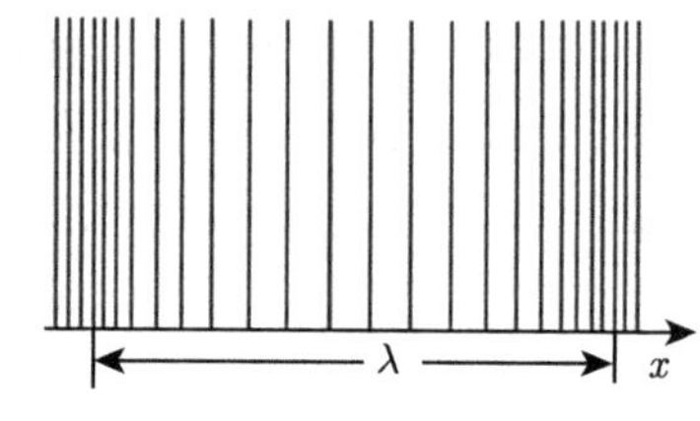

图 6-8 纵波中的波长

2. 周期

波的周期 T 是指波前进一个波长距离所用的时间，或是波动介质中质点进行一次完整振动所需的时间。周期描述了波在时间上的周期性。

3. 频率

波在单位时间内前进距离中包含的完整波形数目，或是波动介质中某质点在单位时间内振动的次数称为波的频率。波的频率与波的周期互为倒数：

$$f = \frac{1}{T} \tag{6-1}$$

4. 波速

波速是指振动状态或振动位相在介质中的传播速度，波速又称相速。波速与频率、周期和波长之间的关系为

$$u = f\lambda = \frac{\lambda}{T} \tag{6-2}$$

波速一般取决于介质的性质 (弹性和惯性)，与波源运动状态无关。

1) 在固体介质中，纵波波速为

$$u = \sqrt{\frac{Y}{\rho}} \tag{6-3}$$

式中，Y 为固体介质的杨氏弹性模量；ρ为介质的质量体密度。

如图 6-9 所示，有一根固体柱体，横截面面积为 S，原长为 l_0。当其两端受到拉力 $\vec{F}$ 作用，柱体的长度变成 l，绝对伸长量为 $\Delta l = l - l_0$。该固体单位横截面所受的力称为长胁强 (应力)，即 $\sigma = \dfrac{F}{S}$；圆柱体的相对伸长量称为长胁变 (应变)，即 $\dfrac{\Delta l}{l_0}$。根据胡克定律：长胁变与长胁强成正比关系，即 $\dfrac{F}{S} = Y\dfrac{\Delta l}{l_0}$，其中比例系数 Y 称为**杨氏模量**。故固体的杨氏模量的定义式为

$$Y = \frac{F/S}{\Delta l/l_0} \tag{6-4}$$

2) 在固体介质中横波波速为

$$u = \sqrt{\frac{G}{\rho}} \tag{6-5}$$

式中，G 为固体介质的切变弹性模量。

设一长方体上下两底面受到切向力 $\vec{F}$ 的作用产生形变，如图 6-10 所示，叫做切变。切胁变为 $\tan\phi = \dfrac{d}{h} \approx \phi$，切胁强为 $\sigma = \dfrac{F}{S}$，S 为长方体底面积。根据胡克定律：切胁变与切胁强成正比关系，即 $\dfrac{F}{S} = G\phi$，比例系数为**切变弹性模量**：

$$G = \frac{F/S}{\phi} \tag{6-6}$$

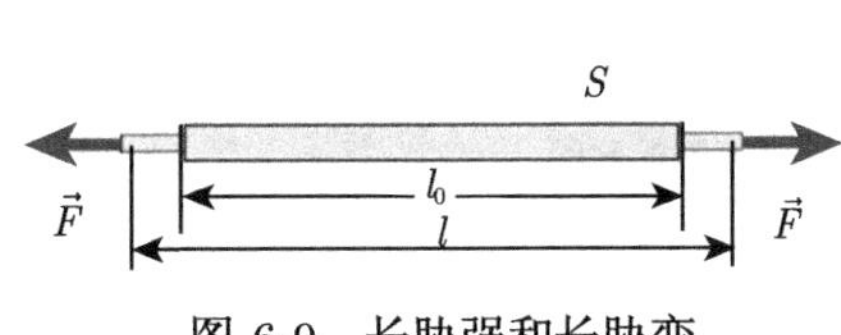

图 6-9 长胁强和长胁变

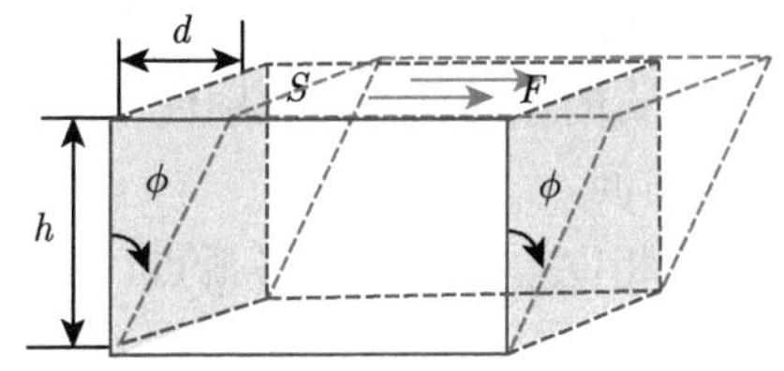

图 6-10 切胁变和切胁强

3) 流体中纵波的波速为

$$u = \sqrt{\frac{B}{\rho}} \tag{6-7}$$

式中，B 为容变弹性模量。

如图 6-11 所示，一个体积为 V_0 的立方体，在各方压力作用下，其体积变为 V，体积缩小 $\Delta V = V - V_0$。则定义容胁强为 $P = \dfrac{F}{S}$，其中 F 为立方体所受正压力，S 为立方体受力面积；容协变为 $\dfrac{\Delta V}{V_0}$。根据胡克定律，容胁变与容胁强成正比关系，即 $P = -B\dfrac{\Delta V}{V_0}$，比例系数为容变弹性模量：

$$B = -\frac{P}{\Delta V/V_0} \tag{6-8}$$

在同一种固体媒质中，横波波速比纵波波速小些。

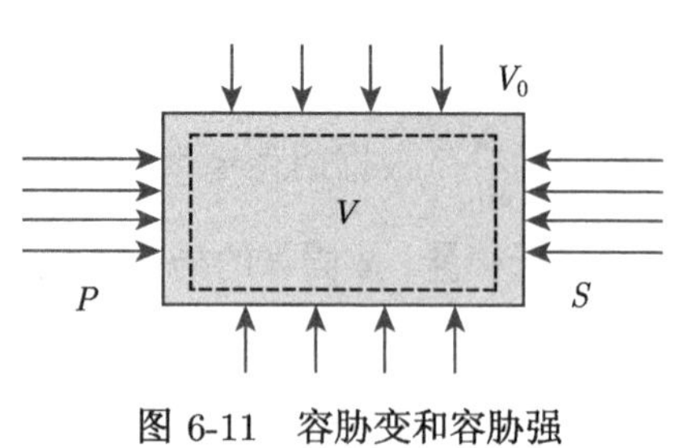

图 6-11　容胁变和容胁强

在常见介质中声波的波速约为：在空气中 340 m · s^{-1}，在水中 1500 m · s^{-1}，在钢铁中 5000 m · s^{-1}。

例 6-1　假如声波在空气中的传播过程可看作绝热过程。若视空气为理想气体，声速 u 与压强 p 的关系为 $u=\sqrt{\gamma p/\rho}$，与温度 T 的关系为 $u=\sqrt{\gamma RT/M}$。式中，γ 为气体的摩尔热容之比，ρ 为密度，R 为摩尔气体常数，M 为摩尔质量。求 0℃和 20℃时，空气中的声速。(空气的 $\gamma=1.4$，$M=2.89\times10^{-2}\ \mathrm{kg\cdot mol^{-1}}$)。

解　0℃时空气中的声速：$u=\sqrt{\dfrac{1.4\times8.31\times273}{2.89\times10^{-2}}}\ \mathrm{m\cdot s^{-1}}=331\ \mathrm{m\cdot s^{-1}}$

20℃时空气中的声速：$u=\sqrt{\dfrac{1.4\times8.31\times293}{2.89\times10^{-2}}}\ \mathrm{m\cdot s^{-1}}=343\ \mathrm{m\cdot s^{-1}}$

6.1.5　波动的特征

(1) 各质点仅在各自的平衡位置附近振动。不论波源自身是做自由振动还是受迫振动，媒质中各点的振动都是在波源策动下进行的，都是受迫振动，因而振动频率应与波源频率相同。

(2) 各质点之间以弹性力相互作用着，回复力的作用使质点的振动状态 (相位) 由近及远地传播。波动具有一定的传播速度，并伴随着能量的传播。

(3) 各质点的振动状态的差别仅在于，后开始振动的质点比先开始振动的质点，在步调上落后一段时间。

(4) 凡是相位差为 $2k\pi$ 的各质点，振动步调一致，为同位相。

6.2　简　谐　波

一般说来，波动中各质点的振动是复杂的。最简单而又最基本的波动是**简谐波**，即波源以及介质中各质点的振动都是简谐振动。这种情况只能发生在各向同性、均匀、无限大、无吸收的连续弹性介质中。以下所提到的介质都是这种理想化的介质。由于任何复杂的波都可以看成由若干个简谐波叠加而成，因此，研究简谐波具有特别重要的意义。

6.2.1　平面简谐波和波函数

平面简谐波是波面为平面的简谐波。平面简谐波传播时，介质中各质点都做同一频率的简谐振动，在任一时刻，各点的振动位相一般不同，它们的位移也不相同。据波面的定义可知，任一时刻在同一波面上的各点有相同的位相，它们离开各自的平衡位置有相同的位移 (图 6-12)。

设有一列平面简谐波，在无吸收均匀无限大介质中沿 x 轴传播，波速为 u(图 6-13)。设

坐标原点 O 的振动方程为

$$y_O = A\cos(\omega t + \varphi) \tag{6-9}$$

式中，ω为振动圆频率；φ 为原点振动的初位相。若波以波速 u 沿 x 轴正方向传播，则 t 时刻在离原点距离为 x 处 P 点的振动状态，就是 $t-\dfrac{x}{u}$ 时刻原点处的振动状态 $\left(O\text{ 到 }P\text{ 传播时间 }\dfrac{x}{u}\right)$。这样，$x$ 处质元的运动学方程为

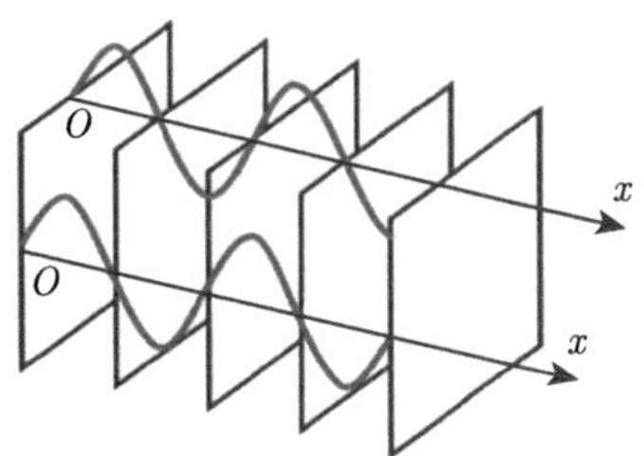

图 6-12 平面简谐波

$$y(x,t) = y_O\left(t-\frac{x}{u}\right) = A\cos\left[\omega\left(t-\frac{x}{u}\right)+\varphi\right] \tag{6-10}$$

此即平面简谐波的波函数。

若波向 $-x$ 方向传播 (图 6-14)，则 t 时刻在离原点距离为 x 处 P 点的振动状态，就是 $t+\dfrac{x}{u}$ 时刻原点处的振动状态 $\left(O\text{ 到 }P\text{ 传播时间 }\dfrac{x}{u}\right)$，即波函数为

$$y(x,t) = y_O\left(t+\frac{x}{u}\right) = A\cos\left[\omega\left(t+\frac{x}{u}\right)+\varphi\right] \tag{6-11}$$

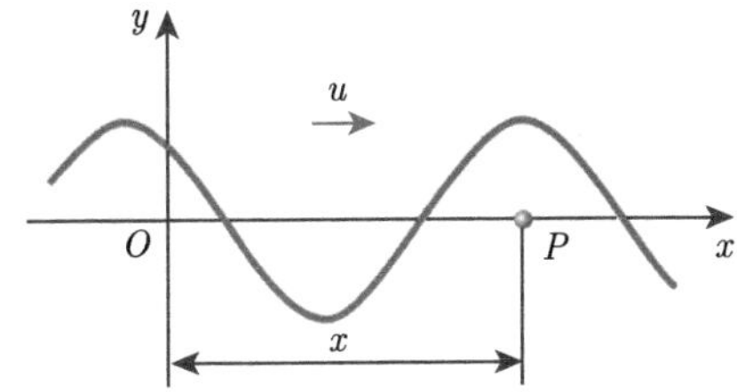

图 6-13 沿 x 正方向传播的平面简谐波

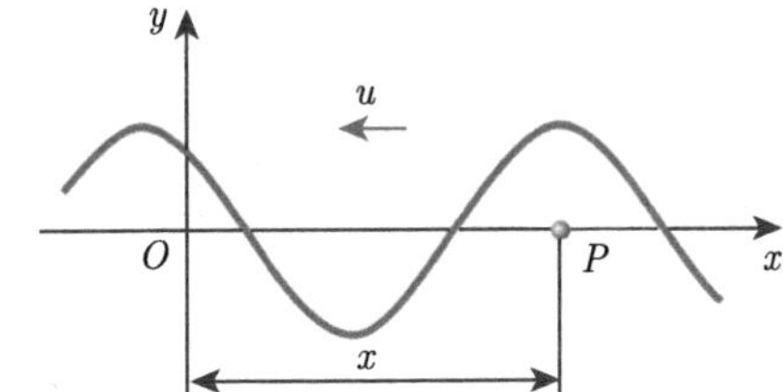

图 6-14 沿 x 负方向传播的平面简谐波

利用关系式 $\omega=\dfrac{2\pi}{T}=2\pi\nu$、$\dfrac{2\pi}{\lambda}=k$ 和 $uT=\lambda$，平面简谐波的波函数又可写为

$$\begin{aligned}
y &= A\cos\left[2\pi\left(ft-\frac{x}{\lambda}\right)+\varphi\right]\\
y &= A\cos\left[2\pi\left(\frac{t}{T}-\frac{x}{\lambda}\right)+\varphi\right]\\
y &= A\cos\left[\left(\omega t-\frac{2\pi}{\lambda}x\right)+\varphi\right]\\
y &= A\cos(\omega t-kx+\varphi)
\end{aligned} \tag{6-12}$$

式中，$k=\dfrac{2\pi}{\lambda}$ 称为角波数，表示在 2π 米内所包含的完整波的数目。

6.2.2 波函数的物理意义

由波函数 $y(x,t)=A\cos\left[\omega\left(t-\dfrac{x}{u}\right)+\varphi\right]$ 分析其物理意义如下。

1. 当 x 一定时，$x = x_1$

波函数表示了距原点为 x_1 处的质点在不同时刻的振动位移。即 x_1 处质点的振动方程 (即在 x_1 处质点随时间的变化规律)(图 6-15)

$$y(x_1, t) = A\cos\left[\omega\left(t - \frac{x_1}{u}\right) + \varphi\right] = y(t) \tag{6-13}$$

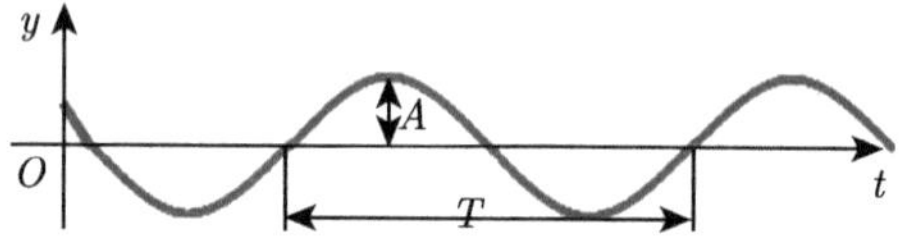

图 6-15　x_1 处质点的振动曲线

x_1 处质点的振动初位相为$\left(\varphi - \omega\frac{x_1}{u}\right) = \left(\varphi - \frac{2\pi x_1}{\lambda}\right)$。随着 x 值的增大，即在传播方向上，各质点的振动初位相依次落后。这是波动的一个基本特征。

2. 固定时间 t，$t = t_1$

波函数表示 t_1 时刻波形方程 (即此时刻各质点的振动位移的分布)，如图 6-16 所示。

$$y(x, t_1) = A\cos\left[\omega\ \left(t_1 - \frac{x}{u}\right) + \varphi\right] = y(x) \tag{6-14}$$

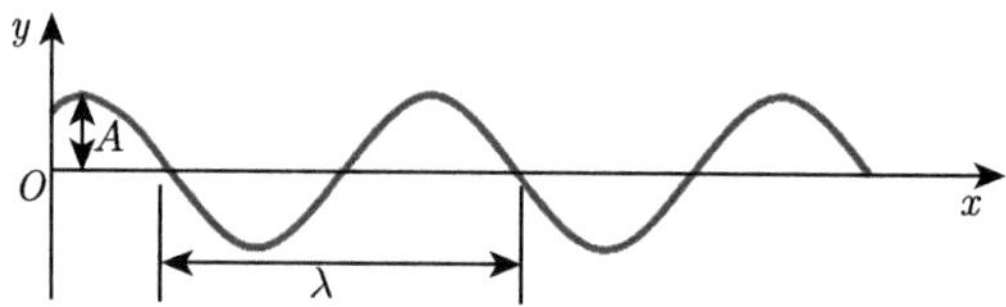

图 6-16　t_1 时刻波形方程曲线

3. x、t 都变化

当 $t = t_1$ 时，波函数为

$$y = A\cos\left[\omega\left(t_1 - \frac{x}{u}\right) + \varphi\right] \tag{6-15}$$

当 $t = t_1 + \Delta t$ 时，波函数为

$$y = A\cos\left[\omega\left(t_1 + \Delta t - \frac{x}{u}\right) + \varphi\right] \tag{6-16}$$

在 t_1 和 $t_1 + \Delta t$ 时刻，某一振动状态在介质中的位置用 x_1 和 x_2 表示，则

$$y(t_1) = A\cos\left[\omega\left(t_1 - \frac{x_1}{u}\right) + \varphi\right] \tag{6-17}$$

$$y(t_1 + \Delta t) = A\cos\left[\omega\left(t_1 + \Delta t - \frac{x_2}{u}\right) + \varphi\right] \tag{6-18}$$

令 $x_2 = x_1 + u\Delta t$，得

$$y(t_1 + \Delta t) = A\cos\left[\omega\left(t_1 + \Delta t - \frac{x_1 + u\Delta t}{u}\right) + \varphi\right]$$

$$= A\cos\left[\omega\left(t_1 - \frac{x_1}{u}\right) + \varphi\right] = y(t_1) \tag{6-19}$$

在 Δt 时间内, 整个波形向波的传播方向移动了 $\Delta x = x_2 - x_1 = u\Delta t$，波速 u 是整个波形向前传播的速度 (图 6-17)。

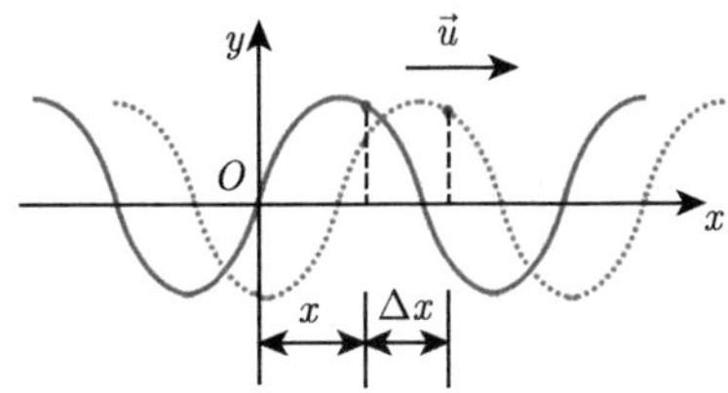

图 6-17　实线：t_1 时刻波形；虚线：t_2 时刻波形

4. 振动速度与波速的区别

在上面的分析中可以看出，振动速度是介质中质元在平衡位置附近运动的速度

$$v_{振} = \frac{\partial y}{\partial t} = -\omega A\sin\omega\left(t - \frac{x}{u}\right) \tag{6-20}$$

波速是振动位相在介质中的传播速度

$$u = \frac{\partial x}{\partial t} \tag{6-21}$$

式中，y 是波动介质质元偏离平衡位置的坐标；x 是波传播方向 (即波形空间分布) 的坐标。对于横波，这两类坐标方向互相垂直；对于纵波，这两类坐标方向虽然一致，但却具有完全不同的物理意义。

例 6-2　一列平面简谐波的波速是 u，沿 x 轴正向传播，振幅为 2 cm，波动圆频率为 ω，初始时刻波动介质中的 S 点从平衡位置下方 1 cm 处向上运动，试以 S 点为坐标原点建立该平面简谐波的波函数。

解　(1) 设向上的方向为振动的正方向，根据 S 点的初始条件求解出 S 点的振动方程。

因为 $t = 0$ 时，S 点的简谐振动有

$$-0.01 = 0.02\cos\varphi_0$$

$$\cos\varphi_0 = -\frac{1}{2}$$

解出振动的两个初位相：$\varphi_0 = \dfrac{2\pi}{3}$ 或 $-\dfrac{2\pi}{3}$

再根据振动的初速度条件进行检验

$$v_s(t=0) = -A\omega\sin\varphi_0 > 0$$

所以 $\varphi_0 = -\dfrac{2\pi}{3}$ 满足上式，舍去 $\varphi_0 = \dfrac{2\pi}{3}$ 的解

S 点振动方程为

$$y_s(t) = 0.02\cos\left(\omega t - \frac{2\pi}{3}\right)$$

(2) 以 S 点为坐标原点建立波函数

$$y(x,t)=0.02\cos\left[\omega\left(t-\frac{x}{u}\right)-\frac{2\pi}{3}\right]$$

例 6-3　一列横波在弦上传播，波函数为 $y=0.02\cos\pi(200t-5x)$ (SI)，求振幅 A、波长 λ、频率 f、周期 T 和波速 u。

解　将波函数化为用不同参数表示的波函数形式，然后通过对比找出相应的波参数

$$y=A\cos\omega\left(t-\frac{x}{u}\right)=A\cos2\pi\left(ft-\frac{x}{\lambda}\right)=A\cos2\pi\left(\frac{t}{T}-\frac{x}{\lambda}\right)$$

$$y=0.02\cos200\pi\left(t-\frac{x}{40}\right)=0.02\cos2\pi\left(100t-\frac{x}{0.4}\right)=0.02\cos2\pi\left(\frac{t}{0.01}-\frac{x}{0.4}\right)$$

得振幅 $A=0.02$ m，波速 $u=40\ \mathrm{m\cdot s^{-1}}$，频率 $f=100$ Hz，波长 $\lambda=0.4$ m，周期 $T=0.01$ s。

例 6-4　如例 6-4 图所示，一平面简谐波沿 x 轴正方向传播，波速为 $20\ \mathrm{m\cdot s^{-1}}$，$A$ 处的振动方程为 $y=0.03\cos4\pi t$ (SI)，试以 A、B、C 为原点，建立相应的波函数。

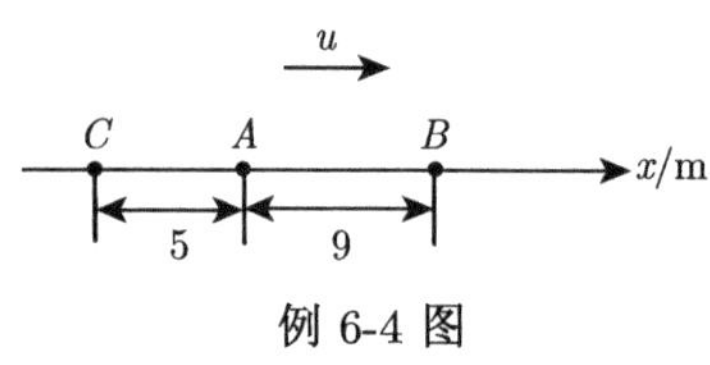

例 6-4 图

解　(1) 以 A 为原点，波函数为

$$y=0.03\cos4\pi\left(t-\frac{x}{u}\right)=0.03\cos\left(4\pi t-\frac{\pi}{5}x\right)$$

(2) 以 B 为原点，B 点振动方程为

$$y=0.03\cos\left(4\pi t-\frac{\pi}{5}\cdot9\right)=0.03\cos\left(4\pi t-\frac{9\pi}{5}\right)$$

波函数为

$$y=0.03\cos\left(4\pi t-\frac{\pi}{5}x-\frac{9}{5}\pi\right)$$

(3) 以 C 为原点，C 点的振动方程为

$$y=0.03\cos\left[4\pi t-\frac{\pi}{5}(-5)\right]=0.03\cos(4\pi t+\pi)$$

波函数为

$$y=0.03\cos\left(4\pi t-\frac{\pi}{5}x+\pi\right)$$

例 6-5　一列沿 x 轴正向传播的平面余弦波，周期 $T=2$ s，$t=\dfrac{1}{3}$ s 时的波形如例 6-5 图所示。求：(1) O 点的振动方程；(2) 该波的波函数；(3) C 点的振动方程；(4) C 点到 O 点的距离。

解 (1) 根据题目条件, 振动和波动的圆频率相同 $\omega=\frac{2\pi}{T}=\pi$, 波速 $u=\frac{\lambda}{T}=20\ \text{cm}\cdot\text{s}^{-1}$。根据 $t=\frac{1}{3}$ s 时的波形图，O 点的振动位移为

$$-5=10\cos(\omega t+\varphi_0)=10\cos\left(\frac{\pi}{3}+\varphi_0\right)$$

$$\frac{\pi}{3}+\varphi_0=\pm\left(\pi-\frac{\pi}{3}\right)$$

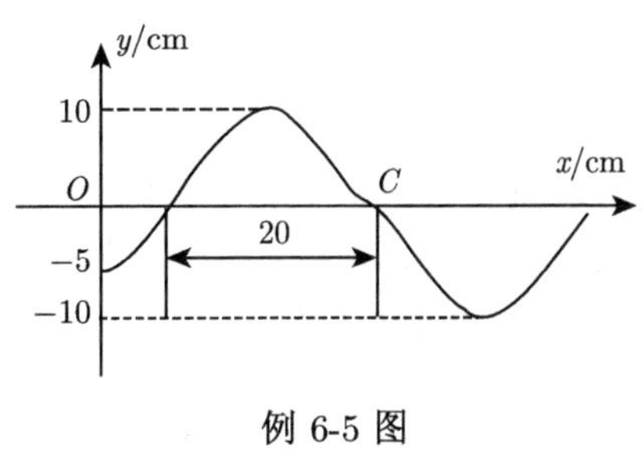

例 6-5 图

可计算出 O 点振动的初位相

$$\varphi_0=\frac{\pi}{3}\quad 或\quad \varphi_0=-\pi$$

因为 $t=\frac{1}{3}$ s 时 O 点的振动速度向下，应为负值，即 $v_0=-\omega A\sin\left(\frac{\pi}{3}+\frac{\pi}{3}\right)<0$，所以 $\varphi_0=\frac{\pi}{3}$，而 $\varphi_0=-\pi$ 不合题意舍去。

故 O 点的振动方程为

$$y_O=10\cos\left(\pi t+\frac{\pi}{3}\right)\ \text{cm}$$

(2) O 点为坐标原点，该列波的波函数为

$$y=10\cos\left[\pi\left(t-\frac{x}{u}\right)+\frac{\pi}{3}\right]=10\cos\left(\pi t-\frac{\pi x}{20}+\frac{\pi}{3}\right)$$

(3) 设 C 点的坐标为 x，则 C 点的振动初位相 $\varphi_C=-\frac{\pi x}{20}+\frac{\pi}{3}$。

再根据 $t=\frac{1}{3}$ s 时的波形图，C 点的振动位移为

$$0=10\cos\left(\frac{\pi}{3}+\varphi_C\right)$$

$$\frac{\pi}{3}+\varphi_C=\pm\frac{\pi}{2}$$

所以 C 点的振动初位相为 $\varphi_C=\frac{\pi}{6}$ 或 $-\frac{5\pi}{6}$。

又因为 $t=\frac{1}{3}$ s 时 C 点振动速度 $v_C>0$，所以 $\varphi_C=-\frac{5\pi}{6}$。

所以 C 点的振动方程为

$$y_C=10\cos\left(\pi t-\frac{5\pi}{6}\right)\ \text{cm}$$

(4) 由 $\varphi_C=-\frac{\pi x}{20}+\frac{\pi}{3}=-\frac{5\pi}{6}$

可得CO间的距离为 $x=23.33$ cm。

6.3　波动方程和波的能量

在前面得到波函数的方法是，根据波动时坐标原点的振动规律推算出坐标轴上任意一点的振动规律，这是一种运动学方法。下面从动力学的角度来分析波动中波动介质中的任意一个质元的动力学行为，建立起相应的动力学方程，从而解得波函数。将动力学方程与运动学方法得到的二阶微分关系作对比，揭示波速的物理本质。进一步运用动力学方法，可以从能量的角度去研究波动问题。

6.3.1　一维波函数的二阶微分形式

由运动学方法得到一维波函数 $y=\cos\omega\left(t-\dfrac{x}{u}\right)$，求对时间 t 的二阶导数得到

$$\frac{\partial^2 y}{\partial t^2}=-A\omega^2\cos\omega\left(t-\frac{x}{u}\right) \tag{6-22}$$

求对空间坐标 x 的二阶导数得到

$$\frac{\partial^2 y}{\partial x^2}=-A\frac{\omega^2}{u^2}\cos\omega\left(t-\frac{x}{u}\right) \tag{6-23}$$

寻找以上两个导数间的关系，得到一维波函数的二阶微分形式

$$\frac{\partial^2 y}{\partial x^2}=\frac{1}{u^2}\frac{\partial^2 y}{\partial t^2} \tag{6-24}$$

式 (6-24) 实际上就是波动的动力学方程，后面分析将揭示出它的动力学含义。

6.3.2　一维波动方程的动力学推导

为了从动力学角度研究波的传播规律，假设一列平面纵波沿横截面为 S、密度为ρ的均匀固体直棒传播，取棒沿 x 轴 (图 6-18)。

取棒元 $\mathrm{d}x$，两端面受到弹性力的作用，棒元左端端面单位面积所受力称为应力 σ，也称胁强。考虑棒元无限小，右端面上的应力比左端面上的应力有一个线性的增加，故右端面上的应力为 $\sigma+\dfrac{\partial\sigma}{\partial x}\mathrm{d}x$，如图 6-19 所示。

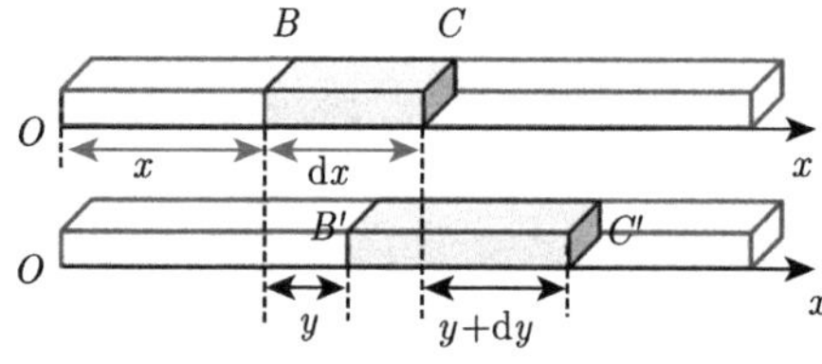

图 6-18　固体直棒中的纵波

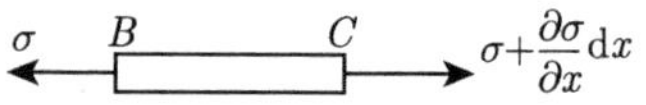

σ　B　C　$\sigma+\dfrac{\partial\sigma}{\partial x}\mathrm{d}x$

图 6-19　直棒中棒元受力分析

则 t 时刻，棒元BC所受合外力为

$$\left[-\sigma+\left(\sigma+\frac{\partial\sigma}{\partial x}\mathrm{d}x\right)\right]S=\frac{\partial\sigma}{\partial x}\mathrm{d}x\cdot S \tag{6-25}$$

设棒元振动速度为 v，根据牛顿定律，棒元的动力学方程有

$$\frac{\partial\sigma}{\partial x}S\mathrm{d}x=\rho S\mathrm{d}x\frac{\partial v}{\partial t} \tag{6-26}$$

$$\frac{\partial\sigma}{\partial x}=\rho\frac{\partial v}{\partial t} \tag{6-27}$$

根据胡克定律，长胁变 $\dfrac{\Delta L}{L_0}$ 与长胁强 σ 成正比的关系 (图 6-20)，比例系数为杨氏弹性模量 Y

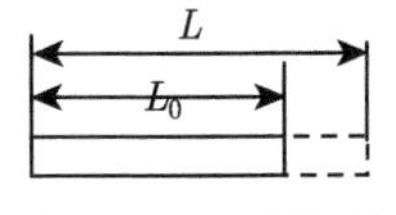

图 6-20 长胁变

$$\sigma=Y\frac{\Delta L}{L_0}=Y\frac{\partial y}{\partial x} \tag{6-28}$$

对于棒元而言，$L_0=\mathrm{d}x$ 为棒元的原有长度，$\Delta L=\mathrm{d}y$ 为棒元的伸长量。动力学方程

$$Y\frac{\partial^2 y}{\partial x^2}=\rho\frac{\partial v}{\partial t} \tag{6-29}$$

$v=\dfrac{\partial y}{\partial t}$ 为棒元振动速度，代入式 (6-29)，得波动的动力学方程为

$$\frac{\partial^2 y}{\partial x^2}=\frac{1}{Y/\rho}\frac{\partial^2 y}{\partial t^2} \tag{6-30}$$

与由运动学方法得到的一维波动二阶微分关系式 $\dfrac{\partial^2 y}{\partial x^2}=\dfrac{1}{u^2}\dfrac{\partial^2 y}{\partial t^2}$ 作对比，可知微分关系式实际就是波动动力学方程。进一步对比可得固体直棒中纵波的波速为 $u=\sqrt{\dfrac{Y}{\rho}}$，证实了前面给出的波速。这样的动力学推导不仅可以得到固体直棒中纵波的波速，而且可以得到其他情况中的波速。

6.3.3 波的能量

设一列平面纵波在固体直棒中传播，波函数为 $y=\cos\omega\left(t-\dfrac{x}{u}\right)$，现考察固体直棒中任一棒元中的波动能量。棒元中的波动能量总是由动能和势能构成：$\mathrm{d}W=\mathrm{d}W_\mathrm{k}+\mathrm{d}W_\mathrm{P}$，其中 $\mathrm{d}W$ 为棒元中总波动能量，$\mathrm{d}W_\mathrm{k}$ 为棒元中动能，$\mathrm{d}W_\mathrm{P}$ 为棒元中势能。

1. 动能

设棒元质量为 $\mathrm{d}m$，棒元体积为 $\mathrm{d}V$，棒元振动速度为 $v=\dfrac{\mathrm{d}y}{\mathrm{d}t}$，棒元质量体密度为 ρ，波动圆频率为 ω，棒元振幅为 A，波速为 u，则棒元的动能为

$$\mathrm{d}W_\mathrm{k}=\frac{1}{2}(\mathrm{d}m)v^2=\frac{1}{2}\rho\mathrm{d}V\left(\frac{\mathrm{d}y}{\mathrm{d}t}\right)^2=\frac{1}{2}\rho\mathrm{d}V\cdot\omega^2A^2\sin^2\omega\left(t-\frac{x}{u}\right) \tag{6-31}$$

2. 势能

可将波动中的棒元看成一个弹簧，设 t 时刻棒元伸长 $\mathrm{d}y$，端面的弹性力为 f，根据胡克定律，棒元所受胁强 $\sigma=\dfrac{f}{S}=Y\dfrac{\Delta L}{L_0}=Y\dfrac{\mathrm{d}y}{\mathrm{d}x}$，$S$ 为棒元的横截面积。由此得弹性力

$f=SY\dfrac{\mathrm{d}y}{\mathrm{d}x}$，又因为弹性力与弹性形变的关系 $f=k\mathrm{d}y$，所以棒元的弹性系数 $k=\dfrac{YS}{\mathrm{d}x}$，代入势能式中，则棒元波动势能为

$$\mathrm{d}W_{\mathrm{P}}=\frac{1}{2}k\,(\mathrm{d}y)^2=\frac{1}{2}\cdot YS\frac{(\mathrm{d}y)^2}{\mathrm{d}x}=\frac{1}{2}YS\mathrm{d}x\left(\frac{\mathrm{d}y}{\mathrm{d}x}\right)^2=\frac{1}{2}Y\mathrm{d}V\left(\frac{\mathrm{d}y}{\mathrm{d}x}\right)^2 \tag{6-32}$$

因为 $u=\sqrt{\dfrac{Y}{\rho}}$，所以 $Y=\rho u^2$，又因为 $\dfrac{\partial y}{\partial x}=\dfrac{\omega}{u}A\sin\omega\left(t-\dfrac{x}{u}\right)$，所以有

$$\mathrm{d}W_{\mathrm{P}}=\frac{1}{2}\rho u^2\mathrm{d}V\left[\frac{\omega^2}{u^2}A^2\sin^2\omega\left(t-\frac{x}{u}\right)\right]=\frac{1}{2}\rho\mathrm{d}V\omega^2A^2\sin^2\omega\left(t-\frac{x}{u}\right) \tag{6-33}$$

3. 总能量

棒元中的总波动能量

$$\mathrm{d}W=\mathrm{d}W_{\mathrm{k}}+\mathrm{d}W_{\mathrm{P}}=\rho\mathrm{d}V\omega^2A^2\sin^2\omega\left(t-\frac{x}{u}\right) \tag{6-34}$$

可以看出棒元，即波动介质中质元，任一时刻所具有的波动动能和波动势能始终相等，即 $\mathrm{d}W_{\mathrm{k}}=\mathrm{d}W_{\mathrm{P}}$。动能达到最大时，势能也达到最大，质元的机械能不守恒。在波动中，每个质元都起着能量转换的作用，不断接受来自波源的能量，又不断地释放能量。因此说振动的传播过程也就是能量的传播过程。

4. 波动的能量密度

介质中某点处单位体积内的波动能量称为能量密度

$$w=\frac{\mathrm{d}W}{\mathrm{d}V}=\rho\omega^2A^2\sin^2\omega\left(t-\frac{x}{u}\right) \tag{6-35}$$

固定空间坐标 $x=x_0$，即考察波动介质中位于 x_0 的一个质元。

质元的动能密度 w_{k} 和势能密度 w_{P} 均随 t 周期性变化，圆频率为 2ω(图 6-21)。且 $w_{\mathrm{k}}=w_{\mathrm{P}}$，两者变化的位相相同，数值相等。当该质元处于平衡位置时，质元振动速度最大，其动能密度 w_{k} 达到最大值，同时质元的变形最大，其势能密度 w_{P} 也达到最大。当该质元处于位移最大位置时，质元振动速度为 0，质元动能密度 w_{k} 为 0，质元变形为 0，质元势能密度 w_{P} 也为 0。

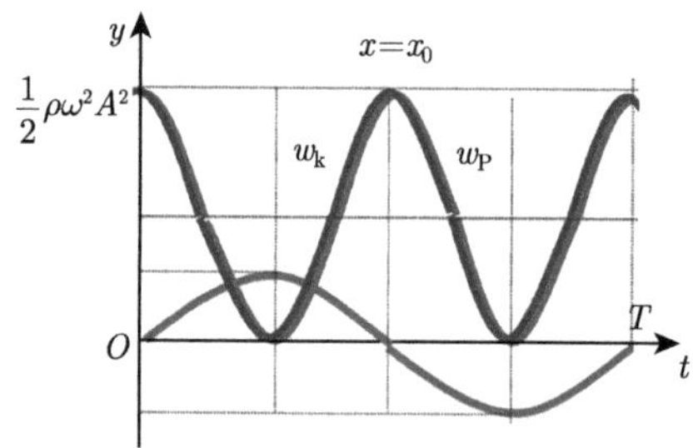

图 6-21　x_0 处质元振动曲线和波动能量密度

固定时间坐标 $t = t_0$，即考察某时刻波动能量在介质中的空间分布。

此时波动介质中不同质元的动能密度 w_k 和势能密度 w_P 均随空间坐标 x 周期性分布，偏离平衡位置的坐标 $y=0$ 处的质元，其动能密度 w_k 和势能密度 w_P 最大；处于最大偏离平衡位置 $y = A$ 处的质元，其动能密度 w_k 和势能密度 w_P 为 0(图 6-22)。

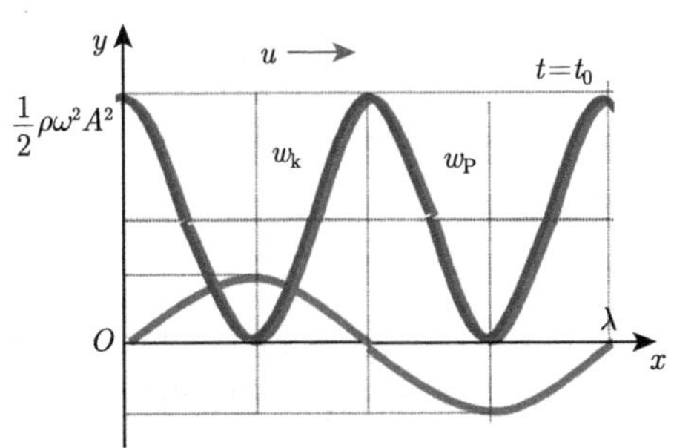

图 6-22 t_0 时刻波动能量密度和波形的空间分布

此时波动能量在波动介质空间中疏密相间地集中在振动位移为零的那些质元处，并且随着波形的传播，整体移动，能量也随之向前传播，其传播速度也是 u(波速)。

例如，绳波的能量传递。在 a 处质元的动能和势能最大，能量密度最大，在 b 处能量密度最小，为零，波动能量随着波形向右传播 (图 6-23)。

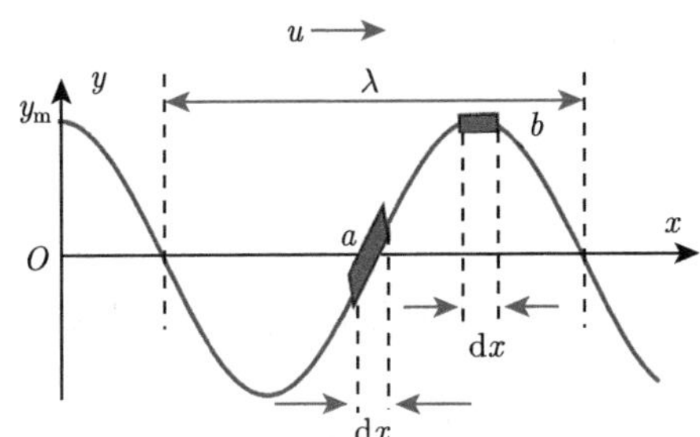

图 6-23 绳波中能量空间分布和传递

5. 平均能量密度

波的能量密度 w 在一个周期内的平均值称为平均能量密度。

$$\bar{w} = \frac{1}{T}\int_0^T w\mathrm{d}t = \frac{1}{T}\int_0^T \rho\omega^2 A^2 \sin^2\omega\left(t-\frac{x}{u}\right)\mathrm{d}t$$

$$= \rho\omega^2 A^2 \frac{1}{T}\int_0^T \frac{1}{2}\left[1-\cos 2\omega\left(t-\frac{x}{u}\right)\right]\mathrm{d}t \tag{6-36}$$

$$\bar{w} = \frac{1}{2}\rho\omega^2 A^2 \tag{6-37}$$

波的平均能量密度与振幅的平方、频率的平方和介质密度的乘积成正比。通过平均能量密度，可以对比不同波的能量大小，可以对比同一个波在不同空间位置处的能量分布。

对于在无损耗均匀波动介质中的平面简谐波，对时间计算出的平均能量密度和对空间计算出的平均密度完全相等。

6.3.4　能流和能流密度

由于波的能量是在介质中传播的，所以需要掌握波动能量在介质中传播和流动的规律。下面建立几个描述波动能量流动的物理量。

1. 能流 P

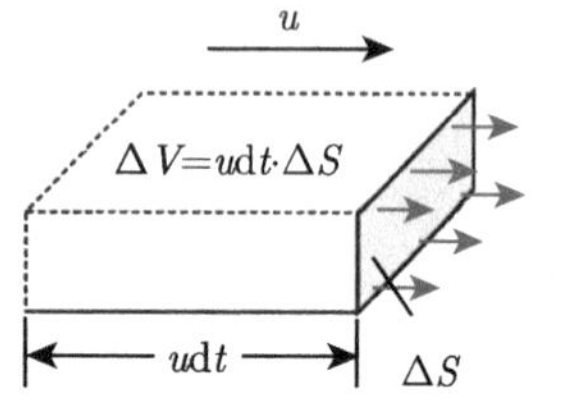

图 6-24　波动介质中能量的流动

单位时间内通过垂直于波传播方向介质中某一面积 ΔS 的能量称为能流 (图 6-24)。

$$P=\frac{\mathrm{d}W}{\mathrm{d}t} \tag{6-38}$$

式中，$\mathrm{d}W$ 为 $\mathrm{d}t$ 时间内通过该面积 ΔS 的能量。考察一个平面简谐波，设波速为 u，波的能量密度为 w，则能流 P 为

$$P=\frac{w\Delta Su\mathrm{d}t}{\mathrm{d}t}=w\Delta Su \tag{6-39}$$

2. 平均能流

单位时间通过垂直于波传播方向介质中某一面积 ΔS 的平均波动能量称为平均能流 $\bar{P}$。

$$\bar{P}=\frac{1}{T}\int_0^T w\Delta Su\mathrm{d}t=\bar{w}\Delta Su=\frac{1}{2}\rho\omega^2A^2u\Delta S \tag{6-40}$$

$$\bar{P}=\bar{w}u\Delta S \tag{6-41}$$

3. 能流密度 I

通过垂直于波传播方向单位面积上的平均能流称为能流密度 I，也称波强。

$$I=\frac{\bar{P}}{\Delta S}=\frac{1}{2}\rho\omega^2A^2u \tag{6-42}$$

$$I=\bar{w}u \tag{6-43}$$

可见，能流密度 I 是与波动的圆频率的平方 ω^2 成正比，频率越高，能流密度越大；与波动介质的质量体密度成正比；与波动介质振动振幅的平方成正比，振幅越大，能流密度越大；与波速成正比。能流密度可以定量描述介质中能量传播的细节情况。能流密度是矢量，方向是波速的方向。能量密度矢量的表达式为

$$\vec{I}=\bar{w}\vec{u} \tag{6-44}$$

4. 平面波和球面波的振幅

1) 平面波情况

对于平面简谐波，波函数为

$$y=A\cos\omega\left(t-\frac{x}{u}\right)$$

设一列平面简谐波通过两个面时的振幅分别为 A_1、A_2(图 6-25)，则通过两个面的平均能流分别为

$$\bar{P}_1=\bar{w}_1uS=\frac{1}{2}\rho A_1^2\omega^2uS \tag{6-45}$$

$$\bar{P}_2=\bar{w}_2uS=\frac{1}{2}\rho A_2^2\omega^2uS \tag{6-46}$$

由于介质不吸收能量，波通过两个面的平均能流不变，即 $\bar{P}_1=\bar{P}_2$，所以通过两个面的平面简谐波的振幅不变

$$A_1=A_2 \tag{6-47}$$

2) 球面波情况

设一列球面简谐波，如图 6-26 所示，波面分别为 S_1 和 S_2，对应的半径分别为 r_1 和 r_2，通过 S_1 和 S_2 面的平均能流 $\bar{P}_1$、$\bar{P}_2$ 为

$$\bar{P}_1=\bar{w}_1uS_1=\frac{1}{2}\rho\omega^2A_1^2uS_1 \tag{6-48}$$

$$\bar{P}_2=\bar{w}_2uS_2=\frac{1}{2}\rho\omega^2A_2^2uS_2 \tag{6-49}$$

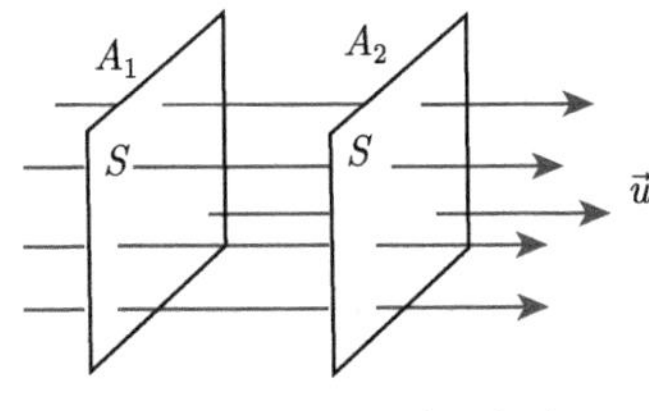

图 6-25 平面波及振幅

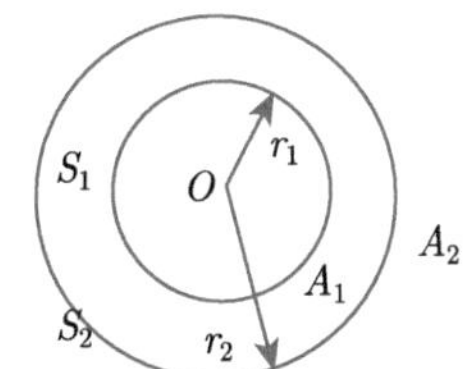

图 6-26 球面波及振幅

因为不考虑介质吸收的能量，则单位时间内通过不同波面的能量相同，所以有

$$\bar{P}_1=\bar{P}_2 \tag{6-50}$$

即

$$A_1^2S_1=A_2^2S_2 \tag{6-51}$$

$$\frac{A_1}{A_2}=\sqrt{\frac{S_2}{S_1}}=\frac{r_2}{r_1} \tag{6-52}$$

可知，$A\propto\frac{1}{r}$，即球面波的振幅与球面波面的半径成反比关系。由此可以得到无能量吸收介质中球面波的波动方程为

$$y=\frac{A}{r}\cos\omega\left(t-\frac{x}{u}\right) \tag{6-53}$$

式中，A 为一常数；而球面波的振幅为 $\frac{A}{r}$，随半径的增大而变小。

例 6-6 一列平面简谐波，在一个直径 $d=0.14$ m 的圆柱形管中传播，该波波强为 $I=9\times10^{-3}\ \mathrm{W\cdot m^{-2}}$，频率为 $f=300$ Hz，波速为 $u=300\ \mathrm{m\cdot s^{-1}}$。求：(1) 该波的平均能量密度 $\bar{w}$ 和最大能量密度 $w_{\max}$；(2) 每两个相邻同相面间含有的波能量。

解　(1) 根据已知条件 $I=\bar{w}u$

$$\bar{w}=\frac{I}{u}=\frac{9\times10^{-3}}{300}=3\times10^{-5}\ \mathrm{J\cdot m^{-3}}$$

因为 $w=\rho\omega^2A^2\sin^2\omega\left(t-\dfrac{x}{u}\right)$，

所以 $w_{\max}=\rho\omega^2A^2=2\bar{w}=2\times3\times10^{-5}=6\times10^{-5}\ \mathrm{J\cdot m^{-3}}$。

(2) 波中两个相邻同相面之间包含的波动能量为

$$\begin{aligned}\Delta W&=\bar{w}\cdot S\lambda=\bar{w}\cdot\pi\left(\frac{d}{2}\right)^2\cdot\frac{u}{f}\\&=3\times10^{-5}\times3.14\times\left(\frac{0.14}{2}\right)^2\times\frac{300}{300}=4.62\times10^{-7}\ \mathrm{J}\end{aligned}$$

6.3.5　波的吸收

由于波在实际介质传播过程中，波动能量被介质吸收，则波线上不同点处振幅是衰减的。

设介质中某处振幅为 A，经厚度为 $\mathrm{d}x$ 的介质后，振幅的衰减量为 $\mathrm{d}A$(图 6-27)，则

$$-\mathrm{d}A=\alpha A\mathrm{d}x \tag{6-54}$$

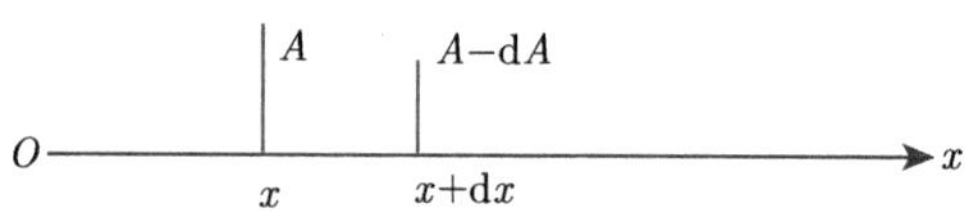

图 6-27　波的吸收及振幅衰减

α 为介质吸收系数，为常数。

$$\frac{\mathrm{d}A}{A}=-\alpha\mathrm{d}x \tag{6-55}$$

$$\ln A=-\alpha x+c \tag{6-56}$$

如图 6-28 所示，设 $x=0$ 时，$A=A_0$，$c=\ln A_0$

$$\ln\frac{A}{A_0}=-\alpha x=\ln\mathrm{e}^{-\alpha x} \tag{6-57}$$

$$A=A_0\mathrm{e}^{-\alpha x} \tag{6-58}$$

$$I=I_0\mathrm{e}^{-2\alpha x} \tag{6-59}$$

式中，I_0 和 I 分别为 $x=0$ 和 $x=x$ 处波的强度。

例 6-7　空气中声波的吸收系数为 $\alpha_1=2\times10^{-11}\nu^2\mathrm{m}^{-1}$，钢中的吸收系数为 $\alpha_2=4\times10^{-7}\nu\mathrm{m}^{-1}$，式中 ν 代表声波频率的数值。问：5 MHz 的超声波透过多少厚度的空气或钢后，其声强减为原来的 1%？

解　$\alpha_1=2\times10^{-11}\times\left(5\times10^6\right)^2=500\ \mathrm{m^{-1}}$，$\alpha_2=4\times10^{-7}\times5\times10^6=2\ \mathrm{m^{-1}}$

由 $I=I_0\mathrm{e}^{-2\alpha x}$，得 $x=\dfrac{1}{2\alpha}\ln\dfrac{I_0}{I}$。

把 α_1，α_2 的值分别代入上式，又依题 $I_0/I=100$，得空气的厚度为

$$x_1=\frac{1}{1000}\ln 100=0.046\ \mathrm{m}$$

钢的厚度为

$$x_2=\frac{1}{4}\ln 100=1.15\ \mathrm{m}$$

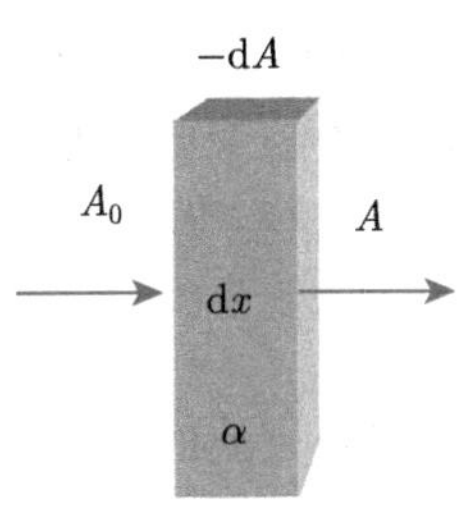

图 6-28 波的吸收

可见高频超声波很难通过气体，但极易通过固体。

6.3.6 声波 超声波 次声波

在弹性介质中传播的机械纵波，一般统称为声波。

1. *可闻声波*

当声波的频率为 20 ~ 20000 Hz 时，这样的声波能被人耳听到，故这一频率区间的声波称为可闻声波。

2. *次声波*

频率低于 20 Hz 的声波称为次声波。次声波产生的声源相当广泛，火山爆发、坠入大气层中的流星、极光、地震、海啸、台风、雷暴、龙卷风、电离层扰动等。利用人工的方法也能产生次声波，如核爆炸、火箭发射、化学爆炸等。由于次声波的频率很低，其最显著的特点是不容易被吸收，具有极强的穿透力，不仅可以穿透大气、海水、土壤，而且还能穿透坚固的钢筋水泥构成的建筑物，甚至坦克、军舰、潜艇和飞机，传播距离很远。1883 年 8 月 27 日印度尼西亚的喀拉喀托火山爆发时，它所产生的次声波围绕地球转了三圈，传播了十几万千米。当时，人们利用简单的微气压计记录到它。次声波不但“跑”得远，而且它的速度大于风暴传播的速度，所以它就成了海洋风暴来临的前奏曲，人们可以利用次声波来预报风暴的来临。次声波穿透人体时，不仅能使人产生头晕、烦躁、耳鸣、恶心、心悸、视线模糊、吞咽困难、胃痛、肝功能失调、四肢麻木等症状，而且还可能破坏大脑神经系统，造成大脑组织的重大损伤。次声波对心脏影响最为严重，最终可导致死亡。次声波是研究地球、大气、海洋运动的有力工具。

3. *超声波*

频率高于 20000 Hz 的声波称为超声波。超声波在科学研究和生产上有着广泛的应用。超声波频率高 (可达 10^9 Hz)、能量大、穿透本领大，可用于测量海洋深度、海底地形，探测沉船和鱼群，工业探伤等；医学上用超声波显示人体内部病变部分图像等。声呐探测器：船只上的发射器先向海底发射超声波，然后通过仪器接收和分析反射回来的讯息，从而得到整个海床的面貌。B 超：因为不同身体构造反射是不同的，所以高频率声音 (超声波) 可用来做医学成像。越短的波长，得到的解像度越高。超声波在液体中会引起空化作用，它可用于捣碎药物制成各种药剂，食品工业上用于制作调味剂，建筑业上用于制作水泥乳浊液。多普

勒超声波扫描术：利用多普勒效应，反射超声波物体的运动会改变回声的频率，可测量血流速度。超声波可以用来弄碎肾石，消毒食物，因为高速的振动会令细菌难以抵抗。超声波也可以用来清除眼镜或饰物的污垢。利用超声元件代替电子元件制作在 $10^7 \sim 10^9$ Hz 的延迟线、振荡器、谐振器、带通滤波器等仪器，可广泛用于电视、通信、雷达等方面。

4. *声强*

声强就是声波的能流密度：

$$I = \frac{1}{2}\rho A^2\omega^2 u$$

能够引起人们听觉的声强范围：$10^{-12} \sim 1\ \mathrm{W \cdot m^{-2}}$。

5. *声强级*

人们规定声强 $I_0 = 10^{-12}\ \mathrm{W \cdot m^{-2}}$(即相当于频率为 1000 Hz 的声波能引起听觉的最弱的声强)，为测定声强的标准。若某声波的声强为 I，则比值 I/I_0 的对数，叫作相应于 I 的声强级 L_I。

$$L_\mathrm{I} = \lg\frac{I}{I_0} \tag{6-60}$$

在 SI 中，声强级的单位：贝尔 (B)。

$$L_\mathrm{I} = 10\lg\frac{I}{I_0} \tag{6-61}$$

单位：分贝 (dB)。1 B = 10 dB。

日常生活中声音声强、声强级如表 6-1 所示。

表 6-1　几种声音近似的声强、声强级和响度

声源	声强/$\mathrm{W \cdot m^{-2}}$	声强级/dB	响度
引起痛觉的声音	1	120	
摇滚音乐会	10^{-1}	110	震耳
交通繁忙的街道	10^{-5}	70	响
通常的谈话	10^{-6}	60	正常
耳语	10^{-10}	20	轻
树叶的沙沙声	10^{-11}	10	极轻
引起听觉的最弱声音	10^{-12}	0	

6.4　惠更斯原理与波的传播

6.4.1　惠更斯原理

波在弹性介质中运动时，任一点 P 的振动，将会引起邻近质点的振动。就此特征而言，振动着的 P 点与波源相比，除了在时间上有延迟，并无其他区别。因此，P 点可视为一个新的波源。图 6-29 和图 6-30 分别示意了平面波、球面波在弹性媒质中传播的情况。1678 年，惠更斯总结出了以其名字命名的**惠更斯原理**。

在波传播的过程中，介质中波动传播到的各点都可以看作是发射子波的波源，而在其后的任意时刻，这些子波的包络面就是新的波前。

惠更斯原理可用于定性解释波的反射、折射和光在各向异性介质中的传播，但不能解释：(1) 子波为何不会向后传；(2) 波的强度分布问题。

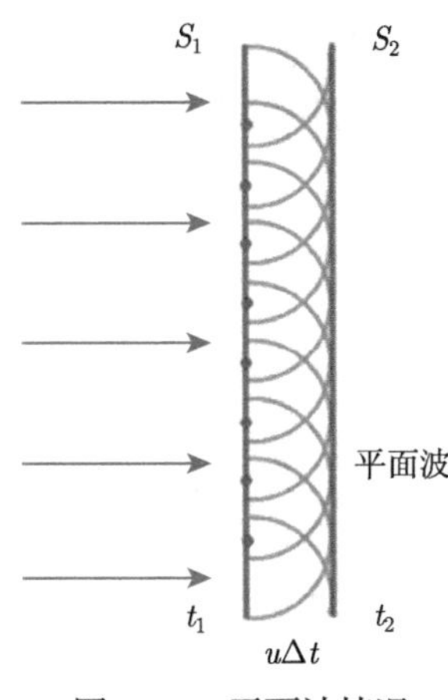

图 6-29 平面波情况

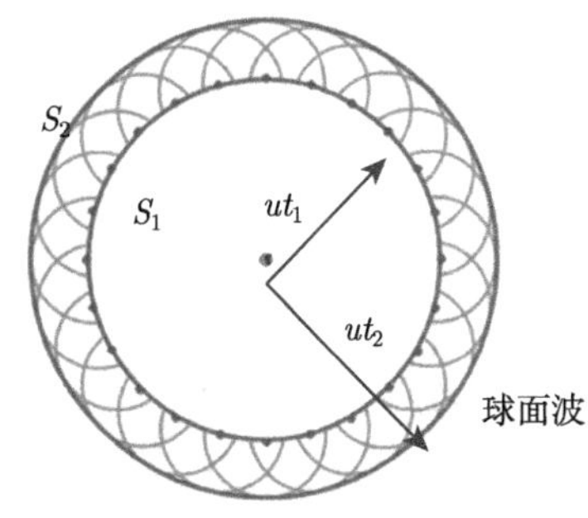

图 6-30 球面波情况

6.4.2 波的衍射

波传播过程中当遇到障碍物时，能绕过障碍物边缘而传播的现象 (偏离了直线传播) 称为波的衍射。波的波长相对障碍物的线度较长时，衍射现象明显；波长相对障碍物的线度较短时，衍射现象不明显，波只能沿原方向直线传播 (图 6-31)。

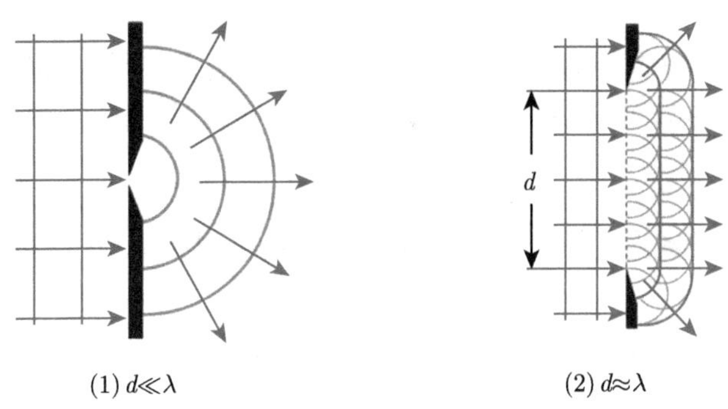

图 6-31 波的衍射

6.4.3 波的反射和折射

反射与折射也是波的特征，当波传播到两种介质的分界面时，波的一部分在界面返回，形成反射波，另一部分进入另一种介质形成折射波。

1. 波的反射定律

波在反射过程中，当入射线、反射线和分界面的法线均在同一平面时波的反射角与入射角相等 (图 6-32)。

由于波在不同介质中的传播速度不同，因此波经过两种介质的分界面时会产生折射现象，运用惠更斯原理可以解释折射现象。

2. 波的折射定律

波在折射过程中 (图 6-33)，当入射线、折射线和分界面的法线均在同一平面时，入射角

i 的正弦函数与折射角 r 的正弦函数的比值等于波在两介质中波速的比值，等于介质 2 的折射率 n_2 与介质 1 的折射率 n_1 的比值，等于介质 2 对介质 1 的相对折射率 n_{21}。即

$$\frac{\sin i}{\sin r}=\frac{u_1}{u_2}=\frac{n_2}{n_1}=n_{21} \tag{6-62}$$

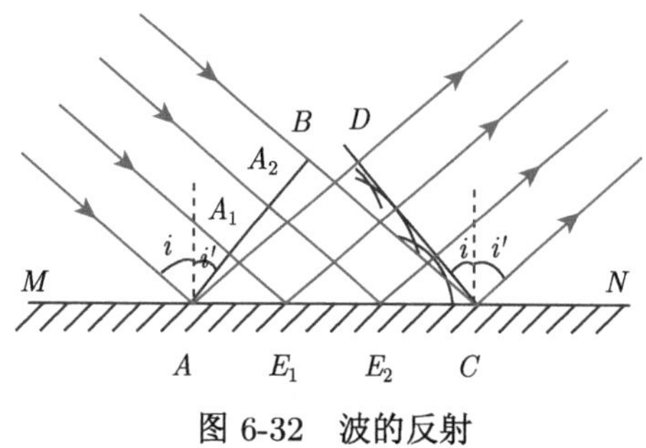

图 6-32　波的反射

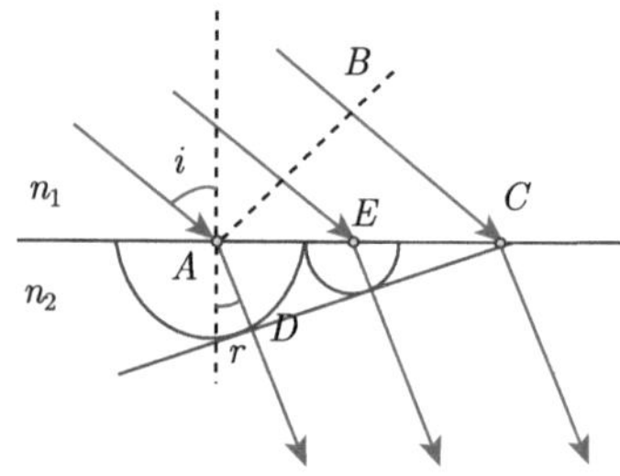

图 6-33　波的折射

6.5　波的干涉

6.5.1　波的叠加原理

1. 波传播的独立性

若干列波在传播过程中相遇，每列波仍将保持其原有的特性 (频率、波长、振幅、振动方向)，不受其他波的影响，每列波的传播就像其单独存在时一样。

2. 波的叠加原理

在几列波相遇的区域内，任一质点振动的位移是各列波单独传播时在该点引起的位移的矢量和。

波的叠加原理可以从波函数 $y=y(x,t)$ 加以说明。各种平面波满足如下线性波动方程

$$\frac{\partial^2 y}{\partial x^2}=\frac{1}{u^2}\frac{\partial^2 y}{\partial t^2} \tag{6-63}$$

若 y_1、y_2 分别是式 (6-63) 的解，则 y_1+y_2 也是它的解，所以上述波函数满足叠加关系，即波遵从叠加原理。而爆炸产生的冲击波就不满足线性波动方程，所以叠加原理不适用。叠加原理在物理上的重要性还在于可将一列复杂的波分解为简谐波的组合，如图 6-34 和图 6-35 所示。

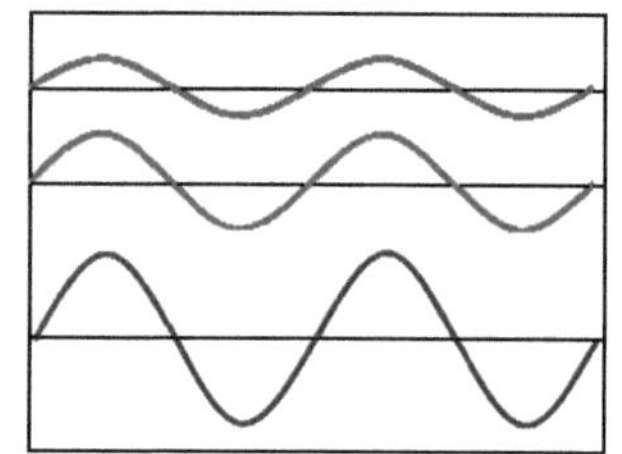

图 6-34　振动方向相同、频率相同、振幅不同的两列波叠加

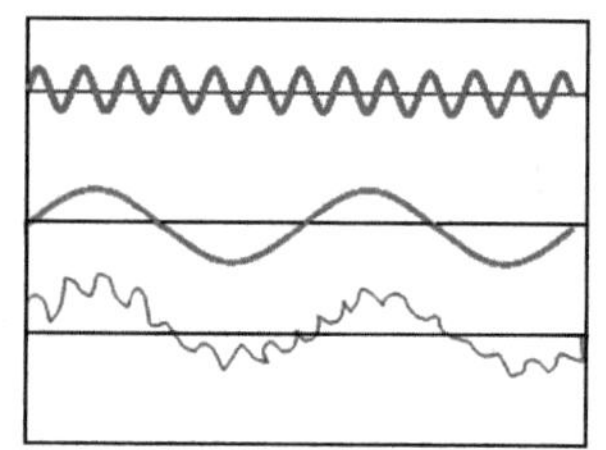

图 6-35　振动方向相同的高频波和低频波的叠加

6.5.2 波的干涉现象 相干波 相干波源

1. 干涉现象

一般情况下，几列波在介质中相遇时，相遇区域内各处质点的合振动是很复杂的和不稳定的。若两列波在空间相遇，空间各点的振动是完全确定的，得到波的一种稳定的叠加图样 (图 6-36)。即在波场中任意一点两列波引起的两分振动有恒定的位相差，但是波场中空间不同点，有着不同的恒定位相差。因而在波场空间中某些点，振动始终加强 (干涉最大)，而在另一些点处，振动始终减弱或完全抵消 (干涉最小)。这种现象称为**干涉现象**。

图 6-36 水波的干涉

2. 相干条件和相干波

在干涉现象中的两列波，所满足的条件称为**相干条件**。两列波所满足的相干条件为两列波具有相同的频率，两列波具有相同的振动方向，两列波在相遇点处的振动有固定的位相差。满足相干条件的两列波称为**相干波**，满足相干条件的波源称为**相干波源**。

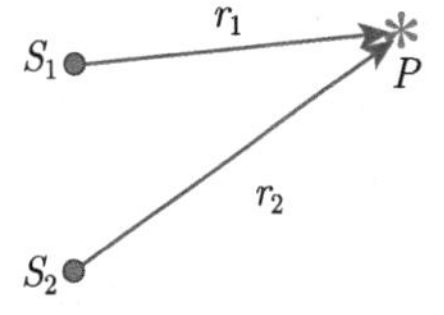

图 6-37 两列波的干涉叠加

3. 两列波的干涉叠加

如图 6-37 所示，设有两相干波源 S_1 和 S_2，其振动表达式分别为

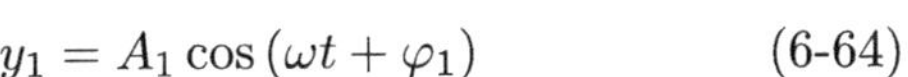

$$y_1 = A_1 \cos(\omega t + \varphi_1) \tag{6-64}$$

$$y_2 = A_2 \cos(\omega t + \varphi_2) \tag{6-65}$$

两列波传播到 P 点的振动分别为

$$y_1 = A_1 \cos\left(\omega t + \varphi_1 - \frac{2\pi r_1}{\lambda}\right) \tag{6-66}$$

$$y_2 = A_2 \cos\left(\omega t + \varphi_2 - \frac{2\pi r_2}{\lambda}\right) \tag{6-67}$$

在 P 点波的合振动为

$$y = y_1 + y_2 = A_1 \cos\left(\omega t + \varphi_1 - \frac{2\pi r_1}{\lambda}\right) + A_2 \cos\left(\omega t + \varphi_2 - \frac{2\pi r_2}{\lambda}\right) \tag{6-68}$$

P 点的振动是两同频率的简谐振动的合成，合成后仍应是同频率的简谐振动

$$y = A\cos(\omega t + \varphi) \tag{6-69}$$

合成振幅为

$$A = \sqrt{A_1^2 + A_2^2 + 2A_1A_2\cos\Delta\varphi} \tag{6-70}$$

两分振动的位相差为

$$\Delta\varphi = (\varphi_2 - \varphi_1) - 2\pi\frac{r_2 - r_1}{\lambda} \tag{6-71}$$

4. 干涉相长和相消条件

由合成振幅的表达式，可以看出其大小取决于两分振动的位相差，当两分振动的位相差等于 π 的偶数倍时，合成振幅最大，等于两分振动振幅相加。即干涉相长条件

$$\Delta\varphi = (\varphi_2 - \varphi_1) - 2\pi\frac{r_2 - r_1}{\lambda} = \pm 2k\pi\text{时}, \quad A = A_1 + A_2 \tag{6-72}$$

当两分振动的位相差等于 π 的奇数倍时，合成振幅最小，等于两分振动振幅相减的绝对值。即干涉相消条件：

$$\Delta\varphi = (\varphi_2 - \varphi_1) - 2\pi\frac{r_2 - r_1}{\lambda} = \pm(2k+1)\pi\text{时}, \quad A = |A_1 - A_2| \tag{6-73}$$

当两分振动的位相差等于其余值时，合成振幅介于最大和最小之间。即

$$\Delta\varphi = \text{其他时}, \quad |A_1 - A_2| < A < A_1 + A_2 \tag{6-74}$$

从上面的分析中，可以看出在干涉问题的研究中，干涉相长和相消条件取决于两列波在相遇点 P 处的振动位相差。在许多波动干涉研究中，往往还会建立用波程差表示的干涉相长和相消条件。为简单起见，设 $\varphi_2 = \varphi_1$，则位相差变为 $\Delta\varphi = -2\pi\frac{r_2 - r_1}{\lambda}$。令 $\delta = r_2 - r_1$ 为波程差，则干涉相长条件为

$$\delta = r_2 - r_1 = \pm k\lambda \quad (k = 0, 1, 2, \cdots)\text{时}, \quad A = A_1 + A_2(\text{加强}) \tag{6-75}$$

干涉相消条件为

$$\delta = r_2 - r_1 = \pm(2k+1)\frac{\lambda}{2} \quad (k = 0, 1, 2, \cdots)\text{时}, \quad A = |A_1 - A_2|\,(\text{减弱}) \tag{6-76}$$

例 6-8　如例 6-8 图所示，A、B 为两相干波源，每个波源产生的振动可沿着 x 轴正反向传播，两振动的振幅相等，振动频率为 100 Hz，当 B 波源的振动为波峰时，A 波源的振动为相邻的波谷。波速为 $u = 400\ \mathrm{m\cdot s^{-1}}$。求 A、B 连线上因干涉而静止的各点位置。

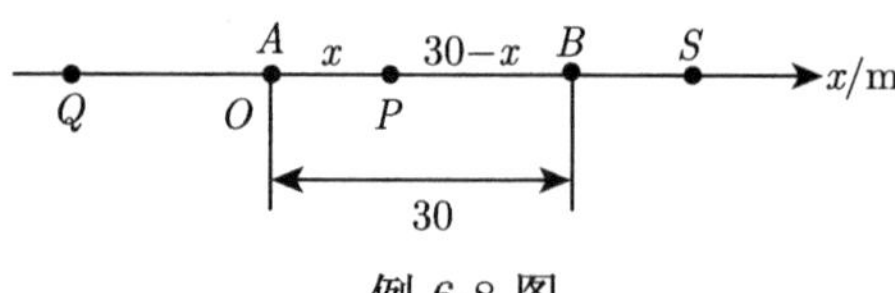

例 6-8 图

解 两波动的波长相等，为 $\lambda = \dfrac{u}{f} = \dfrac{400}{100} = 4\ \text{m}$。

(1) 考察 AB 之间。任一点 P 处的两波源产生的振动的位相差为

$$\begin{aligned}\Delta\varphi &= (\varphi_B - \varphi_A) - 2\pi\frac{r_{BP} - r_{AP}}{\lambda} = \pi - 2\pi\frac{(30-x)-x}{\lambda} \\ &= \pi - (15-x)\,\pi = -14\pi + \pi x = (2k+1)\,\pi\end{aligned}$$

可得在 AB 间因干涉静止的位置坐标为 $x = 2k + 15(k = 0, \pm1, \pm2, \cdots, \pm7)$。

(2) 考察 A 点左侧，任一点 Q 处的两波源产生的振动的位相差为

$$\Delta\varphi = (\varphi_B - \varphi_A) - 2\pi\frac{r_{BQ} - r_{AQ}}{\lambda} = \pi - 2\pi\frac{30}{4} = -14\pi$$

即在 A 点左侧所有点干涉都是相长干涉，没有干涉静止点。

(3) 考察 B 点右侧，任一点 S 处的两波源产生的振动的位相差为

$$\Delta\varphi = (\varphi_B - \varphi_A) - 2\pi\frac{r_{BS} - r_{AS}}{\lambda} = \pi - 2\pi\frac{-30}{4} = 16\pi$$

即在 B 点右侧所有点干涉都是相长干涉，没有干涉静止点。

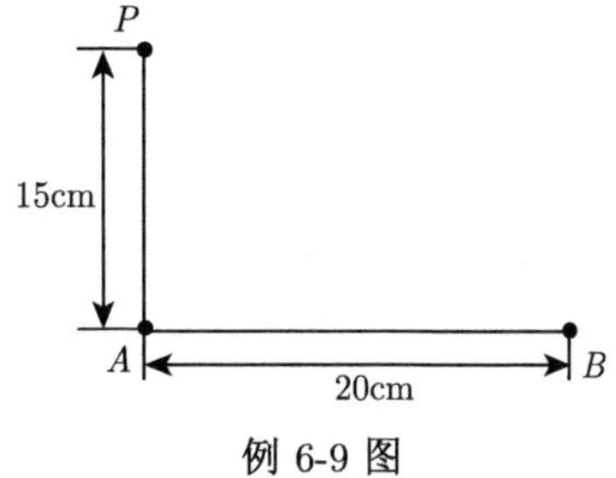

例 6-9 图

例 6-9 如例 6-9 图所示，A、B 为两相干波源，振动的振幅都为 5 cm，振动频率为 100 Hz。B 的振动位相滞后 A 的振动位相为 π，波速为 $u = 10\ \text{m}\cdot\text{s}^{-1}$。求 P 点两列波相遇的干涉情况。

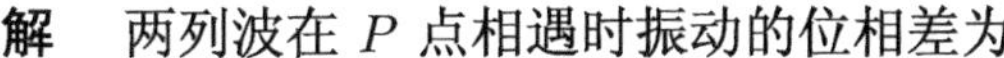

解 两列波在 P 点相遇时振动的位相差为

$$\Delta\varphi = (\varphi_B - \varphi_A) - 2\pi\frac{r_{BP} - r_{AP}}{\lambda}$$

B 点到 P 点直线距离为

$$r_{BP} = \sqrt{AP^2 + AB^2} = 25\ \text{m}$$

A 点到 P 点直线距离为

$$r_{AP} = 15\ \text{m}$$

两列波的波长相等，为

$$\lambda = \frac{u}{f} = 0.1\ \text{m}$$

由题意

$$\varphi_B - \varphi_A = -\pi$$

$$\Delta\varphi = -\pi - 2\pi\frac{2.5 - 15}{0.1} = -201\pi$$

所以 P 点两波动的振动反向，合成振幅 $A=0\,(A_1=A_2)$，P 点的振动始终是干涉静止。

例 6-10　单一频率 (波长) 的波叫做单色波，它是一个无穷延伸的波列，如平面简谐波。实际的波不是无穷长的波列，而是有限的波列，它是一群无穷长的单色波列的叠加，通常把这一群单色波组成的有限波列叫做波包。试计算并分析两个频率相近、振幅相等、同方向振动的简谐波的叠加，了解群速和相速的概念。

解　$y_1(x,t)=A\cos(\omega_1 t-k_1 x),\quad y_2(x,t)=A\cos(\omega_2 t-k_2 x)$

叠加后

$$y(x,t)=y_1+y_2=2A\cos\left(\frac{\omega_1-\omega_2}{2}t-\frac{k_1-k_2}{2}x\right)\times\cos\left(\frac{\omega_1+\omega_2}{2}t-\frac{k_1+k_2}{2}x\right)$$

某 t 时刻合成波的波形如例 6-10a 图所示。

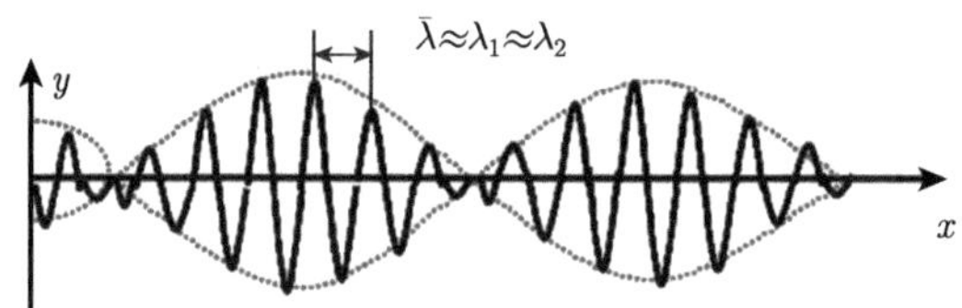

例 6-10a 图

因为 $\Delta\omega=\omega_1-\omega_2\ll\omega_1$或$\omega_2$，$\Delta k=k_1-k_2\ll k_1$或$k_2$，所以 $\cos\left[(\Delta\omega t-\Delta kx)/2\right]$ 变化缓慢 (对应包络曲线)(例 6-10b 图)。

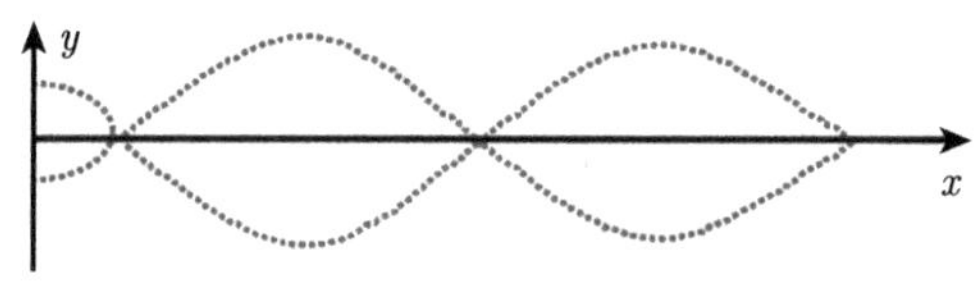

例 6-10b 图

令

$$\omega_{\mathrm{m}}=\frac{\Delta\omega}{2},\quad k_{\mathrm{m}}=\frac{\Delta k}{2},\quad \bar{\omega}=\frac{\omega_1+\omega_2}{2},\quad \bar{k}=\frac{k_1+k_2}{2}$$

则

$$y(x,t)=2A\cos(\omega_{\mathrm{m}}t-k_{\mathrm{m}}x)\cos(\bar{\omega}t-\bar{k}x)=A_{\mathrm{m}}(x,t)\cos(\bar{\omega}t-\bar{k}x)$$

上式可看成振幅 $A_{\mathrm{m}}(x,t)$ 以频率 ω_{m} 缓慢变化而各质元以频率 $\bar{\omega}$ 迅速振动着的波。

这个波的速度为 $u_{\mathrm{p}}=\bar{\omega}/\bar{k}$，称为**相速度**，是行波振动状态传播的速度。

振幅 $A_{\mathrm{m}}(x,t)$ 对应的是合成波的包络，称为波包，其在空间的分布呈简谐波形式，并且也在空间中缓慢传播移动，其传播速度就是**群速**u_{g}。因此，群速就是波包的移动速度。

群速：$u_{\mathrm{g}}=\omega_{\mathrm{m}}/k_{\mathrm{m}}=\Delta\omega/\Delta k$，群速就是波包振幅的包络线对应的相的运动速度，是能量的传播速度。

6.5.3　驻波

驻波是简谐波干涉的特例。沿 x 轴正、反两方向传播的简谐波，如果它们的振动频率和振幅都相同，初位相差恒定，就会叠加形成驻波 (图 6-38)。

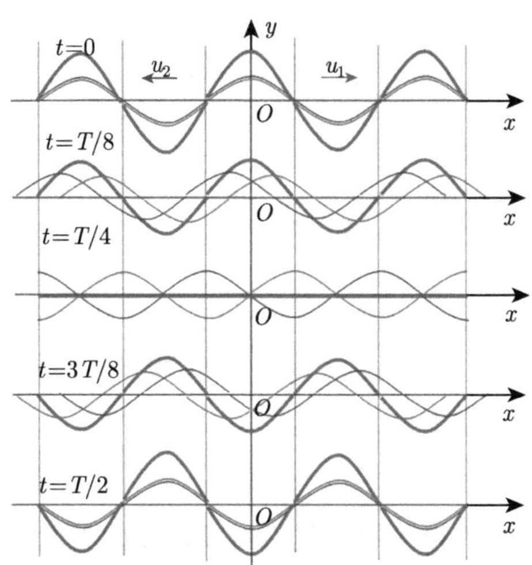

图 6-38 同频率正反向两列简谐波形成驻波

1. 驻波实验

为了产生驻波可用如图 6-39 所示的装置，左边放一电振音叉，音叉末端系一水平的细绳AB，B 处有一劈尖，可左右调节AB间的距离，细绳经过滑轮后末端悬一重物 M，使绳上产生张力。音叉振动时，绳上产生波动，向右传播，到达 B 点后反射，产生反射波向左传播。这样在细绳AB之间两列传播方向相反的波，互相叠加，适当移动劈尖就形成了如图所示的驻波。可以看到弦线上形成了稳定的振动状态，但各点的振幅不同，有些点始终静止不动，这些点称为**波节**。而另一些点振动的振幅始终最大，这些点称为**波腹**。

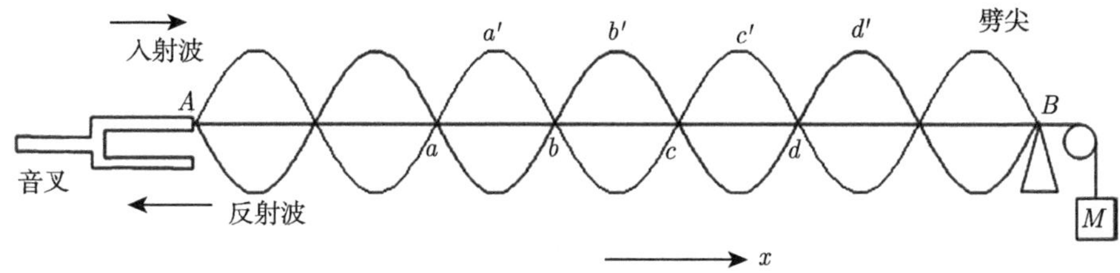

图 6-39 驻波实验装置

驻波有一定的波形，此波形不移动，各点以各自确定的振幅在各自的平衡位置附近振动，没有振动状态或相位的传播。因此驻波是一种特殊的振动状态，是波干涉的特例。

2. 驻波方程

考察一般情况下同频率、同振向、振幅相同的两入射波和反射波的波函数

$$y_1 = A\cos 2\pi\left(\frac{t}{T}-\frac{x}{\lambda}+\varphi_1\right),\quad y_2 = A\cos 2\pi\left(\frac{t}{T}+\frac{x}{\lambda}+\varphi_2\right) \tag{6-77}$$

适当选取坐标原点和时间零点，即选取入、反射波振动位相相同点为坐标原点，并开始计时，则入射波、反射波波函数变为

$$y_1 = A\cos 2\pi\left(\frac{t}{T}-\frac{x}{\lambda}\right),\quad y_2 = A\cos 2\pi\left(\frac{t}{T}+\frac{x}{\lambda}\right) \tag{6-78}$$

两波合成后得

$$y = y_1 + y_2 = A\cos 2\pi\left(\frac{t}{T} - \frac{x}{\lambda}\right) + A\cos 2\pi\left(\frac{t}{T} + \frac{x}{\lambda}\right)$$
$$= A \cdot 2\cos\frac{2\pi\left(\frac{t}{T} - \frac{x}{\lambda}\right) + 2\pi\left(\frac{t}{T} + \frac{x}{\lambda}\right)}{2} \cdot \cos\frac{2\pi\left(\frac{t}{T} - \frac{x}{\lambda}\right) - 2\pi\left(\frac{t}{T} + \frac{x}{\lambda}\right)}{2} \quad (6\text{-}79)$$

进一步化简得驻波方程

$$y = 2A\cos\frac{2\pi x}{\lambda}\cos 2\pi\nu t \quad (6\text{-}80)$$

3. 驻波特点

1) 驻波的振幅

波动介质中各点都以相同的频率 ν 做简谐振动，振动规律为 $\cos 2\pi\nu t$。

各点简谐振动的振幅 $2A\cos\frac{2\pi x}{\lambda}$ 随空间坐标 x 变化，在空间中按余弦规律分布。

有些点始终静止，这些点称为**波节**，在波节处，由两列波引起的两振动恰好反相，相互抵消，故波节处静止不动 (图 6-40)。

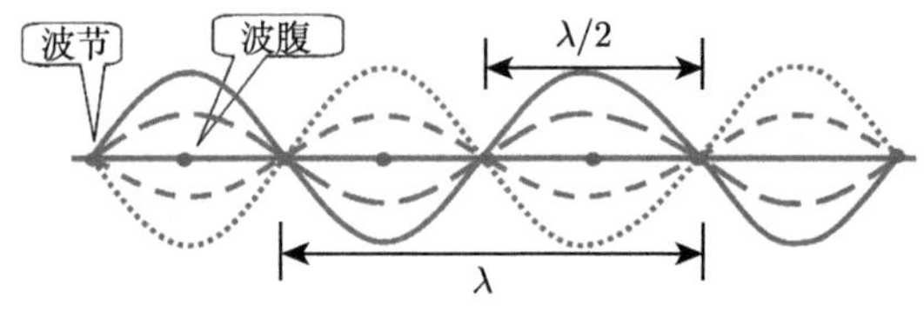

图 6-40　波腹和波节

波节坐标所满足的关系为

$$\cos\frac{2\pi x}{\lambda} = 0, \quad \frac{2\pi x}{\lambda} = \pm(2k+1)\frac{\pi}{2} \quad (k = 0, 1, 2, \cdots)$$

波节坐标

$$x_k = \pm(2k+1)\frac{\lambda}{4} \quad (6\text{-}81)$$

两相邻波节距离

$$x_{k+1} - x_k = [(k+1)+1]\frac{\lambda}{4} - (2k+1)\frac{\lambda}{4} = \frac{\lambda}{2} \quad (6\text{-}82)$$

有些点振幅最大，这些点称为**波腹**。波腹处，由两列波引起的两振动恰好同相，相互加强，故波腹处振幅最大 (图 6-40)。

波腹所满足的关系为

$$\cos\frac{2\pi x}{\lambda} = \pm 1, \quad \frac{2\pi x}{\lambda} = \pm k\pi \quad (k = 0, 1, 2, \cdots)$$

波腹坐标

$$x_k = \pm k\frac{\lambda}{2} \quad (6\text{-}83)$$

两相邻波腹距离

$$x_{k+1} - x_k = (k+1)\frac{\lambda}{2} - k\frac{\lambda}{2} = \frac{\lambda}{2} \quad (6\text{-}84)$$

2) 驻波的位相

驻波方程 $y=2A\cos\dfrac{2\pi x}{\lambda}\cos 2\pi\nu t$ 中，时间部分提供的位相对于所有的 x 是相同的，而空间变化带来的位相是不同的。

考察波节两边的振幅，如 $x=\lambda/4$ 是波节，在范围 $-\lambda/4\leqslant x\leqslant\lambda/4$ 内，$2A\cos\dfrac{2\pi x}{\lambda}\geqslant 0$；在范围 $\lambda/4\leqslant x\leqslant 3\lambda/4$ 内，$2A\cos\dfrac{2\pi x}{\lambda}\leqslant 0$；因此，在波节两侧质点的振动位相相反，振动的速度方向相反。在相邻两波节之间质点的振动位相相同，振动的速度方向相同。

3) 驻波的能量

从驻波方程可得介质中质点的动能和势能分别为

$$E_{\mathrm{k}}=\frac{1}{2}mv^2=2\Delta V\rho A^2\omega^2\cos^2\left(\frac{2\pi}{\lambda}x\right)\sin^2\omega t \tag{6-85}$$

$$E_{\mathrm{P}}=\frac{1}{2}Y\Delta V\left(\frac{\Delta y}{\Delta x}\right)^2=2\Delta V\rho A^2\omega^2\sin^2\left(\frac{2\pi}{\lambda}x\right)\cos^2\omega t \tag{6-86}$$

由上式可知：各质点位移达到最大时，动能为零，势能不为零，在波节处相对形变最大，势能最大，在波腹处相对形变最小，势能最小，势能集中在波节附近；当各质点回到平衡位置时，全部势能为零，动能最大，动能集中在波腹附近。能量从波腹传到波节，又从波节传到波腹，往复循环，能量不被传播。驻波是介质的一种特殊运动状态，它是稳定态。

4) 半波损失

入射波在反射时发生位相突变的现象称为半波损失 (图 6-41)。当波从波疏介质垂直入射到波密介质界面上反射时，有半波损失，反射波的波动位相突变 π，若反射波和入射波叠加形成驻波，则驻波在界面处是波节。反之，当波从波密介质垂直入射到波疏介质界面上反射时，无半波损失，界面处出现波腹。

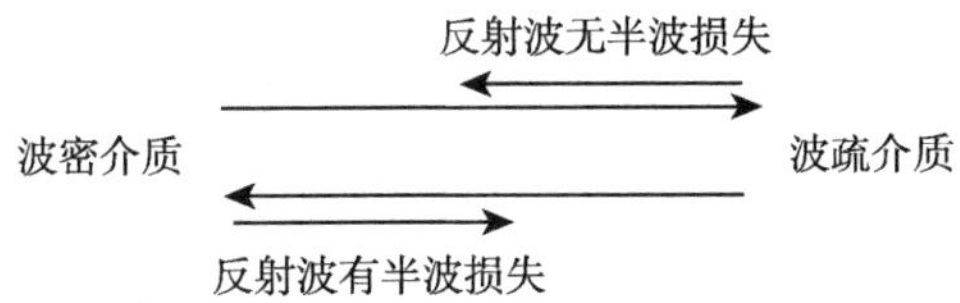

图 6-41　在不同介质分界面处波反射的半波损失

波密媒质与波疏媒质：我们用介质的密度和波速的乘积 ρu 表示媒质的特性阻抗。两种媒质比较，ρu 值较大的称为波密介质，ρu 值较小的称为波疏介质。

4. 弦线上的驻波与简正模式

两端固定的弦 (如琴弦) 在被激励后，其上存在一些特定的振动模式，称为**简正模式**。简正模式就是驻波，弦上实际存在的波既要满足波动方程又要满足边界条件。在有界弦上之所以只存在一些特定的振动模式，是边界条件要求的结果。凡是有边界的振动物体，其上都存在驻波。

在两端拉紧、绳长为 L 的绳上形成驻波的波长必须满足下列条件

$$L=n\frac{\lambda_n}{2},\quad \lambda_n=\frac{2L}{n},\quad \nu_n=n\frac{u}{2L}\quad (n=1,2,3,\cdots) \tag{6-87}$$

即弦线上形成的驻波波长、频率均不连续。这些频率称为弦振动的本征频率，对应的振动方式称为简正模式 (图 6-42)。最低的频率称为**基频**，其他整倍数频率为**谐频**。

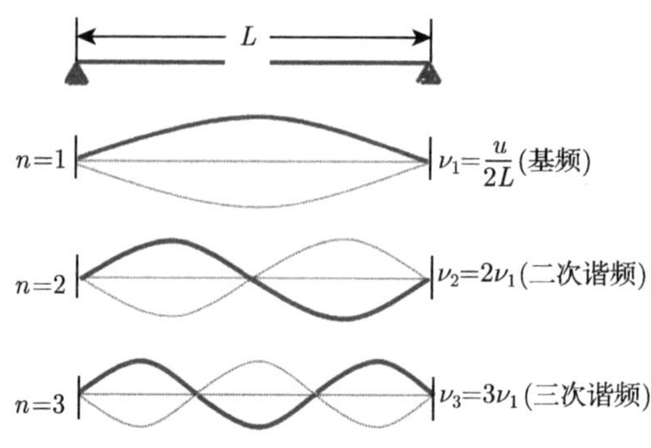

图 6-42　两端固定的弦上的简正模式 (前三个)

系统究竟按哪种模式振动，取决于初始条件。一般是各种简正模式的叠加。一个系统的简正模式所对应的简正频率反映了系统的固有频率特性。当周期性强迫力的频率与系统的固有频率之一相同时，就会与该频率发生共振，系统中该频率振动的振幅最大。

例 6-11　一弦线的振动方程为 $y=0.5\cos\frac{\pi x}{3}\cos 40\pi t$，单位 cm，$t$ 以 s 计。试问：两分波振幅与波速为多少？相邻两波节间距离为多少？当 $t=9/8$ s 时刻，在弦线 $x=3.0$ cm 处弦上质点振动速度为多少？

解　(1) 由振动方程可知其为驻波方程。

对比驻波方程得两分波振幅为 $A=0.25$ cm。

因为 $\frac{2\pi}{\lambda}=\frac{\pi}{3}$，波长 $\lambda=6$ cm，

又因为 $\frac{2\pi}{T}=40\pi$，振动周期 $T=\frac{1}{20}$ s，两分波波速为 $u=\frac{\lambda}{T}=120\text{cm}\cdot\text{s}^{-1}$。

(2) 相邻两波节间距离为 $\Delta x=\frac{\lambda}{2}=3\text{cm}$。

(3) 驻波方程时间求导数得振动速度表达式。

$$v=\frac{\partial y}{\partial t}=-0.5\times 40\pi\cos\frac{\pi}{3}x\sin 40\pi t$$

将 $t=9/8$ s 和 $x=3.0$ cm 的条件代入得该点振动速度 $v=0$。

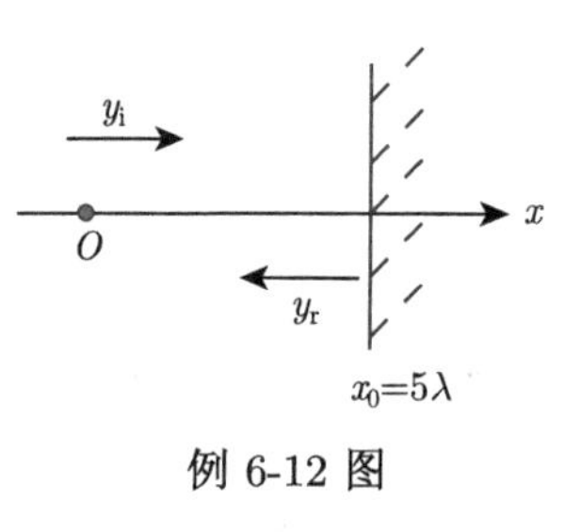

例 6-12 图

例 6-12　如例 6-12 图所示，一列入射波 $y_i=A\cos 2\pi\left(\frac{t}{T}-\frac{x}{\lambda}\right)$在 $x_0=5\lambda$ 处固定端反射，求驻波方程式及波节与波腹的坐标。

解　由题意可得入射波与反射波的位相差为

$$\varphi_{i0}-\varphi_{r0}=2kx_0+\pi=21\pi$$

可得反射波函数

$$y_{\mathrm{r}} = A\cos\left(\frac{2\pi}{T}t + \frac{x}{\lambda} - 21\pi\right)$$

驻波方程式:

$$y = y_{\mathrm{i}} + y_{\mathrm{r}} = -2A\sin\frac{2\pi x}{\lambda}\sin\frac{2\pi t}{T}$$

波腹满足条件:

$$\frac{2\pi x}{\lambda} = (2n+1)\frac{\pi}{2} \quad (n = 0, 1, 2, \cdots)$$

波腹位置坐标:

$$x = (2n+1)\frac{\lambda}{4} \quad (n = 0, 1, 2, \cdots, 9)$$

波节满足条件:

$$\frac{2\pi x}{\lambda} = n\pi \quad (n = 0, 1, 2, \cdots)$$

波节位置坐标:

$$x = \frac{n\lambda}{2} \quad (n = 0, 1, 2, \cdots, 10)$$

6.6 多普勒效应

波是振动在介质中的传播。波从波源发出后，就以固定的波速在介质中传播，与波源的运动无关。在均匀介质中，一个静止波源发出的波面是一系列同心圆，球心即波源所在位置。如果波源运动，则波面是一系列非同心球面，它们是由波源于不同时刻在不同位置发出的。若波源速度小于波速，这些波面互不相交，将产生多普勒效应 (图 6-43)。若波源速度大于波速, 各波面相交，其包络面是一个圆锥面。对应的物理现象有声学中的冲击波和电磁学中的切连科夫辐射。

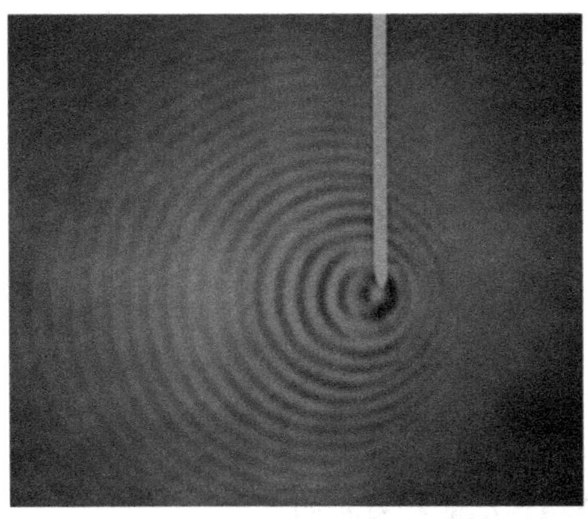

图 6-43 振动源向右运动时产生的水波多普勒效应

6.6.1 多普勒现象

当鸣笛的火车开向站台，站台上的观察者听到的笛声变尖，即频率升高；相反，当火车离开站台，听到的笛声频率降低 (图 6-44)。

波源 S 与观察者 O 之间有相对运动时，观察者 O 接收到的波的频率 ν_O 与波源 S 的振动频率 ν_S 不同，这种现象称为多普勒效应。机械波的多普勒效应称为经典多普勒效应。这是奥地利物理学家多普勒首先提出的。

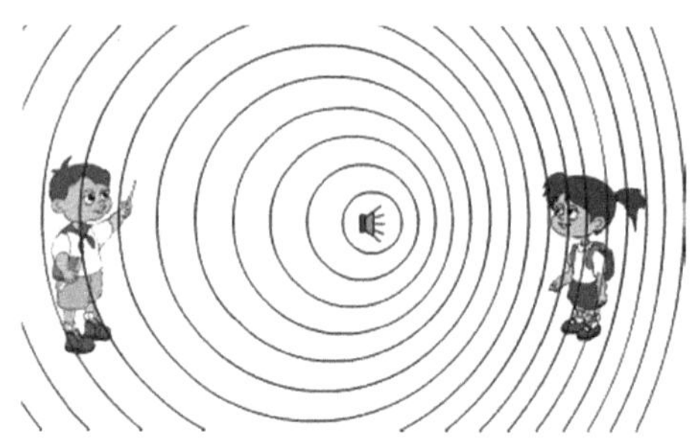

图 6-44　波源运动引起的多普勒效应

利用声波的多普勒效应可以测定流体的流速、潜艇的速度，还可以用来报警和监测车速。在医学上，利用超声波的多普勒效应对心脏跳动情况进行诊断，如超声心动、多普勒血流仪等。在气象上，利用电磁波的多普勒效应对降水云团的运动和演化进行分析预测，如气象多普勒雷达。

6.6.2　机械波的多普勒效应

考察一个机械波，设波源为 S，波源振动的频率为 ν_S，波源振动周期为 T_S，波源运动速度为 V_S，波在介质中的波速为 u，观察者为 O，观察者接收到波的频率为 ν_O，观察者运动的速度为 V_O(图 6-45)。则根据频率的定义可得观察者接收到波的频率公式

$$\text{观察者接收波的频率} = \frac{\text{波动相对于观察者的传播速度}}{\text{波动在介质中的波长}} \tag{6-88}$$

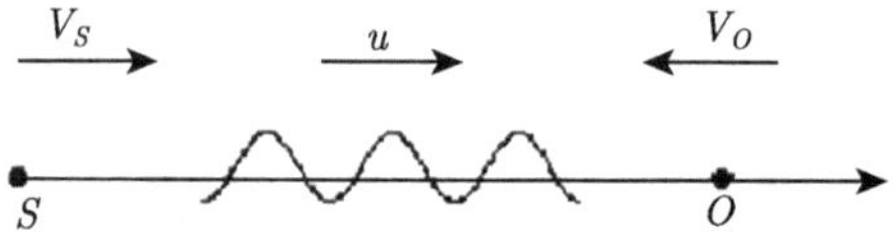

V_S　u　V_O

S　O

图 6-45　波源和观察者的运动

下面分四种情况讨论因多普勒效应的影响，观察者接收到波的频率 ν_O。

1. 相对介质波源和观察者都静止

如图 6-46 所示，$V_S = V_O = 0$ ，观察者接收到波的频率为

$$\nu_O = \frac{u}{\lambda} = \frac{u}{uT_S} = \frac{1}{T_S} = \nu_S \tag{6-89}$$

观察者接收到波的频率与波源振动的频率相同。

2. 波源相对介质静止，观察者向着波源的方向以 V_O 的速度运动

$V_S = 0$，$V_O \neq 0$ 向波源运动。波相对观察者的传播速度为 $u + V_O$。则观察者接收到波的频率为

$$\nu_{O2} = \frac{u + V_O}{\lambda} = \frac{u + V_O}{uT_S} = \left(1 + \frac{V_O}{u}\right)\nu_S \tag{6-90}$$

观察者接收到波的频率比波源振动的频率高。

3. 观察者相对介质静止，波源向着观察者方向以 V_S 速度运动

如图 6-47 所示，$V_O=0$，$V_S\neq 0$，向着观察者沿波传播方向运动。此时波在介质中的传播速度不变，仍为波速 u，但波在介质中的波长变短

$$\lambda_3=\lambda-V_ST=uT-V_ST=(u-V_S)T \tag{6-91}$$

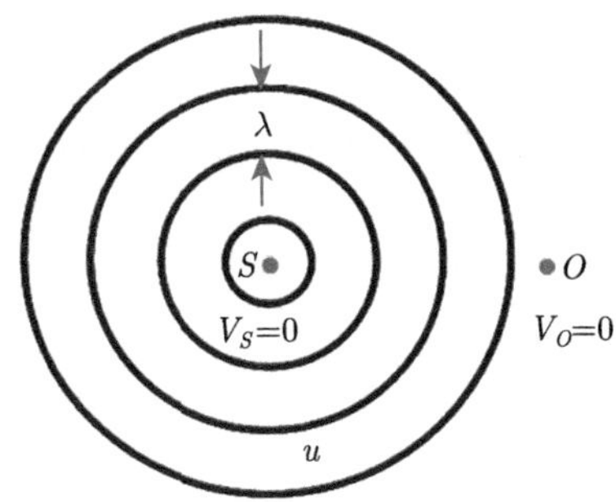

图 6-46 波源和观察者都静止

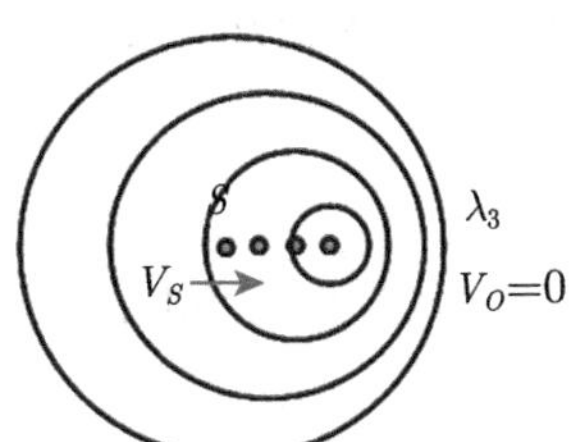

图 6-47 波源向着观察者方向以 V_S 速度运动

观察者接收到波的频率为

$$\nu_O=\frac{u}{\lambda_3}=\frac{u}{(u-V_S)T_S}=\frac{u}{u-V_S}\nu_S \tag{6-92}$$

观察者接收到波的频率变高。

4. 波源和观察者都相对介质运动

$V_S\neq 0$，$V_O\neq 0$，此时波相对观察者的相对运动速度为 $u\pm V_O$，波在介质中的波长为 $\lambda_4=(u\mp V_S)T_S$，则观察者接收到波的频率为

$$\nu_O=\frac{u\pm V_O}{(u\mp V_S)T_S}=\frac{u\pm V_O}{u\mp V_S}\nu_S \tag{6-93}$$

当观察者向着波源运动时，式中分子取 + 号，当观察者背向波源方向运动时，式中分子取 − 号。当波源背向波传播方向运动，式中分母取 + 号。当波源向着波传播方向运动，式中分母取 − 号。

例 6-13 两列火车相向而行，两车速度分别为 $72\ \mathrm{km\cdot h^{-1}}$、$54\ \mathrm{km\cdot h^{-1}}$，第一列车汽笛声频率为 600 Hz，设声速为 $340\ \mathrm{m\cdot s^{-1}}$，求两车相遇前后，第二列车上乘客听到的第一列火车汽笛的频率各是多少。

解 由题意可得，第一列车的速度 $Vs=72\ \mathrm{km\cdot h^{-1}}=20\ \mathrm{m\cdot s^{-1}}$，第二列车的速度 $V_0=15\ \mathrm{m\cdot s^{-1}}$。

相遇前听到的频率为 $\nu_{前}=\left(\dfrac{u+V_O}{u-V_S}\right)\nu=666\ \mathrm{Hz}$

相遇后听到的频率为 $\nu_{后}=\left(\dfrac{u-V_O}{u+V_S}\right)\nu=542\ \mathrm{Hz}$

例 6-14　高速公路上测速器的工作原理：测速器发射出一定频率的超声波，超声波由行驶车辆反射回测速器，通过对比超声波频率的变化得到车辆的车速。如例 6-14 图所示，测速器 S 发出 100 kHz 的超声波，测速器测到一辆驶来的汽车反射回来的超声波频率变为 110 kHz，设声速为 $330\ \mathrm{m\cdot s^{-1}}$，求该辆汽车的行驶速度。

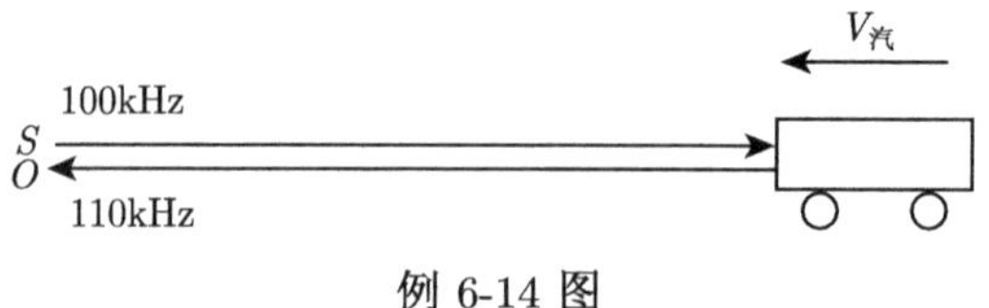

例 6-14 图

解　设测速器发射的超声波频率为 ν_S，汽车上观察者接收到的超声波频率为

$$\nu_1 = \frac{u + V_{汽}}{u}\nu_S$$

反射时，汽车相当于运动波源，测速器接收到的频率为

$$\nu_2 = \frac{u}{u - V_{汽}}\nu_1$$

得

$$\nu_2 = \frac{u + V_{汽}}{u - V_{汽}}\nu_S$$

被测汽车行驶速度

$$V_{汽} = \frac{\nu_2 - \nu_S}{\nu_2 + \nu_S}u = \frac{110 - 100}{110 + 100} \times 330 \approx 15.7\ \mathrm{m\cdot s^{-1}}$$

例 6-15　A、B 为两个汽笛，其频率皆为 500Hz，A 静止，B 以 $60\ \mathrm{m{\cdot}s^{-1}}$ 的速率向右运动。在两个汽笛之间有一观察者 O，以 $30\ \mathrm{m{\cdot}s^{-1}}$ 的速度也向右运动 (例 6-15 图)。已知空气中的声速为 $330\ \mathrm{m{\cdot}s^{-1}}$，求：

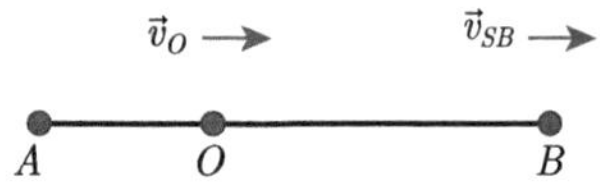

例 6-15 图

(1) 观察者听到来自 A 的频率；

(2) 观察者听到来自 B 的频率；

(3) 观察者听到的拍频。

解　(1) 已知 $u = 330\ \mathrm{m\cdot s^{-1}}, V_{SA} = 0, V_{SB} = 60\ \mathrm{m\cdot s^{-1}}, \nu_{SA} = \nu_{SB} = 500\ \mathrm{Hz}$
观察者听到来自 A 的频率

$$\nu_{O1} = \frac{u \pm V_O}{u \mp V_S}\nu_{SA} = \frac{330 - 30}{330} \times 500 \approx 454.5\ \mathrm{Hz}$$

(2) 观察者听到来自 B 的频率：

$$\nu_{O2} = \frac{330 + 30}{330 + 60} \times 500 \approx 461.5\ \mathrm{Hz}$$

(3) 观察者听到的拍频

$$\Delta\nu = |\nu_{O1} - \nu_{O2}| = 7\ \mathrm{Hz}$$

6.6.3　其他波中的多普勒效应

电磁波也有多普勒效应，在电磁波的多普勒效应中，当光源远离接收器运动时，接收到的频率变小，因而波长变长，这种现象叫红移。天文学家将来自星球的光谱与地球上相同元素的光谱比较，发现星球的光谱几乎都发生红移，就是整个光谱结构向光谱红色一端偏移。观察到的所有天体光谱都有红移，表明所有的天体都在离我们而去。而且离我们越远的天体，红移越大，背离我们的速度越大，这表明宇宙是在膨胀之中，这是支持宇宙大爆炸理论的证据之一。

当物体以大于波速的速度穿越介质时，例如，子弹以大于声速的速度穿越空气或舰船以大于水的表面波的速度在水中行驶时，子弹或舰船后面将带着一个尾波，称为冲击波。

当波源速度 V_S 大于波速 u 的时候，波源位于波前的前方，设在时间 t 内点波源由 A 运动到 B，$AB = V_S t$，而在同一时间内，A 处波源发出的波才传播了 ut，这时波源在不同时刻发射的波面相交，它们的包络面是以波源为顶点的一个圆锥面，称为马赫锥 (图 6-48)。其半顶角α满足关系

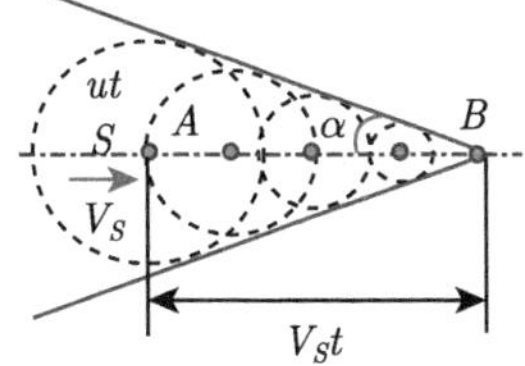

图 6-48　冲击波中马赫锥

$$\sin\alpha = \frac{u}{V_S} \tag{6-94}$$

V_S/u 是一个很重要的参数，称为马赫数。奥地利物理学家马赫首先研究了冲击波。对于空气中的冲击波的情况，马赫锥内外的空气密度、压强、温度存在突变。波源在所有时刻发出的波几乎同时到达接收器，冲击波的强度极大，称为“声爆”。如核爆炸和超音速飞行。

苏联物理学家切连科夫在 1934 年发现，“超光速” 电子通过透明介质时，会发出微弱的淡蓝色可见光，这就是切连科夫辐射。由于在真空中带电粒子的速度总是小于光速，因此不会出现与机械波相似的马赫波。但是在媒质中，光的速度小于真空中的光速，如果带电粒子在媒质中速度大于光在媒质中的速度，做变速运动的带电粒子就会发出和马赫波相似的光的马赫波。切连科夫光子发射的方向是冲击波波前的法线方向，观察切连科夫光子的角分布，可以测定高速运动电子的速度分布 (能谱)，切连科夫计数器就是利用切连科夫辐射制成的测定高速粒子的探测器。

习　题

6-1　在波线上有相距 5 cm 的 A、B 两点，已知 B 点的振动位相比 A 点落后 30°，则波动的波长为 (　　)

(A) 0.3 m　　(B) 0.4 m　　(C) 0.5 m　　(D) 0.6 m

6-2　如题 6-2 图所示为沿 x 轴正向传播的平面简谐波在 $t = 0$ 时的波形曲线。若取各点振动初位相在 $(-\pi, +\pi)$ 之间，则 (　　)

(A) 0 点的初位相为 $\varphi_0 = -\pi/2$　　(B) 1 点的初位相为 $\varphi_1 = 0$

(C) 2 点的初位相为 $\varphi_2 = 0$　　(D) 3 点的初位相为 $\varphi_3 = 0$

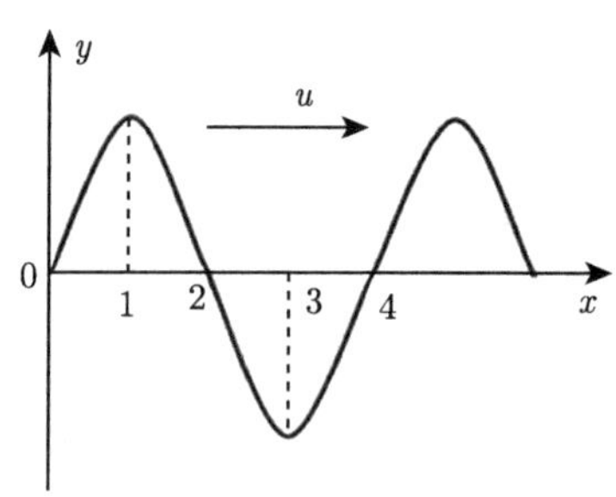

题 6-2 图

6-3　有一平面简谐横波沿 x 轴正向传播，$t=1\ \mathrm{s}$ 时波形如题 6-3 图所示，波速 $u=2\ \mathrm{m\cdot s^{-1}}$，则此波的波函数表示为 (　　)

(A) $y=0.04\cos\left[\pi\left(t-\dfrac{x}{2}\right)+\dfrac{\pi}{2}\right]$　　(B) $y=0.04\cos\left[\pi\left(t+\dfrac{x}{2}\right)+\dfrac{\pi}{2}\right]$

(C) $y=0.04\cos\left[\pi\left(t-\dfrac{x}{2}\right)-\dfrac{\pi}{2}\right]$　　(D) $y=0.04\cos\left[\pi\left(t+\dfrac{x}{2}\right)-\dfrac{\pi}{2}\right]$

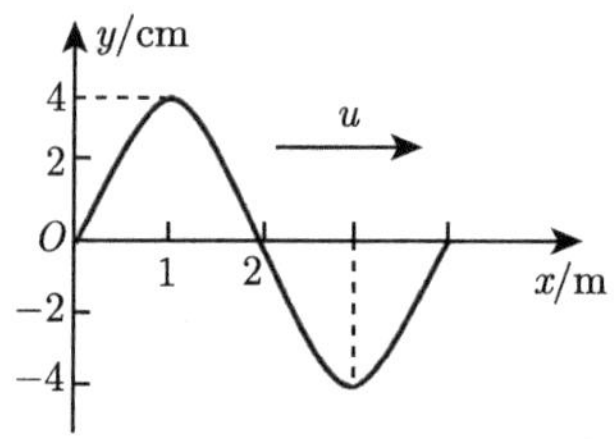

题 6-3 图

6-4　对于机械横波，下列说法正确的是 (　　)

(A) 波峰处质点的动能、势能均为零

(B) 处于平衡位置的质点势能为零，动能为最大

(C) 处于平衡位置的质点动能为零，势能为最大

(D) 波谷处质点动能为零，势能为最大

6-5　火车汽笛的频率为 ν_0，当火车以匀速速率 v 驶向站台时，静止于站台上的观察者接收到笛声的频率为 (　　)(设空气中的声速为 u)

(A) ν_0　　(B) $\dfrac{u+v}{u}\nu_0$　　(C) $\dfrac{u}{u-v}\nu_0$　　(D) $\dfrac{u-v}{u}\nu_0$

6-6　已知平面简谐波的波函数为 $y=0.05\cos\pi(4t-x)$，式中各量均为国际单位。求：

(1) 该平面简谐波的波速、频率和波长；

(2) $x=1\ \mathrm{m}$ 处质点在 $t=1\ \mathrm{s}$ 时刻运动速度和加速度。

6-7　某波源做简谐振动，其振动方程为 $y=4\times10^{-2}\cos 40\pi t m$，它所形成的平面简谐波以 $30\ \mathrm{m\cdot s^{-1}}$ 的速度沿 x 轴正方向传播。求：

(1) 波的周期 T 和波长 λ；

(2) 写出该平面简谐波的波函数。

6-8　已知平面简谐波的波速为 $8.0\ \mathrm{m\cdot s^{-1}}$，$t=0$ 时刻的波形曲线如题 6-8 图所示。试求该平面简谐波的波函数。

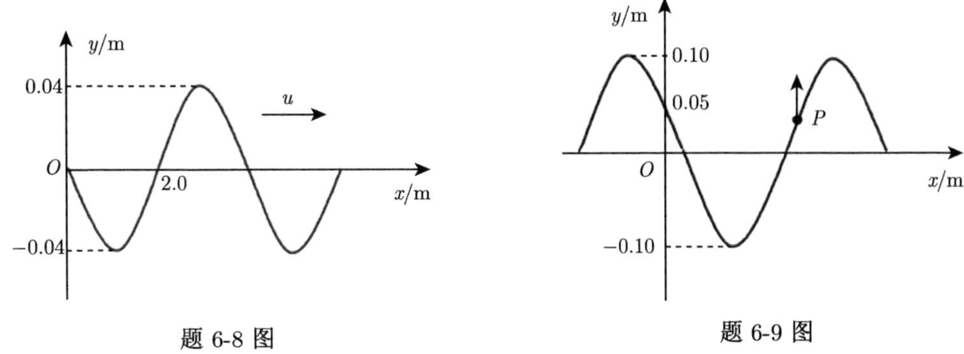

题 6-8 图　　　　题 6-9 图

6-9　已知平面简谐波的波长为 20.0 m，频率为 250 Hz，$t=0$ 时刻的波形曲线如题 6-9 图所示，且此时质点 P 的运动方向向上，试求该平面简谐波的波函数。

第3部分

近代物理学 I

第 7 章　狭义相对论

19 世纪末，人们对理论物理学的成就抱有乐观的态度，觉得似乎整个物理学大厦已经完成，没有多少问题留待解决。然而，实际上存在的某些问题破坏了这一总貌。例如，水星近日点的进动超出了当时预计值的 10%；企图描述辐射和物质之间的相互作用导致了与实验结果不符的公式；某些运动介质的光学问题并没有获得解决等。但是，当时的物理学家几乎都没有想到，为了解释这些问题，必须在物理思想上进行彻底的革命。上述前两个问题分别在广义相对论和量子力学中获得了解决，将在后续课程中学习，而最后一个问题可用狭义相对论来解决。

爱因斯坦于 1905 年创立了狭义相对论，于 1915 年创立了广义相对论。相对论和量子力学是 20 世纪初物理学革命中所取得的两个最伟大的成就，已成为近代物理学的两大理论支柱，构成了现代高新技术的理论基础。狭义相对论从根本上变革了人类在许多世纪以来所形成的旧时空观，建立了新的时空理论，使人们对时间、空间、运动、质量与能量等基本概念和规律有了新的认识，使人类对物质世界的认识产生了巨大的飞跃。

本章从狭义相对论的基本原理出发，引入洛伦兹变换、介绍狭义相对论的时空观、狭义相对论动力学的基本知识。

7.1　伽利略变换与经典力学的时空观

7.1.1　伽利略变换

首先简要回顾第 1 章曾讨论过的伽利略变换。设有两个惯性系 S(坐标 $O-xyz$) 和 S'(坐标 $O'-x'y'z'$)，其 x 轴与 x' 轴、y 轴与 y' 轴、z 轴与 z' 轴彼此平行，且 S' 系相对于 S 系沿 x 轴方向以速度 $\vec{v}$ 做匀速直线运动，如图 7-1 所示。

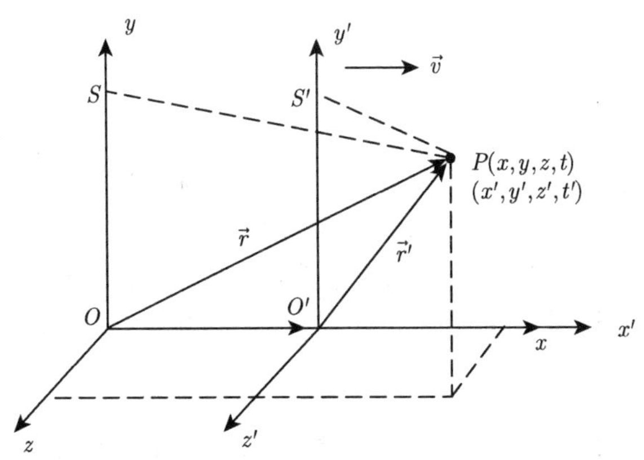

图 7-1　两个惯性系之间的伽利略变换

当两坐标原点 O 和 O' 重合的时刻作为计时起点 $(t=t'=0)$，在任一瞬时，对空间 P 点 (简称场点) 所发生的某一事件，在 S 系、S' 系中分别用时空坐标 (x,y,z,t)、(x',y',z',t') 来描写，则两惯性系的时空坐标有如下关系：

$$\left.\begin{aligned}x'&=x-vt\\y'&=y\\z'&=z\\t'&=t\end{aligned}\right\}\quad\text{或}\quad\left.\begin{aligned}x&=x'+vt'\\y&=y'\\z&=z'\\t&=t'\end{aligned}\right\}\tag{7-1}$$

式 (7-1) 即**伽利略变换**。

将式 (7-1) 对时间求导，可以得到经典力学的速度变换关系式，即伽利略速度变换

$$\left.\begin{aligned}u'_x&=u_x-v\\u'_y&=u_y\\u'_z&=u_z\end{aligned}\right\}\quad\text{或}\quad\left.\begin{aligned}u_x&=u'_x+v\\u_y&=u'_y\\u_z&=u'_z\end{aligned}\right\}\tag{7-2}$$

再将式 (7-2) 对时间求导，可得到两惯性参考系间的加速度关系

$$\left.\begin{aligned}a'_x&=a_x\\a'_y&=a_y\\a'_z&=a_z\end{aligned}\right\}\tag{7-3}$$

该式表明，在一切惯性参考系中，同一质点的加速度是不变量。在经典力学中，质点的质量和运动速度无关，因而也与参考系选择无关，即 $m=m'$。另外，牛顿力学中的力只与质点的相对位置或相对运动有关，因而也与参考系无关，即 $\vec{F}=\vec{F}'$。因此，只要 $\vec{F}=m\vec{a}$ 在惯性参考系 S 中成立，则对于另一惯性参考系 S' 来说，由于 $\vec{F}=\vec{F}'$、$m=m'$ 以及式 (7-3)，必然有 $\vec{F}'=m'\vec{a}'$。即对于不同的惯性系，力学的基本定律 —— 牛顿运动定律的数学表达形式都是一样的。在任何惯性系中观察，同一力学现象将按同样的形式发生和演变。这个结论称为**力学相对性原理**，也叫伽利略不变性。

7.1.2　绝对时空观

实际上, 在伽利略变换式 (7-1) 中, 已经蕴含了绝对时空观 (或称为经典时空观)。由伽利略变换可以得到如下的结论。

1. 同时性是绝对的

设在 S 系中有两个事件 (可在同一地点，也可在不同地点发生)，同时发生于 t 时刻。在 S' 系中，观察者测得这两个事件分别发生于 t'_1 和 t'_2 时刻，根据伽利略变换得 $t'_1=t$、$t'_2=t$，即 $t'_1=t'_2$，即在 S' 系中观测到两事件也是同时发生的。

于是得到结论：S 系中同时发生的两个事件在 S' 系中也是同时发生的。由此可见，两个事件发生的同时性与惯性参考系的运动状态无关，即同时性是绝对的。

2. 时间间隔是绝对的

设在 S 系中有两个事件，分别发生在 t_1 时刻和 t_2 时刻，在 S' 系中的观察者测得这两事件分别发生于 t'_1 时刻和 t'_2 时刻。

根据伽利略变换，得 $t_1'=t_1$、$t_2'=t_2$，有 $\Delta t'=t_2'-t_1'=t_2-t_1=\Delta t$，即在 S 系和 S' 系中测得，两个相继发生的事件，其时间间隔是相等的。

于是得到结论：时间间隔在所有惯性系中是绝对不变的量，即时间间隔也是绝对的。

3. 空间长度是绝对的

设在 S' 系中，有一静止的直杆，沿 x' 轴放置，直杆两端的坐标分别为 x_1' 和 x_2'(注意：因为杆在 S' 系中静止，所以读取坐标 x_1' 和 x_2' 时，可在同一时刻，也可在不同时刻读取)，于是杆长 $l'=x_2'-x_1'$。

在 S 系中的观察者观察到，杆是沿着 $-x$ 方向匀速运动的，因此，测量杆长时，应在同一时刻 t 读取杆两端的坐标 x_1 和 x_2，杆长为 $l=x_2-x_1$。根据伽利略变换，$x_1'=x_1-vt$、$x_2'=x_2-vt$，所以在 S' 系中的观察者观察到杆长为

$$l'=x_2'-x_1'=(x_2-vt)-(x_1-vt)=x_2-x_1=l$$

可见在相互做匀速直线运动的参考系中，测得同一物体的长度是相等的，测量结果与参考系的运动状态无关，即空间长度是绝对的。

综合以上可得：在伽利略变换下，时间和空间都与运动无关，时间和空间是彼此独立的，是绝对的，这就是经典力学的时空观。

7.2 狭义相对论基本原理 洛伦兹变换

7.2.1 狭义相对论产生的历史背景

19 世纪后期，随着电磁学的发展，电、磁技术获得了越来越广泛的应用，对电磁规律的探索成为当时物理学的研究热点，终于导致了麦克斯韦方程组的建立 (将在电磁学部分述及)。

麦克斯韦方程组不仅完整地反映了电磁运动的普遍规律，而且还预言了电磁波的存在，揭示了光的电磁本质。但是，长期以来，物理学界机械论盛行，受牛顿力学影响，认为物理学可以用单一的力学图像描写，其突出特点就是仿照经典力学中机械波的传播特征，提出了 “以太假说”。认为电磁波的传播也需要物质作为媒介，而这种物质就是 “以太”。以太是传播包括光波在内的一切电磁波的弹性物质，它充满了整个宇宙。电磁波是以太介质的机械运动状态，带电粒子的振动会引起以太变形，而这种变形以弹性波的形式在以太中传播就是电磁波。但是，如果波速很大的电磁横波真是通过以太传播的，那么就要求以太必须具有极高的剪切模量；同时注意到，宇宙中大大小小的天体在以太中穿梭，又不会受到以太的任何拖曳力。于是要求，以太是一种密度极小而剪切模量极大的奇怪物质，这简直是不可思议的！

如果以太真的存在，那么，人们就可以通过实验，测出不同方向上光速的差异性，进而计算出地球相对于以太的绝对速度。最早进行这种测量的就是著名的迈克耳孙 - 莫雷实验。

图 7-2 给出了设计精巧的、用于迈克耳孙 - 莫雷实验的迈克耳孙干涉仪示意图。设迈克耳孙干涉仪两臂 GM_1 和 GM_2 等长 (即 $l_1=l_2$) 且相互垂直。从光源 S 射出的光束到达半

涂面银镜 G 后被分成两束 a 和 b。光束 a 经臂长 l_1 到 M_1 镜，折回后经 G 透射并到达望远镜 T；光束 b 经臂长 l_2 到 M_2 镜，折回后经 G 反射也到达 T。

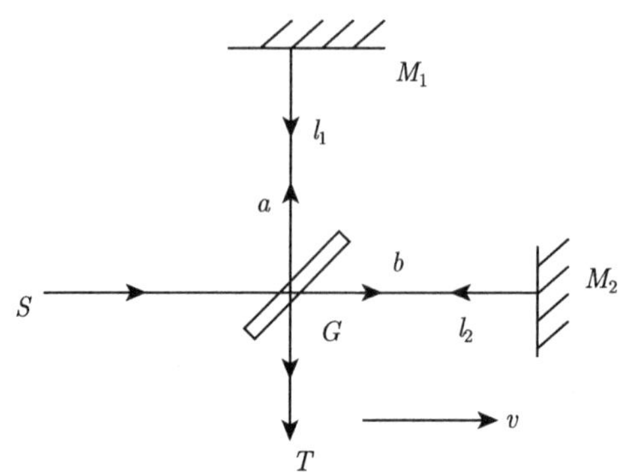

图 7-2　迈克耳孙–莫雷实验

设干涉仪的 GM_2 臂沿地球相对于以太的绝对速度 $\vec{v}$ 方向放置。按伽利略速度变换，光束 a 和 b 相对于地球的速度不同，虽然它们往返的路程相等，但所需的时间是不一样的，这种时间上的差异将导致在干涉仪中看到某种干涉条纹。如果把干涉仪缓慢旋转 90°，使光束 a 和 b 相对于地球的速度发生变化，则它们通过两臂的时间差也将发生变化，按照光的干涉原理 (将在波动光学部分讲述)，必将引起干涉条纹的相应移动。根据计算，干涉条纹移动的数目为

$$\Delta N = \frac{2l}{\lambda}\left(\frac{v}{c}\right)^2$$

式中，λ 是真空中光的波长，并取 $l_1 = l_2 = l$。

1881 年，迈克耳孙首次进行实验，并没有观察到预期的条纹移动。1887 年，迈克耳孙和莫雷改进了实验装置，提高实验精度，多次重复实验，结果仍没有观察到干涉条纹的移动。之后，许多科学家在不同地点、不同季节里重复迈克耳孙–莫雷实验，结果是相同的，无法测出地球相对于以太的运动速度。因此，在光速问题上，人们深信不疑的伽利略变换与实验结果发生了矛盾，这种矛盾只有在狭义相对论建立后才能得到圆满解决。

7.2.2　狭义相对论基本原理

从麦克斯韦方程组出发，可立即得出在自由空间传播的电磁波波动方程，在波动方程中，电磁波在真空中的传播速度是一常数 (等于真空光速)，该常数是普适的，就是说对任何参考系均相等。但在经典力学中，从伽利略变换看，速度总是要相对于某一参考系的，这样就不允许速度是常数。这样看来，伽利略变换与麦克斯韦方程组之间存在着矛盾，伽利略变换不适用于麦克斯韦方程组。那么，我们是接受麦克斯韦方程组还是接受伽利略变换？

迈克耳孙–莫雷实验的零结果极大地震动了整个物理学界，经典物理学的完美性存在质疑。为了完善经典物理学，当时的物理学家们提出了不少理论和模型，像著名“以太拖曳理论”和“发射理论”等，但这些理论都是不正确的。

1905 年，爱因斯坦发表了著名的论文《论动体的电动力学》。在论文中，爱因斯坦提出，电磁场本身就是物质的一种基本形态，电磁波的传播不需要以太作为媒介，应抛弃以太假说，同时，也应抛弃由以太所确定的最优绝对参考系。爱因斯坦认为：物理规律对所有的惯

性系应该是协变的，即在所有惯性系中物理规律具有相同的表述。这就意味着，应该**接受**描写电磁场基本规律的麦克斯韦方程组及其导出的结论，而去**修改**伽利略变换，修改的要点是用新变换取代伽利略变换，以使麦克斯韦方程组在新变换下具有协变的形式。

这实质上是要建立新的惯性系间的时空变换关系。爱因斯坦在总结了新的实验事实后，提出了两条基本假设 (现在已将这两条假设视为狭义相对论的两条基本原理)，可分别表述如下：

1. 狭义的相对性原理 物理定律在所有惯性系中都具有相同的数学表达形式，或者说，一切惯性系都是等价的。该假设意味着，不可能通过力学现象、电磁现象或者是其他任何物理现象察觉出惯性参考系的“绝对运动”。

2. 光速不变原理 在所有惯性系中，光在真空中的传播速度都等于常数 c，该常数与光源的运动状态无关。

需要注意：这两个假设 (或基本原理) 与经典物理所蕴含的时空观深刻矛盾，如光速不变原理与伽利略变换是明显不相容的。因此，狭义相对论的两条基本原理事实上代表了一种新的时空观。

7.2.3 洛伦兹变换

伽利略变换是旧时空观的集中体现，那么怎样的变换才能体现新的时空观？体现新时空观的变换，一方面能使物理规律在该变换下具有协变性；另一方面，体现新时空观的变换在一定条件下应过渡到伽利略变换，即新时空变换应包容旧时空变换。

下面基于狭义相对论的两条基本原理，给出体现新时空观的变换关系。

仍采用图 7-1，选择两个惯性参考系 $S(x,y,z,t)$ 和 $S'(x',y',z',t')$。根据线性要求，从参考系 S 到参考系 S' 的时空坐标变换，需要满足

$$x' = k(x - vt) \tag{7-4a}$$

但由等价原理，惯性参考系 S 和 S' 等价，所以从参考系 S' 到参考系 S 的时空坐标变换，需要满足

$$x = k(x' + vt') \tag{7-4b}$$

式中，k 是比例常数，已考虑了参考系 S 相对于 S' 以速度 $-\vec{v}$ 运动。

由于另外两个坐标方向上相对静止，可以证明 (参考爱因斯坦的《论动体的电动力学》一文)

$$y' = y \tag{7-5}$$

$$z' = z \tag{7-6}$$

为了求出常数 k，现假设有一光信号在两惯性坐标系原点重合的瞬时 $(t = t' = 0)$ 由原点发出，并沿 x 轴方向传播。在 S 系中，信号到达点的坐标与时间的关系为

$$x = ct \tag{7-7}$$

根据光速不变原理，光信号在 S' 系中的传播速度也为光速 c，故在 S' 系中，信号到达点的坐标与时间的关系为

$$x' = ct' \tag{7-8}$$

将式 (7-7) 和式 (7-8) 代入式 (7-4a) 和式 (7-4b)，得

$$ct' = k(c-v)t, \quad ct = k(c+v)t'$$

以上两式相乘，消去 t 和 t' 后，可求得

$$k = \frac{1}{\sqrt{1-v^2/c^2}} \tag{7-9}$$

将 k 值代入式 (7-4a) 和式 (7-4b)，得

$$x' = \frac{x-vt}{\sqrt{1-v^2/c^2}}, \quad x = \frac{x'+vt'}{\sqrt{1-v^2/c^2}}$$

从以上两式中消去 x'，即得 t' 和 t 的变换关系：

$$t' = \frac{t-vx/c^2}{\sqrt{1-v^2/c^2}}$$

同样，消去 x 后，得到 t 和 t' 的变换关系：

$$t = \frac{t'+vx'/c^2}{\sqrt{1-v^2/c^2}}$$

最后，整理后得到两个惯性系时空坐标的变换关系，就是

$$\left.\begin{aligned} x' &= \frac{x-vt}{\sqrt{1-v^2/c^2}} \\ y' &= y \\ z' &= z \\ t' &= \frac{t-vx/c^2}{\sqrt{1-v^2/c^2}} \end{aligned}\right\} \tag{7-10a}$$

对应的逆变换为

$$\left.\begin{aligned} x &= \frac{x'+vt'}{\sqrt{1-v^2/c^2}} \\ y &= y' \\ z &= z' \\ t &= \frac{t'+vx'/c^2}{\sqrt{1-v^2/c^2}} \end{aligned}\right\} \tag{7-10b}$$

式 (7-10) 对应的新变换称为**洛伦兹变换**。

在洛伦兹变换中，不仅 x' 是 x、t 的函数，t' 也是 x、t 的函数，而且还都与两惯性系的相对速度 v 有关。这反映了在相对论中，时间、空间、物质运动三者之间有着密切的联系。而在经典力学中，时间、空间、物质运动三者之间彼此独立。

当 $v \ll c$ 时，洛伦兹变换就过渡到伽利略变换，这表明伽利略变换是洛伦兹变换在低速条件下的近似。当 $v > c$ 时，$k = 1/\sqrt{1 - v^2/c^2}$ 将为虚数，由于物理量必须为实数，故该情况不被允许出现。由此相对论指出，物体的运动速度不能超过真空中的光速 c，或者说，真空中的光速 c 是物体运动的极限速度，这一结论已被现代实验所证实。

洛伦兹变换是狭义相对论的基础，由此可以进一步建立狭义相对论时空观和动力学理论，下面就来学习这些内容。

7.3 狭义相对论的时空观

洛伦兹变换是狭义相对论时空观的集中体现，下面根据洛伦兹变换，给出狭义相对论时空观一些重要结论。

7.3.1 同时的相对性

在伽利略变换下，同时性是绝对的，它与观察者运动状态、空间位置无关。但在洛伦兹变换下，同时是相对的。

先看如图 7-3 所示的一个例子。设想有一辆列车以速度 $\vec{v}$ 沿 x 轴做匀速直线运动，在车厢的中间 P 点置有一光源，光源发出的光信号同时射向车厢首尾的接收器 A、B。在车厢 S' 系中观察，根据光速不变原理，光向 A、B 传播的速率相等，光信号应被 A、B 接收器同时接收到。但在地面 S 系中观察，光的传播速率仍是 c，由于车首的 A 接收器以速率 v 与光同向运动，车尾的 B 接收器以速率 v 与光反向运动，因此光信号应先被 B 接收器接收到，后被 A 接收器接收到。这就是说，在车厢 S' 系中观测，不同地点的两个事件是同时发生的，而在地面 S 系中观测这两个事件不再是同时发生的。

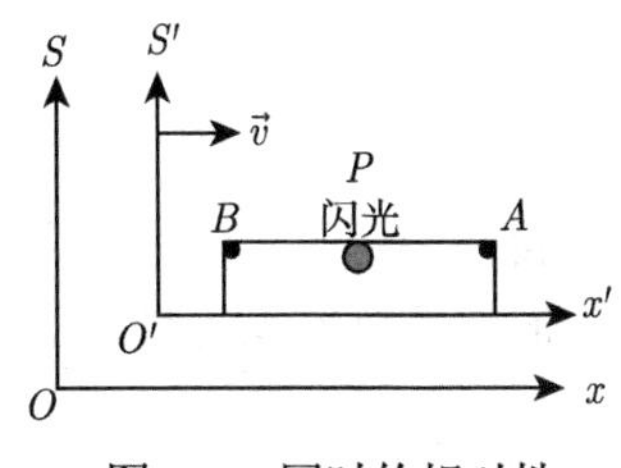

图 7-3 同时的相对性

上述现象可以通过洛伦兹变换给予解释。

设图 7-3 中 S' 系中，在 t' 时刻同时发生的两个事件，它们的时空坐标分别为 (x'_1, t') 和 (x'_2, t')。在 S 系中观察这两个事件的时空坐标分别标记为 (x_1, t_1) 和 (x_2, t_2)。根据洛伦兹变换，有

$$t_1 = \frac{t' + vx'_1/c^2}{\sqrt{1 - v^2/c^2}}, \quad t_2 = \frac{t' + vx'_2/c^2}{\sqrt{1 - v^2/c^2}}$$

两式相减得

$$t_2 - t_1 = \frac{v(x'_2 - x'_1)/c^2}{\sqrt{1 - v^2/c^2}} \neq 0 \tag{7-11}$$

由式 (7-11) 可见，在 S' 系中两个不同地点同时发生的事件，在 S 系中看来不是同时发生的；同样，在 S 系中两个不同地点同时发生的事件，在 S' 系中看来也不是同时发生的，这一结论称为**同时的相对性**。由式 (7-11) 还可看出，当 $x'_1 = x'_2$ 时，则得 $t_1 = t_2$，这表明，只有在一个惯性系中同一地点同时发生的事件，在另一个惯性系中才是同时发生的。

7.3.2　时间延缓效应

下面讨论时间间隔的观测与参考系选择之间的关系。

设在 S' 系中的同一地点 x' 处先后发生了两个事件，它们的时空坐标分别为 (x', t'_1) 和 (x', t'_2)，则时间间隔 $\Delta t' = t'_2 - t'_1$(注意：事件发生在 S' 系)。则在 S 系中，这两个事件的时空坐标分别标记为 (x_1, t_1) 和 (x_2, t_2)，时间间隔为 $\Delta t = t_2 - t_1$。根据洛伦兹变换，可得到

$$\Delta t = t_2 - t_1 = \frac{t'_2 - t'_1}{\sqrt{1 - v^2/c^2}} = \frac{\Delta t'}{\sqrt{1 - v^2/c^2}} > \Delta t' \tag{7-12}$$

式 (7-12) 表明，若在 S' 系中同一地点先后发生的两个事件的时间间隔为 $\Delta t'$，在 S 系中测得同样的两个事件的时间间隔为 Δt，则 $\Delta t > \Delta t'$。就是说，在 S 系中观察者看来，S' 系中的时钟变慢了，这一现象称为**时间延缓效应**(或称**时间膨胀效应**)。由于运动是相对的，同样 S 系中同一地点先后发生的两个事件在 S' 系中测量，这两个事件的时间间隔也要长。

由上述讨论可以看出，两个事件所经历的时间间隔与惯性系的选取是有关系的，在相对于同一地点先后发生两个事件静止的惯性系中 (如 S' 系)，测得的时间间隔最短，称为**固有时间间隔**，用 τ_0 表示。而相对于两个事件运动的惯性系 (如 S 系) 中测量的时间间隔 τ，要大于固有时间间隔 τ_0，于是将式 (7-12) 改写成

$$\tau = \frac{\tau_0}{\sqrt{1 - v^2/c^2}} \tag{7-13}$$

值得指出的是，时间延缓效应是时空属性的客观反映，并不是事物内部作用机制或测量时间的时钟内部结构有什么变化，它不过是反映时间量度具有相对性。

7.3.3　长度收缩效应

下面讨论参考系的运动状态对空间长度的影响。设有一直杆静止在 S' 系中，并沿 x' 轴放置，如图 7-4 所示。

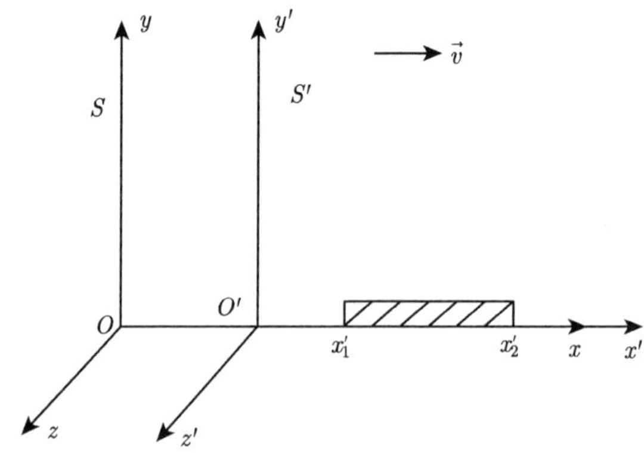

图 7-4　长度收缩效应

在 S' 系中的观察者测得杆两端坐标为 x'_1 和 x'_2，杆长为 $l' = l_0 = x'_2 - x'_1$。由于杆在 S' 系中静止，常将其长度称为**固有长度**。而在 S 系中观察，杆是运动的，应在同一时刻 t 测量

杆两端的坐标 x_1 和 x_2，杆长为 $l = x_2 - x_1$。根据洛伦兹变换，可得到

$$l_0 = x_2' - x_1' = \frac{x_2 - x_1 - v(t-t)/c^2}{\sqrt{1-v^2/c^2}} = \frac{l}{\sqrt{1-v^2/c^2}}$$

即

$$l = l_0\sqrt{1-v^2/c^2} \tag{7-14}$$

这表明，在 S 系中观测，运动杆的长度比它静止的长度缩短了，这一结论称为**长度收缩效应**。长度收缩是相对的，静止在 S 系中的杆，在 S' 系中观测，其长度同样也要收缩。在相对于杆长方向运动的参考系中测得的长度，小于杆的固有长度，即运动的杆变短了。

相对论的时间延缓效应和长度收缩效应，与我们日常生活经验并不相符 (我们日常生活的范围下，光速是一个很大的量)，但是它们已经被大量科学实践所证实。

例 7-1 固有长度为 $l_0 = 3$ m 的轿车，以 30 $\mathrm{m \cdot s^{-1}}$ 的速度在平直的公路上行驶，静止在路旁的观察者观测，该车长度收缩了多少？

解 设轿车为 S' 系，静止在路旁的观察者为 S 系，则 S' 系以速度 $v = 30\ \mathrm{m \cdot s^{-1}}$ 相对于 S 系运动，根据长度收缩效应，观察者观察轿车的长度应为

$$l = l_0\sqrt{1-v^2/c^2}$$

轿车的收缩量为

$$\Delta l = l - l_0 = 1.5 \times 10^{-14}\ \mathrm{m}$$

这个收缩量相比我们宏观物体来说非常小, 我们根本觉察不到。这也说明，当物体做低速运动时，并不需要考虑长度的收缩效应，经典力学的时空观仍然是足够精确的，只有当物体做高速运动时，才需要考虑相对论效应。

例 7-2 在距地球表面 6000 m 处的大气层中，存在大量速度高达 0.998 c 的 μ 介子。μ 介子不稳定，会自发地衰变成电子和中微子。在实验室参考系中测得 μ 介子的平均寿命为 $\tau_0 = 2.2 \times 10^{-6}$ s，按经典力学，μ 介子在其寿命期间，所能经历的路程为 $l = v\tau_0 = 660$ m。然而，人们为什么在地面上的实验室可以检测到 μ 介子，原因何在？

解一 从运动时钟变慢考虑：

设实验室参考系为 S 系，随同 μ 介子一起运动的惯性系为 S' 系。

在 S' 系中看，μ 介子的平均寿命 $\tau_0 = 2.2 \times 10^{-6}$ s 为其固有寿命。

由于 S' 系相对于 S 系以速度 $v = 0.998\ c$ 运动，据时间延缓效应，在 S 系中观测到 μ 介子的寿命应为

$$\tau = \frac{\tau_0}{\sqrt{1-v^2/c^2}} = \frac{2.2 \times 10^{-6}}{\sqrt{1-0.998^2}}\ \mathrm{s} = 3.48 \times 10^{-5}\ \mathrm{s}$$

这段时间内，在实验室参考系 S 中看，μ 介子所经历的路程应为

$$l = v\tau = 0.998\ c \times 3.48 \times 10^{-5}\ \mathrm{m} = 1.04 \times 10^4\ \mathrm{m} > 6000\ \mathrm{m}$$

表明 μ 介子可以穿越大气层到达地面。

解二 从长度收缩效应来考虑：

在 S 系中看，大气层高度 $l_0 = 6000\ \mathrm{m}$ 为固有长度。

但在固联于 μ 介子上的参考系 S' 系中看，大气层以速率 $v = 0.998\ c$ 运动，根据长度收缩效应，大气层高度收缩为

$$l' = l_0\sqrt{1 - v^2/c^2} = 6000 \times \sqrt{1 - 0.998^2}\ \mathrm{m} = 379\ \mathrm{m}$$

这个距离比 μ 介子固有寿命期间所经历的路程 660 m 要短，同样表明 μ 介子可以穿越大气层到达地面。

上面的例子表明，时间延缓效应和长度收缩效应是紧密联系的，它们实际上都是光速不变原理的直接后果。同时该例子显示：当物体在做高速运动时，其相对论效应不能忽略不计。

7.3.4　相对论速度变换

设想太空中有一宇宙飞船相对于地面以速率 $0.9c$ 飞行，飞船上的宇航员测得另一火箭正相对于该飞船、并沿飞船前进的方向以速率 $0.9c$ 离去。根据伽利略变换，在地面上观测，火箭将以 $1.8c$ 的速率飞行。这显然是不可能的，因为任何物体的速度都不能超过光速。下面根据洛伦兹变换推出相对论的速度变换。

仍设 S' 系相对于 S 系沿着 x 轴正向以速度 $\vec{v}$ 做匀速直线运动，任意瞬间同一运动质点在 S 系、S' 系的时空坐标仍表示为 (x, y, z, t)、(x', y', z', t')。质点在 S 系、S' 系的速度分别定义为

$$u_x = \frac{\mathrm{d}x}{\mathrm{d}t},\quad u_y = \frac{\mathrm{d}y}{\mathrm{d}t},\quad u_z = \frac{\mathrm{d}z}{\mathrm{d}t} \tag{7-15}$$

$$u'_x = \frac{\mathrm{d}x'}{\mathrm{d}t'},\quad u'_y = \frac{\mathrm{d}y'}{\mathrm{d}t'},\quad u'_z = \frac{\mathrm{d}z'}{\mathrm{d}t'} \tag{7-16}$$

定义中必须强调，取参考系的坐标对其相应的时间求取微分。由洛伦兹变换，式 (7-10a) 两边取微分，得

$$\begin{aligned}
\mathrm{d}x' &= \frac{\mathrm{d}x - v\mathrm{d}t}{\sqrt{1 - v^2/c^2}} \\
\mathrm{d}y' &= \mathrm{d}y \\
\mathrm{d}z' &= \mathrm{d}z \\
\mathrm{d}t' &= \frac{\mathrm{d}t - v\mathrm{d}x/c^2}{\sqrt{1 - v^2/c^2}}
\end{aligned}$$

将上式代入式 (7-16)，有

$$\begin{aligned}
u'_x &= \frac{\mathrm{d}x'}{\mathrm{d}t'} = \frac{\mathrm{d}x - v\mathrm{d}t}{\mathrm{d}t - v\mathrm{d}x/c^2} = \frac{u_x - v}{1 - vu_x/c^2} \\
u'_y &= \frac{\mathrm{d}y'}{\mathrm{d}t'} = \frac{\mathrm{d}y}{\mathrm{d}t - v\mathrm{d}x/c^2}\sqrt{1 - v^2/c^2} = \frac{u_y\sqrt{1 - v^2/c^2}}{1 - vu_x/c^2} \\
u'_z &= \frac{\mathrm{d}z'}{\mathrm{d}t'} = \frac{\mathrm{d}z}{\mathrm{d}t - v\mathrm{d}x/c^2}\sqrt{1 - v^2/c^2} = \frac{u_z\sqrt{1 - v^2/c^2}}{1 - vu_x/c^2}
\end{aligned}$$

即

$$\left.\begin{aligned} u_x' &= \frac{u_x - v}{1 - vu_x/c^2} \\ u_y' &= \frac{u_y\sqrt{1-v^2/c^2}}{1 - vu_x/c^2} \\ u_z' &= \frac{u_z\sqrt{1-v^2/c^2}}{1 - vu_x/c^2} \end{aligned}\right\} \tag{7-17a}$$

式 (7-17a) 就是**相对论速度变换公式。其逆变换式为**

$$\left.\begin{aligned} u_x &= \frac{u_x' + v}{1 + vu_x'/c^2} \\ u_y &= \frac{u_y'\sqrt{1-v^2/c^2}}{1 + vu_x'/c^2} \\ u_z &= \frac{u_z'\sqrt{1-v^2/c^2}}{1 + vu_x'/c^2} \end{aligned}\right\} \tag{7-17b}$$

从相对论速度变换公式可以得出，当 $v \ll c$、$u_x \ll c$ 时，相对论速度变换式过渡到伽利略速度变换式。因此，在低速情况下，伽利略速度变换有足够高的精度，仍然是适用的。只有当速度 v、u_x 可以与真空光速 c 相比拟时，才需要用相对论速度变换。

假设在 S' 系坐标原点 O' 处有一点光源沿 x' 轴正向发出光信号，在 S' 系中观察者测得光速 $u_x' = c$，根据相对论速度变换公式，在 S 系中的观察者算得该光信号的速度应为

$$u_x = \frac{u_x' + v}{1 + vu_x'/c^2} = \frac{c + v}{1 + vc/c^2} = c$$

可见光信号对 S 系和 S' 系的速度都是 c。因为 v 是任意的，所以在任一惯性系中光速都是 c，表明相对论速度变换与光速不变原理是相符的。

例 7-3 在地面上观测，有两个飞船分别以 $+0.9c$ 和 $-0.9c$ 的速度沿相反方向飞行，求一飞船相对于另一飞船的速度是多大？

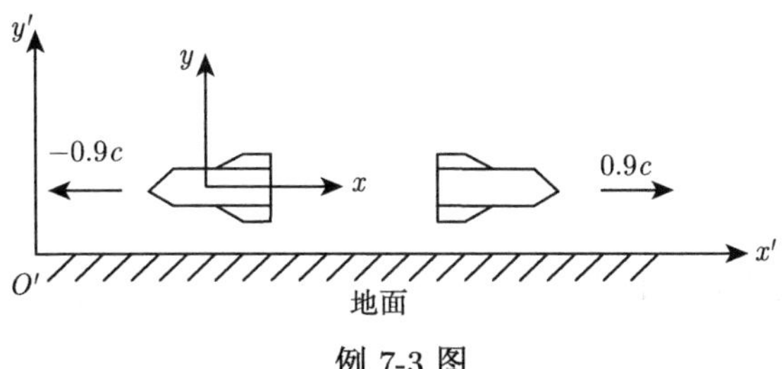

例 7-3 图

解 如例 7-3 图所示，设 S 系为速度是 $-0.9c$ 的飞船在其中静止的参考系，则地面对此参考系以速度 $v = 0.9c$ 运动，选地面为 S' 系。按题意，另一飞船对地面 S' 系的速度为 $u_x' = 0.9c$，根据洛伦兹速度变换式 (7-17)，得

$$u_x = \frac{u_x' + v}{1 + vu_x'/c^2} = \frac{0.9c + 0.9c}{1 + 0.9 \times 0.9} = \frac{1.8}{1.81}c = 0.994c$$

但由伽利略速度变换计算得

$$u_x = u'_x + v = 1.8c > c$$

这和洛伦兹速度变换的结果大相径庭。

一般地讲，伽利略速度变换公式在低速情况下，不可能导致大于 c 的结果。

7.4 狭义相对论动力学

经典力学满足惯性系之间的伽利略变换，但不满足洛伦兹变换。这就要求我们修改经典力学的表述，使它既满足伽利略变换又满足洛伦兹变换，成为**相对论力学**。这里需要强调的是，修正的是力学规律的表述式而不是力学规律本身，因为规律是不能修正的！

动量和能量守恒定律是自然界各种过程的普遍规律，当然在狭义相对论中仍旧成立。经典力学中，动力学规律具有伽利略变换的不变性或对称性。狭义相对论中的动力学规律具有洛伦兹变换的不变性或对称性。

7.4.1 质速关系

在经典力学中，将物体的质量视为不变量，它与物体的运动状态无关。但在相对论中，将会看到，物体的质量不再是绝对不变量，它与物体的运动状态和能量有关，是一相对量。物体的质量与其运动状态之间到底有什么关系呢？下面就来探讨这个问题。

设在 S 系中的 P 点有一静止物体，因内力的作用而裂成质量相等 $(m_A = m_B)$ 的两块 A 和 B，其中 A 以速度 $-v$ 沿 x 轴负方向运动，根据动量守恒，B 应以速度 v 沿 x 轴正方向运动。

如图 7-5 所示，选择 B 所在的参考系为 S' 系。在 S' 系中观察，B 是静止的 $(v'_B = 0)$，而 A 相对于 B 运动，其速度 v'_A 可由速度变换公式确定，即

$$v'_A = \frac{v_A - v}{1 - vv_A/c^2} = \frac{-2v}{1 + v^2/c^2}$$

上式可改写为 $\frac{v'_A}{c^2}v^2 + 2v + v'_A = 0$，求解得

$$v = -\frac{c^2}{v'_A}\left[1 - \sqrt{1 - \left(\frac{v'_A}{c}\right)^2}\right] \tag{7-18}$$

在 S 系中观察，物体的质心仍在 P 点处不动；但在 S' 系中观察，质心沿 x 轴负方向运动，其速度为 $v'_P = -v$，根据质心定义，有

$$v'_P = -v = \frac{m_A v'_A + m_B v'_B}{m_A + m_B} = \frac{m_A}{m_A + m_B}v'_A$$

将式 (7-18) 代入上式，整理得

$$m_A = \frac{m_B}{\sqrt{1 - v'^2_A/c^2}} \tag{7-19}$$

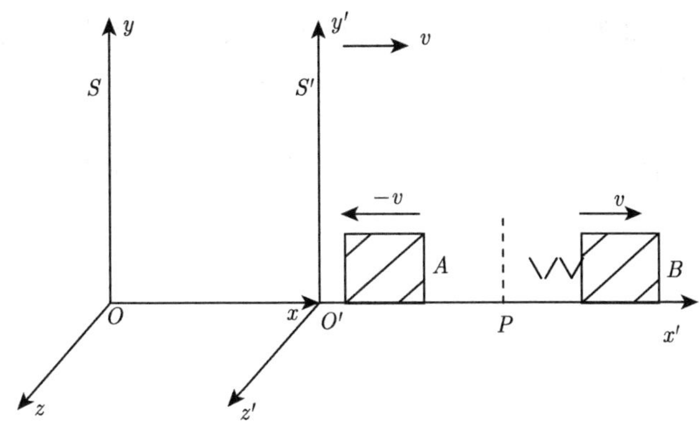

图 7-5 质速关系推导

式 (7-19) 说明在 S 系中观察，物体 A 和 B 的质量相等。而在 S' 系中观察，物体 A 相对于物体 B 以速度 v'_A 在运动，质量并不相等。我们将物体相对于某惯性系静止时的质量称为静止质量，用 m_0 表示，例如，这里的 $m_B=m_0$；将物体相对于某惯性系运动时的质量称为运动质量，用 m 表示，例如，这里的 $m_A=m$。现以 v 代替 v'_A，就得到物体的运动质量与它的静止质量的一般关系式

$$m=\frac{m_0}{\sqrt{1-v^2/c^2}} \tag{7-20}$$

式 (7-20) 称为**质速关系**。可见，与经典力学不同，物体的相对论质量 m 随速度 v 的增加而增大，质量是一个与运动状态有关的相对物理量。当 $v\ll c$ 时，相对论质量 m 就趋于经典力学中的质量 m_0。从式 (7-20) 也可以看出，当物体的运动速率无限接近光速时，其质量将趋于无穷大，此时物体的惯性也将趋于无穷大。

质速关系也得到了实验的证实。图 7-6 是测量电子质速关系的实验曲线，其中圈、点、叉是实验数据，实线是式 (7-20) 的理论曲线。图中表明，质速关系式与实验符合得很好。理论和实验还表明，当速度 v 趋近于光速 c 时，运动质量急剧增大，这时很难再对粒子加速。

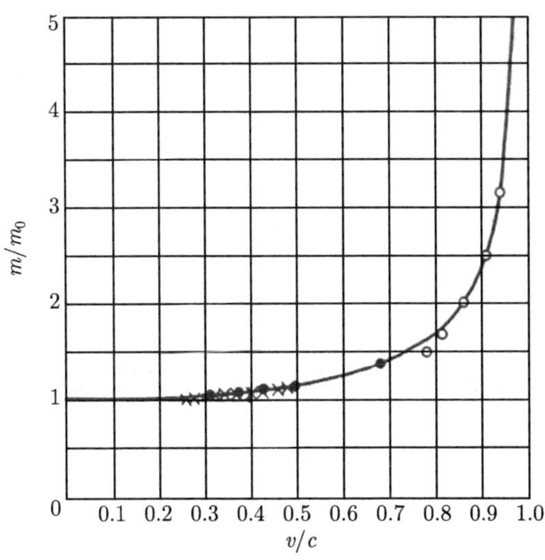

图 7-6 电子质量随速度的变化

当 $v=c$ 时，对 $m_0 \neq 0$ 的粒子，$m=\infty$，这是没有意义的，说明光速 c 是一切物体速度的上限。只有 $m_0=0$ 的粒子以光速 c 运动时，其运动质量 m 才可以为有限的量值，如光子就是这样。

例 7-4　设火箭的静止质量为 1×10^5 kg，当它以第二宇宙速度飞行时，它的质量增加了多少？

解　火箭飞行时，其质量增加为

$$\Delta m=\frac{m_0}{\sqrt{1-v^2/c^2}}-m_0$$

将第二宇宙速度为 $v=11.2\times10^3\ \mathrm{m\cdot s^{-1}}$ 代入上式，得

$$\Delta m=7\times10^{-5}\ \mathrm{kg}=0.07\ \mathrm{g}$$

这部分质量的增加是微不足道的。可见，物体在低速运动情况下，无须考虑相对论效应。

7.4.2　相对论力学基本方程

在相对论中，动量定义为

$$\vec{p}=m\vec{v}=\frac{m_0\vec{v}}{\sqrt{1-v^2/c^2}} \tag{7-21}$$

之所以如此定义，是因为动量的这种形式在洛伦兹变换下保持数学形式不变。只有当物体的运动速度远小于光速时，动量才过渡到经典力学中的形式。需要特别注意的是，与经典力学不同，相对论中的动量与速度 $\vec{v}$ 并不成正比。

在经典力学中，质点动量对时间变化率等于作用于质点的合力。在相对论中，这一结论仍然成立，但动量应以式 (8-19) 那样理解，于是有

$$\vec{F}=\frac{\mathrm{d}\vec{p}}{\mathrm{d}t}=\frac{\mathrm{d}}{\mathrm{d}t}\left(\frac{m_0\vec{v}}{\sqrt{1-v^2/c^2}}\right) \tag{7-22}$$

式 (7-22) 就是**相对论动力学的基本方程**，该式在洛伦兹变换下也保持数学形式的不变。容易证明，当质点的运动速度 $v\ll c$ 时，上式将过渡到牛顿第二定律。因此，牛顿第二定律是物体在低速运动条件下的相对论动力学方程的近似。

7.4.3　质量和能量的关系

在相对论中，动能定理仍然具有经典力学中的形式，即物体动能的增量等于合外力对物体所做的功。其微分形式为

$$\mathrm{d}E_\mathrm{k}=\vec{F}\cdot\mathrm{d}\vec{r}$$

为简便起见，设物体在变力作用下沿 x 轴做直线运动，则上式成为

$$\mathrm{d}E_\mathrm{k}=F\mathrm{d}x$$

将 $F=\mathrm{d}\,(mv)/\mathrm{d}t$ 代入上式，得

$$\mathrm{d}E_\mathrm{k}=v\mathrm{d}\,(mv)=v^2\mathrm{d}m+mv\mathrm{d}v \tag{7-23}$$

将式 (7-20) 平方，得 $m^2(c^2-v^2)=m_0^2c^2$，对其微分求得

$$mv\mathrm{d}v=\left(c^2-v^2\right)\mathrm{d}m \tag{7-24}$$

将上式代入式 (7-23) 得

$$\mathrm{d}E_k=c^2\mathrm{d}m \tag{7-25}$$

当 $v=0$ 时，物体的动能 $E_k=0$，质量为静止质量 m_0，所以对式 (7-25) 积分，得

$$\int_0^{E_\mathrm{k}}\mathrm{d}E_\mathrm{k}=\int_{m_0}^{m}c^2\mathrm{d}m$$

$$E_\mathrm{k}=mc^2-m_0c^2=\left(\frac{1}{\sqrt{1-v^2/c^2}}-1\right)m_0c^2 \tag{7-26}$$

式 (7-26) 就是相对论中物体动能表达式，式中 m 为相对论质量。

当 $v\ll c$ 时，应用泰勒展开可知

$$\frac{1}{\sqrt{1-v^2/c^2}}=1+\frac{1}{2}\frac{v^2}{c^2}+\cdots$$

将上式代入式 (7-26)，得

$$E_\mathrm{k}=mc^2-m_0c^2=\left(\frac{1}{\sqrt{1-v^2/c^2}}-1\right)m_0c^2\approx\frac{1}{2}m_0v^2$$

这就是经典力学中动能的表达式。

将式 (7-26) 改写成

$$mc^2=E_k+m_0c^2 \tag{7-27}$$

因为 E_k 表示动能，所以，mc^2 和 m_0c^2 也都是能量。爱因斯坦认为 m_0c^2 是物体静止时的能量，称为物体的静能，而 mc^2 等于物体的动能与静能之和，它是物体的总能量。如果用 E 表示物体的总能量，则有

$$E=mc^2=\frac{m_0c^2}{\sqrt{1-v^2/c^2}} \tag{7-28}$$

这就是著名的**质能关系**。

质能关系把物质的质量与能量这两个基本属性联系了起来，说明没有脱离质量的能量，也没有无能量的质量。一个系统能量有变化，必然伴随着质量的变化；系统的能量守恒，则质量也守恒。因此，在相对论中，质量守恒定律和能量守恒定律不再是两个相互独立的定律，而是一个不可分割的统一定律，称为质能守恒定律，简称能量守恒定律。

质能关系也为人类和平开发与利用核能开辟了途径。在重核裂变和轻核聚变过程中，反应物质的静质量都要减少，质量的减少量 Δm_0 称为质量亏损。根据质能关系，有

$$\Delta E=\Delta m_0c^2 \tag{7-29}$$

表明质量的亏损将伴随巨大能量的释放，所释放的能量也称结合能。

例 7-5　用原子质量单位 u 来表示，现已探测得知，质子和中子的静质量分别为 $m_{\mathrm{p}}=1.00728\mathrm{u}$、$m_{\mathrm{n}}=1.00866\mathrm{u}$，其中 $1\mathrm{u}=1.660\times10^{-27}\ \mathrm{kg}$。研究表明，两个质子和两个中子结合成一个氦核 ${}_{2}^{4}\mathrm{He}$，实验测得氦核的静质量 $m_A=4.00150\mathrm{u}$，试计算形成一个氦核时核子释放的能量。

解　核子在结合成氦核前，总质量为

$$m=2m_{\mathrm{p}}+2m_{\mathrm{n}}=4.03188\mathrm{u}$$

结合成一个氦核的质量亏损为

$$\Delta m=m-m_A=0.03038\mathrm{u}$$

则相应的能量减少量为

$$\begin{aligned}\Delta E&=\Delta mc^2\\&=0.03038\times1.660\times10^{-27}\times(3\times10^8)^2\ \mathrm{J}\\&=0.4539\times10^{-11}\mathrm{J}\end{aligned}$$

这就是结合成一个氦核放出的能量。

如果结合成 1 mol 氦核 (即 4.002 g)，释放的能量为

$$\Delta E=6.022\times10^{23}\times0.4539\times10^{-11}\ \mathrm{J}=2.733\times10^{12}\ \mathrm{J}$$

这相当于燃烧 100t 煤时放出的热量。

7.4.4　能量和动量的关系

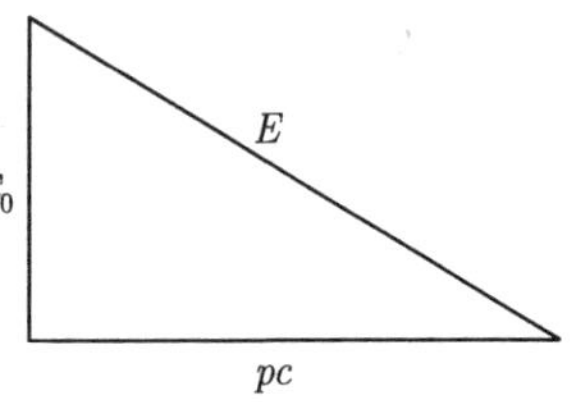

将相对论动量表达式 (7-21) 平方，并从中解出 v^2，得

$$v^2=\frac{c^2p^2}{p^2+m_0^2c^2}$$

再将质能关系式 (7-28) 平方，把上式代入，整理后得到

$$E^2=p^2c^2+m_0^2c^4 \tag{7-30}$$

这就是**相对论能量和动量关系**，如图 7-7 所示。

图 7-7　相对论能量和动量关系

对于静止质量为零的粒子，如光子，将 $m_0=0$ 代入式 (7-30)，得

$$E=pc \tag{7-31}$$

如果用 m 表示粒子运动质量，则进一步有

$$p=\frac{E}{c}=\frac{mc^2}{c}=mc \tag{7-32}$$

这表明静止质量为零的粒子一定以光速 c 运动。

习　题

7-1　在狭义相对论中，洛仑兹变换是根据什么推导出来的？

7-2　狭义相对论的时空观与经典力学的时空观有什么不同？

7-3　设惯性系 S' 相对于另一惯性系 S 沿 x 轴做匀速直线运动，取两坐标原点重合时刻作为计时起点。在 S 系中，测得两事件的时空坐标分别为 $x_1 = 6\times10^4$ m，$t_1 = 2\times10^{-4}$ s 及 $x_2 = 12\times10^4$ m，$t_2 = 1\times10^{-4}$ s，在 S' 系中测得这两个事件是同时发生的，试问：

(1) S' 系相对于 S 系的运动速度是多少？

(2) 在 S' 系中测得这两个事件的空间间隔是多少？

7-4　静止长度为 100 m 的宇宙飞船，相对于地面以 0.8 c 的速度飞行，在地面上观测，飞船的长度是多少？

7-5　设 S' 系相对于 S 系沿 x 轴以速度 v 做匀速直线运动。一根直杆在 S 系中观察，其静止长度为 l，与 x 轴的夹角为θ，试求它在 S' 系中的长度和它与 x' 轴的夹角。

7-6　飞船以 0.98 c 的速度从地球飞向宇宙中的一天体，飞船上的时钟指示所用为 2 年。问：地球上的时钟记录这段时间为多长？

7-7　π^+ 介子是一不稳定的粒子，在它自己的参考系测得平均寿命是 2.6×10^{-8} s。

(1) 如果此粒子相对于实验室以 0.8 c 的速度运动，那么在实验室坐标系中测得的 π^+ 介子寿命为多长？

(2) π^+ 介子在衰变前在实验室坐标系中运动了多长距离？

7-8　设物体相对于 S' 系沿 x' 轴正方向以 0.8 c 速度运动，如果 S' 系相对于 S 系沿 x 轴正方向也以 0.8 c 速度运动。问：物体相对于 S 系的速度是多少？

7-9　粒子运动的速度多大时，它的动能等于其静能？

7-10　如果将电子由静止加速到速度为 $0.1c$，需对它做多少功？

7-11　太阳的辐射能来自其内部的核聚变反应。太阳每秒钟向周围空间辐射出的能量约为 5×10^{26} J，试问太阳每秒钟质量减少多少。

7-12　电子的反粒子称为正电子，除了电荷与电子相反，其他性质与电子相同。当电子和正电子结合时，它们湮灭生成两个光子，即 $\mathrm{e}^- + \mathrm{e}^+ \rightarrow 2\gamma$。设电子和正电子湮灭前都静止，求它们湮灭后生成 γ 光子的能量。

7-13　氢原子的同位素氘 ($^2_1$H) 和氚 ($^3_1$H) 在高温下发生聚变反应，产生氦 ($^4_2$He) 原子核和一个中子 ($^1_0$n)，并释放出大量能量，其反应方程为

$$^2_1\mathrm{H} + {}^3_1\mathrm{H} \rightarrow {}^4_2\mathrm{He} + {}^1_0\mathrm{n}$$

已知氘核、氚核、氦核和中子的静止质量分别为 2.0135 u、3.0155 u、4.0015 u 和 1.00865 u(1 u = 1.660×10^{-27} kg)。求聚变反应所释放的能量。

第4部分

热　　学

第 8 章　气体动理论

人们把与温度有关的物理现象称为**热现象**。热学是研究物质热现象及其热运动规律的科学，是物理学的一个重要分支。按照研究热现象的不同方法，可以将热学分成两大体系，分别是统计物理学和热力学。因为任何宏观物体都由大量微观粒子 (分子、原子等) 所组成，并且粒子在做永不停息的、无规则的、杂乱无章的、频繁碰撞的热运动，统计物理学采用了概率统计的方法，从微观的角度研究微观粒子热运动所遵守的统计规律，揭示出热现象的微观本质；而热力学则是从宏观物质系统出发，依据大量的实验观测，研究物质的宏观热现象所遵从的基本规律及其应用。这两个部分相辅相成、互相补充。热力学的理论经统计物理学的分析能够了解其本质，统计物理学的理论经过热力学的研究可以被充分地验证。

由大量微观粒子组成的宏观物体或物体系统称为**热力学系统**，简称系统。描述微观粒子特征的物理量 (质量、速度、能量等) 称为微观量。描述宏观物体的物理量 (如压强、温度、体积等) 称为宏观量。

在描述大气的物理状态和天气过程时，通常需要研究各项气象要素，如气温、气压、湿度等。在天气图中，根据各观测站的气压值绘制等压线，分析出高、低气压系统的分布；根据温度值绘制等温线，结合等高线、露点、天气分布等分析并确定各类锋的位置、气旋、反气旋等天气系统和雷暴、降水、雾、大风和冰雹等天气所在的位置及其影响的范围。

本章从物质的微观结构出发，以气体为研究对象，依据分子热运动的观点，运用统计方法研究大量气体分子所遵从的热运动规律。它是统计物理学的基础部分，称为气体动理论。通过本章学习，充分理解气体的热动平衡状态、状态参量等概念，掌握理想气体状态方程；了解理想气体微观模型，掌握理想气体的压强和温度的微观本质和统计意义；理解能量均分原理，掌握理想气体的内能；理解麦克斯韦速率分布律、气体分子的平均自由程和平均碰撞频率；了解实际气体的范德瓦耳斯方程；了解气体的迁移现象。

8.1　平衡态理想气体物态方程

8.1.1　物质的微观特征

任何宏观物体都由大量微观粒子 (分子或原子等) 组成。原子是构成元素的最小单位，分子是一切物质的最小组成单位，分子是由若干原子组成的稳定结构。分子有单原子分子、双原子分子、多原子分子，也有由千万个原子组成的高分子 (如塑料、人造丝等)。分子的几何尺寸有大有小，小分子 (如氧气分子) 的几何尺寸约为 3×10^{-10} m，大分子的几何尺寸约为 10^{-7} m。

组成物质的分子之间还存在一定的空隙。气体很容易压缩，水和酒精混合后的体积小于两者原有体积之和，这些现象都说明气体、液体分子之间存在空隙。如果用两万个以上大气压压缩贮于钢筒中的油，结果发现油可以透过筒壁渗出，这个现象表明固体分子之间也存在空隙。

物体是由分子组成的，物体内的分子还在做永不停息的运动。例如，人们在较远的地方就能闻到物体发出的气味；在清水中滴入几滴墨水，墨水会慢慢向四周扩散。这些现象是分子的扩散，扩散现象是气体、液体分子内在运动的结果。另外，固体也会发生扩散现象，将两块不同的金属紧压在一起，经过较长的时间后，会在每块金属的接触面内部发现另一种金属成分存在。总之，扩散现象说明一切物体的分子都在永不停息地运动着。

物体内分子的运动是无规则的。布朗于 1827 年在显微镜下观察到悬浮在液体中的花粉颗粒在不停地做无规则运动。而且颗粒越小，温度越高，花粉颗粒的运动越剧烈，这种运动称为布朗运动。追踪某一个花粉颗粒，可以发现它的运动是短促的、无规则的。图 8-1 画出了五个颗粒每隔 20s 的位置变化的径迹。布朗运动的发生只有假设液体分子做无规则运动才能解释。由于做无规则运动的分子不断从各个方向撞击悬浮颗粒，当悬浮颗粒足够小时，每一瞬间，分子对颗粒的撞击作用是互不平衡的，因而颗粒就朝着撞击作用较弱的方向运动。下一瞬间，分子的撞击作用在另一个方向较弱，于是颗粒的运动方向也就改变了。因此，布朗运动的无规则性正是液体内部分子无规则运动的间接反映。

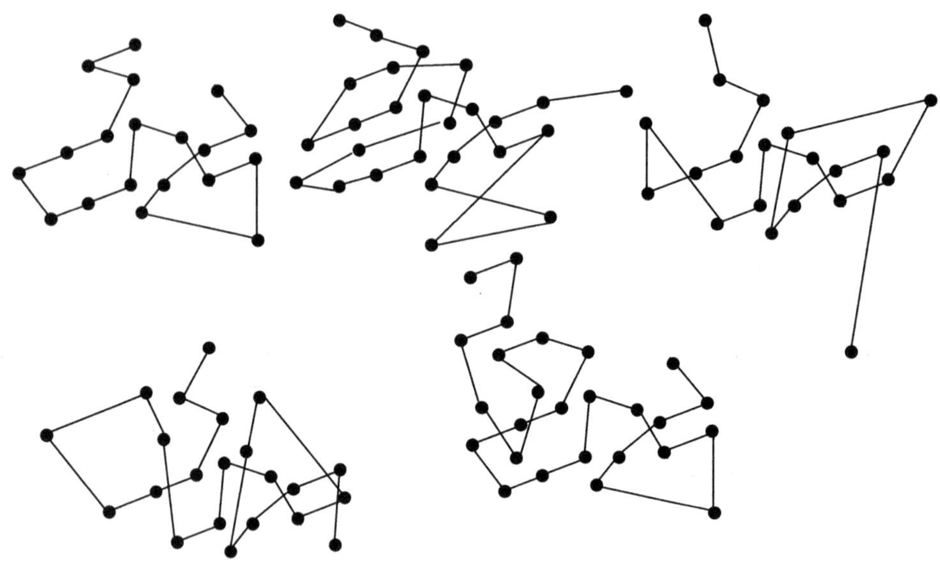

图 8-1　布朗运动

实验指出，分子的这种无规则运动，其剧烈程度与物体的温度是有关的。温度越高，分子的无规则运动越剧烈，通常称这种与温度有关的运动为分子的**热运动**。

由于物体内的分子数是极其庞大的，所以分子在热运动中必将发生频繁的碰撞。就气体系统而言，在通常温度和压强下，一个分子每秒钟的碰撞次数高达 10^9 次以上。在这样频繁的碰撞下，分子的运动速率和运动方向不断发生变化，导致分子间的能量频繁进行交换，交换的结果使气体内各部分分子的平均速率相同，气体内各部分的温度、压强趋于均匀，从而宏观上系统表现为稳定的状态。

物体的分子除在永不停息地做无规则热运动外，物体内分子之间还存在相互作用力，固体和液体的分子不会散开并能保持一定的体积，是因为固体和液体的分子之间有相互吸引力。固体和液体是很难压缩的，说明分子之间除了吸引力，还有排斥力。分子之间的吸引力和排斥力是同时存在的。

图 8-2 为分子力 f 与分子之间距离 r 的关系曲线。从图可看出，当分子之间的距离 $r < r_0$ 时，分子间表现为斥力；当 $r > r_0$ 时，分子间表现为引力；当 $r = r_0$ 时，分子间作用力为零。r_0 约为 10^{-10} m，当 $r > 10^{-9}$ m 时，分子间作用力可以忽略不计。可见，分子力的作用范围是极短的，分子力属于短程力。在低压情况下，气体分子间的相互作用力可以不考虑。

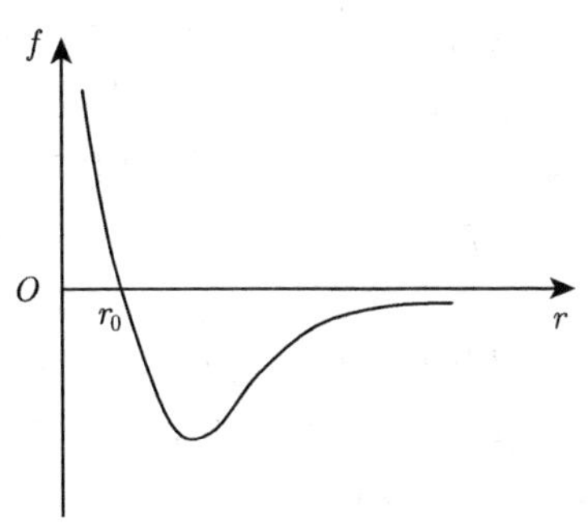

图 8-2 分子力 f 与分子间距离 r 的关系曲线

8.1.2 气体的状态参量

在讨论由大量做热运动的分子构成的气体状态时，每个分子的位矢、速度只能用来描述分子的微观状态。为了研究整个气体系统的宏观状态，对一定量的气体，常常选用一组物理量来描述系统宏观状态的性质。这些用来描述气体系统宏观状态的物理量称为**状态参量**。对于一定量的气体系统，常用三个状态参量来描述其平衡态。

(1) 系统的体积 V

系统的体积是表示系统中气体分子做无规则热运动所能到达的空间。由于分子的热运动，容器中的气体总是分散在容器中的各个空间部分，因此气体的体积就是容器的容积。系统的体积与气体分子自身体积总和是完全不同的。在 SI 中，体积的单位是立方米 (m^3)。常用的单位还有升，用符号 L 表示，$1\ \mathrm{m}^3 = 10^3\ \mathrm{L}$。

(2) 系统的压强 p

气体压强是指气体对容器壁单位面积上产生的垂直压力，是大量气体分子频繁碰撞容器壁产生的平均冲力的宏观表现。在 SI 中，压强的单位是帕斯卡 (Pa)，有时也用标准大气压 (atm)、厘米汞高 (cmHg)。

$$1\ \mathrm{Pa} = 1\ \mathrm{N \cdot m^{-2}}$$

$$1\ \mathrm{atm} = 76\ \mathrm{cmHg} = 1.013 \times 10^5\ \mathrm{Pa}$$

(3) 温度 T

温度表示系统的冷热程度。微观上，温度是系统分子热运动剧烈程度的反映。温度的数值表示方法称为温标，国际上常用热力学温标作为基本温标，这种温标确定的温度称为热力学温度，用 T 表示，在 SI 中，热力学温度的单位是开尔文 (K)。摄氏温标也是常用的温标，用 t 表示，单位：摄氏度 (℃)，它的定义为

$$t = T - 273.15$$

8.1.3 气体系统的平衡态

设有一个封闭的容器，用隔板将容器分成 A、B 两部分，A 中贮有一定量的气体，B 中为真空，如图 8-3 所示。当抽去隔板以后，A 中的气体将向 B 中运动。在刚开始运动过程中，容器内气体各处分布是不均匀的，且不断随时间变化。只要没有外界影响，经过一定的时间后，容器内气体必将达到各处均匀一致，并且始终保持这一状态，不会再发生宏观变化。我们把这种在没有外界影响的情况下，系统宏观性质不随时间变化的状态称为**平衡态**。

平衡态是指宏观性质不随时间变化，但从微观上看，系统的分子仍在永不停息地做无规则热运动，分子的运动状态还在不断变化着。因此，热力学中的平衡是动态的，通常把这种平衡称为**热动平衡**。

对于处于热平衡的气体状态可以用一组 p、V、T 值来表示，也可在以 p 为纵轴、V 为横轴的 $p-V$ 图上，用一个确定的点来表示，如图 8-4 中的点 $A(p_1, V_1, T_1)$ 或点 $B(p_2, V_2, T_2)$ 所示。

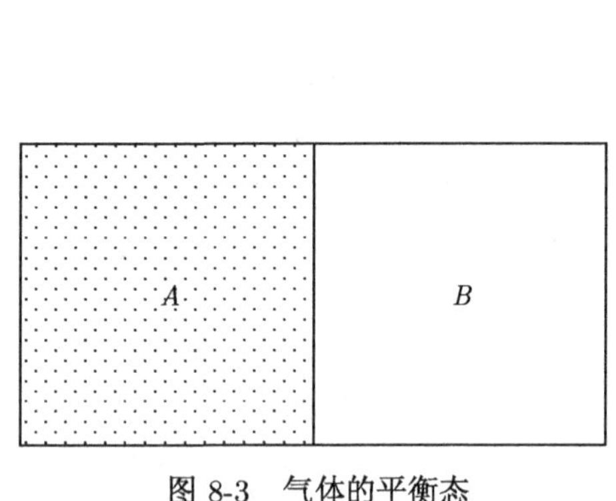

图 8-3 气体的平衡态

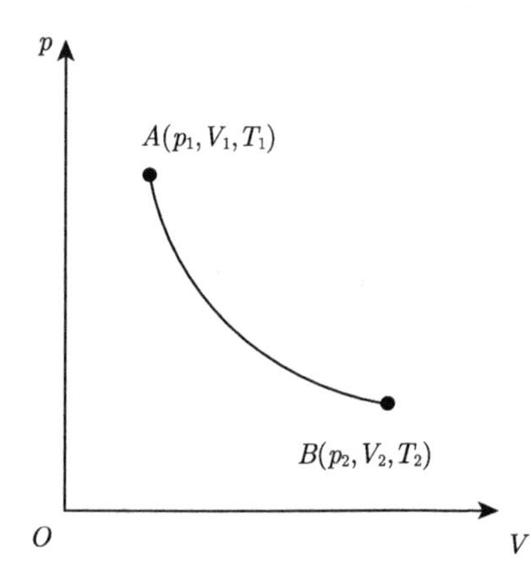

图 8-4 热平衡系统 p-V 图

8.1.4 理想气体状态方程

对于一定质量的气体系统，可以用体积 V、压强 p 和温度 T 来描述其平衡态，然而这三个状态参量中只有两个量是独立的。一般情况下，当其中任意一个参量发生变化时，其余两个参量也将随之变化，即任一个量是其余两个量的函数。例如，

$$T = f(p, V)$$

在平衡态下，一定量的气体 T、p 和 V 三者之间的关系称为气体的**状态方程**。

实验表明，在温度不太低 (与室温相比)、压强不太大 (与标准大气压相比) 的条件下，各种实际气体都遵从共同的实验规律，即玻意耳-马里奥特定律、盖吕萨克定律和查理定律。但当温度较低、压强较大时，实际气体与上述三条定律有较大偏离。人们假设有这样一种气体，在任何情况下都严格遵从上述三条实验定律和阿伏伽德罗定律①，这种气体称为**理想气体**。理想气体是一个重要的理论模型，实际并不存在。各种实际气体在温度不太低、压强不太大时，都可近似当作理想气体来处理。

① 在相同的温度和压强下，相等体积的各种气体所含物质的量相等，这称为阿伏伽德罗定律。

玻意耳–马里奥特定律：一定质量的气体，在温度保持不变的情况下，气体的压强与体积成反比，即

$$pV = \text{常数}$$

盖吕萨克定律：一定质量的气体，在压强保持不变的情况下，其体积变化和它的温度变化成正比，和 0°C气体的体积 V_0 成正比，即

$$V_t = V_0(1 + \alpha_V t)$$

式中，V_t 表示 t°C时气体的体积；α_V 是该气体的体积膨胀系数。

查理定律：一定质量的气体，在体积保持不变的情况下，压强的变化与它的温度变化成正比，和 0°C气体的压强 p_0 成正比，即

$$p_t = p_0(1 + \alpha_p t)$$

式中，p_t 表示 t°C时气体的压强；α_p 是该气体的压强系数。

在通常温度和压强下，气体分子之间平均距离在 10^{-9} m 量级以上，远远大于分子本身线度 10^{-10} m 量级，因而各种气体分子的结构可以不考虑。因此，从分子运动的观点看，各种气体分子有其共有的一些性质，为了描述不同气体所存在的这种共性，人们提出了理想气体分子模型。理想气体分子模型具有以下一些特点：

(1) 分子本身的线度比起分子之间的平均距离来可以忽略不计，分子可看作质点，它可以运动到容器的任何位置；

(2) 分子之间以及分子与容器壁之间除碰撞发生相互作用外，分子不受力的作用；

(3) 分子之间以及分子与容器壁之间的碰撞都是完全弹性碰撞；

(4) 分子的运动遵从牛顿运动定律。

从气体的三个实验定律和阿伏伽德罗定律出发，可以导出一定质量的理想气体处在平衡态时的状态方程：

$$pV = NkT \tag{8-1}$$

式中，N 为体积 V 中的气体分子数；k 称为**玻耳兹曼常数**，一般计算时，其值取

$$k = 1.38 \times 10^{-23}\ \mathrm{J \cdot K^{-1}}$$

实验表明，气体、液体和固体这些物质都是由大量分子所组成的。并且实验进一步指出，1 mol 任何物质中都含有相同数目的分子数，称为阿伏伽德罗常数，用 N_A 表示，其值为

$$N_\mathrm{A} = 6.022 \times 10^{23}\ \mathrm{mol^{-1}}$$

我们把 N 与 N_A 的比值 N/N_A 叫作物质的量 ν，即 $\nu = N/N_\mathrm{A}$。这样式 (8-1) 可以写成

$$pV = \nu N_\mathrm{A} kT$$

式中，$N_{\mathrm{A}}k = R$ 为一新的常量，叫作**摩尔气体常量**，其值为 $R = 8.3145\ \mathrm{J\cdot mol^{-1}\cdot K^{-1}}$，于是上式可以改写为

$$pV = \nu RT \tag{8-2}$$

如果每个分子的质量为 m，气体的质量为 M，该气体的摩尔质量为 μ，那么物质的量 $\nu = N/N_{\mathrm{A}} = mN/mN_{\mathrm{A}} = M/\mu$，于是，理想气体物态方程又可以写成

$$pV = \frac{M}{\mu}RT \tag{8-3}$$

如将 $N/V = n$ 叫作气体的分子数密度，由式 (8-1) 还可以得到

$$p = nkT \tag{8-4}$$

在 0℃ 和标准大气压下，分子数密度 $n = 2.6867805(24)\times 10^{25}\ \mathrm{m^{-3}}$，一般计算时取 $n = 2.69\times 10^{25}\ \mathrm{m^{-3}}$。

例 8-1　如果将大气视为理想气体，并假定大气的温度不随高度改变，求大气压强随高度的变化规律。

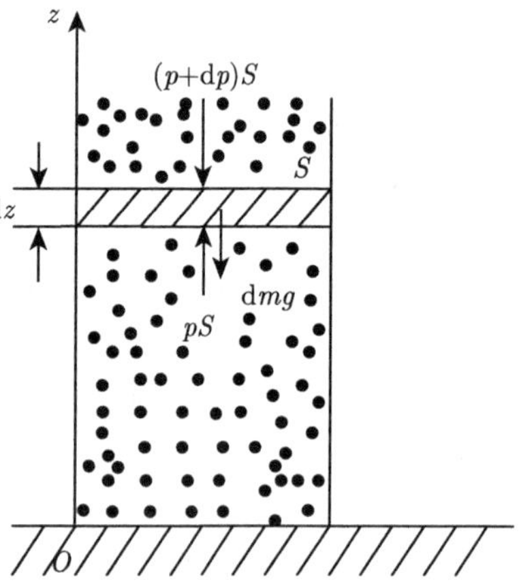

例 8-1 图

解　如例 8-1 图所示，以垂直于地面向上建立坐标系 Oz，设在高度 z 处有一薄层空气，底面积为 S，厚度为 $\mathrm{d}z$，上、下两面的气体压强分别为 $p+\mathrm{d}p$ 和 p。该处空气密度为 ρ，则此薄层所受重力为 $\mathrm{d}mg = \rho gS\mathrm{d}z$。

根据力学平衡条件，有

$$(p+\mathrm{d}p)S + \rho gS\mathrm{d}z = pS$$

即

$$\mathrm{d}p = -\rho g\mathrm{d}z$$

由理想气体状态方程式 (8-1) 可导出

$$\rho = \frac{p\mu}{RT}$$

式中，μ 为空气的摩尔质量。将此式代入上一式，整理后，得

$$\frac{\mathrm{d}p}{p} = -\frac{\mu g}{RT}\mathrm{d}z$$

两边积分

$$\int_{p_0}^{p}\frac{\mathrm{d}p}{p} = -\int_0^z\frac{\mu g}{RT}\mathrm{d}z$$

得到

$$\ln\frac{p}{p_0}=-\frac{\mu g}{RT}z$$

或

$$p=p_0\mathrm{e}^{-\mu gz/RT} \tag{8-5}$$

式 (8-5) 就是大气压强随高度变化公式，又称**等温气压公式**。它表明，高度越高，大气压强越低。式中，p_0 为地面处 $(z=0)$ 的大气压强。

在推导上面公式时假定大气的温度不随高度变化。实际上，大气的状况很复杂，其中水蒸气含量、太阳辐射强度、气流的运动等因素都对大气温度有较大影响。一般地，在高度不超过 2 km 时，上面公式能给出与实际相符的结果。

8.2 理想气体的压强和温度

8.2.1 理想气体的压强公式

从分子运动的观点看，容器中气体对器壁的压强是大量分子对器壁频繁碰撞的结果。在碰撞中，分子将施加于器壁以冲力作用。就单个分子来说，它对器壁的碰撞是断续的，何时与器壁碰撞，何处碰撞，每次碰撞施加于器壁多大的冲力都是偶然的。然而，在平衡状态下，从大量分子整体来看，每一时刻都有大量分子与器壁碰撞，宏观上就表现出容器壁各处受到恒定的、持续的压力。就像大量密集的雨点落在雨伞上，将感受到一个持续向下的压力一样。容器壁单位面积上受到的这种压力，宏观上就表现为**气体的压强**。

设在任意形状的容器中贮有分子质量为 m，分子总数为 N 的理想气体，容器体积为 V，单位体积内的分子数为 $n=\dfrac{N}{V}$，称为分子数密度。由于分子具有各种可能的速度，所以为讨论的方便，可以把分子分成若干组，认为每组分子具有大小相等、方向一致的速度，分别用 $\vec{v}_1$、$\vec{v}_2$、$\cdots$、$\vec{v}_i$、$\cdots$ 表示，并设各组的分子数密度分别为 n_1、n_2、$\cdots$、n_i、$\cdots$，显然 $n=\sum\limits_i n_i$。

因为气体处于平衡状态时，器壁上各处的压强相等，所以在器壁上任取一块小面积元 $\mathrm{d}A$ 来计算它所受的压强。取直角坐标系 $O-xyz$，面积元 $\mathrm{d}A$ 与 x 轴垂直，如图 8-5 所示。

首先考虑速度为 $\vec{v}_i$(速度的三个分量分别为 v_{ix}、v_{iy}、v_{iz}) 组的分子对器壁的碰撞。由于碰撞是完全弹性的，所以碰撞前、后分子在 y、z 方向上的速度分量 v_{iy}、v_{iz} 不变，分子在 x 方向上的速度由 v_{ix} 变为 $-v_{ix}$，其动量的变化为 $-mv_{ix}-mv_{ix}=-2mv_{ix}$。按动量定理，这就等于每个分子在一次碰撞中器壁施加于它的冲量。根据牛顿第三定律，每个分子施加于器壁的冲量为 $2mv_{ix}$，方向与器壁 $\mathrm{d}A$ 垂直。

其次研究在 $\mathrm{d}t$ 时间内，速度为 $\vec{v}_i$ 组的分子中，究竟有多少个分子能与器壁 $\mathrm{d}A$ 相碰？在 $\mathrm{d}t$ 时间内，能与 $\mathrm{d}A$ 相碰的分子只能位于以 $\mathrm{d}A$ 为底，以 $\vec{v}_i$ 为轴线、以 $v_{ix}\mathrm{d}t$ 为高的斜柱体内。由于这一斜柱体的体积为 $v_{ix}\mathrm{d}t\mathrm{d}A$，所以 $\mathrm{d}t$ 时间内与 $\mathrm{d}A$ 相碰的分子数为 $n_iv_{ix}\mathrm{d}t\mathrm{d}A$。故这些分子在 $\mathrm{d}t$ 时间内对 $\mathrm{d}A$ 的总冲量为

$$2n_imv_{ix}^2\mathrm{d}A\mathrm{d}t$$

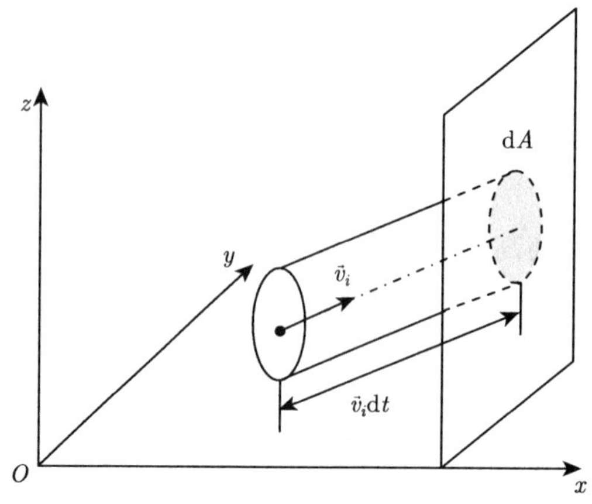

图 8-5　理想气体压强公式推导

将上式对所有可能的速度求和，就得到所有分子施加于 $\mathrm{d}A$ 的总冲量 $\mathrm{d}I$。值得注意的是，只有 $v_{ix}>0$ 的分子，才可能与器壁 $\mathrm{d}A$ 相碰，而 $v_{ix}<0$ 的分子不会与器壁 $\mathrm{d}A$ 相碰，所以上式求和时必须限制在 $v_{ix}>0$ 的范围内。因此有

$$\mathrm{d}I=\sum_{i(v_{ix}>0)}2n_imv_{ix}^2\mathrm{d}A\mathrm{d}t \tag{8-6}$$

由于在平衡态下，气体分子沿各个方向运动的概率是均等的，所以平均来说，$v_{ix}>0$ 分子数与 $v_{ix}<0$ 的分子数应各占分子总数的一半，这相当于在式 (8-6) 中除以 2，然后取消 $v_{ix}>0$ 这一条件限制。故有

$$\mathrm{d}I=\sum_i n_imv_{ix}^2\mathrm{d}A\mathrm{d}t \tag{8-7}$$

气体对容器壁的压强，在数值上等于器壁单位面积上受到的压力，$\mathrm{d}I$ 与 $\mathrm{d}t$ 之比为气体施加于器壁的压力，所以气体对容器壁的压强为

$$p=\frac{\mathrm{d}I}{\mathrm{d}t\mathrm{d}A}=\sum_i n_imv_{ix}^2=m\sum_i n_iv_{ix}^2 \tag{8-8}$$

以 $\overline{v}_x^2$ 来表示分子速度 v_x 分量的平方平均值，即令

$$\overline{v_x^2}=\frac{n_1v_{1x}^2+n_2v_{2x}^2+\cdots}{n_1+n_2+\cdots}=\frac{\sum\limits_i n_iv_{ix}^2}{\sum\limits_i n_i}=\frac{\sum\limits_i n_iv_{ix}^2}{n}$$

于是式 (8-8) 写成

$$p=nm\overline{v}_x^2 \tag{8-9}$$

在平衡态下，气体分子沿各个方向的运动概率是均等的，所以分子运动速度的三个分量的平方的平均值应相等，即

$$\overline{v_x^2}=\overline{v_y^2}=\overline{v_z^2}$$

又因

$$\overline{v^2} = \overline{v_x^2} + \overline{v_y^2} + \overline{v_z^2}$$

所以有

$$\overline{v_x^2} = \frac{1}{3}\overline{v^2} \tag{8-10}$$

将式 (8-10) 代入式 (8-9)，即得

$$p = \frac{1}{3}nm\overline{v^2} \tag{8-11}$$

引入分子的平均平动动能，它为分子的质量与分子速率平方的平均值的乘积的一半，即

$$\bar{\varepsilon}_{\mathrm{k}} = \frac{1}{2}m\overline{v^2} \tag{8-12}$$

将式 (8-12) 代入式 (8-11)，可得

$$p = \frac{2}{3}n\,\bar{\varepsilon}_{\mathrm{k}} \tag{8-13}$$

式 (8-11) 或式 (8-13) 即**理想气体压强公式**。式 (8-13) 表明，理想气体的压强 p 决定于单位体积的分子数 n 和分子的平均平动动能 $\bar{\varepsilon}_{\mathrm{k}}$。

式 (8-13) 把系统的宏观量压强和微观量分子平均平动动能联系了起来，揭示了压强的微观本质和统计意义。压强 p 可以由实验直接测定，而分子的平均平动动能 $\bar{\varepsilon}_{\mathrm{k}}$ 不能直接测定，因而式 (8-13) 无法用实验直接验证，但这个公式能够对气体中的许多现象和实验定律做出满意的解释或推证。

8.2.2 温度的微观解释

下面从理想气体的压强公式和状态方程出发，来阐明温度这一概念的微观实质。

将理想气体状态方程 $p = nkT$ 代入式 (8-13)，得

$$\bar{\varepsilon}_{\mathrm{k}} = \frac{3}{2}kT \tag{8-14}$$

式 (8-14) 表明，气体分子的平均平动动能 $\bar{\varepsilon}_{\mathrm{k}}$ 只与热力学温度 T 有关，并与温度 T 成正比。

式 (8-14) 是一个重要的关系式，它从微观的角度阐明了温度的实质。即温度标志着气体内部分子无规则热运动的剧烈程度，揭示了宏观量温度 T 与微观量分子平均平动动能 $\bar{\varepsilon}_{\mathrm{k}}$ 之间的联系。温度越高，分子热运动越剧烈，分子的平均平动动能就越大。

应当明确，温度公式讨论的对象是由大量分子组成的理想气体，是大量分子热运动的集体表现，具有统计意义。对于少数或单个分子而言，温度是没有意义的。即① 温度是描述热力学系统平衡态的一个物理量，对于非平衡态的系统不能用温度来描述它的状态；② 温度是一个统计概念，对于单个分子谈论它的温度是没有意义的。

在式 (8-14) 中，将 $\bar{\varepsilon}_{\mathrm{k}} = \frac{1}{2}m\overline{v^2}$ 代入，则可以得到

$$\sqrt{\overline{v^2}} = \sqrt{\frac{3kT}{m}} = \sqrt{\frac{3RT}{\mu}} \tag{8-15}$$

$\sqrt{\overline{v^2}}$ 称为气体分子的方均根速率，它是分子速率的一种统计平均值。式 (8-15) 表明，在同一温度下，方均根速率跟分子质量的平方根成反比。

8.2.3　气温和气压

1. 气温

大气的温度简称气温，气温是地面气象观测规定高度 (即 1.25 ～ 2.00m，国内为 1.5m) 上的空气温度。气温是地面气象观测中所要测定的常规要素之一，是由安装在百叶箱中的温度表或温度计所测定的。这些温度表或温度计是根据水银、酒精或双金属片作为感应器的热胀冷缩特性制成的。气象基准站每日观测 24 次气温，记录日最高气温和日最低气温。配有温度计的台站还有气温的连续记录。气温的单位用摄氏度 (℃) 表示，有的以华氏度 (°F) 表示，均取小数一位，负值表示零度以下。

中国气温记录一般采用摄氏度 (℃) 为单位。摄氏与华氏的换算关系是

$$t=\frac{5}{9}(F-32)\quad \text{或}\quad F=\frac{9}{5}t+32$$

式中，F 为华氏温度；t 为摄氏温度。

通常人们用大气温度数值的大小，反映大气的冷热程度。

气温变化分日变化和年变化。日变化，最高气温是午后 2 时左右，最低气温是日出前后。年变化，北半球陆地上 7 月份最热、1 月份最冷，海洋上 8 月份最热、2 月份最冷；南半球与北半球相反。气温从低纬度向高纬度递减，因此等温线与纬线大体上平行。同纬度海洋、陆地的气温是不同的。夏季等温线陆地上向高纬方向凸出，海洋向低纬方向凸出。

2. 气压

大气的压强，它是在任何表面的单位面积上，空气分子运动所产生的压力。气压的大小同高度、温度、密度等有关，一般随高度增高按指数律递减。

在气象上，通常用测量高度以上单位截面积的铅直大气柱的重量来表示。常用单位有毫巴 (mb)、毫米水银柱高度 (mmHg)、帕 (Pa)、百帕 (hPa)、千帕 (kPa)，其间换算关系：1mmHg = 4/3mb，1mb = 100Pa = 1hPa = 0.1kPa。在 SI 中，压强的单位为帕 (Pa)。

气压记录是由安装在温度少变、光线充足的气压室内的气压表或气压计测量的，有定时气压记录和气压连续记录。人工目测的定时气压记录是采用动槽式或定槽式水银气压表测量的，基本站每日观测 4 次，基准站每日观测 24 次。气压连续记录和遥测自动观测的定时气压记录采用的是金属弹性膜盒作为感应器而记录的，可获得任意时刻的气压记录。采用这些仪器测量的是本站气压，根据本站海拔高度和本站气压、气柱温度等参数可以计算出海平面气压。

气压有日变化和年变化。一年之中，冬季比夏季气压高。一天中，气压有一个最高值、一个最低值，分别出现在 9 ～ 10 时和 15 ～ 16 时，还有一个次高值和一个次低值，分别出现在 21 ～ 22 时和 3 ～ 4 时。气压日变化幅度较小，一般为 0.1 ～ 0.4kPa，并随纬度增高而减小。气压变化与风、天气的好坏等关系密切，因而是重要气象因子。

例 8-2　一容器中贮有理想气体，压强为 1.013×10^5 Pa，温度为 27 ℃。求：(1) 分子的平均平动动能；(2) 容器内的分子数密度。

解　(1) 根据分子平均平动动能公式，得

$$\overline{\varepsilon_{\rm k}} = \frac{3}{2}kT = \frac{3}{2} \times 1.38 \times 10^{-23} \times 300\ {\rm J} = 6.21 \times 10^{-21}\ {\rm J}$$

(2) 由理想气体状态方程 $p = nkT$，可得

$$n = \frac{p}{kT} = \frac{1.013 \times 10^5}{1.38 \times 10^{-23} \times 300}\ {\rm m}^{-3} = 2.45 \times 10^{25}\ {\rm m}^{-3}$$

例 8-3 求 0℃时氢分子和氮分子的方均根速率。

解 氢气和氮气的摩尔质量分别为

$$\mu_{\rm H_2} = 2.0 \times 10^{-3}\ {\rm kg \cdot mol^{-1}},\ \ \mu_{\rm N_2} = 28 \times 10^{-3}\ {\rm kg \cdot mol^{-1}}$$

由式 (8-15)，得

$$\sqrt{\overline{v^2}}_{\rm H_2} = \sqrt{\frac{3RT}{\mu_{\rm H_2}}} = \sqrt{\frac{3 \times 8.31 \times 273}{2.0 \times 10^{-3}}}\ {\rm m \cdot s^{-1}} = 1.84 \times 10^3\ {\rm m \cdot s^{-1}}$$

$$\sqrt{\overline{v^2}}_{\rm N_2} = \sqrt{\frac{3RT}{\mu_{\rm N_2}}} = \sqrt{\frac{3 \times 8.31 \times 273}{28 \times 10^{-3}}}\ {\rm m \cdot s^{-1}} = 4.93 \times 10^2\ {\rm m \cdot s^{-1}}$$

8.3 能量均分原理 理想气体的内能

8.2 节讨论了理想气体在平衡状态下气体压强、温度与分子热运动的关系，本节将进一步讨论分子热运动能量所遵从的统计规律，并在此基础上建立理想气体的内能。

8.3.1 自由度

在 8.2 节讨论中，我们把分子视为质点，只考虑了分子的平动。事实上，除单原子分子外，双原子分子和多原子分子的运动不仅有平动，而且还有转动和分子内各原子间的振动。为了确定分子各种形式运动的能量，需要引入自由度的概念。

确定一个物体在空间的位置所需要的独立坐标数目，称为这个物体的**自由度**。自由度是与物体的机械运动形式相关的量，并与物体的结构有关。一般的机械运动包括平动、转动和振动三种形式，所以对应的自由度也分为平动自由度 t、转动自由度 r 和振动自由度 s 三类，一个物体的总的自由度为

$$i = t + r + s$$

如果一个质点在空间自由运动，确定它的位置需要三个独立坐标 (如 x、y、z)，所以这个自由质点有 3 个自由度。如果该质点被限制在一个平面或曲面上运动，那它只有 2 个自由度。如果该质点被限制在一条直线或曲线上运动，则它只有 1 个自由度。

对于刚体来说，不仅有平动，还可能有转动。不过刚体的一般运动总可以分解为随质心的平动和绕通过质心轴线的转动。因此，确定刚体质心的位置需要三个独立坐标 x、y、z；确

定通过质心轴线的方位需用 α、β、γ 三个方位角，但因为这三个方位角之间存在约束关系 $\cos^2\alpha+\cos^2\beta+\cos^2\gamma=1$，所以只有两个独立的方位角坐标；另外决定刚体绕通过质心转轴的转动角度，还需要一个独立坐标 θ，如图 8-6 所示。所以自由运动的刚体共有 6 个自由度，其中 3 个是平动自由度、3 个是转动自由度。当刚体受到某些限制时，其自由度也会相应减少。

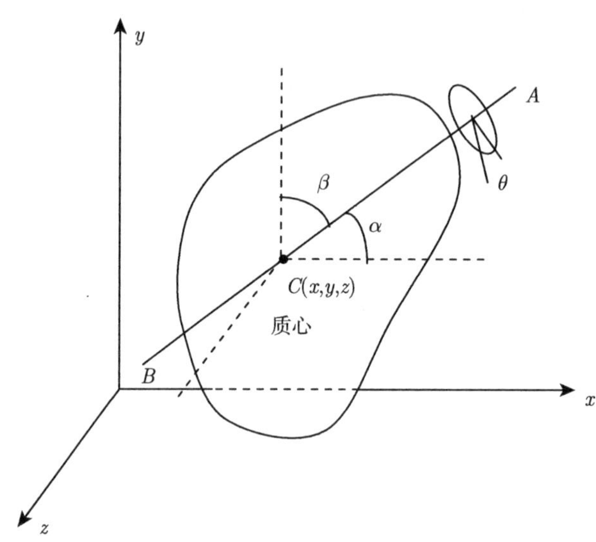

图 8-6　刚体的自由度

对于非刚体的物体，其形状可以发生变化，可以出现新的运动形式的自由度，如振动自由度。

对于单原子分子 (如 He、Ne、Ar 等)，可以视为质点，所以有 3 个自由度。对于双原子分子 (如 H_2、O_2、N_2 等)，分子中的两个原子由一个键连接起来。对分子光谱分析表明，这种分子除平动和转动外，两个原子还沿着其连线方向做振动，可以用一根质量忽略不计的弹簧及两个质点构成的模型来表示这种分子，如图 8-7(a) 所示。对这种分子，需要用 3 个独立坐标确定其质心的位置，2 个独立坐标确定其连线的方位 (由于两个原子视为质点，所以绕连线的轴的转动是不存在的)，还需要 1 个独立坐标确定两原子的相对位置。所以，双原子分子共有 6 个自由度，其中 3 个平动、2 个转动、1 个振动。当这种分子运动受到某种条件 (如温度) 限制时，其自由度就会减少。例如，在较低温度下，双原子分子往往只有平动和转动自由度，振动自由度被“冻结”，这时双原子分子可以看作是用一根质量不计的刚性棒连接两个质点这种模型，如图 8-7(b) 所示。这种情况下，分子只有 5 个自由度。对三个或三个以上原子组成的多原子分子，其自由度需要根据其结构情况进行具体分析才能确定。

(a) 弹性连接　　(b) 刚性连接

图 8-7　双原子分子模型

8.3.2 能量均分原理

8.2 节曾讲过，理想气体分子的平均平动动能为

$$\bar{\varepsilon}_{\mathrm{k}t}=\frac{1}{2}m\overline{v^2}=\frac{3}{2}kT$$

分子有 3 个平动自由度，相应地，分子的平均平动动能可表示为

$$\frac{1}{2}m\overline{v^2}=\frac{1}{2}m\overline{v_x^2}+\frac{1}{2}m\overline{v_y^2}+\frac{1}{2}m\overline{v_z^2}$$

在热平衡状态下，大量气体分子沿着各个方向运动的概率是均等的，因而

$$\overline{v_x^2}=\overline{v_y^2}=\overline{v_z^2}=\frac{1}{3}\overline{v^2}$$

所以，每个自由度分得的平均平动动能为

$$\frac{1}{2}m\overline{v_x^2}=\frac{1}{2}m\overline{v_y^2}=\frac{1}{2}m\overline{v_z^2}=\frac{1}{3}\left(\frac{1}{2}m\overline{v^2}\right)=\frac{1}{2}kT \tag{8-16}$$

式 (8-16) 表明，在平衡态下，气体分子在每一个平动自由度上具有相同的平均动能，而且都等于 $\frac{1}{2}kT$。也就是说，分子的平均平动动能 $\frac{3}{2}kT$ 被平均地分配在每一个平动自由度上。

上面的结论可以推广到分子运动的转动和振动自由度上。理论上，经典统计物理可以严格证明：在温度为 T 的平衡态下，气体分子运动的每一个自由度上都具有相同的平均动能，而且等于 $\frac{1}{2}kT$。这一结论称为**能量均分原理**。所以，气体分子的平均动能为

$$\bar{\varepsilon}_{\mathrm{k}}=\frac{i}{2}kT$$

式中，i 是气体分子的自由度。

能量均分原理是对大量分子热运动动能统计平均所得的结果，是通过分子在无规则运动中不断碰撞来实现的。在碰撞过程中，能量不但在分子之间进行传递和交换，而且还可以从一个自由度转移到另一个自由度。当分配于某种形式或某一自由度上的能量多了，则在碰撞时能量由这种形式、这个自由度转到其他形式或其他自由度的概率就比较大。由于在各个自由度中没有哪个自由度具有特别的优势，因此，在达到平衡态时，平均来说，能量就按自由度均匀分配。当外界供给气体系统能量时，首先是通过容器壁分子和气体分子的碰撞，然后通过分子间的相互碰撞均匀分配到各个自由度上去。能量均分原理也同样适用于液体和固体。

8.3.3 理想气体的内能

气体的内能是指所有分子的各种形式的动能 (包括平动动能、转动动能和振动动能)，分子内部原子间的振动势能以及分子之间的势能的总和。对于理想气体，由于分子之间无相互作用力，分子间也就无势能，所以理想气体的内能只是所有分子的各种形式的动能和分子内原子间振动势能的总和。

如果气体分子的平动自由度为 t、转动自由度为 r、振动自由度为 s，则分子的平均平动

动能、平均转动动能、平均振动动能就分别为 $\frac{t}{2}kT$、$\frac{r}{2}kT$ 和 $\frac{s}{2}kT$，分子的平均总动能应为 $\frac{1}{2}(t+r+s)kT$。原子内的振动可近似看作简谐振动，由于简谐振动在一个周期内的平均动能和平均势能是相等的，所以分子内原子的平均振动势能也为 $\frac{s}{2}kT$。因此，分子的平均能量为

$$\bar{\varepsilon}=\frac{1}{2}(t+r+2s)kT=\frac{1}{2}(i+s)kT \tag{8-17}$$

式中，$i=t+r+s$ 为分子自由度。如果气体质量为 M，摩尔质量为 μ，则理想气体的内能表示为

$$U=\frac{M}{\mu}N_{\mathrm{A}}\cdot\frac{1}{2}(i+s)kT=\frac{1}{2}\frac{M}{\mu}(i+s)RT \tag{8-18}$$

对于 1mol 单原子分子气体内能为

$$U_{\mathrm{mol}}=\frac{3}{2}RT \tag{8-19}$$

对于 1mol 弹性双原子分子气体内能为

$$U_{\mathrm{mol}}=\frac{7}{2}RT \tag{8-20a}$$

对于 1mol 刚性双原子分子气体内能为

$$U_{\mathrm{mol}}=\frac{5}{2}RT \tag{8-20b}$$

从上面的结果可以看出，1mol 理想气体内能只决定于分子的自由度和气体的温度，而与气体的体积和压强无关，理想气体的内能是温度的单值函数。

按照理想气体状态方程 $pV=\frac{M}{\mu}RT$，理想气体的内能还可以写成

$$U=\frac{1}{2}(i+s)pV$$

例 8-4　实验证实，在室温下氢分子没有振动自由度。求：温度为 27℃，质量为 1.0 g 的氢气内能是多少？当温度升高 1℃，其内能改变多少？

解　根据题意可知，氢分子平动自由度 $t=3$、转动自由度 $r=2$、振动自由度 $s=0$，分子自由度 $i=5$。氢的摩尔质量 $\mu=2.0\times10^{-3}\ \mathrm{kg\cdot mol^{-1}}$，则 1.0 g 氢气内能为

$$\begin{aligned}U&=\frac{1}{2}\frac{M}{\mu}(i+s)RT=\frac{1}{2}\times\frac{1.0\times10^{-3}}{2.0\times10^{-3}}\times5\times8.31\times300\ \mathrm{J}\\&=3.12\times10^{3}\ \mathrm{J}\end{aligned}$$

温度升高 1 ℃，内能增加为

$$\begin{aligned}\Delta U&=\frac{1}{2}\frac{M}{\mu}(i+s)R\Delta T=\frac{1}{2}\times\frac{1.0\times10^{-3}}{2.0\times10^{-3}}\times5\times8.31\times1\ \mathrm{J}\\&=10.4\ \mathrm{J}\end{aligned}$$

例 8-5　体积 $V=2.0\times10^{-2}\ \mathrm{m^3}$ 的密闭绝热容器中，储存质量为 $M=100$ g 的理想气体氢气。容器以 $v_{定}=200\ \mathrm{m\cdot s^{-1}}$ 的速率匀速运动，当容器突然停止运动，设全部的定向动

能都转化成氢气气体分子的热运动动能，氢气分子的振动自由度为零。求热平衡后氢气的内能、压强、温度、分子的平均动能各增加多少？

解 气体的定向运动的动能为

$$E_{k定} = \frac{1}{2}Mv_{定}^2$$

当容器停止定向运动后，并处于热平衡状态时，容器内氢气内能增加 ΔU，由题意

$$\Delta U = \frac{M}{\mu}\frac{5}{2}R\cdot\Delta T = \frac{1}{2}Mv_{定}^2 = \frac{1}{2}\times 0.1\times 200^2 = 2000\ \mathrm{J}$$

又因为

$$\Delta U = \frac{M}{\mu}\frac{5}{2}R\cdot\Delta T = \frac{1}{2}Mv_{定}^2$$

理想气体温度升高 ΔT 为

$$\Delta T = \frac{\mu}{5R}v_{定}^2 = \frac{2.0\times 10^{-3}}{5\times 8.31}\times 200^2 \approx 1.92\ \mathrm{K}$$

因为理想气体状态方程 $pV = \dfrac{M}{\mu}RT$，所以气体压强增加

$$\Delta p = \frac{M}{\mu V}R\cdot\Delta T = \frac{100\times 10^{-3}}{2.0\times 10^{-3}\times 2.0\times 10^{-2}}\times 8.31\times 1.92 = 3.99\times 10^4\ \mathrm{Pa}$$

气体分子热运动的平均动能增加

$$\Delta\bar{\varepsilon}_k = \frac{5}{2}k\cdot\Delta T = \frac{5}{2}\times 1.38\times 10^{-23}\times 1.92 = 6.62\times 10^{-23}\ \mathrm{J}$$

8.4 麦克斯韦速率分布律

由于气体分子热运动的无规则性和分子之间的频繁碰撞，所以每个分子在任一时刻的速率是瞬息万变、不可确定的。但是，就大量分子整体看来，在平衡态下，气体分子的速率分布遵循一定的统计规律。早在 1859 年麦克斯韦用概率论证明了在一定条件下，理想气体分子速率的统计分布规律，这一规律称为麦克斯韦速率分布律。

8.4.1 速率分布函数

为了描述气体分子速率分布所遵循的统计规律，首先引入速率分布函数的概念。在某一平衡态下，设气体系统中的总分子数为 N，分子速率在 $v \sim v+\mathrm{d}v$ 速率区间 (如 500 ~ 505 $\mathrm{m\cdot s^{-1}}$) 的分子数为 $\mathrm{d}N$，则 $\mathrm{d}N/N$ 就表示速率在 $v\sim v+\mathrm{d}v$ 速率区间的分子数占总分子数的比率 (或称百分比)。在不同的速率 v(如 500 $\mathrm{m\cdot s^{-1}}$ 和 600 $\mathrm{m\cdot s^{-1}}$) 附近、相同速率区间 (如 $\mathrm{d}v = 5\ \mathrm{m\cdot s^{-1}}$)，其比率 $\mathrm{d}N/N$ 一般是不相同的，与速率 v 有关，即它应是速率 v 的函数。同时，在速率区间 $\mathrm{d}v$ 足够小时，比率 $\mathrm{d}N/N$ 还应和 $\mathrm{d}v$ 成正比，因此有

$$\frac{\mathrm{d}N}{N} = f(v)\mathrm{d}v \tag{8-21}$$

或

$$f(v)=\frac{\mathrm{d}N}{N\mathrm{d}v} \tag{8-22}$$

式中，函数 $f(v)$ 称为**速率分布函数**，它表示处于某一平衡态下的一定量的气体，在速率 v 附近、单位速率区间内的分子数占总分子数的比率。

如果要确定速率分布在 $v_1\sim v_2$ 的分子数占总分子数的比率，可以在 $v_1\sim v_2$ 内对速率分布函数 $f(v)$ 积分得到，即

$$\frac{\Delta N}{N}=\int_{v_1}^{v_2}f(v)\mathrm{d}v \tag{8-23}$$

由于所有 N 个分子速率分布在 $0\sim\infty$，所以速率从 $0\sim\infty$ 的分子数占总分子数的比率为 1，即

$$\int_0^{\infty}f(v)\mathrm{d}v=1 \tag{8-24}$$

式 (8-24) 是由速率分布函数 $f(v)$ 的物理意义决定的，它是速率分布函数 $f(v)$ 必须满足的条件，称为速率分布函数的**归一化条件**。

速率分布函数 $f(v)$ 的意义也可以用概率来加以理解。各个分子的速率不同，等价于说一个分子具有各种速率的概率不同，因此 $\mathrm{d}N/N$ 也可以理解为一个分子速率出现在 $v\sim v+\mathrm{d}v$ 的概率。在概率论中，$f(v)$ 就是分子速率分布的概率密度。$f(v)$ 对速率从 $0\sim\infty$ 积分就是一个分子具有各种可能速率的总概率，自然等于 1，这就是式 (8-24) 表示的归一化条件的概率意义。

当速率分布函数 $f(v)$ 确定以后，我们可以计算出气体动理论中两个重要的统计平均量，即平均速率 $\bar{v}$ 以及方均根速率 $\sqrt{\overline{v^2}}$。因为区间 $\mathrm{d}v$ 是一小量，所以可以认为，在 $v\sim v+\mathrm{d}v$ 的 $\mathrm{d}N$ 个分子具有相同的速率 v，$v\mathrm{d}N$ 就是 $v\sim v+\mathrm{d}v$ 的分子速率之和，$\int_0^{\infty}v\mathrm{d}N$ 表示系统所有分子的速率之和，则平均速率 $\bar{v}$ 为

$$\bar{v}=\frac{\int_0^{\infty}v\mathrm{d}N}{N}=\int_0^{\infty}vf(v)\mathrm{d}v \tag{8-25}$$

类似地，方均根速率 $\sqrt{\overline{v^2}}$ 为

$$\sqrt{\overline{v^2}}=\left[\int_0^{\infty}v^2f(v)\mathrm{d}v\right]^{\frac{1}{2}} \tag{8-26}$$

例 8-6 一个由 N 个分子组成的系统，在平衡状态下分子的速率分布函数为

$$f(v)=\begin{cases}kv & (v\leqslant v_0)\\ 0 & (v>v_0)\end{cases},\quad k\text{为比例系数。}$$

求：(1) 比例系数 k；(2) 速率在 $0\sim v_0/2$ 的分子数；(3) 分子的平均速率。

解 (1) 由归一化条件，得

$$\int_0^{\infty}f(v)\mathrm{d}v=\int_0^{v_0}kv\mathrm{d}v=\frac{1}{2}kv_0^2=1$$

故

$$k = 2/v_0^2$$

因此速率分布函数是

$$f(v) = \begin{cases} 2v/v_0^2 & (v \leqslant v_0) \\ 0 & (v > v_0) \end{cases}$$

(2) 由 $\mathrm{d}N = Nf(v)\mathrm{d}v$，速率在 $0 \sim v_0/2$ 的分子数为

$$\Delta N = N\int_0^{v_0/2} f(v)\mathrm{d}v = 2N/v_0^2\int_0^{v_0/2} v\mathrm{d}v = N/4$$

(3) 由式 (8-26)，平均速率为

$$\bar{v} = \int_0^{\infty} vf(v)\mathrm{d}v = 2/v_0^2\int_0^{v_0} v^2\mathrm{d}v = 2v_0/3$$

8.4.2 麦克斯韦速率分布律

麦克斯韦从理论上确定了气体分子按速率分布的统计规律，推导出了在平衡态下理想气体分子速率分布函数的表达式

$$f(v) = \frac{\mathrm{d}N}{N\mathrm{d}v} = 4\pi\left(\frac{m}{2\pi kT}\right)^{3/2}\mathrm{e}^{-mv^2/2kT}v^2 \tag{8-27}$$

式中，T 是理想气体的热力学温度；k 是玻耳兹曼常量；m 是单个分子的质量。式 (8-27) 称为**麦克斯韦速率分布律**。

图 8-8 画出了 $f(v)$ 与 v 的关系曲线，该曲线称为**速率分布曲线**。由图可见，速率分布函数曲线从坐标原点出发，随着速率的增大，达到一极大值，然后减小，并随速率增大逐渐趋于零。这说明，速率很大和速率很小的分子所占的比率都很小，而具有中间速率的分子占的比率却很大。速率为 $v_1 \sim v_2$ 的分子数所占比率为 $\Delta N/N$，等于曲线下 $v_1 \sim v_2$ 的面积，如图阴影部分所示。显然，根据归一化条件，整个曲线下的面积必定等于 1。

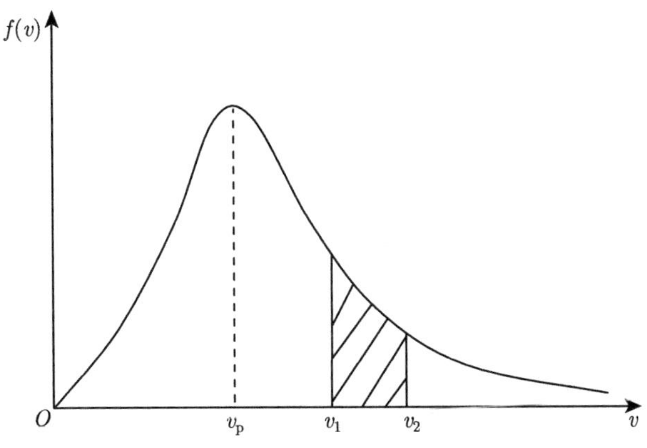

图 8-8 麦克斯韦速率分布曲线

对于确定的气体，速率分布曲线随温度的不同而不同，温度越高，分子热运动速率越大，大速率的分子数越多，曲线必定向右扩展。由于曲线下的面积恒等于 1，所以温度高时曲线变得较为平缓。图 8-9a 为同种气体在不同温度下的速率分布曲线。

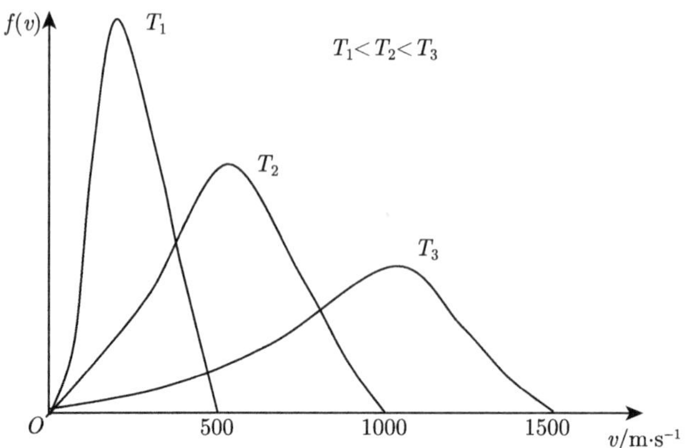

图 8-9a　速率分布曲线随温度的改变 (同种气体)

由于技术条件的原因，验证麦克斯韦速率分布律正确性的实验，直到 20 世纪 20 年代才得以实现。1920 年，斯特恩用金属蒸气分子射线做实验，证实了麦克斯韦的分子速率分布。1934 年，我国物理学家葛正权测定了铋蒸气分子的速率分布规律，结果与麦克斯韦速率分布律相符。1956 年，密勒和库什用钍蒸气的原子射线做实验，精确地验证了麦克斯韦速率分布律的正确性。

8.4.3　麦克斯韦分布律下三种特征速率

1. 最概然速率 v_{p}

速率分布函数极大值相对应的速率称为最概然速率 (或称为最可几速率)，用 v_{p} 表示，如图 8-9 所示，它表示在该速率附近单位速率区间内分子数所占比率最大。v_{p} 的数值可以从速率分布函数 $f(v)$ 对 v 的导数为零求出，据此得到

$$v_{\mathrm{p}}=\sqrt{\frac{2kT}{m}}=\sqrt{\frac{2RT}{\mu}}\approx 1.41\sqrt{\frac{RT}{\mu}} \tag{8-28}$$

式中，μ 为气体的摩尔质量。

2. 平均速率 $\bar{v}$

根据式 (8-25)，将麦克斯韦速率分布律代入，可得

$$\begin{aligned}\bar{v}&=\int_0^{\infty} vf(v)\mathrm{d}v=4\pi\left(\frac{m}{2\pi kT}\right)^{3/2}\int_0^{\infty}\mathrm{e}^{-mv^2/2kT}v^3\mathrm{d}v\\&=\sqrt{\frac{8kT}{\pi m}}=\sqrt{\frac{8RT}{\pi\mu}}\approx 1.60\sqrt{\frac{RT}{\mu}}\end{aligned} \tag{8-29}$$

3. 方均根速率 $\sqrt{\overline{v^2}}$

根据式 (8-26)，将麦克斯韦速率分布律代入，同样可得

$$\sqrt{\overline{v^2}}=\sqrt{\frac{3kT}{m}}=\sqrt{\frac{3RT}{\mu}}\approx 1.73\sqrt{\frac{RT}{\mu}} \tag{8-30}$$

这与式 (8-15) 相同。

气体分子的三种速率 v_{p}、$\bar{v}$ 和 $\sqrt{\overline{v^2}}$ 都与 $\sqrt{T}$ 成正比、与 $\sqrt{m}$ 或 $\sqrt{\mu}$ 成反比。其中 $\sqrt{\overline{v^2}}$ 最大，$\bar{v}$ 次之，v_{p} 最小。三种速率有各自的应用，例如，在讨论速率分布时要用到 v_{p}，在讨论分子的碰撞次数时要用到 $\bar{v}$，在计算分子的平均平动动能时要用到 $\sqrt{\overline{v^2}}$。

对于不同种类的理想气体，在相同的温度下，气体分子的三种特征速率会随着气体分子的摩尔质量 μ 的减小而增大，图 8-9b 也给出了在相同温度下，三种不同气体种类的理想气体的速率分布曲线图。在相同温度下，对于摩尔质量大的气体，其最概然速率小，故速率分布曲线的峰值位置出现在较小速率位置，但由于曲线所围面积恒等于 1，故曲线较陡峭。

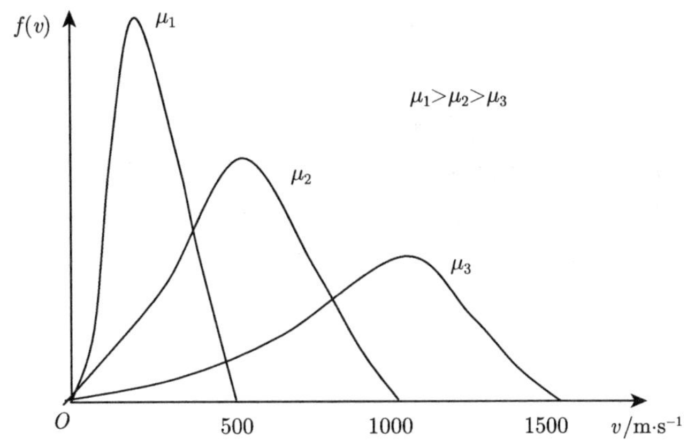

图 8-9b 不同气体分子的速率分布曲线 (相同温度)

例 8-7 求速率处于 v_{p} 与 $1.01v_{\mathrm{p}}$ 之间的气体分子数占总分子数的百分比。

解 由于 $\Delta v = 1.01v_{\mathrm{p}} - v_{\mathrm{p}} = 0.01v_{\mathrm{p}}$ 区间宽度很小，所以由式 (8-23)，得

$$\frac{\Delta N}{N} \approx f(v_{\mathrm{p}})\Delta v$$

利用 $v_{\mathrm{p}} = \sqrt{\dfrac{2kT}{m}}$，则麦克斯韦速率分布函数式 (8-27)，在 v_{p} 处的函数值可表示为

$$f(v_{\mathrm{p}}) = 4\pi\left(\frac{1}{\pi v_{\mathrm{p}}^2}\right)^{3/2} \cdot \mathrm{e}^{-1} \cdot v_{\mathrm{p}}^2 = \frac{4}{\sqrt{\pi}} \cdot \mathrm{e}^{-1} \cdot v_{\mathrm{p}}^{-1}$$

将上式代入前一式，得

$$\frac{\Delta N}{N} \approx \frac{4}{\sqrt{\pi}} \cdot \mathrm{e}^{-1} \cdot 0.01 = 0.83\%$$

8.5 气体分子的平均自由程

常温下，气体分子热运动的平均速率很快，大约为几百米每秒，但气体内依赖分子运动传递的各种输运过程进行得并不是很快，这主要是因为气体分子在剧烈运动的同时，还频繁地与周围其他分子发生碰撞，不断改变分子速度的大小和方向，使每个分子的运动路径十分曲折。每个分子在任意两次连续碰撞之间所经过的自由路程的长短是随机的、偶然的 (图 8-10)。但对大量气体分子而言，自由路程的长短却遵循一定的统计规律。

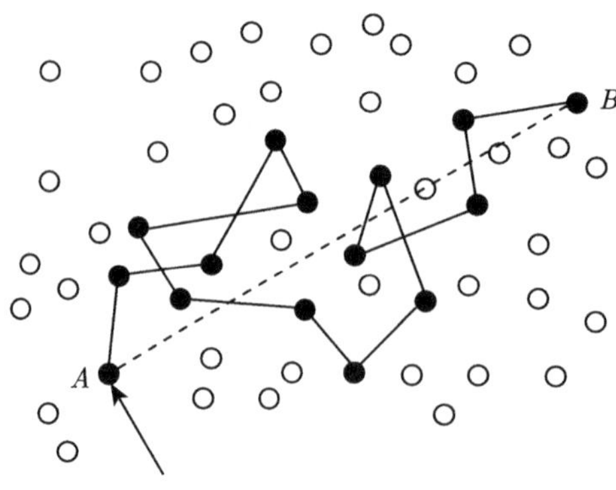

图 8-10　气体分子自由程

在单位时间内每个分子与其他分子平均碰撞次数称为**平均碰撞频率**，用 $\bar{Z}$ 表示。分子在连续两次碰撞之间所经过的自由路程的平均值称为**平均自由程**，用 $\bar{\lambda}$ 表示。如果用 $\bar{v}$ 表示气体分子运动的平均速率，则在 Δt 时间内，分子所经过的平均路程为 $\bar{v}\Delta t$，而分子的平均碰撞次数为 $\bar{Z}\Delta t$，所以依据定义，可以得到平均自由程 $\bar{\lambda}$ 与平均碰撞频率 $\bar{Z}$ 之间存在下列关系

$$\bar{\lambda} = \frac{\bar{v}\Delta t}{\bar{Z}\Delta t} = \frac{\bar{v}}{\bar{Z}} \tag{8-31}$$

为了计算 $\bar{Z}$，我们可以设想"跟踪"一个分子，例如，图 8-11 中的 A 分子，看看在 Δt 时间内，能与多少个分子相碰。对碰撞来说，重要的是分子之间的相对运动，为简便起见，可假设分子 A 以平均相对速率 $\bar{u}$ 运动，而其他分子可认为都静止不动。

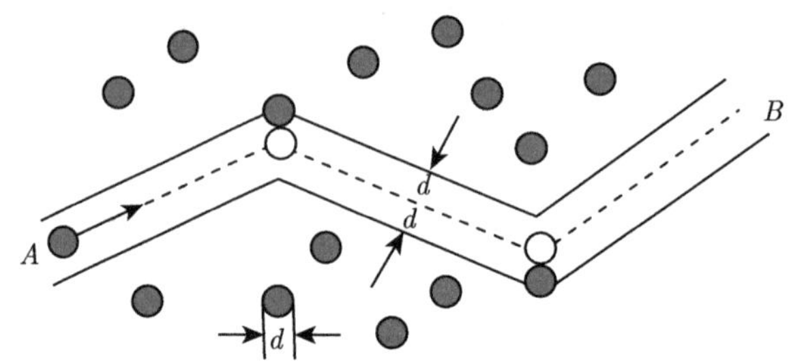

图 8-11　平均碰撞频率 $\overline{Z}$ 的计算

对于理想气体，将气体分子看作有效直径为 d 的刚性球，并假设分子间碰撞为完全弹性的。在分子 A 运动过程中，凡是分子中心与 A 分子中心的间距小于或等于分子有效直径 d 的那些分子都应该被分子 A 碰撞到。因此，为了确定在 Δt 时间内有多少分子与 A 相碰，可设想以 A 的中心的运动轨迹为轴线，以分子有效直径 d 为半径作一曲折的圆柱体，如图 8-11 所示，只要分子中心落在此圆柱体内的分子都会被分子 A 碰撞到。圆柱体的截面积为 $\sigma = \pi d^2$，称为分子的**碰撞截面**。

在 Δt 时间内，分子 A 走过的路程为 $\bar{u}\Delta t$，相应的圆柱体的体积为 $\sigma\bar{u}\Delta t$。如果以 n 表示气体分子密度，那么包含在圆柱体内的总分子数为 $n\sigma\bar{u}\Delta t$。因为圆柱体内包含的分子都将与分子 A 相碰，所以圆柱体内包含的总分子数必定等于在 Δt 时间内分子 A 与其他分子

的平均碰撞次数，因此，**平均碰撞频率**为

$$\bar{Z}=\frac{n\sigma\bar{u}\Delta t}{\Delta t}=n\sigma\bar{u} \tag{8-32}$$

理论可以证明，气体分子的平均相对速率 $\bar{u}$ 与平均速率 $\bar{v}$ 之间存在下列关系

$$\bar{u}=\sqrt{2}\bar{v} \tag{8-33}$$

将式 (8-33) 代入式 (8-32)，可得

$$\bar{Z}=\sqrt{2}n\sigma\bar{v}=\sqrt{2}n\pi d^2\bar{v} \tag{8-34}$$

将式 (8-34) 代入式 (8-31)，可得**平均自由程**为

$$\bar{\lambda}=\frac{1}{\sqrt{2}n\sigma}=\frac{1}{\sqrt{2}n\pi d^2} \tag{8-35}$$

式 (8-35) 表明，分子的平均自由程与分子的有效直径的平方、分子的数密度成反比，而与平均速率无关。因为 $p=nkT$，所以，式 (8-35) 又可写作

$$\bar{\lambda}=\frac{kT}{\sqrt{2}\pi d^2 p} \tag{8-36}$$

这说明，平均自由程是由气体的性质和状态决定的。当温度一定时，平均自由程与压强成反比。

应该指出，在上述推导过程中，我们将气体分子看作直径为 d 的刚性球，并将分子之间的碰撞看作是完全弹性碰撞。但实际分子并不是真正的球体，它是由电子与原子核组成的复杂系统，另外，分子之间的相互作用也相当复杂。所谓碰撞，实质上是在分子力作用下的散射过程。两分子质心之间最短距离的平均值就是 d，所以 d 称为分子的**有效直径**。分子的有效直径并不代表分子的真正大小。

例 8-8 已知空气分子的有效直径为 3.7×10^{-10} m，求：

(1) 在标准状态下的平均自由程与平均碰撞频率；

(2) 在温度不变而压强降为 1.33×10^{-3} Pa 时，平均自由程与平均碰撞频率。

解 (1) 在标准状态下，$T=273$ K，$p_1=1.013\times10^5$ Pa，根据式 (8-36)，得

$$\bar{\lambda}_1=\frac{kT}{\sqrt{2}\pi d^2 p_1}=\frac{1.38\times10^{-23}\times273}{\sqrt{2}\times3.14\times(3.7\times10^{-10})^2\times1.013\times10^5}\ \text{m}=6.12\times10^{-8}\ \text{m}$$

空气的摩尔质量为 $\mu=29\times10^{-3}\ \text{kg}\cdot\text{mol}^{-1}$，平均速率为

$$\bar{v}=\sqrt{\frac{8RT}{\pi\mu}}\approx1.60\sqrt{\frac{RT}{\mu}}=1.60\times\sqrt{\frac{8.31\times273}{29\times10^{-3}}}\ \text{m}\cdot\text{s}^{-1}=4.48\times10^2\ \text{m}\cdot\text{s}^{-1}$$

所以

$$\bar{Z}_1=\frac{\bar{v}}{\bar{\lambda}_1}=\frac{4.48\times10^2}{6.12\times10^{-8}}\ \text{s}^{-1}=7.32\times10^9\ \text{s}^{-1}$$

(2) 将 $T = 273\ \text{K}$，$p_2 = 1.33\times10^{-3}\ \text{Pa}$ 代入式 (8-36)，得

$$\bar{\lambda}_2 = \frac{kT}{\sqrt{2}\pi d^2 p_2} = \frac{1.38\times10^{-23}\times273}{\sqrt{2}\times3.14\times(3.7\times10^{-10})^2\times1.33\times10^{-3}}\ \text{m} = 4.66\ \text{m}$$

$$\bar{Z}_2 = \frac{\bar{v}}{\bar{\lambda}_2} = \frac{4.48\times10^2}{4.66}\ \text{s}^{-1} = 96\ \text{s}^{-1}$$

由上例可见，在标准状态下，空气分子的平均自由程约为分子有效直径百倍以上，而 1 秒内一个分子平均碰撞次数竟高达几十亿次。

*8.6　范德瓦耳斯方程

理想气体只是一种近似模型，它忽略了气体分子自身的体积大小、分子之间的相互作用力。实验表明，当压强比较大、温度比较低时，实际气体的行为与理想气体存在较大差异。此时分子的自身体积和分子间的相互作用力是不能忽略的。范德瓦耳斯将实际气体分子看作是相互间存在吸引力的、并具有一定体积的刚性小球，对理想气体状态方程加以修正，从而导出了真实气体的近似状态方程：范德瓦耳斯方程。

8.6.1　分子自身体积引起的修正

为简便起见，我们只讨论 1mol 气体系统，设 V_{mol} 表示 1 mol 气体所占据的体积。1mol 理想气体状态方程是

$$pV_{\text{mol}} = RT$$

因为在理想气体模型中把分子看作没有体积的质点，所以 V_{mol} 也就是每个分子自由活动的空间体积，即容器容积。现将分子看作具有一定体积的刚性小球，则每个分子能自由活动的空间将比容器的容积 V_{mol} 小，如果写成 $V_{\text{mol}} - b$，其中 b 为考虑分子自身体积引起的修正项，则上式应修正为

$$p\left(V_{\text{mol}} - b\right) = RT \tag{8-37}$$

式中的修正量 b 可以由实验测定。从理论上可以证明 b 的数值大约等于 1 mol 气体分子自身体积的 4 倍。

8.6.2　分子间引力引起的修正

分子间的引力随距离的增大而急剧减小，因此分子间的引力是短程力。分子只与其邻近的分子才有引力的作用，较远分子的引力实际上可以忽略。设分子引力平均有效作用距离为 r，那么，对任一分子而言，与它有引力作用的是以该分子为球心、以 r 为半径的球体内分子，此球称为分子力作用球。对气体内部分子来说，它所受其他分子的引力作用是球对称的，其合力为零，如图 8-12 中分子 β 的情形。但分子一旦进入靠近器壁而厚度为有效作用距离的薄层内时，例如，分子 α，处境与 β 分子不同。以 α 为中心的分子力作用球有一部分在气体里面，一部分在气体外面。所以 α 分子所受其他分子的引力，其总的作用效果使得 α 受到一个垂直于器壁指向气体内部的拉力。这样，分子 α 在与器壁碰撞时，施于器壁的冲量减小了，宏观上就表现为压强 p 比不存在引力作用时气体的压强要小一些。

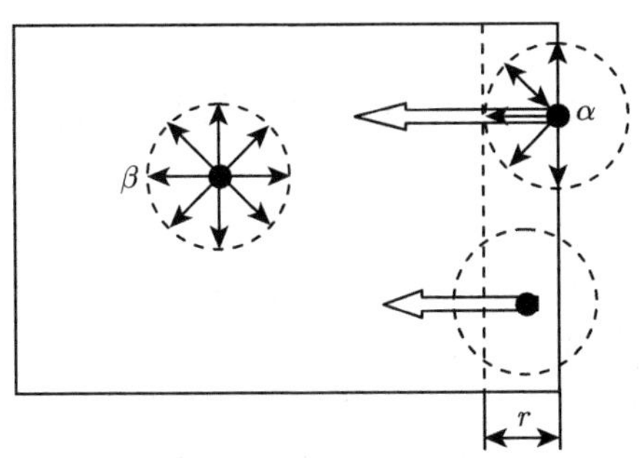

图 8-12 分子引力产生的内压强

这种由于分子引力作用而产生的压强，称为内压强，用 p_i 表示。由式 (8-37) 得，气体的实际压强应为

$$p=\frac{RT}{V_{\mathrm{mol}}-b}-p_i$$

即

$$(p+p_i)(V_{\mathrm{mol}}-b)=RT \tag{8-38}$$

内压强 p_i 与薄层中的分子受到引力的合力成正比，同时还和薄层中气体分子数密度 n 成正比。由于薄层中分子受到的引力的合力也与作用球内分子数密度 n 成正比。因此，气体的内压强 $p_i\propto n^2$，或 $p_i\propto\frac{1}{V_{\mathrm{mol}}^2}$，写成等式有 $p_i=a/V_{\mathrm{mol}}^2$，于是式 (8-38) 应改写为

$$\left(p+\frac{a}{V_{\mathrm{mol}}^2}\right)(V_{\mathrm{mol}}-b)=RT \tag{8-39}$$

式 (8-39) 就是**范德瓦耳斯方程**。式中，a 和 b 称为范德瓦耳斯常量，可由实验测定。表 8-1 给出了几种气体的 a 和 b 实验值。

表 8-1 气体的范德瓦耳斯常量

气体	$a/\mathrm{Pa\cdot m^6\cdot mol^{-2}}$	$b/\mathrm{m^3\cdot mol^{-1}}$
氢气	0.554	3.0×10^{-5}
氧气	0.173	3.0×10^{-5}
氩气	0.132	3.0×10^{-5}
二氧化碳	0.365	4.3×10^{-5}
氮气	0.137	4.0×10^{-5}

当研究的实际气体的总质量为 M 时，在相同的温度、相同的压强下，气体的体积 V' 应等于 1 mol 气体体积的 $\frac{M}{\mu}$，即 $V'=\frac{M}{\mu}V_{\mathrm{mol}}$。其中 μ 为气体的摩尔质量。所以，对质量为 M 的实际气体的范德瓦耳斯状态方程为

$$\left(p+\frac{M^2}{\mu^2}\frac{a}{V'^2}\right)\left(V'-\frac{M}{\mu}b\right)=\frac{M}{\mu}RT \tag{8-40}$$

范德瓦耳斯方程比理想气体状态方程不仅能更好地描述实际气体的状态变化关系，而且在一定程度上还能描述液体的状态以及气态和液态之间转变的一些特点。

8.7　气体内的迁移现象

前面几节讨论了气体处在平衡状态下的性质和所遵从的规律。在实际问题中，气体常常处于非平衡状态。当气体处在非平衡状态时，其内部各部分的物理性质是不均匀的 (如密度、流速、温度等不相同)。由于气体分子的热运动和相互碰撞，分子之间通过交换质量、动量、能量，将使原来不均匀的物理量趋于均匀，从而使气体由非平衡态向平衡态过渡，这种现象称为气体内的**迁移现象**。它包括黏滞现象、热传导现象和扩散现象三种。

8.7.1　黏滞现象

当气体流动时，如果各气层的流速不等，那么相邻的两气层之间的接触面上，会产生一对等值而反向的相互作用力，这种作用力使流速慢的气层加速，使流速快的气层减速，从而阻碍两气层的相对运动，这种现象称为**黏滞现象**，这种作用力称为黏滞力。气体的这种性质称为黏性。

为说明黏滞力所遵从的实验定律，如图 8-13 所示，设气体平行于 xOy 平面沿 y 轴正方向流动，流速 u 随 z 轴正方向逐渐增大。在 z_0 处垂直于 z 轴作一截面 $\mathrm{d}S$，将气体分成 A、B 两层。A 层将施于 B 层沿 y 轴负方向的作用力，而 B 层将施于 A 层大小相等、方向相反的作用力，用 f 表示 A、B 两层间相互作用的黏滞力。实验表明，A、B 两层相互作用的黏滞力 f 的大小，与两层的接触面 z_0 处的流速梯度 $\dfrac{\mathrm{d}u}{\mathrm{d}z}$ 成正比，同时也与气层的面积 $\mathrm{d}S$ 成正比，即

$$f=\eta\frac{\mathrm{d}u}{\mathrm{d}z}\cdot\mathrm{d}S \tag{8-41}$$

式 (8-41) 称为**牛顿黏滞定律**，式中的比例系数 η 称为气体的**黏滞系数**，其单位为 Pa · s。

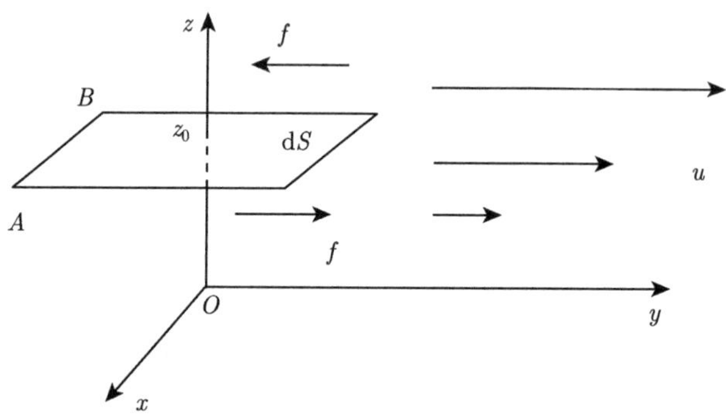

图 8-13　黏滞现象

从气体动理论的观点来看，当气体流动时，分子除了热运动，还在做定向运动。不同气层的分子定向运动速度和定向运动动量不同，A 层分子的定向运动动量比 B 层分子的定向运动动量要小。由于分子的热运动，A、B 两层的分子将不断地通过 $\mathrm{d}S$ 截面相互交换，A 层分子带着较小的定向动量移到 B 层，而 B 层分子带着较大的定向动量移到 A 层。结果造成定向动量的净迁移，使 A 层的定向动量增大，B 层的定向动量减小，其效果在宏观上就

表现为 A、B 两层之间存在着相互作用的黏滞力，因此，黏滞现象是由于气体内分子定向动量迁移的结果。

气体的黏滞系数 η 与气体的性质和状态有关，气体动理论可以推导出

$$\eta = \frac{1}{3}\rho\bar{v}\bar{\lambda} \tag{8-42}$$

式中，ρ 为气体的密度；$\bar{v}$ 为分子的平均速率；$\bar{\lambda}$ 为分子的平均自由程。

8.7.2 热传导现象

当气体内各部分的温度不均匀时，就会有热量从温度较高处向温度较低处传递，这种现象称为**热传导现象**。

假设气体的温度沿 z 轴正方向逐渐升高。如果在 z_0 处垂直于 z 轴作一截面 $\mathrm{d}S$ 将气体分成 A、B 部分，如图 8-14 所示，则热量将通过截面 $\mathrm{d}S$ 由温度较高的 B 部分传递到温度较低的 A 部分。实验表明，在 $\mathrm{d}t$ 时间内通过截面 $\mathrm{d}S$ 的热量 $\mathrm{d}Q$ 与 z_0 处的温度梯度 $\dfrac{\mathrm{d}T}{\mathrm{d}z}$ 成正比，同时也与面积 $\mathrm{d}S$ 成正比，即

$$\frac{\mathrm{d}Q}{\mathrm{d}t} = -\kappa\frac{\mathrm{d}T}{\mathrm{d}z}\cdot\mathrm{d}S \tag{8-43}$$

式 (8-43) 称为**傅里叶定律**，式中的比例系数 κ 称为气体的**热传导系数**，其单位为 $\mathrm{W}\cdot\mathrm{m}^{-1}\cdot\mathrm{K}^{-1}$。式中的负号表示热量沿温度减小的方向迁移。

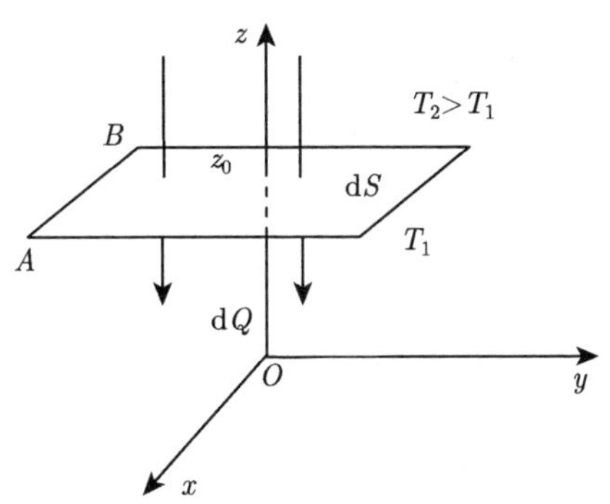

图 8-14 热传导现象

从气体动理论的观点来看，A 部分温度较低，分子热运动的平均能量较小；B 部分温度较高，分子热运动的平均能量较大。由于分子的热运动，A、B 两部分不断交换分子，结果使一部分热运动能量从温度较高的 B 部分输运到温度较低的 A 部分。通过 A、B 两部分气体分子的交换致使内能发生净迁移，这种热运动能量的定向迁移，在宏观上就形成热量的传递。

气体动理论可以推导出，气体的热传导系数 κ 为

$$\kappa = \frac{1}{3}\rho\bar{v}\bar{\lambda}c_{\mathrm{V}} \tag{8-44}$$

式中，c_{V} 为气体系统在等容过程中的比热。

8.7.3　扩散现象

在混合气体内部，当某种气体的密度不均匀时，该气体分子将从密度大处向密度小处迁移，这种现象称为**扩散现象**。例如，从液面蒸发出来的水汽分子不断地散播开来，就是扩散现象。就单一气体来说，在温度均匀的情况下，密度的不均匀会导致压强的不均匀，从而会形成宏观气流，这样在气体内部发生的就不是单纯的扩散现象。为只讨论单纯的扩散现象，设有两种气体 (如 N_2 和 CO)，它们的温度、压强和分子质量都相等，将它们分别装入中间被隔板分成两部分的容器中，把隔板抽出后，由于温度、压强处处相等，不会有流动发生。这样，每种气体只因密度的不均匀而进行单纯的扩散。

如图 8-15 所示，设某种气体的密度沿 z 轴正方向逐渐增大，在 z_0 处垂直于 z 轴作一截面 $\mathrm{d}S$ 将气体分成 A、B 部分，则气体将从密度较大的 B 部分向密度较小的 A 部分扩散。实验表明，在 $\mathrm{d}t$ 时间内通过截面 $\mathrm{d}S$ 的气体质量 $\mathrm{d}M$ 与 z_0 处的密度梯度 $\dfrac{\mathrm{d}\rho}{\mathrm{d}z}$ 成正比，同时也与面积 $\mathrm{d}S$ 成正比，即

$$\frac{\mathrm{d}M}{\mathrm{d}t}=-D\frac{\mathrm{d}\rho}{\mathrm{d}z}\cdot\mathrm{d}S \tag{8-45}$$

式 (8-45) 称为**菲克定律**，式中的比例系数 D 称为气体的**扩散系数**，其单位为 $\mathrm{m^2\cdot s^{-1}}$。式中的负号表示质量沿密度减小的方向迁移。

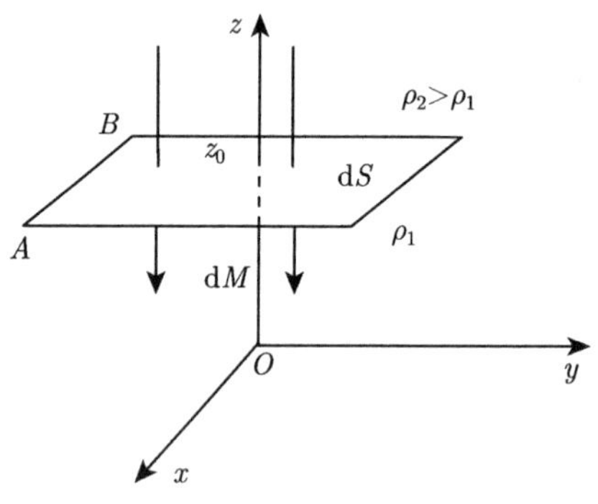

图 8-15　扩散现象

从气体动理论的观点来看，A 部分的密度小，单位体积内分子数少；B 部分的密度大，单位体积内的分子数多。由于分子的热运动，在相同的时间内，由 A 部分转移到 B 部分的分子数少，而由 B 部分转移到 A 部分的分子数多。因此，通过相互交换，A 部分的分子数增加，密度增大，而 B 部分的分子数减少，密度减小，宏观上就形成了气体质量的定向迁移。所以，扩散现象是气体分子数定向迁移的结果。

气体动理论推导出，气体的扩散系数 D 为

$$D=\frac{1}{3}\bar{v}\bar{\lambda} \tag{8-46}$$

气体的迁移现象在自然界中经常发生，在工程技术上有许多应用。在气象上，云雾的消散、雨雪的形成等都与水成分扩散现象有关。在气体中运动的物体，黏滞现象是形成阻力的重要原因。在技术上，人们根据低压下气体导热性能减弱现象制成的保温瓶，具有较好的隔热效果。在原子能工业中根据扩散现象来分离同位素。

习　题

8-1　气体在平衡态时有什么特征？气体的平衡态与力学中的平衡态有什么不同？

8-2　理想气体的微观模型与宏观模型各是什么？

8-3　一打足气的自行车内胎，在温度为 7.0 ℃时，轮胎中空气的压强为 4.0×10^5 Pa。当温度升高为 37.0 ℃时，轮胎内空气的压强为多少？设内胎容积不变。

8-4　有一个体积为 1.0×10^{-5} m^3 的空气泡由水面下 50.0 m 深的湖底处 (温度为 4℃) 升到湖面上来。若湖面的温度为 17℃，求气泡到达湖面的体积。(大气压强取为 $p_0=1.013\times10^5$ Pa)

8-5　飞机起飞前机舱中的压力计显示气压为 1.0 atm，温度为 27 ℃；起飞后压力计显示气压为 0.8 atm，温度仍为 27 ℃。试计算飞机距地面的高度。

8-6　在对流层 (距离地面以上 15 km) 范围内，实际上大气温度 T 随高度 z 增加而降低，可近似表示为 $T=T_0-\alpha z$，T_0 为地球表面温度，α 为常数。试证明：大气压强 p 随高度 z 的变化关系为 $\ln\dfrac{p_0}{p}=\dfrac{\mu g}{R\alpha}\ln\dfrac{T_0}{T_0-\alpha z}$。式中，$p_0$ 为地面大气压强，μ 为大气摩尔质量。

8-7　容器中储有氧气，其压强是 1 atm，温度是 27 ℃。求：

(1) 分子数密度 n；

(2) 分子间的平均距离 $\bar{r}$；

(3) 氧气的密度 ρ；

(4) 分子的平均平动动能 $\bar{\varepsilon}_{\mathrm{kt}}$。

8-8　恒星温度为 1.0×10^8 K，可将恒星视为由质子组成的粒子系统。试求：

(1) 质子的方均根速率；

(2) 质子的平均动能是多少？

8-9　温度为 127 ℃时，1 mol 氮气中具有的分子平动总动能和分子转动总动能各是多少？

8-10　一容器内储有氧气 0.100 kg，压强为 10.0 atm，温度为 47 ℃。试求：

(1) 氧气的内能；

(2) 当温度降为 27 ℃，其内能减少了多少？

8-11　在容积为 2.0×10^{-3} m^3 的容器中储有刚性双原子分子理想气体，气体内能为 6.75×10^2 J。

(1) 求气体的压强；

(2) 若容器内分子总数为 5.4×10^{22} 个，求气体的温度。

8-12　试说明下列各式的物理意义。

(1) $f(v)\mathrm{d}v$　(2) $Nf(v)\mathrm{d}v$　(3) $\int_{v_1}^{v_2} f(v)\mathrm{d}v$

(4) $\int_{v_1}^{v_2} Nf(v)\mathrm{d}v$　(5) $\int_{v_1}^{v_2} vf(v)\mathrm{d}v$

8-13　设系统内有 N 个粒子，其速率分布函数为

$$f(v)=\begin{cases} C & (v_0\geqslant v>0) \\ 0 & (v>v_0) \end{cases},\quad C\text{为常数。}$$

(1) 画出速率分布曲线；

(2) 由 N 和 v_0 求常数 C；

(3) 求粒子的平均速率。

8-14　如图是一种气体分子速率分布函数的曲线。如果系统的分子总数为 N，分子的质量为 m。试求：

(1) a；

(2) 速率在 $0.5v_0 \sim 1.5v_0$ 的分子数；

(3) 分子的平均速率；

(4) 分子的平均平动动能。

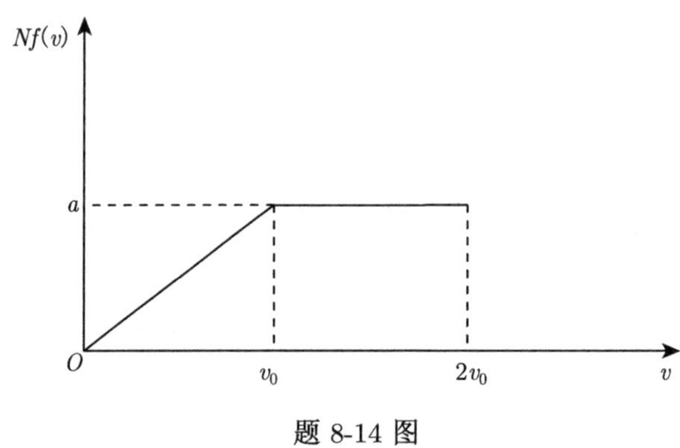

题 8-14 图

8-15　求温度为 300 K 时氧气分子的最概然速率、平均速率和方均根速率。

8-16　求在标准状态下 1.0 $\mathrm{cm^3}$ 氮气中速率在 500 $\mathrm{m \cdot s^{-1}}$ 到 501 $\mathrm{m \cdot s^{-1}}$ 之间的分子数 (可将 $\mathrm{d}v$ 近似取为 1 $\mathrm{m \cdot s^{-1}}$)。

8-17　已知二氧化碳的范德瓦耳斯常量 a 为 0.365 $\mathrm{Pa \cdot m^6 \cdot mol^{-2}}$，$b$ 为 4.3×10^5 $\mathrm{m^3 \cdot mol^{-1}}$。

(1) 估算二氧化碳分子的半径；

(2) 若 1 mol 二氧化碳的体积为 22.4 $\mathrm{dm^3}$，求气体内压强。

8-18　质量一定的理想气体，分别在体积不变和压强不变的条件下升高温度，分子的平均碰撞频率和平均自由程将如何变化？

8-19　氮气分子的有效直径为 3.8×10^{-10} m，求它在标准状态下的平均自由程和连续两次碰撞间的平均时间间隔。

8-20　当温度为 27 ℃时，电子管的真空度为 1.33×10^{-3} Pa。设分子的有效直径为 3.0×10^{-10} m，求：

(1) 分子数密度；

(2) 平均自由程和平均碰撞频率。

8-21　1 mol 氧气从初态出发，经过等容升压过程，压强增大为原来的 2 倍，然后又经过等温膨胀过程，体积增大为原来的 2 倍，求终态与初态之间：

(1) 气体分子方均根速率之比；

(2) 平均自由程之比。

8-22　在标准状态下，氦气 (He) 的黏滞系数为 1.89×10^{-5} $\mathrm{Pa \cdot s}$。求：

(1) 在标准状态下氦原子的平均自由程；

(2) 氦原子的有效直径。

8-23　现测得氮气在 0 ℃时的热传导系数为 23.7×10^{-3} $\mathrm{W \cdot m^{-1} \cdot K^{-1}}$，氮气的定容摩尔热容量为 20.9 $\mathrm{J \cdot mol^{-1} \cdot K^{-1}}$，试计算氮分子的有效直径。

8-24　由实验测得在标准状态下，氧气的扩散系数为 1.87×10^{-5} $\mathrm{m^2 \cdot s^{-1}}$ 试计算氧分子的平均自由程和分子的有效直径。

第 9 章　热力学基础

热力学是研究宏观物质系统的热现象和热运动遵循的基本规律的科学。通过对物质系统发生的各种热现象的观测、实验和分析，引入能量的概念，从宏观角度研究各种热力学过程中系统内能、热量、做功之间的关系和相互转化的条件。其中，热力学第一定律阐述了各种热现象过程中能量转换关系和能量守恒的规律；而各种热现象过程发生的方向性由热力学第二定律概括。

大气状态的各种变化过程都遵守热力学规律，各种热力学函数、热力学基本原理被广泛地用来研究大气运动。许多热力学等值过程都能在实际的大气变化过程中发生、进行，如大气对流层中发生的干绝热过程，与云雾形成有关的湿空气绝热上升过程，与露、雾形成有关的等压降温过程、等压绝热蒸发过程。所以，本章的内容是后续进一步学习大气热力学的重要基础。

当潮湿空气越过高山时，常在山的背风坡山麓地带形成一种干燥高温的气流，称为焚风。焚风往往以阵风形式出现，从山上沿山坡向下吹。焚风在迎风坡成云致雨，在背风坡形成干热风的整个过程称为“焚风效应”，如图 9-1 所示。J · 汉恩最先解释并研究了这种现象。当气流经过山脉时，沿迎风坡上升冷却，在所含水汽达饱和之前按干绝热过程降温，达到饱和后，按湿绝热直减率降温，并因发生降水而减少水分。过山后，空气沿背风坡下沉，按干绝热直减率增温，故气流过山后的温度比山前同高度的温度高得多，湿度也明显减少。亚洲的阿尔泰山、欧洲的阿尔卑斯山、北美的落基山东坡等都是著名的焚风出现区。我国不少地区有焚风，比较明显的如天山南坡、太行山东坡、大兴安岭东坡的焚风现象。其增温影响甚至在多年月平均气温直减率上也可促使作物、水果早熟，强大的焚风可造成干热风害和森林火灾。

图 9-1　焚风效应

9.1 功　热量和内能

9.1.1 准静态过程

在热力学系统中，系统的平衡状态可以用宏观物理量 (状态函数压强 p、体积 V、温度 T) 表征。在一定的条件下，系统的状态会发生变化，当系统由一个状态转变到另一个状态，这个过程称系统经历了一个热力学过程。依据热力学过程进行的快慢程度，或过程进行中的任意一中间状态是否为平衡状态，可以将热力学过程一般分为两大类：非平衡过程 (非静态过程)、平衡过程 (准静态过程)。系统由某一平衡态开始变化，状态的变化必然使平衡受到破坏，需要经过一段时间才能达到新的平衡态。然而在实际过程中，往往新的平衡态达到以前又继续了下一步的变化，这样系统实际经历了一系列非平衡态，这种热力学过程称为非平衡过程，或称为非静态过程。不过在热力学中，具有重要意义的是准静态过程，该过程进行得非常缓慢，以至于在过程中经历的每一个状态都可以看作平衡态。准静态过程也称平衡过程，它是一种理想化的热力学过程。如图 9-2 所示，设有一个带有活塞的容器，里面贮有一定量的气体，活塞可做无摩擦滑动。开始时气体处于某一平衡态，现将砂粒一粒一粒缓慢放在活塞上，在气体被压缩的过程中，系统的状态几乎每一步都接近平衡态，这种无摩擦的非常缓慢的状态变化过程可近似认为是准静态过程或者平衡过程。

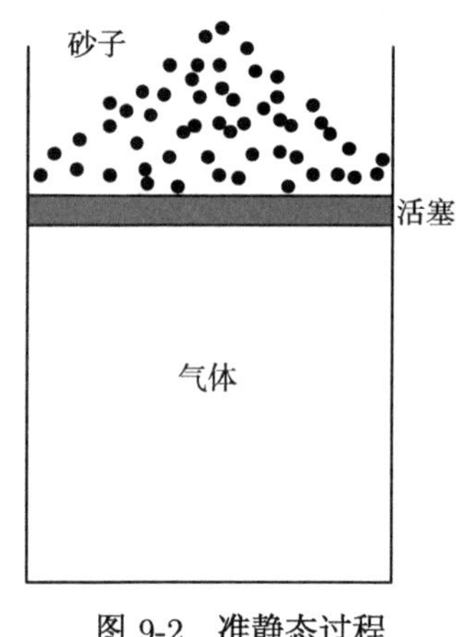

图 9-2　准静态过程

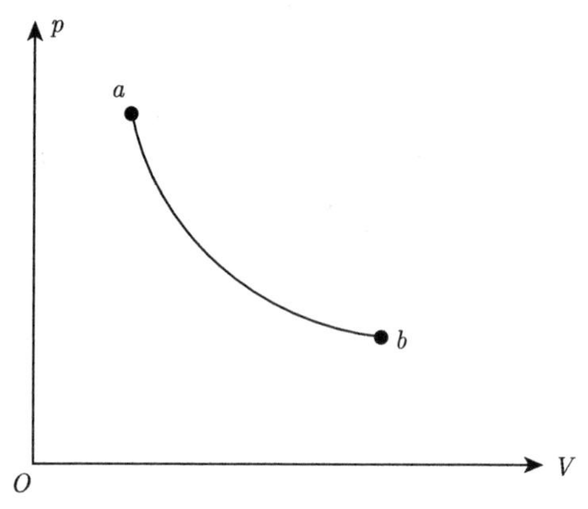

图 9-3　准静态过程 p-V 曲线

对于一定量的气体来说，可以用两个独立的状态参量 (如 p、V) 来确定系统所处的任一平衡态。如果以 p 为纵坐标，V 为横坐标，作 p-V 图，那么 p-V 图上任意一点都对应着一个平衡态，如图 9-3 中的 a 点和 b 点。P-V 图中任意一条曲线都代表系统一个准静态过程，如图 9-3 的曲线 ab 就表示某一准静态过程，曲线上的每一点都对应于平衡态。在以后的讨论中，如没有特别声明，一般都是指准静态过程。

9.1.2 功热量与内能

做功是系统与外界发生相互作用的一种方式。首先讨论在准静态过程中外界对系统所做的功。如图 9-4 所示，设带有活塞的容器内贮有一定量气体，活塞的面积为 S。气体处于

平衡态时，外界的压强与气体的压强相等，以 p 表示这个压强。若取 x 轴正向向右，作用于活塞的外力为 $\vec{F}=-pS\hat{i}$，其方向水平向左，大小为 pS。在无限短的时间内，设活塞被压缩，活塞的元位移为 $\mathrm{d}x\hat{i}$，其方向水平向左，大小为 $|\mathrm{d}x|=-\mathrm{d}x$。则在该元过程中，外界对气体所做的元功为

$$\mathrm{d}A=-pS\mathrm{d}x=-p\mathrm{d}V \tag{9-1}$$

式中，$\mathrm{d}V=S\mathrm{d}x$ 为气体体积的增量。由式 (9-1) 可知，当气体的体积被压缩时 ($\mathrm{d}x<0$、$\mathrm{d}V<0$)，外界对气体做正功 $\mathrm{d}A>0$，即系统对外做负功；当气体的体积膨胀时 ($\mathrm{d}x>0$、$\mathrm{d}V>0$)，外界对气体做负功 $\mathrm{d}A<0$，即系统对外做正功。

当气体体积由 V_1 变化到 V_2 过程中，外界对气体所做的总功为

$$A=-\int_{V_1}^{V_2}p\mathrm{d}V \tag{9-2}$$

式 (9-2) 虽然是由图 9-4 所示的特例推导出的，但可以证明式 (9-2) 是计算外界对系统做功的普遍公式。

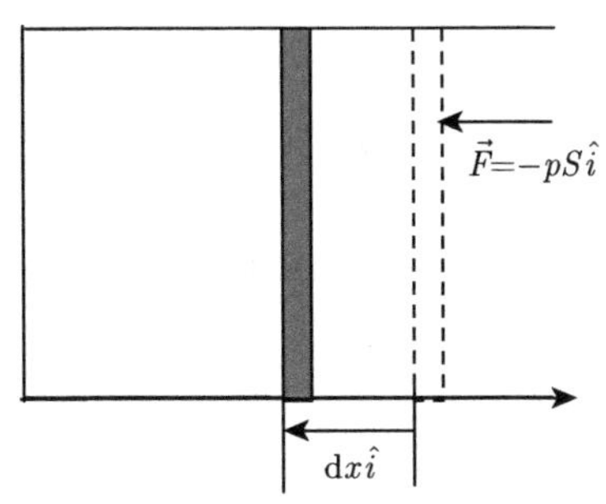

图 9-4　外界对气体做功

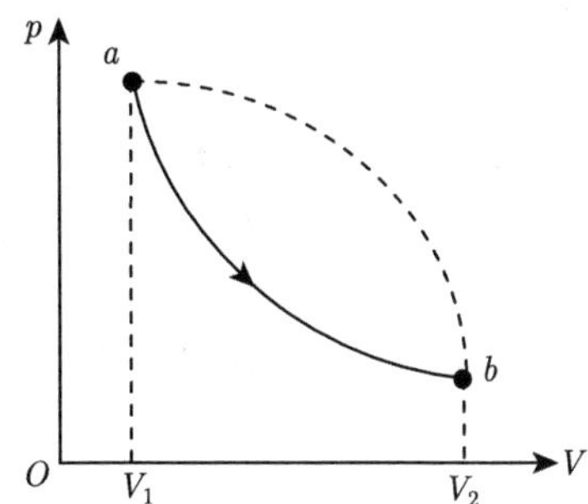

图 9-5　外界对气体做功 p-V 表示

由图 9-5 可以看出，在 p-V 图上，外界对系统做的功等于系统从初态 a 到终态 b 过程曲线所围的面积的负值。实线和虚线表示系统经历不同的过程，曲线所围的面积不同，所以外界对系统做的功也不同，因此功是一个与过程有关的量。可见，外界对系统做的功，不仅与初、终状态有关，而且还与路径有关，功不是状态的单值函数，而是一个过程量。

热传递是系统与外界发生相互作用的另一种方式。当温度不同的两个物体相互接触后，热的物体要变冷，冷的物体要变热，最后达到热平衡，具有相同的温度。在这个过程中，有热量从高温物体自发地传递给低温物体。实验表明，做功和传递热量都可以引起系统状态的变化，它们之间存在等效性。焦耳于 1843 年用实验测定了热功当量，热功当量的精确值为

$$1\ \mathrm{cal}=4.180\ \mathrm{J}$$

焦耳的实验表明了一定热量的产生或消失，总是伴随着等量的其他某种形式能量的消失或产生，热量是系统与外界之间发生相互作用时所传递的能量。热量与功一样，不仅与系统的初、终状态有关，而且还与所经历的过程有关。它们是系统能量发生变化的两种不同方式。

实验证明，当系统状态发生变化时，只要初、终状态给定，则无论经历什么过程，外界对系统所做的功与外界向系统所传递的热量的总和，总是保持不变的。由于外界对系统做功、外界向系统传递热量都能使系统的能量增加，因此系统在一定状态下应具有一定的能量，我们把这种能量称为热力学系统的内能。系统内能的改变量只决定于初、终两个状态，而与所经历的过程无关。或者说，内能是系统状态的单值函数。

9.2　热力学第一定律

在一般情况下，当系统状态变化时，做功与传递热量两种方式往往是同时存在的。设外界对系统传递的热量为 Q，同时外界对系统做功为 A，系统内能的改变量为 ΔU，则根据能量守恒定律，有下列关系

$$\Delta U = Q + A \tag{9-3}$$

式 (9-3) 就是热力学第一定律。式 (9-3) 表示，系统内能的改变量等于系统从外界所吸收的热量与外界对系统所做功之和。虽然 Q 和 A 都不是状态函数，是过程量，但二者之和却只决定于初、终状态，与过程无关。

在式 (9-3) 中，$Q > 0$ 表示系统吸收热量，$Q < 0$ 表示系统放出热量；$\Delta U > 0$ 表示系统内能增加，$\Delta U < 0$ 表示系统内能减少；$A > 0$ 表示外界对系统做功，$A < 0$ 表示系统对外界做功。在 SI 中，ΔU、Q 和 A 的单位都是焦耳 (J)。

当系统状态发生微小的变化时，系统内能改变量为 $\mathrm{d}U$，在这过程中，系统吸收微热量为 $\mathrm{d}Q$，同时外界对系统做的元功为 $\mathrm{d}A$，则热力学第一定律可写成

$$\mathrm{d}U = \mathrm{d}Q + \mathrm{d}A \tag{9-4}$$

热力学第一定律是能量守恒定律在热现象过程中的表现形式，是人们在长期生产实践和大量科学实验的基础上总结出来的，适用于一切热力学过程。在历史上，人们曾幻想制造一种机器，它不需要外界供给能量而可以不断地对外做功，这种机器称为第一类永动机。根据热力学第一定律，第一类永动机是不可能实现的。热力学第一定律因此还有另一种表述，即第一类永动机是不可能造成的。

9.3　摩尔热容　理想气体的等容过程和等压过程

9.3.1　热容量

热传递的热量是在热力学过程中，系统从外界吸收 (或释放) 的能量，该能量与过程有关。对于一个确定的热力学系统，当系统在某一过程中温度升高 1 K 时所吸收的热量，定义为系统在该过程中的热容量。热容量与物质的量有关，单位质量的热容量，称为该物质的比热容，1 mol 物质的热容量，称为该物质的摩尔热容量。

在实际问题中，常常用到系统在等容过程和等压过程的热容量，分别称为定容热容量和定压热容量。在等容过程中，外界对系统不做功，根据热力学第一定律，系统从外界吸收的

热量等于系统内能的增加，即 $\mathrm{d}U = \mathrm{d}Q$，于是系统的定容热容量可表示为

$$C_V = \left(\frac{\mathrm{d}Q}{\mathrm{d}T}\right)_V = \left(\frac{\mathrm{d}U}{\mathrm{d}T}\right)_V \tag{9-5}$$

在等压过程中，系统从外界吸收的热量

$$(\mathrm{d}Q)_p = \mathrm{d}U + p\mathrm{d}V \tag{9-6}$$

系统的定压热容量可以表示为

$$C_p = \left(\frac{\mathrm{d}Q}{\mathrm{d}T}\right)_p = \left(\frac{\mathrm{d}U}{\mathrm{d}T}\right)_p + p\frac{\mathrm{d}V}{\mathrm{d}T} \tag{9-7}$$

对于理想气体，其内能只是温度的函数，与系统的体积和压强无关，将 $pV = \nu RT$ 代入式 (9-7)，得

$$C_p = C_V + vR \tag{9-8}$$

因为理想气体的内能为

$$U = \frac{1}{2}\nu\,(i+s)\,RT$$

则理想气体的定容热容量和定压热容量分别为

$$C_V = \frac{1}{2}\nu\,(i+s)\,R \tag{9-9}$$

$$C_p = \frac{1}{2}\nu\,(i+s+2)\,R \tag{9-10}$$

对于单原子分子气体，C_V 的理论值与实验值很好地符合；对于双原子分子气体，理论值与实验值有较大出入。

9.3.2 等容过程

气体的体积保持不变的过程，称为等容过程。在等容过程中，V 为恒量，外界对气体不做功。根据热力学第一定律，气体所吸收的热量等于气体内能的增加，即

$$(\mathrm{d}Q)_V = \mathrm{d}U \tag{9-11}$$

如果气体从初态 $a(p_1, T_1, V)$ 等容变化到终态 $b(p_2, T_2, V)$，则在 p-V 图上表示为与 V 轴垂直的直线段，如图 9-6 所示。气体吸收的热量可表示为

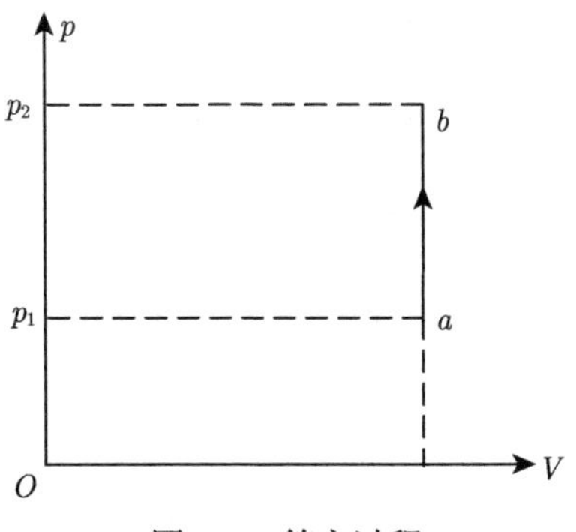

图 9-6 等容过程

$$Q_V = \Delta U = C_V(T_2 - T_1) \tag{9-12}$$

9.3.3　等压过程

气体的压强保持不变的过程，称为等压过程。在等压过程中，p 为恒量，热力学第一定律可写成

$$(\mathrm{d}Q)_p = \mathrm{d}U - \mathrm{d}A \tag{9-13}$$

如果气体从初态 $a(p, T_1, V_1)$ 等压变化到终态 $b(p, T_2, V_2)$，则在 p-V 图上表示为与 p 轴垂直的直线段，如图 9-7 所示。气体吸收的热量可表示为

$$Q_p = \Delta U - A \tag{9-14}$$

气体内能的增加可表示为

$$\Delta U = C_V(T_2 - T_1) \tag{9-15}$$

在等压过程中，外界对气体所做的功为

$$A = -\int_{V_1}^{V_2} p\mathrm{d}V = -p(V_2 - V_1) = -\nu R(T_2 - T_1) \tag{9-16}$$

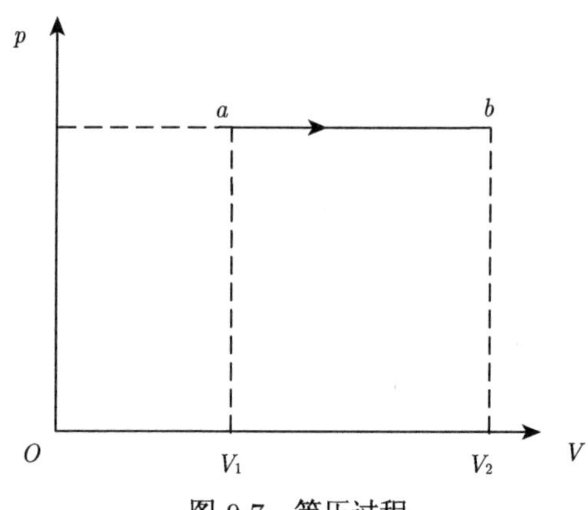

图 9-7　等压过程

将式 (9-16) 和式 (9-15) 代入式 (9-14)，得等压过程中气体所吸收的热量为

$$Q_p = C_V(T_2 - T_1) + \nu R(T_2 - T_1) = (C_V + \nu R)(T_2 - T_1) \tag{9-17}$$

或

$$Q_p = C_p(T_2 - T_1) \tag{9-18}$$

9.4 理想气体的等温过程和绝热过程

9.4.1 等温过程

气体的温度保持不变的过程，称为等温过程。在等温过程中，T 为恒量，由于理想气体的内能只决定于温度，故 $\mathrm{d}U=0$，根据热力学第一定律，气体所吸收的热量为

$$(\mathrm{d}Q)_T=-\mathrm{d}A=p\mathrm{d}V \tag{9-19}$$

如果气体从初态 $a(p_1,T,V_1)$ 等温变化到终态 $b(p_2,T,V_2)$，如图 9-8 曲线所示，则气体吸收的热量可表示为

$$Q_T=\int_{V_1}^{V_2}p\mathrm{d}V \tag{9-20}$$

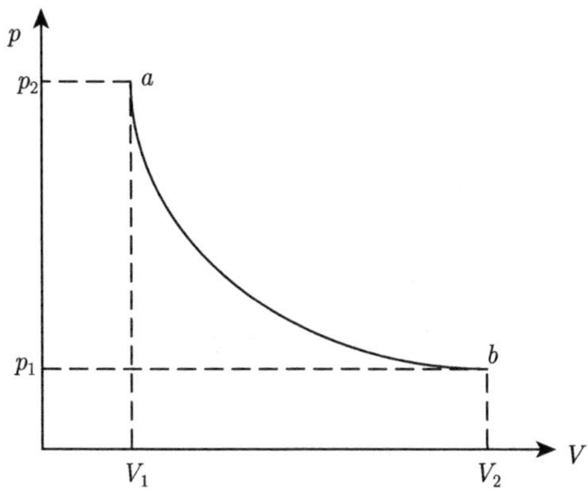

图 9-8 等温过程

由理想气体状态方程 $pV=\nu RT=$恒量代入并积分式 (9-20)，得

$$Q_T=\nu RT\int_{V_1}^{V_2}\frac{\mathrm{d}V}{V}=\nu RT\ln\frac{V_2}{V_1}=\nu RT\ln\frac{p_1}{p_2} \tag{9-21}$$

9.4.2 绝热过程

气体系统与外界没有热量交换的过程，称为绝热过程。在绝热过程中，$\mathrm{d}Q=0$，热力学第一定律表示为

$$\mathrm{d}U=\mathrm{d}A=-p\mathrm{d}V \tag{9-22}$$

如果气体从初态 $a(p_1,T_1,V_1)$ 绝热变化到终态 $b(p_2,T_2,V_2)$，如图 9-9 所示，则外界对气体所做的功为

$$A=\Delta U=C_V(T_2-T_1) \tag{9-23}$$

对理想气体，内能的改变量可表示为

$$\mathrm{d}U=C_V\mathrm{d}T \tag{9-24}$$

将式 (9-24) 代入式 (9-22)，得

$$-p\mathrm{d}V = C_V\mathrm{d}T \tag{9-25}$$

对理想气体状态方程微分，得

$$p\mathrm{d}V + V\mathrm{d}p = \nu R\mathrm{d}T \tag{9-26}$$

由式 (9-25) 和式 (9-26) 两式，消去 $\mathrm{d}T$，得

$$(C_V + \nu R)p\mathrm{d}V = -C_V V\mathrm{d}p \tag{9-27}$$

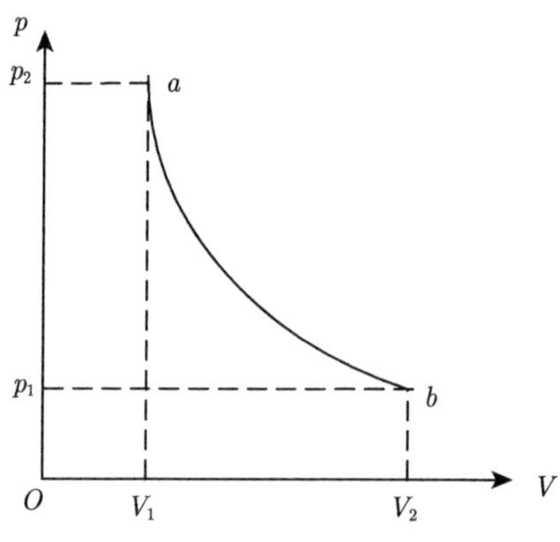

图 9-9　绝热过程

因 $C_V + \nu R = C_p$，令 $\gamma = C_p/C_V$，则式 (9-27) 变为

$$\frac{\mathrm{d}p}{p} + \gamma\frac{\mathrm{d}V}{V} = 0 \tag{9-28}$$

当温度变化不太大，γ 可看作常量，积分式 (9-28)，得

$$\ln p + \gamma \ln V = \text{恒量}$$

或

$$pV^{\gamma} = \text{恒量} \tag{9-29}$$

这就是理想气体绝热方程。在 p-V 图上描绘绝热过程所对应的曲线，称为绝热线。根据式 (9-29) 和理想气体状态方程，可以分别得到绝热过程中体积与温度、压强与温度的关系

$$TV^{\gamma-1} = \text{恒量} \tag{9-30}$$

$$T^{-\gamma}p^{\gamma-1} = \text{恒量} \tag{9-31}$$

由于 $\gamma = C_p/C_V > 1$，绝热线比等温线更陡些，如图 9-10 所示。这一点可作如下解释：当气体由图中两线交点所代表的状态继续压缩相同的体积，在等温过程中，压强的增大仅是其体积的减小所致。而在绝热过程中，因外界对系统做功，系统的温度将因内能的增加而升高，因此压强的增大是由体积的减小，同时温度升高两个原因所致，所以其值就比等温过程中的大。

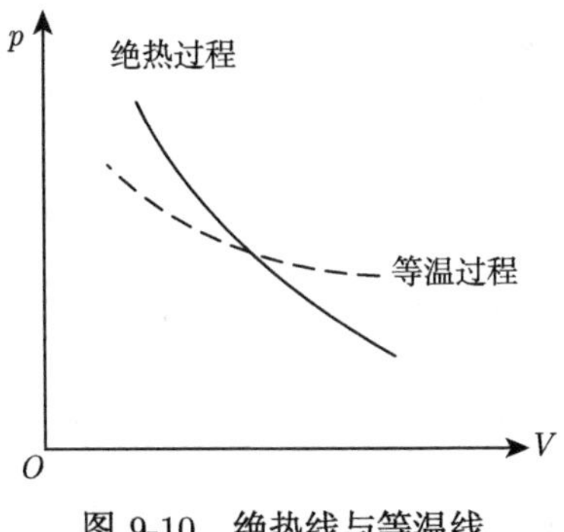

图 9-10 绝热线与等温线

当系统从初态 (p_1, T_1, V_1) 经绝热过程变化到终态 (p_2, T_2, V_2) 时，根据绝热过程，有

$$pV^\gamma = p_1 V_1^\gamma$$

则外界对系统所做的功也可表示为

$$A = -\int_{V_1}^{V_2} p\mathrm{d}V = -\int_{V_1}^{V_2} \frac{p_1 V_1^\gamma}{V^\gamma}\mathrm{d}V = \frac{1}{\gamma - 1}(p_2 V_2 - p_1 V_1) \tag{9-32}$$

在大气的对流层 (距离地面 15 km 范围内) 中，低处与高处之间的大气不断发生对流。由于大气压强随高度而降低，大气上升时膨胀，下降时收缩。空气的热传导率很小，膨胀和收缩的过程可近似认为是绝热过程。因此，大气的温度将随高度的升高而降低。一般每升高 100 m，温度降低 0.65℃。

例 9-1 如图所示，1 mol 氧气分别：① 由状态 a 等压变化到状态 b；② 由状态 a 等容变化到状态 c，再由状态 c 等温变化到状态 b。试分别计算两个过程中外界对氧气做的功、氧气内能的增量及吸收的热量。(设氧气分子为刚性双原子分子)

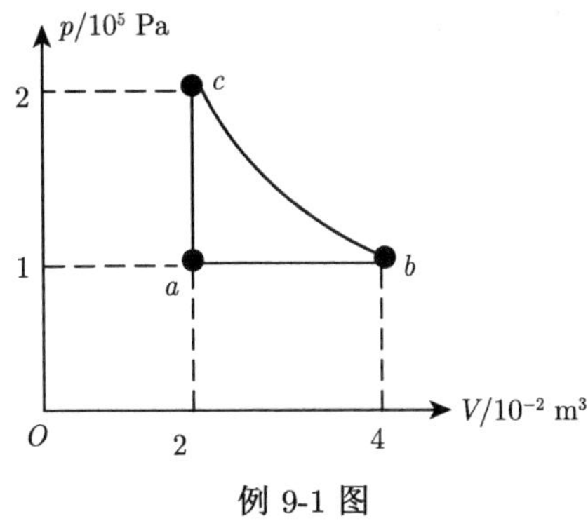

例 9-1 图

解 状态 a、b 和 c 的温度分别为

$$T_a = \frac{p_a V_a}{R} = 240.7\ \mathrm{K}, \quad T_b = T_c = \frac{p_b V_b}{R} = 481.4\ \mathrm{K}$$

(1) 沿 ab 做等压膨胀的过程中，外界对氧气做功为

$$A = -p_a (V_b - V_a) = -2 \times 10^3\ \mathrm{J}$$

实际是氧气对外界做功 2×10^3 J。

氧气分子为刚性双原子分子，$i=5$，$C_V=\dfrac{5}{2}R$，内能增加为

$$\Delta U=\frac{5}{2}R\left(T_b-T_a\right)=5\times10^3\ \mathrm{J}$$

由热力学第一定律，氧气在此过程中所吸收的热量为

$$Q=\Delta U-A=7\times10^3\ \mathrm{J}$$

(2) 由状态 a 等容变化到状态 c，外界不做功。由状态 c 等温变化到状态 b，外界做功为

$$A=-\int_{V_c}^{V_b}p\mathrm{d}V=-RT_c\ln\frac{V_b}{V_a}=-2.8\times10^3\ \mathrm{J}$$

由于内能是状态量，与过程无关，因此内能增量不变。这过程吸收热量为

$$Q=\Delta U-A=7.8\times10^3\ \mathrm{J}$$

9.5　循环过程　卡诺循环

9.5.1　循环过程

系统从某一状态出发，经过一系列状态变化过程又回到原来的状态，这样一系列过程称为循环过程，简称循环。而构成系统的物质称为工作物质。由于经过循环之后，系统又回到原来的状态，所以系统的内能没有变化，这是循环的重要特征。如果系统在循环过程中每一个状态都是平衡态，则整个过程就是准静态循环过程，在 p-V 图上为一闭合曲线，如图 9-11 中曲线 $abcda$ 所示，其中箭头表示过程进行的方向。若循环是沿顺时针方向进行的，称为正循环 (图 9-11)；若循环是沿逆时针方向进行的，称为逆循环 (图 9-12)。

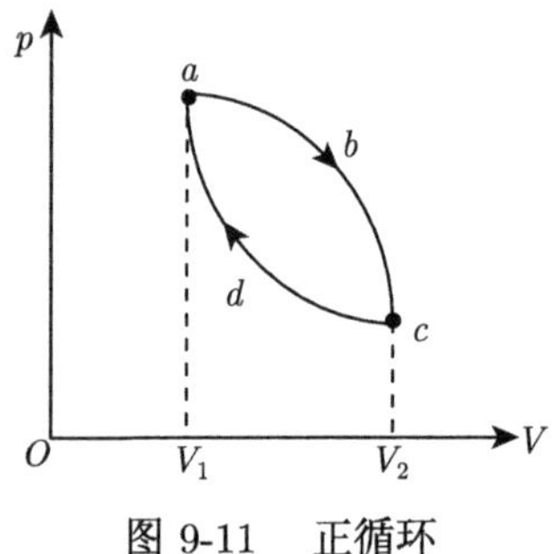

图 9-11　正循环

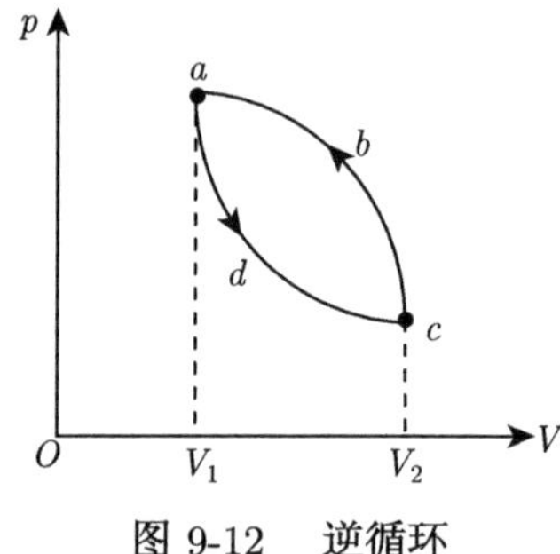

图 9-12　逆循环

下面我们分析正循环中热量和功的转换关系。图 9-11 中箭头所表示的方向为正循环的方向。系统由状态 a 出发，经过程 abc 到达状态 c，这是膨胀过程，系统对外界做功为 A_1，其数值等于 $abcV_2V_1a$ 所围的面积；系统由状态 c 出发，经过程 cda 回到状态 a，这是压缩过程，外界对系统做功为 A_2，其数值等于 $cdaV_1V_2c$ 所围的面积。因此，完成一次正循环系统对外界做的净功为 $A=A_1-A_2$，其数值等于闭合曲线 $abcda$ 所围的面积。设在整个循环过程中，

系统从外界吸收的热量为 Q_1，释放给外界的热量为 Q_2，系统净吸收热量为 $Q = Q_1 - Q_2$。由于一次循环过程中内能没有变化，根据热力学第一定律，系统对外界所做的功 A 必等于系统净吸收热量 Q，即 $A = Q_1 - Q_2$。由于 $A > 0$，这表明，在正循环过程中系统所吸收的热量 Q_1 中只有一部分转化为有用功 A，另一部分 Q_2 放回给外界。

工作物质做正循环的装置称为**热机**，图 9-13 为热机工作的示意图。衡量热机的效率，就是指热机把吸收的热量有多少转化为有用功，因此，热机效率定义为

$$\eta = \frac{A}{Q_1} = \frac{Q_1 - Q_2}{Q_1} = 1 - \frac{Q_2}{Q_1} \tag{9-33}$$

式中，Q_1 为循环过程中从高温热源所吸收的热量；Q_2 为向低温热源所释放的热量，Q_1、Q_2 均为绝对值。

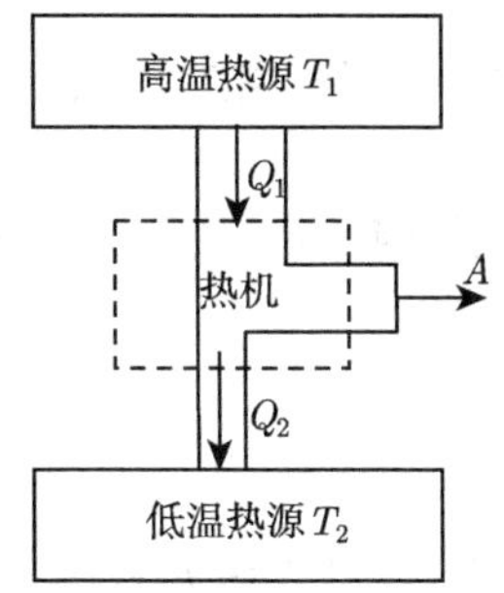

图 9-13 热机工作示意图

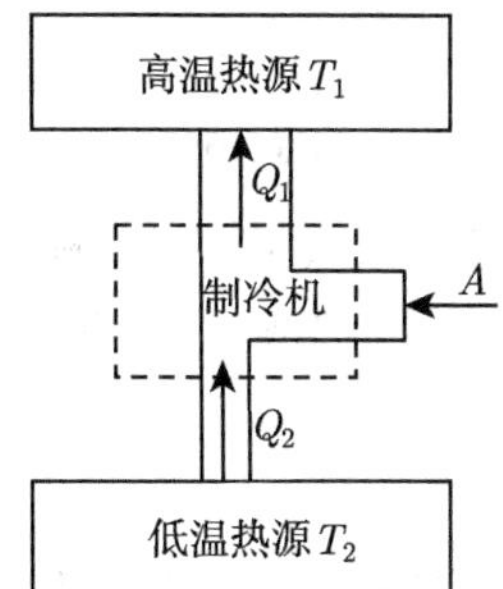

图 9-14 制冷机工作示意图

工作物质做逆循环的装置称为**制冷机**，图 9-14 为制冷机工作的示意图，在图 9-12 中箭头所表示的方向为逆循环的方向。在逆循环中热量传递和做功的方向都与正循环中的相反，即外界对系统做功 A，使系统从低温热源吸收热量 Q_2，同时向高温热源释放热量 Q_1，当系统经过一次逆循环后，外界对系统所做的功 A 必等于系统净释放热量，即 $A = Q_1 - Q_2$。衡量制冷机的效能是外界对制冷机做了功，制冷机能从低温热源吸收多少的热量，因此，制冷系数定义为

$$\varepsilon = \frac{Q_2}{A} = \frac{Q_2}{Q_1 - Q_2} \tag{9-34}$$

9.5.2 卡诺循环

在研究如何提高热机效率的过程中，法国工程师卡诺于 1824 年提出了一种重要的循环过程，后人称为**卡诺循环**。卡诺循环是以理想气体为工作物质，由两条等温线和两条绝热线构成的循环，如图 9-15 所示。1→2 和 3→4 是两条温度分别为 T_1 和 T_2 的等温线，在这两个过程中，系统将分别与温度为 T_1 的高温热源和温度为 T_2 的低温热源做热接触，并进行热传递。2→3 和 4→1 是两条绝热线，在这两个过程中，系统不再与任何热源进行热接触，与外界没有热量的交换。下面先看正卡诺循环的效率。

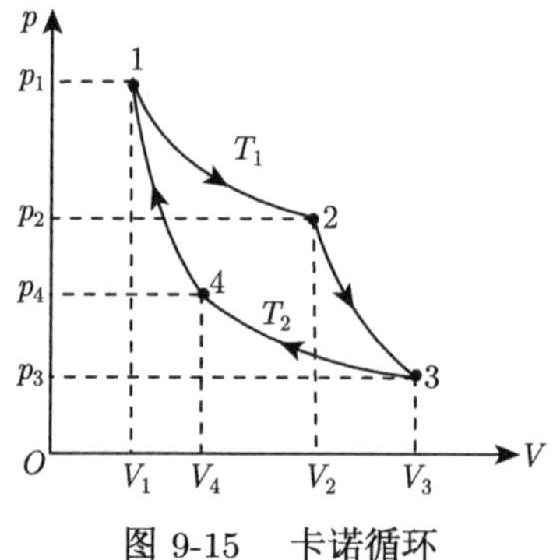

图 9-15 卡诺循环

1→2：气体和温度为 T_1 的高温热源接触并做等温膨胀，体积由 V_1 增大到 V_2，它从高温热源吸收的热量为

$$Q_1 = \nu R T_1 \ln \frac{V_2}{V_1} \tag{9-35}$$

2→3：气体和高温热源隔开，做绝热膨胀，温度降到 T_2，体积由 V_2 增大到 V_3，这一过程无热量交换，但系统对外界做功。

3→4：气体和低温热源 T_2 接触并做等温压缩，体积由 V_3 压缩到 V_4，这过程中外界对系统做功，系统向低温热源 T_2 释放热量 Q_2，Q_2 的大小为

$$Q_2 = \nu R T_2 \ln \frac{V_3}{V_4} \tag{9-36}$$

4→1：气体和低温热源隔开，做绝热压缩，回到原来的状态 1，这过程也无热量交换，但外界对系统做功。

完成了一次循环后，根据热机效率的定义，卡诺循环的效率为

$$\eta = \frac{Q_1 - Q_2}{Q_1} = \frac{T_1 \ln \dfrac{V_2}{V_1} - T_2 \ln \dfrac{V_3}{V_4}}{T_1 \ln \dfrac{V_2}{V_1}} \tag{9-37}$$

对绝热过程 2→3 和 4→1，应用绝热方程，有

$$T_1 V_2^{\gamma-1} = T_2 V_3^{\gamma-1}$$

$$T_1 V_1^{\gamma-1} = T_2 V_4^{\gamma-1}$$

两式相比， 可得

$$\frac{V_2}{V_1} = \frac{V_3}{V_4} \tag{9-38}$$

将式 (9-38) 代入式 (9-37)，得到卡诺循环的效率为

$$\eta = \frac{T_1 - T_2}{T_1} = 1 - \frac{T_2}{T_1} \tag{9-39}$$

由式 (9-39) 可见，以理想气体为工作物质的卡诺循环的效率总是小于 1，并且只取决于高温热源的温度 T_1 和低温热源的温度 T_2。当高温热源的温度 T_1 越高、低温热源的温度 T_2 越低时，卡诺循环的效率越高。

再看逆卡诺循环的制冷系数。在一次逆循环中，系统从状态 l 出发，沿着图 9-15 中箭头所示的相反方向，即沿闭合曲线 14321 循环一周回到状态 1。根据式 (9-34)，逆卡诺循环的制冷系数可表示为

$$\varepsilon=\frac{Q_2}{A}=\frac{Q_2}{Q_1-Q_2}=\frac{T_2}{T_1-T_2} \tag{9-40}$$

式 (9-40) 表示，逆卡诺循环的制冷系数也只取决于高温热源的温度 T_1 和低温热源的温度 T_2。当低温热源的温度 T_2 越低时，制冷系数越小。这说明，系统从温度较低的低温热源中吸取热量时，外界必须消耗较多的功。

例 9-2　如图所示，一定质量的理想气体，从状态 a 出发，经过循环 $abcda$ 又回到 a。设气体分子为单原子分子。求一次循环系统做的净功和该循环的效率。

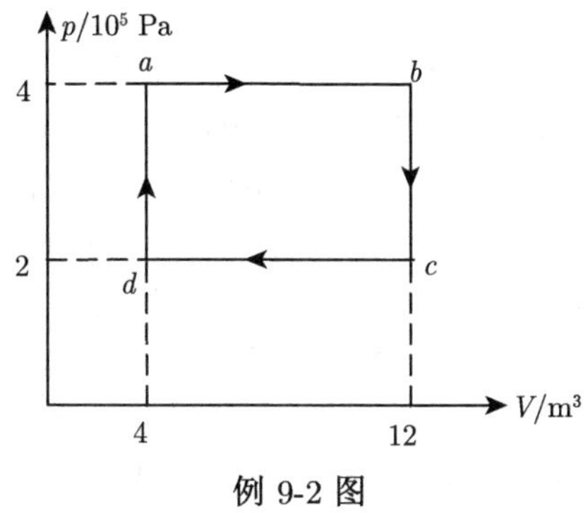

例 9-2 图

解　该循环由两个等容过程和两个等压过程组成。在等容过程中，系统对外界不做功。整个循环过程，系统对外界做的净功为

$$\begin{aligned}A&=p_a\left(V_b-V_a\right)+p_c\left(V_d-V_c\right)\\&=4\times10^5\times(12-4)+2\times10^5\times(4-12)\ \text{J}\\&=1.6\times10^6\ \text{J}\end{aligned}$$

在整个过程中，只有 ab 和 da 过程是吸收热量，所以，有

$$\begin{aligned}Q_1&=C_p(T_b-T_a)+C_V(T_a-T_d)\\&=\frac{5}{2}\nu R(T_b-T_a)+\frac{3}{2}\nu R(T_a-T_d)\end{aligned}$$

根据气体状态方程，有

$$\begin{aligned}Q_1&=\frac{5}{2}(p_bV_b-p_aV_a)+\frac{3}{2}(p_aV_a-p_dV_d)\\&=9.2\times10^6\ \text{J}\end{aligned}$$

该循环效率为

$$\eta=\frac{A}{Q_1}=\frac{1.6\times10^6}{9.2\times10^6}=17.4\%$$

9.6 热力学第二定律

热力学第一定律揭示了能量在相互转化过程中所遵循的规律，但对过程进行的方向并没有任何限制。观察与实验表明，自然界中一切与热现象有关的宏观过程都是不可逆的，是有方向性的。热力学第二定律就是解决关于热现象实际过程方向性的问题。

9.6.1 热力学第二定律的两种表述

在 9.5 节中我们看到，以理想气体为工作物质的卡诺循环效率总是小于 1，表明理想气体只把从高温热源所吸收热量的一部分转化为有用功，另一部分热量释放给低温热源，并且释放给低温热源的热量越少，效率越高。如果释放给低温热源的热量为零，就不需要低温热源了，那热机就变成从单一温度热源吸热，其效率也就达到 100%。有人曾估算过，如果这种单一热源热机可以实现，则只要使海水温度降低 0.01 K，就能使全世界所有机器工作 1000 多年！然而大量实践表明，效率达 100% 的热机是无法实现的。在卡诺逆循环中，气体把从低温热源吸收的热量传到高温热源的同时，外界必须对系统做功，并且外界做功越少，制冷系数越高。如果外界做功为零，制冷系数趋于无穷大，这就成了热量可以自动地从低温热源传到高温热源，然而实践表明，这样的制冷机也是无法实现的。克劳修斯和开尔文在仔细研究卡诺循环之后，认为上述结论是带有普遍性的，在总结这些结论及其他一些实践经验的基础上，他们提出了热力学第二定律。**热力学第二定律**有两种表述，分别如下。

克劳修斯表述：不可能把热量从低温物体传到高温物体而不产生其他影响。

开尔文表述：不可能从单一热源吸热使之完全转化成有用的功而不产生其他影响。

两种表述都强调了 “不产生其他影响” 的前提条件。如果存在其他影响的情况下，热量从低温物体传到高温物体或者从单一热源吸热使之完全转化为有用功就可以实现。家用冰箱就是把热量从低温物体传到高温物体的例子，这过程产生的影响是外界要做功。理想气体等温膨胀就是从单一热源吸热而使之完全转化成有用功的例子，这过程的影响是气体的体积膨胀了。如果不产生其他影响，从单一热源吸热使之完全转化成有用功就无法实现，所以热力学第二定律的开尔文说法也可表述为第二类永动机是不可能造成的。

热力学第二定律的两种表述虽然说法不同，但它们是等效的。即由其中一个可以推导出另一个。下面我们用反证法证明这两种表述的等效性。

假设克劳修斯表述不成立，即有热量 Q_2 可以从低温热源自动地传到高温热源。今在高温和低温热源之间设计一个卡诺热机，在一次循环中它从高温热源吸收热量 Q_1，在低温热源放出热量 Q_2，对外界做功 $A = Q_1 - Q_2$，则整个过程的最终效果是低温热源 T_2 没有变化，唯一变化的是系统从高温热源 T_1 吸收热量 $Q_1 - Q_2$，将之完全变成了有用功 A，如图 9-16 所示。这就是说，系统从单一热源吸热使之完全变成有用功，这样开尔文表述也就不能成立。

假设开尔文表述不成立，即存在一个热机能从单一热源 T_1 吸收热量 Q_1 使之完全转化为有用功 $A = Q_1$。现利用这个功来推动一个制冷机，制冷机在一次循环中从低温热源 T_2 吸收热量 Q_2，向高温热源 T_1 释放热量 $Q_1 + A = Q_1 + Q_2$，则整个过程的最终效果是有热量 Q_2 从低温热源 T_2 传到了高温热源 T_1，如图 9-17 所示，这样克劳修斯表述也就不能成立。

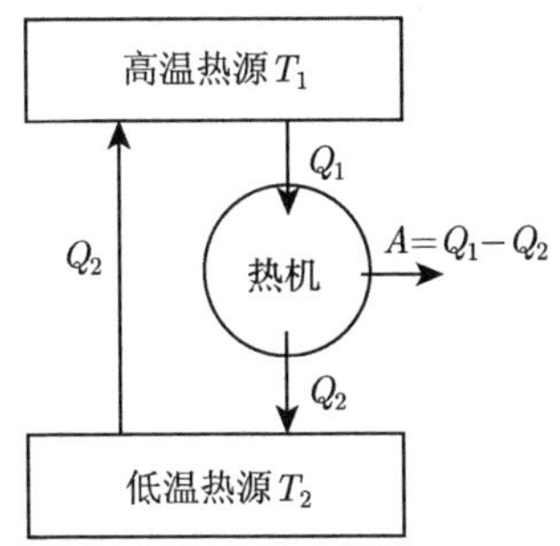

图 9-16 反证 1：假设克劳修斯表述不成立的情况

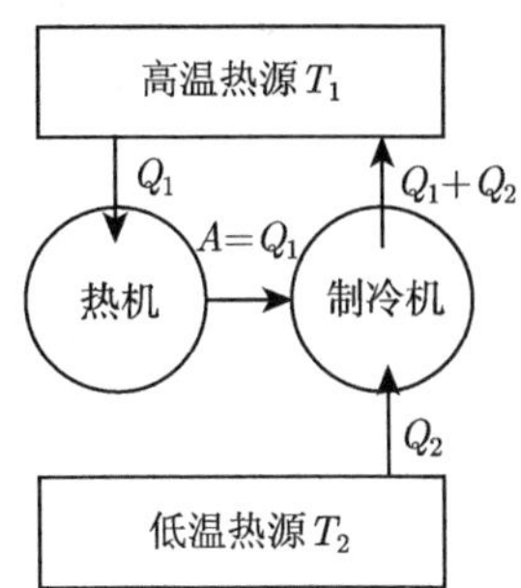

图 9-17 反证 2：假设开尔文表述不成立的情况

热力学第二定律是总结和概括大量事实而提出的，由热力学第二定律做出的推论与实践结果相符，从而证明了这一定律的正确性。功可以完全转化为热 (如摩擦生热)，而热力学第二定律指出，要把热完全转化为功而不产生其他影响则是不可能的。热量可以从高温物体传到低温物体，而热力学第二定律的克劳修斯表述指出，热量不可能自动从低温物体传到高温物体。热力学第二定律正是反映了热现象过程这种方向性的规律。

9.6.2 可逆过程和不可逆过程

如果一个系统由某一状态出发，经过某一过程到达另一状态，当系统沿相反方向进行，重新又回到初态，而原来过程对外界产生的一切影响也同时得以消除，则原来的过程称为可逆过程；反之，如果用任何方法都不可能使系统和外界完全复原，则称为不可逆过程。

我们前面讨论过的无摩擦的准静态过程是可逆过程。卡诺循环中的每一个过程都是无摩擦的准静态过程，都是可逆过程。其实严格的准静态过程并不存在，所以可逆过程只是一种理想化的过程。

自然界中与热现象有关的实际过程都是不可逆过程。热力学第二定律的开尔文表述指出了功变热是不可逆过程；克劳修斯表述指出了热传导是不可逆过程。这些过程都具有方向性，而且过程一旦发生，所留下的影响就不可能完全消除。如何理解一个不可逆过程产生的影响不可能完全消除而使一切复原呢？一个不可逆过程发生后，如果企图用某种方式消除它所产生的影响，实际上只能将它产生的影响转换为另一个不可逆过程的影响而存在。例如，设热量 Q_2 从高温热源 T_1 传到低温热源 T_2，为消除这个不可逆过程产生的变化，可以通过一个制冷机将热量 Q_2 从低温热源 T_2 再送回到高温热源 T_1 上去。但此时外界必须要做功，这功也转化为热量送到热源 T_1 上去了。这样热传导过程产生的影响转换为摩擦生热过程产生的影响。又如，设一个容器被隔板分为 A 和 B 两部分，A 部分充有理想气体，B 部分是真空，如图 9-18 所示。当把隔板抽掉，A 部分的气体将迅速地向真空的 B 部分膨胀，这就是气体的自由膨胀。经过一段时间后，气体将均匀地分布于整个容器。为了消除这个不可逆过程的影响，可以通过等温压缩过程将气体压缩到 A 中去。但这时外界也必须做功，这功转化为热量被外界吸收了。这样，气体的自由膨胀过程产生的影响也只是转换为摩擦生热过程产生的影响。

从上面的讨论可以看出，自然界的不可逆过程是互相联系的，可以通过某种方式把两个不可逆过程联系起来，由一个过程的不可逆性推断另一个过程的不可逆性。克劳修斯表述和开尔文表述的等效性证明就是不可逆过程相互推断的例子。因此，热力学第二定律的实质在于指出一切与热现象有关的实际过程都有其自发进行的方向，是不可逆的。

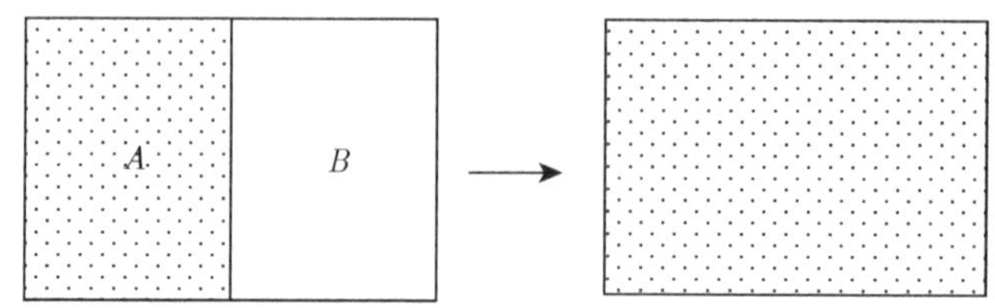

图 9-18　气体的自由膨胀

9.6.3　卡诺定理

卡诺循环的每一过程都是可逆过程，由可逆过程组成的循环称为可逆循环，所以卡诺循环是一种可逆循环。以可逆循环工作的热机称为可逆机，因此卡诺机是一种可逆机。从热力学第二定律可导出对提高热机效率有指导意义的卡诺定理。卡诺定理包括以下两方面内容。

(1) 在相同的高温热源和低温热源之间工作的一切可逆机，其效率都相等，与工作物质无关。即

$$\eta = 1 - \frac{T_2}{T_1}$$

(2) 在相同的高温热源和低温热源之间工作的一切不可逆机，其效率不可能大于可逆机的效率。用 η' 表示不可逆机的效率，则

$$\eta' \leqslant \eta$$

即

$$\eta' \leqslant 1 - \frac{T_2}{T_1} \tag{9-41}$$

卡诺定理给出了提高热机效率的途径。高温热源的温度越高，低温热源的温度越低，热机的效率越高。另外，通过减少摩擦及散热损失等使实际热机接近可逆热机，也可提高效率。

例 9-3　用热力学第二定律证明，工作在相同高温热源和低温热源之间的一切可逆机效率都相等。

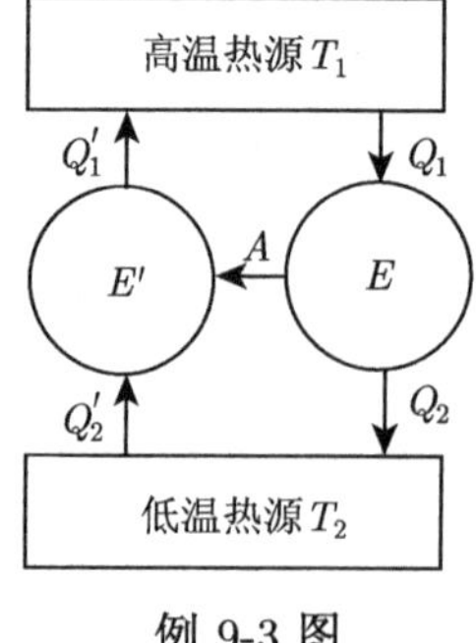

例 9-3 图

证明 如图所示，设 E 和 E' 都是可逆机，它们的效率分别为 η 和 η'。令 E 做正循环，E 从高温热源吸热 Q_1，向低温热源放热 Q_2，并对外界做功 A。现利用这个功 A 推动 E' 做逆循环，E' 从低温热源吸热 Q_2'，向高温热源放热 Q_1'。显然，$Q_1 - Q_2 = Q_1' - Q_2'$，或者，$Q_1' - Q_1 = Q_2' - Q_2$。

E 的效率为

$$\eta = \frac{Q_1 - Q_2}{Q_1} = \frac{A}{Q_1}$$

因为 E' 为可逆机，将它当作热机看待时，其效率为

$$\eta' = \frac{Q_1' - Q_2'}{Q_1'} = \frac{A}{Q_1'}$$

如果 $\eta > \eta'$，则 $Q_1' > Q_1$，同时 $Q_2' > Q_2$。因此，整个机组经过循环之后，并不需要外界做功，但有热量 $Q_2' - Q_2$ 从低温热源传到了高温热源 (高温热源吸收了热量 $Q_1' - Q_1 = Q_2' - Q_2$)，这是与热力学第二定律相矛盾的。因此，η 不可能大于 η'。类似地，也可证明 η' 不可能大于 η。这样，工作在相同高温和低温热源间的一切可逆机，其效率都是相等的。在证明过程中对 E 和 E' 的工作物质没有限定。因此，工作在相同高温和低温热源间的一切可逆机的效率都是相等的，和工作物质无关。

9.7 熵 熵增原理

9.7.1 熵

根据卡诺定理，一切可逆热机的效率都可以表示为

$$\eta = 1 - \frac{Q_2}{Q_1} = 1 - \frac{T_2}{T_1}$$

将上式改写为

$$\frac{Q_1}{T_1} - \frac{Q_2}{T_2} = 0 \tag{9-42}$$

式中，Q_1 是工作物质从高温热源 T_1 吸收的热量；Q_2 是工作物质向低温热源 T_2 放出的热量。采用热力学第一定律对热量符号的规定，我们改用 Q_2 表示工作物质从低温热源 T_2 吸收的热量，于是式 (9-42) 成为

$$\frac{Q_1}{T_1} + \frac{Q_2}{T_2} = 0 \tag{9-43}$$

式 (9-43) 表示，在可逆卡诺循环中，工作物质经历一个循环后，其热量与温度比的总和为零。

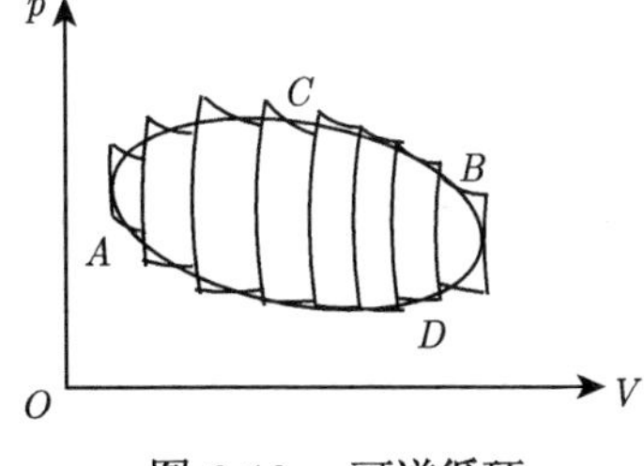

图 9-19 可逆循环

图 9-19 是一个任意的可逆循环 $ACBDA$，它可以看成由一系列微小的可逆卡诺循环组成。对其中每一个卡诺循环，都存在式 (9-43) 关系，将所有关系式叠加起来，得

$$\sum_i \frac{Q_i}{T_i} = 0$$

当无限缩小每一个小循环，上式求和可用积分代替

$$\oint \frac{\mathrm{d}Q}{T} = 0 \tag{9-44}$$

式 (9-44) 称为克劳修斯等式。对于任意可逆循环，克劳修斯等式都成立。

如果将 A 看作初态，将 B 看作终态，式 (9-44) 可写成

$$\int_{ACB} \frac{\mathrm{d}Q}{T} + \int_{BDA} \frac{\mathrm{d}Q}{T} = 0$$

或

$$\int_{ACB} \frac{\mathrm{d}Q}{T} - \int_{ADB} \frac{\mathrm{d}Q}{T} = 0$$

即

$$\int_{ACB} \frac{\mathrm{d}Q}{T} = \int_{ADB} \frac{\mathrm{d}Q}{T} \tag{9-45}$$

式 (9-45) 表示，由初态 A 经不同的可逆路径到达终态 B，积分 $\int_A^B \frac{\mathrm{d}Q}{T}$ 的值都相等，或者说，当初态 A 和终态 B 给定后，积分 $\int_A^B \frac{\mathrm{d}Q}{T}$ 与可逆路径无关。在力学中，保守力做功只决定于初、终位置，而与路径无关，从而可引入势能这一状态函数。与此类似，克劳修斯引入一个状态函数称为系统的熵，用 S 表示。系统从初态 A 到达终态 B，熵的变化定义为

$$S_B - S_A = \int_A^B \frac{\mathrm{d}Q}{T} \tag{9-46}$$

式 (9-46) 中的积分必须沿可逆过程进行，当系统从初态 A 经历某一不可逆过程到达终态 B，就不能由式 (9-46) 求熵的变化。由于熵是状态函数，与具体过程无关，所以可用假想的可逆过程从初态 A 变化到终态 B 来由式 (9-46) 计算熵的变化。熵的单位：$\mathrm{J \cdot K^{-1}}$。

式 (9-46) 定义的熵具有可加性，当一个系统可看作由若干子系统组成，它的熵就等于各子系统的熵之和。

9.7.2 熵增原理

以上从可逆过程得出了熵的概念。对于不可逆热机，根据卡诺定理，其效率都不会超过可逆热机，即

$$\eta' = 1 - \frac{Q_2}{Q_1} \leqslant 1 - \frac{T_2}{T_1}$$

于是，对于不可逆过程，克劳修斯等式 (9-44) 应由克劳修斯不等式

$$\oint \frac{\mathrm{d}Q}{T} \leqslant 0 \tag{9-47}$$

代替，其中 $\mathrm{d}Q$ 表示工作物质从温度为 T 的热源吸收的热量。熵的变化则可表示为

$$S_B - S_A \geqslant \int_A^B \frac{\mathrm{d}Q}{T} \tag{9-48}$$

式 (9-48) 就是热力学第二定律的数学表达式，它反映了热力学第二定律对过程的限制，违背此不等式的任何过程是不可能自发进行的。

对于孤立系统，系统和外界没有热量交换，$\mathrm{d}Q$ 等于零，根据式 (9-48)，有

$$S_B - S_A \geqslant 0 \tag{9-49}$$

式 (9-49) 称为熵增原理。式中，S_A 是系统初态的熵；S_B 是系统终态的熵；等号对应于可逆过程，不等号对应于不可逆过程。式 (9-49) 表明孤立系统的熵永不减小，如果过程可逆，则所发生的过程熵不变；如果过程不可逆，则所发生的过程总是向熵增加的方向进行。

孤立系统中所发生的过程一定是绝热过程，所以不可逆绝热过程总是向熵增加的方向进行，而在可逆绝热过程中系统的熵不变。

处于非平衡态的孤立系统总要自发地向平衡态过渡，这一过程是不可逆的。根据熵增原理，在非平衡态向平衡态过渡过程中熵总是在增加的，当达到平衡态时，系统的熵将达到最大。

例 9-4 理想气体初态温度为 T，体积为 V_A，经绝热自由膨胀过程体积膨胀为 V_B，求这一过程气体熵的变化。

解 理想气体绝热自由膨胀过程是一个不可逆过程。由于气体在绝热情况下自由膨胀，气体对外并不做功，所以根据热力学第一定律，气体的内能没有变化，温度保持不变。设想一个可逆过程，气体从初态 $(V_A，T)$ 准静态等温膨胀到终态 $(V_B，T)$。因等温过程 $\mathrm{d}U=0$，所以 $\mathrm{d}Q=-\mathrm{d}A=p\mathrm{d}V$，故熵的变化为

$$S_B - S_A = \int_A^B \frac{\mathrm{d}Q}{T} = \nu R\int_{V_A}^{V_B}\frac{\mathrm{d}V}{V} = \nu R\ln\frac{V_B}{V_A}$$

由于 $V_B > V_A$，所以理想气体绝热自由膨胀过程熵是增加的，是一个不可逆过程。

9.8 热力学第二定律的统计意义

9.8.1 热力学第二定律的统计意义

热力学第二定律指出一切与热现象有关的宏观过程都是不可逆的，具有方向性，而热现象是与大量分子无规则的热运动相联系的。为进一步认识热力学第二定律的本质，我们从微观上来解释这一定律的意义。下面来分析气体自由膨胀过程。

如图 9-20 所示，用隔板将容器分成容积相等的 A、B 两部分，给 A 充以气体，B 为真空。设容器内只有 4 个分子 a、b、c、d，把隔板抽掉气体做自由膨胀后，这 4 个分子将在整个容器内运动。由于碰撞，每一个分子可以出现在容器的 A 中，也可以出现在 B 中。从微观上看，4 个分子可以区分，它们出现在 A 中或 B 中代表不同的微观态，但从宏观上 4 个分子无法区分，只需确定 A 中或 B 中各有几个分子分布就行了。我们把每个容器中分子数目的不同分布称为一种宏观态。表 9-1 列出了 4 个分子系统的宏观态和微观态及一个宏观态包含的微观态的数目。从表中看出，系统可以形成 5 个宏观态和 16 个微观态，每一个宏观态包含微观态的数目并不相等，以宏观态 $A2B2$ 包含的微观态数目最多。

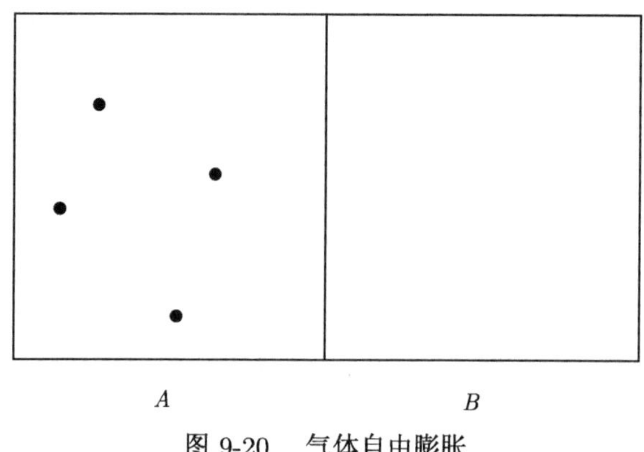

图 9-20　气体自由膨胀

表 9-1　4 个分子的宏观态和微观态及一个宏观态包含的微观态的数目

宏观状态		$A4B0$	$A3B1$				$A2B2$						$A1B3$				$A0B4$
微观状态	A	a b c d	a b c	b c d	c d a	d a b	a c	a b	a d	b c	b d	c d	a	b	c	d	
	B		d	a	b	c	b d	c d	b c	a d	a c	a b	b c d	c d a	d a b	a b c	a b c d
包含的微观态数Ω		1	4				6						4				1

统计理论假定：孤立系统内，各微观态出现的概率都是相同的。在一定的宏观条件下，系统存在大量各种不同的微观态，每一宏观态可以包含有许多微观态。我们把一个宏观态所包含的微观态数目称为该宏观态的热力学概率，用 Ω 表示。各宏观态所包含的微观态数目是不相等的，因此，各宏观态出现的概率就不等。从表中可知， 微观态的总数目为 $16=2^4$ 个。分子全部退回到 A 中的宏观态，只包含 1 个微观态，出现的概率最小，只有 $\frac{1}{16}=\frac{1}{2^4}$，而 A 和 B 中分布的分子数相等对应的宏观态最多，为 6 个，出现的概率最大，有 $\frac{6}{16}=\frac{6}{2^4}$。可以证明，如果系统共有 N 个分子，同样分成 A 和 B 两部分，则共有 2^N 个微观态数，而 N 个分子全部退回到 A 中的宏观态的概率仅有 $\frac{1}{2^N}$。对实际系统所包含的分子数是十分庞大的，例如，1 mol 气体有 $N=6.02\times10^{23}$ 个分子，当气体自由膨胀后，所有分子全部退回到 A 中的概率为 $\frac{1}{2^{6.02\times10^{23}}}$，这个概率如此之小，实际上是不会出现的。而 A 和 B 中分子各占一半的均匀分布以及近似均匀分布的宏观态出现的概率最多。所以自由膨胀过程实际上由包含微观态数目少的宏观态向包含微观态数目多的宏观态进行，或者说由概率小的宏观态向概率大的宏观态进行，而相反的过程在外界不发生影响的条件下是不可能实现的。在一定宏观条件下热力学概率最大的宏观态，就是系统的平衡态，因此气体自由膨胀过程系统自动地向平衡态过渡。这就是气体自由膨胀地不可逆性的统计意义。

上面的结论对所有自然宏观过程都是成立的，即热力学第二定律的统计意义是孤立系统自发进行的过程，总是由热力学概率小的宏观态向热力学概率大的宏观态进行。宏观态的热力学概率越大，它所包含的微观态数就越多，分子运动就越无序 (或混乱)。由此可知，热力学概率是分子运动无序性的一种量度。热力学第二定律的统计意义也可表述为孤立系统自发进行的过程，总是沿着分子运动无序性增大的方向进行。

9.8.2　熵的微观意义

孤立系统自发进行的过程，总是向热力学概率增大的方向进行。而熵增原理又告诉我们，孤立系统所发生的过程总是向熵增加的方向进行。因此，熵应与热力学概率有关。玻耳兹曼利用统计物理学导出了如下关系式：

$$S = k\ln\Omega \tag{9-50}$$

式 (9-50) 称为玻耳兹曼熵公式，k 为玻耳兹曼常量。

式 (9-50) 给出了宏观量熵与微观量热力学概率之间的函数关系。它表明，在一定的宏观状态下，系统的熵由该状态所包含的微观态数决定，所包含的微观态数越多，系统的熵越大。也就是说，熵越大，系统内分子运动越无序。

前面所讨论的气体自由膨胀过程，随着体积的增大，气体分子无规则热运动的空间范围变大，分子运动的无序程度增加，该状态所包含的微观态数增多，热力学概率增大，因而系统的熵在增大。

应该强调，对热力学第二定律和熵的微观解释，都是一种统计解释。在一定的宏观条件下，孤立系统的宏观状态是不确定的，有各种可能性。因为每一种微观状态出现的概率是相同的，而不同的宏观状态所包含的微观状态数不同，所以不同的宏观状态出现的概率就不同。从宏观上看，平衡态是熵最大的状态，孤立系统自发过程总是向熵增大的方向进行；从微观上看，平衡态是所包含微观状态数最大的状态，即热力学概率最大的状态，孤立系统的自发过程总是向微观状态数增加的方向进行。

习　题

9-1　一定量的气体，吸收了 1.71×10^3 J 的热量。并保持在 1.0×10^5 Pa 下膨胀，体积从 1.0×10^{-2} m^3 增加到 1.5×10^{-2} m^3，问：该气体对外做了多少功？它的内能改变了多少？

9-2　单原子理想气体的定容摩尔热容量 $C_{V,m}=\dfrac{3}{2}R$，现 1 mol 单原子理想气体从 300 K 加热到 350 K，(1) 容积保持不变；(2) 压强保持不变；问：在这两个过程中各吸收了多少热量？增加了多少内能？对外做了多少功？

9-3　0.1 kg 的水蒸气自 120℃加热升温到 140℃，问：(1) 在等容过程中；(2) 在等压过程中，各吸收了多少热量？根据实验测定，已知水蒸气的摩尔定压热容 $C_{p,m}=36.21\ \mathrm{J\cdot mol^{-1}\cdot K^{-1}}$，摩尔定容热容 $C_{V,m}=27.82\ \mathrm{J\cdot mol^{-1}\cdot K^{-1}}$。

9-4　如图所示，一定量的空气，开始在状态 A，其压强为 2.0×10^5 Pa，体积为 2.0×10^{-3} m^3，沿直线 AB 变化到状态 B 后，压强变为 1.0×10^5 Pa，体积变为 3.0×10^{-3} m^3，求此过程中气体对外所做的功。

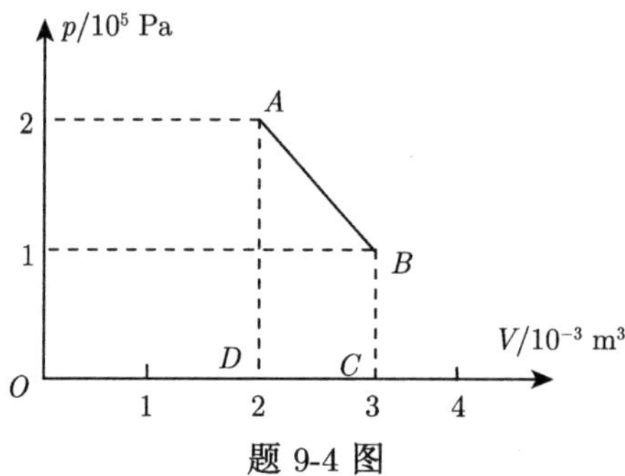

题 9-4 图

9-5　空气由压强为 1.52×10^5 Pa，体积为 5.0×10^{-3} m^3，等温膨胀到压强为 1.01×10^5 Pa，然后再经等压压缩到原来的体积。试计算空气对外所做的功。

9-6　如图所示，系统从状态 A 沿 ABC 变化到状态 C 的过程中，外界有 326 J 的热量传递给系统，同时系统对外做功 126 J。当系统从状态 C 沿另一曲线 CA 返回到状态 A 时，外界对系统做功为 52 J，则此过程中系统是吸热还是放热？传递热量是多少？

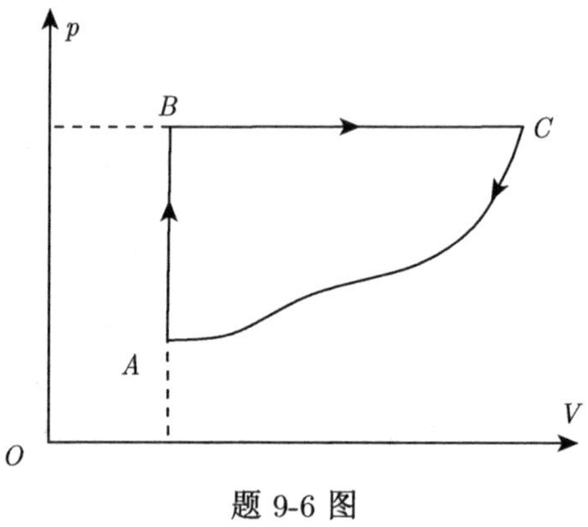

题 9-6 图

9-7　如图所示，一定量的理想气体经历 ACB 过程时吸热 700 J，则经历 $ACBDA$ 过程时吸热又为多少？

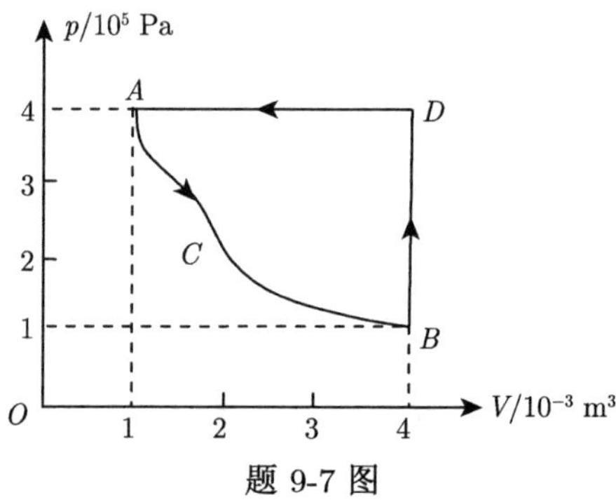

题 9-7 图

9-8　如图所示，使 1 mol 氧气 (1) 由 A 等温地变到 B；(2) 由 A 等容地变到 C，再由 C 等压地变到 B。试分别计算氧气对外所做的功和吸收的热量。

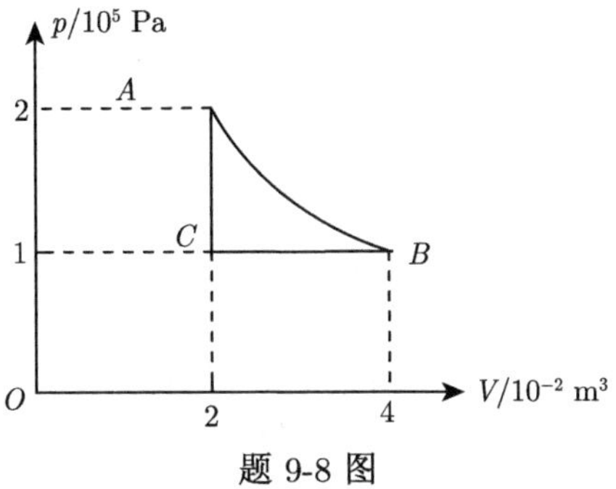

题 9-8 图

9-9　将体积为 1.0×10^{-4} m^3 、压强为 1.01×10^5 Pa 的氢气绝热压缩，使其体积变为 2.0×10^{-5} m^3，求压缩过程中气体对外所做的功。(氢气的摩尔定压热容与摩尔定容热容比值 $\gamma=1.41$)

9-10　1 mol 氢气在温度为 300 K，体积为 0.025 m^3 的状态下，经过：(1) 等压膨胀；(2) 等温膨胀；(3) 绝热膨胀。气体的体积都变为原来的两倍。试分别计算这三种过程中氢气对外做的功以及吸收的热量。

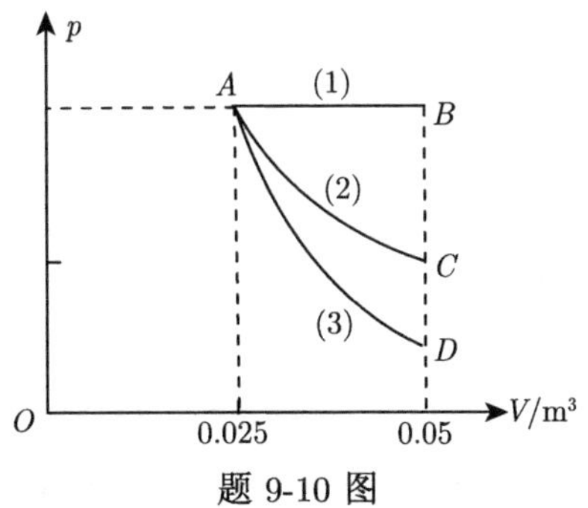

题 9-10 图

9-11　一卡诺热机的低温热源温度为 7℃，效率为 40%，若要将其效率提高到 50%，问：高温热源的温度需提高多少？

9-12　一热机每秒从高温热源 ($T_1=600$ K) 吸收热量 $Q_1=3.34\times10^4$ J，做功后向低温热源 ($T_2=300$ K) 放出热量 $Q_2=2.09\times10^4$ J。(1) 它的效率是多少？(2) 如果尽可能地提高了热机效率，问：每秒从高温热源吸热 3.34×10^4 J，则每秒最多能做多少功？

9-13　制冷机工作时，其冷藏室中温度为 −10℃，其放出的冷却水的温度为 11℃，若按理想卡诺制冷循环计算，则此制冷机每消耗 10^3 J 的功，可以从冷藏室中吸收多少热量？

9-14　如图是某单原子理想气体循环过程的 V-T 图，图中 $V_C=2V_A$. 试问：(1) 图中所示循环是代表制冷机还是热机？(2) 如是正循环 (热机循环)，求出其循环效率。

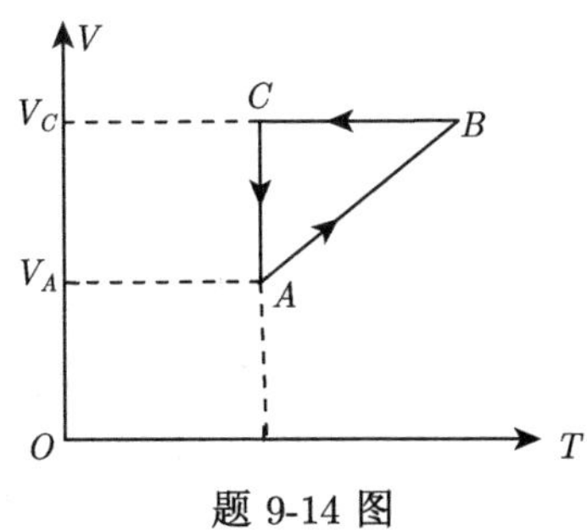

题 9-14 图

9-15　0.32 kg 的氧气做如图所示的 $ABCDA$ 循环，$V_2 = 2V_1$，$T_1 = 300$ K，$T_2 = 200$ K，求循环效率。

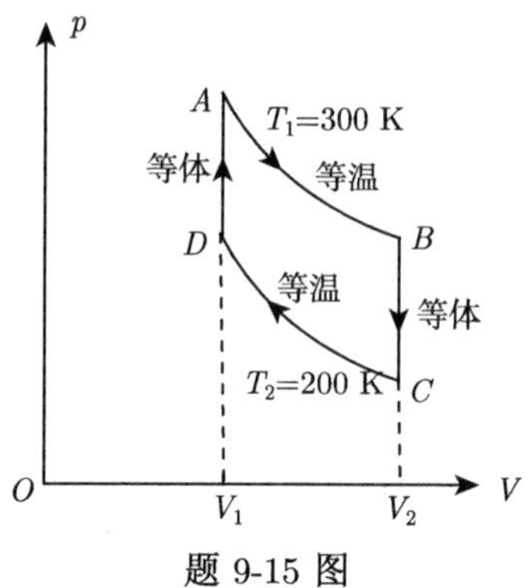

题 9-15 图

9-16　有一以理想气体为工作物质的热机，其循环如图所示，试证明：该热机的效率为 $\eta = 1 - \gamma\dfrac{(V_1/V_2) - 1}{(p_1/p_2) - 1}$。

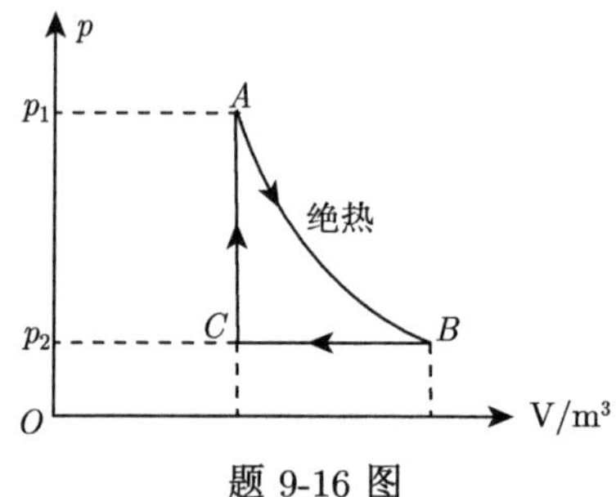

题 9-16 图

9-17　试用热力学第二定律证明：两条绝热线不可能相交。

9-18　物质的量为 ν 的理想气体，其摩尔定容热容 $C_{V,m} = 3R/2$，从状态 $A(p_A, V_A, T_A)$ 分别经如图所示的 ADB 过程和 ACB 过程，到达状态 $B(p_B, V_B, T_B)$。试问：在这两个过程中气体的熵变化各为多少？图中 AD 为等温线。

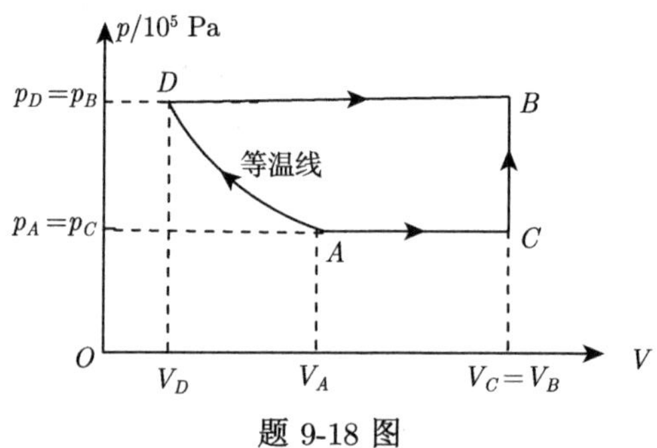

题 9-18 图

9-19　温度为 0℃的 1 kg 水与 100℃的恒温热源接触后，水温达到 100℃。试分别求水和热源的熵变以及整个系统的总熵变。已知水的比热容为 4.18 $\mathrm{J \cdot g^{-1} \cdot K^{-1}}$。

9-20　有一体积为 2.0×10^{-2} $\mathrm{m^3}$ 的绝热容器，用一隔板将其分为两部分，如图所示。开始时在左边

(体积 $V_1 = 5.0 \times 10^{-3}\ \mathrm{m}^3$) 一侧充有 1 mol 理想气体，右边一侧为真空。现打开隔板让气体自由膨胀而充满整个容器，求熵的变化。

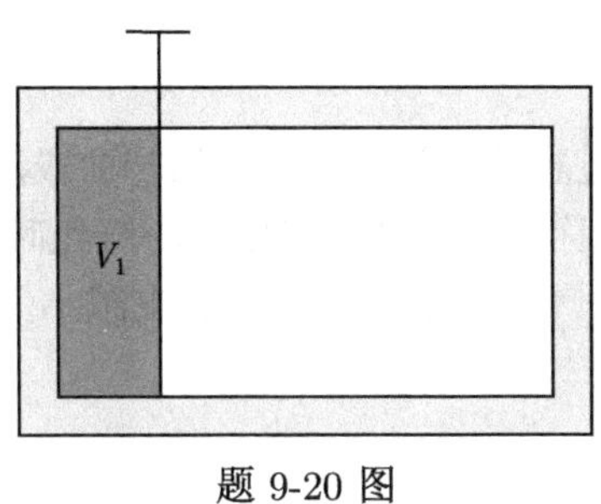

题 9-20 图

气象物语 D　相变热力学简介

自然界中的物质多数都是以固态、液态或气态形式存在的。在一定的条件下，物质的三种凝集态可以平衡共存，也可以相互转化。例如，在标准状态下，冰与水可以共存；在加热时冰可以转化为水；在放出热量时，水可以凝结成冰。在热力学中，相是指系统中物理性质相同而均匀的部分，它和其他部分之间有一定的分解面隔离。例如，在冰和水的系统中共有两个相，冰是一个相，而水是另一个相。不同相之间的转变称为相变。相变是十分普遍的物理过程，在大气科学、化学工业、冶金工程等方面都广泛地涉及各种相变过程。在自然界中，雨滴和冰粒的形成与下落就是水成分相的自然分离过程。

D.1　相变的一般特征

物质的相变通常由温度的变化而引起。在一定的压强下，当温度升高或降低到某一数值时，相变就会发生。在压强为 1 atm 时，冰在 0°C时熔解成水，水在 100°C时沸腾汽化成水蒸气。

一般情况下，1 mol 同种物质以不同形态存在时，其所占体积是不同的，所以固、液、气在相互间发生相变时，体积会发生变化。在液相转变成气相时，气相的体积总是大于液相的体积。例如，在 1 atm 压强下，水沸腾时，水的摩尔体积为 $1.88 \times 10^{-5}\ \mathrm{m}^3 \cdot \mathrm{mol}^{-1}$，而水蒸气的摩尔体积为 $3.01 \times 10^{-2}\ \mathrm{m}^3 \cdot \mathrm{mol}^{-1}$。在固相转变成液相时，大部分物质熔解时体积变大，但也有少数几种物质熔解时体积反而减小。例如，水结成冰时体积变大。

固、液、气在相互间发生相变过程中，还需吸收或释放大量的热量，这种热量称为相变潜热。例如，在 1 atm、0°C下，1 mol 冰要吸收 5.99×10^3 J 的热量才能转变成同温度的水；在 1 atm、100°C下，1 mol 水要吸收 40.68×10^3 J 的热量才能转变成同温度的水蒸气。设 U_{mol1}、U_{mol2} 分别为某物质 1 相和 2 相的摩尔内能，V_{mol1}、V_{mol2} 分别为该物质 1 相和 2 相的摩尔体积，根据热力学第一定律，1 mol 物质由 1 相转变成 2 相时，所吸收的相变潜热 L 等于

$$L = U_{\mathrm{mol2}} - U_{\mathrm{mol1}} + p(V_{\mathrm{mol2}} - V_{\mathrm{mol1}}) \tag{D-1}$$

式中，$U_{\mathrm{mol2}} - U_{\mathrm{mol1}}$ 是物质内能变化引起的相变潜热，称为内潜热；$p(V_{\mathrm{mol2}} - V_{\mathrm{mol1}})$ 为物质体积变化时克服恒定外部压强 p 所做的功，称为外潜热。

在大气科学中，水成分的相变潜热释放和消耗对大气能量转换、水成分循环以及天气形成和演变起着非常巨大的作用。

D.2　气液的相变

物质由液相转变成气相的过程称为汽化，由气相转变成液相的过程称为凝结。1 mol(或 1 kg) 液体汽化时所吸收的热量称为汽化热。汽化热与汽化时的温度有关，温度升高时汽化热减小，因为随着温度的升高，气相和液相的差别越来越小。液体的汽化方式有两种：蒸发和沸腾。

1. 蒸发与凝结饱和蒸汽与饱和蒸汽压

蒸发是发生在液体表面的汽化过程，在任何温度下都能发生。从微观角度分析，蒸发是液体分子溢出液面向空间扩散的过程。当液体分子从液面溢出时，需要克服液体中别的分子对其的引力做功，所以能溢出液面的分子一定是那些热运动动能足够大的分子。蒸发的结果将会导致留在液体中的分子的平均热运动动能变小，液体温度降低，若要维持液体温度不变，外界必须不断补充热量。另外，蒸汽分子也会不断返回液体中，凝结成液体。当液面敞开时，液体分子逸出液面的数目大于蒸汽分子返回液面的数目，液体将不断蒸发。

当液体盛放在密闭容器中时，情况是不一样的。此时，随着蒸发过程的进行，容器中蒸汽的密度会不断增大，故返回液体的蒸汽分子数也不断增多，直到单位时间内逸出液面的分子数等于返回液面的分子数时，宏观上的蒸发现象就停止了。这时蒸汽与液体保持动态的平衡，这种平衡称为气液二相平衡，此时的蒸汽称为饱和蒸汽，其气压称为饱和蒸汽压。容易蒸发的液体饱和蒸汽压大，不易蒸发的液体饱和蒸汽压小。例如，水在 20°C时的饱和蒸汽压是 2.33×10^3 Pa，乙醇在 20°C时的饱和蒸汽压是 5.93×10^3 Pa。随着温度的升高，能够逸出液面的分子数目越多，故气液二相平衡时饱和蒸汽的密度也就越大，饱和蒸汽压升高。由于在一定温度下，单位时间内返回液体的分子数只取决于蒸汽的密度，所以当气液二相平衡时，蒸汽的密度具有确定的数值，这就使得饱和蒸汽压强与蒸汽所占的体积无关，也和这体积中有无其他气体无关。

饱和蒸汽压的大小与液面的形状密切相关。如图 D-1 所示，在凹液面情况下，分子逸出液面所需克服分子引力做功大于平液面时的功，这是因为逸出分子还要多克服图中斜线标示部分的液体分子的引力而做功，所以单位时间逸出液面的分子数比平液面时少，从而饱和蒸汽压比平液面时小。反之，在凸液面情况下，分子逸出液面所需克服分子引力做功小于平液面时的功，这是因为逸出分子不必克服图中斜线标示部分的液体分子的引力而做功，所以，单位时间逸出液面的分子数比平液面时多，从而饱和蒸汽压比平液面时大。但是由于分子引力的有效作用距离非常小，其数量级仅为 10^{-9} m，所以弯曲液面上方的饱和蒸汽压强与平液面上方的饱和蒸汽压强的差别是很小的，只有当气液分界面的曲率半径很小时，如形成小液滴或小气泡时，这种差别才显现出来。

蒸汽在凝结时，刚开始形成的液滴很小，相应的饱和蒸汽压很大。因此有时蒸汽压超过平面上饱和蒸汽压数倍以上也不凝结，这种现象称为过饱和，这种蒸汽称为过饱和蒸汽。由于在通常情况下，蒸汽中充满了尘埃和杂质等小颗粒，它们起到凝结核的作用，当这些微粒表面凝上一层液体后，便形成半径相当大的液滴，所以凝结很容易发生。在有凝结核时，蒸汽压只需超过饱和蒸汽压 1%时，液滴便可形成。

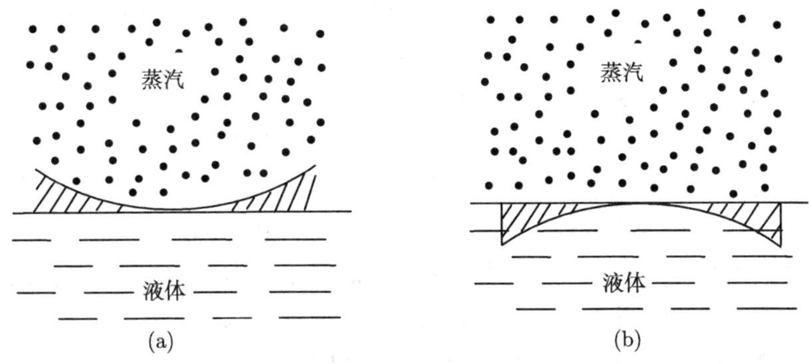

图 D-1 饱和蒸汽压与液面形状的关系

由温度高于 0℃的水滴构成的云，称为暖云。在暖云中有大小水滴共存时，由于各水滴上的饱和蒸汽压不同，平衡不能维持，小水滴将蒸发，蒸汽在大的水滴上凝结，大水滴不断长大，最后落到云外形成降雨。温度低于 0℃时，水滴形成冰晶，这种云称为冷云；但往往有一部分水滴不凝结而与冰晶共存，这种云称为混合云。在冷云和混合云中，由于冰晶大小不同，或由于冰晶上的饱和蒸汽压小于水滴上的饱和蒸汽压，有些冰晶不断长大，最后落到云外就形成雪和雨。

在不降水的冷云和混合云中，水滴、蒸汽、冰晶呈相对的稳定状态。例如，采用人工催化的方法使在云中产生大量冰晶，就可以破坏这种状态而达到人工降水的目的。常用的方法有降温和引入凝结核两种方法。例如，将干冰 (固态 CO_2) 投入云中，就可以用降温的方法在云中形成大量的冰晶；另外将碘化银粉末引入云中，碘化银粉末可以作为凝结核而产生大量冰晶。对于不降水的暖云来说，常用小水滴或饱和食盐水作为凝结核，实现人工催化降水。

2. 沸腾

在一定压强下，对液体加热达到某一温度时，液体内部和器壁上涌现大量的气泡，这种剧烈的汽化过程称为沸腾，相应的温度称为沸点。例如，水在 1 atm 下的沸点为 100℃。沸点与液面上的气压有关，气压越大，沸点越高。不同种类液体的沸点是不同的。沸腾时由于汽化的剧烈进行，外界供给的热量全部用于液体的汽化上，所以沸腾时液体的温度不再升高，直到液体全部变成气体为止。

从本质上看，沸腾与蒸发并无区别，都是液体的汽化过程。沸腾时相变仍在气液分界面上以蒸发的方式进行，只是液体内部大量涌现气泡，因而大大增加了气液之间的分界面。

液体发生沸腾的条件是什么？一般在液体的内部和器壁上都有很多小气泡。由于液体的不断蒸发，气泡内的蒸汽总是处于饱和状态，其压强为饱和蒸汽压 p_0。随着温度的升高，p_0 不断增大，从而气泡不断胀大，但只要气泡内的饱和蒸汽压 p_0 小于外界压强 p，气泡仍能维持平衡。一旦气泡内的饱和蒸汽压 p_0 等于外界压强 p 时，气泡无论怎么胀大也不能维持平衡，此时气泡将骤然胀大，并在浮力的作用下迅速上升到液面，并在液面处破裂，放出里面的蒸汽，整个液体都在翻滚而保持温度不变，从而出现沸腾现象。由此可见，液体沸腾的条件就是饱和蒸汽压和外界压强相等。由于沸腾时液体内部出现大量小气泡，小气泡迅速胀大，从而大大地增加了气液之间的分界面，使汽化过程在整个液体内部都在进行。

在密闭容器中，由于在液面上方还有其他气体存在，液面上的气压大于该液体的饱和蒸汽压，所以液体内部气泡永远不会形成，因而液体不会沸腾。如果在密闭容器上方浇冷水以降低液面上气体的温度，使液面上的气压低于饱和蒸汽压，则沸腾仍能发生。

一般情况下，当液体加热到沸点时，液体便开始沸腾。但如果液体多次煮沸，器壁和液体内部缺乏小气泡作为汽化核，液体的温度会超过沸点仍不沸腾，这样的液体称为过热液体。过热液体是一种亚稳定状态，当液体内掺入杂质，或由于某种扰动而形成一些极小的气泡时，过热液体继续加热而使温度大大高于沸点，这时小气泡中的饱和蒸汽压就能超过外界压强，从而气泡胀大，同时饱和蒸汽压也迅速增大，使气泡胀得非常快，甚至发生爆炸而将容器打破，这种现象称为暴沸。为避免暴沸，锅炉中的水在加热前，必须要加进一些溶有空气的新水或放进一些附有空气的无釉陶瓷块等。

3. 气液二相图

在 p-T 图上，气液二相共存区域对应于一条曲线 OC，称为汽化线，如图 D-2 所示。汽化线的左方表示液相存在的区域，汽化线的右方表示气相存在的区域，汽化线上的点就是气、液二相共存的区域。因此，汽化线也就是液态和气态的分界线。这种表示气液两相存在区域的 p-T 图称为气液二相图。

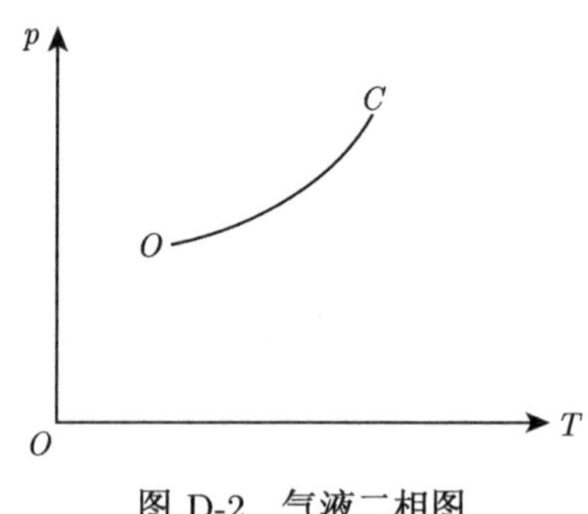

图 D-2　气液二相图

汽化线有一终点称为临界点 C，C 点以上不存在气液两相平衡共存的状态。临界点对应的温度、压强分别称为临界温度和临界压强。例如，水的临界温度为 647.05 K，临界压强为 22.09×10^6 Pa。在临界点温度以上，无论采用任何办法都不能使气体液化。汽化线上的始点是 O，在 O 点以下，气相只能与固相平衡共存。

汽化线上一点的压强，就是饱和蒸汽压。汽化线表示饱和蒸汽压随温度变化的关系。因为沸腾时，外界的压强等于饱和蒸汽压，对应的温度是沸点，因此汽化线也可表示沸点与外界压强的关系。

D.3　固液的相变

物质从固相转变为液相的过程称为熔解；物质从液相转变成固相的过程称为凝固或结晶。

在一定的压强下，晶体要升高到一定的温度才能发生熔解，这个温度称为熔点。在熔解过程中温度保持不变，但要吸收热量，熔解 1 kg 的晶体所需吸收的热量称为熔解热。

从微观角度分析，熔解过程是晶体粒子由规则排列向不规则排列的过程，实质上就是从有序转变成无序的过程。熔解热是破坏点阵结构所需的能量，因此熔解热可以衡量晶体结合能的大小。

熔解时，物质的物理性质发生显著变化，如体积和饱和蒸汽压发生变化。

在熔点时，物质固、液两相平衡共存。低于熔点时，物质以固相存在，高于熔点时，物质则以液相存在。在 p-T 图上可以画出熔点与压强的关系曲线 OL，如图 D-3 所示。曲线 OL 称为熔解线。OL 线的左方是固相存在的区域，OL 线与 OC 线之间是液相存在的区域。OL 线与 OC 线的交点 O，称为三相点，它既在熔解线上，又在汽化线上。因此在该点，物质的三相可以平衡共存。例如，水的三相点温度为 27.16 K、压强为 610.9 Pa，在三相点，蒸汽、水、冰可以共存。

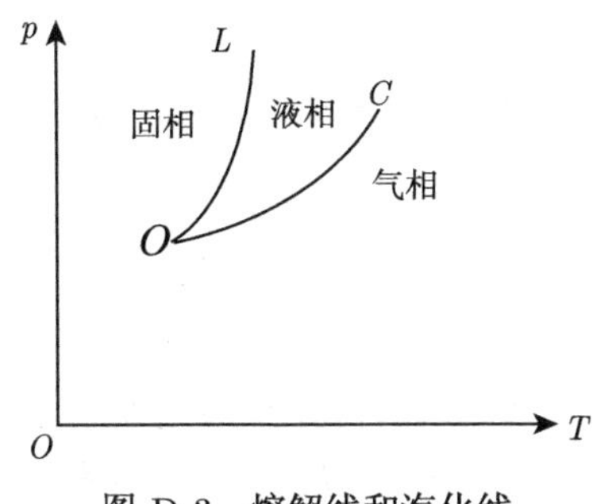

图 D-3 熔解线和汽化线

晶体的熔液凝固时形成晶体的过程称为结晶。结晶过程对科研和生产具有重大意义。详细内容请读者参阅有关书籍的阐述。

D.4 固气的相变

物质从固相直接转变为气相的过程称为升华；物质从气相直接转变为固相的过程称为凝华。例如，在常温、常压下，干冰、硫、磷、樟脑丸等物质都有显著的升华现象发生。

从微观角度分析发现：升华时，固相物质分子直接由点阵结构转变成气体分子，因此，物质分子一方面要克服粒子间的结合力做功，另一方面还要克服外界压强做功。使 1 kg 物质升华时所吸收的热量称为升华热，它等于熔解热与汽化热之和。由于升华时要吸收大量热量，因此，可以采用固体的升华方式制冷。例如，干冰就是一种用途广泛的制冷剂。

在升华情况下，与固体平衡的蒸汽的压强，即固体上方的饱和蒸汽压，它与温度的关系在 p-T 图上由升华线 OS 表示，如图 D-4 所示，O 点为三相点，升华线是固相和气相的分界线，OS 曲线上的点是固、气两相平衡共存的状态。

在 p-T 图上同时画出某物质的汽化线、熔解线和升华线，就得到该物质的三相图，如图 D-5 所示。由三相图可知固、液、气三相的存在区域，并可由这三条曲线知道固、液、气三相中任意两相平衡共存和相互转变的条件，以及三相共存的条件，三条曲线的共同交点 O，即三相点。它对应于一个确定不变的压强和一个确定不变的温度，它是固、液、气三相平衡共存时的状态。

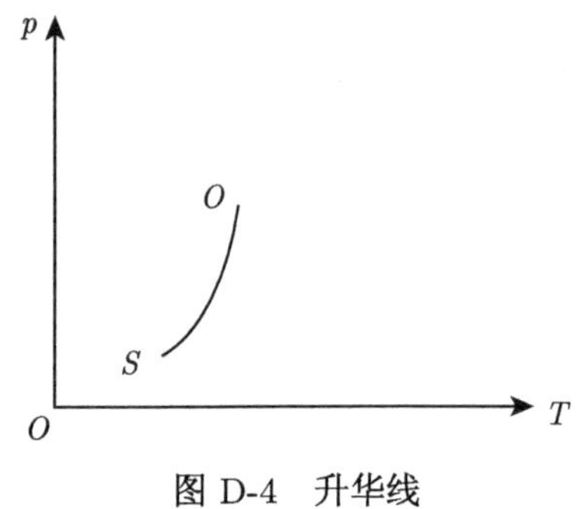

图 D-4　升华线

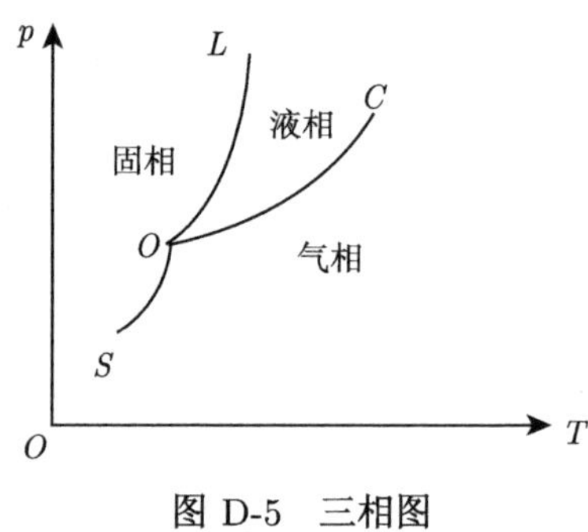

图 D-5　三相图

D.5　克拉佩龙方程

上面讨论的物质三相图是由实验直接测定的。根据热力学理论，可以确定两相平衡曲线的斜率。理论证明得到

$$\frac{\mathrm{d}p}{\mathrm{d}T}=\frac{L}{T(V_{\mathrm{mol2}}-V_{\mathrm{mol1}})} \tag{D-2}$$

式 (D-2) 称为克拉佩龙方程，它是热力学第二定律的直接推论。式中，$\mathrm{d}p/\mathrm{d}T$ 是两相平衡曲线的斜率；L 是相变潜热；V_{mol1} 、V_{mol2} 分别是物质处在相 1 和相 2 的摩尔体积。式中各量都可以直接测量，因此式 (D-2) 的正确性可以直接通过实验验证，从而也可以验证热力学第二定律的正确性。

根据克拉佩龙方程可以确定沸点随压强的变化关系。如果假设相 1 为液相、相 2 为气相，由相 1 转变为相 2 时需要吸收热量，$L>0$；气相的摩尔体积总是大于液相的摩尔体积，$V_{\mathrm{mol2}}>V_{\mathrm{mol1}}$。所以对于气液相变有 $\mathrm{d}p/\mathrm{d}T>0$，这说明物质的沸点随压强的增加而升高，随压强的减小而降低。因为大气压是随高度的增加而减小的，因而高原地区水的沸点低于 100℃。利用 p-T 图上的相平衡曲线，可以通过测量水的沸点来测量当地的大气压，再根据大气压随高度的变化规律，还可以间接测得当地的海拔高度。

克拉佩龙方程在大气物理学领域应用也十分广泛，利用它可以确定水面和冰面上饱和蒸汽压随温度的变化规律。

部分习题参考答案

第 1 章

1-1　速度；速度大小；速率；加速度大小；加速度；切向加速度分量。

1-2　方法二正确。

1-3　(1) 位移 $\Delta x = -32\ \mathrm{m}$；(2) 路程 $\Delta S = 48\ \mathrm{m}$；

(3) 速度 $v = -48\ \mathrm{m\cdot s^{-1}}$，加速度 $a = -36\ \mathrm{m\cdot s^{-2}}$。

1-4　(1) $v_0 = 18\ \mathrm{m\cdot s^{-1}}$，$\vec{v}_0$ 与 x 轴正向的夹角为 $\alpha = 123°41'$；

(2) $a = 72.1\ \mathrm{m\cdot s^{-2}}$，$\vec{a}$ 与 x 轴正向的夹角为 $\beta = -33°41'$ 或 $326°19'$。

1-5　(1) 轨迹方程 $y = (\sqrt{x}-1)^2$；(2) $\vec{v} = (4\hat{i}+2\hat{j})\ \mathrm{m\cdot s^{-1}}$,$\vec{a} = (2\hat{i}+2\hat{j})\ \mathrm{m\cdot s^{-2}}$。

1-6　$\vec{v} = -R\omega\sin\omega t\hat{i} + R\omega\cos\omega t\hat{j}$，$\vec{a} = -R\omega^2\cos\omega t\hat{i} - R\omega^2\sin\omega t\hat{j}$，$a_\tau = 0$，$a_n = \omega^2 R$。

1-7　(1) $a_\tau = 36\ \mathrm{m\cdot s^{-2}}$，$a_n = 1296\ \mathrm{m\cdot s^{-2}}$；(2) 角位置 $\theta = 2.67\ \mathrm{rad}$。

1-8　$v = 0.16\ \mathrm{m\cdot s^{-1}}$，$a_n = 0.064\ \mathrm{m\cdot s^{-2}}$，$a_\tau = 0.08\ \mathrm{m\cdot s^{-2}}$，$a = 0.102\ \mathrm{m\cdot s^{-2}}$。

1-9　(1) $x = v\sqrt{\dfrac{2y}{g}} = 452\ \mathrm{m}$；(2) $\theta = 12.5°$；(3) $a_\tau = 1.88\ \mathrm{m\cdot s^{-2}}$，$a_n = 9.62\ \mathrm{m\cdot s^{-2}}$。

1-10　(1) 当 $t = 2\ \mathrm{s}$ 时：$a_n = 2.30\ \mathrm{m\cdot s^{-2}}$，$a_\tau = 4.80\ \mathrm{m\cdot s^{-2}}$；

(2) $\theta = 3.15\ \mathrm{rad}$；(3) $t = 0.55\ \mathrm{s}$。

1-11　$v = \sqrt{3x^2+2x+100}$。

1-12　(1) $\vec{v} = \vec{v}_0 + \vec{a}t$，$\vec{r} = \vec{r}_0 + \vec{v}_0 t + \dfrac{1}{2}\vec{a}t^2$；

(2) 轨迹方程为抛物线：$\left(y + \dfrac{v_{0x}v_{0y}}{a_x}\right)^2 = \dfrac{2v_{0y}^2}{a_x}\left(x + \dfrac{v_{0x}^2}{2a_x}\right)$。

1-13　(1) $v = \dfrac{g}{B}(1-\mathrm{e}^{-Bt})$；(2) $v_{\text{收尾}} = \dfrac{g}{B}$。

1-14　$v^2 = v_0^2 + k(y_0^2 - y^2)$。

1-15　$a_n = 0.25\ \mathrm{m\cdot s^{-2}}$，$a = \sqrt{a_n^2 + a_\tau^2} = 0.32\ \mathrm{m\cdot s^{-2}}$。

1-16　$a_\tau = -g\sin 30° = -0.5g$，$\rho = \dfrac{v^2}{a_n} = \dfrac{v^2}{\sqrt{3}g/2} = \dfrac{2\sqrt{3}v^2}{3g}$。

1-17　$\theta = 38.68°$，$t = 2.48\ \mathrm{s}$，$x = 215.14\ \mathrm{m}$，$y = 93.97\ \mathrm{m}$。

第 2 章

2-1　$a_\mathrm{A} = 0$，$a_\mathrm{B} = 2\ g$。

2-2　两个结论都不正确。

2-3　$T - G\cos\theta = 0$ 是错误的。

2-4　$v = \sqrt{\dfrac{6k}{mA}}$。

2-5　$T(r) = \dfrac{M\omega^2(L^2 - r^2)}{2L}$。

2-6　$F_f = 7.2\ \mathrm{N}$。

2-7　$v = 6.0 + 4t + 6t^2; x = 5.0 + 6.0t + 2.0t^2 + 2.0t^3$。

2-8　(1) $v=v_0\mathrm{e}^{-by/m}=\sqrt{2gh}\mathrm{e}^{-by/m}$；(2) $y=-\dfrac{m}{b}\ln\dfrac{v}{v_0}=5.56\ \mathrm{m}$。

2-9　(1) $t=\dfrac{m}{k}\ln\left(1+\dfrac{kv_0}{mg}\right)\approx 6.11\ \mathrm{s}$；(2) $y=-\dfrac{m}{k}\left[\dfrac{mg}{k}\ln(1+\dfrac{kv_0}{mg})-v_0\right]\approx 183\ \mathrm{m}$。

2-10　(1) $a_{\mathrm{A}}=-\dfrac{mg\sin\alpha\cos\alpha}{m'+m\sin^2\alpha}$;

(2) $a_{\mathrm{B}}=g\sin\alpha\dfrac{\sqrt{m'^2+(2mm'+m^2)\sin^2\alpha}}{m'+m\sin^2\alpha}$

其方向与竖直向下方向的夹角为 $\theta=\arctan\dfrac{a_{\mathrm{B}x}}{a_{\mathrm{B}y}}=\arctan\dfrac{m'mg\cos\alpha}{m'+m\sin^2\alpha}$。

2-11　$v_T=\sqrt{\dfrac{mg}{k}}$，$v=\dfrac{\mathrm{e}^{\frac{2t}{\sqrt{m/kg}}}}{\mathrm{e}^{\frac{2t}{\sqrt{m/kg}}}+1}v_T$。

2-12　$h=R\left(1-\dfrac{g}{\omega^2R}\right)$。

2-13　$T=\dfrac{\sqrt{2}}{2}mg$。

2-14　$v_1\geqslant v_2\left(\dfrac{l\cos\theta}{h}+\sin\theta\right)$。

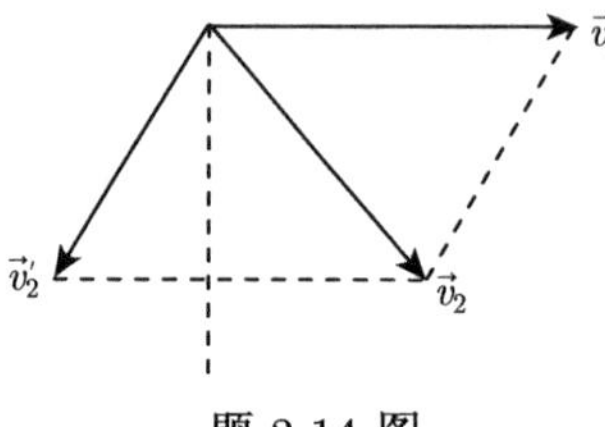

题 2-14 图

2-15　$v=170\ \mathrm{km\cdot h^{-1}}$，取向北偏东 19.4° 的航向。

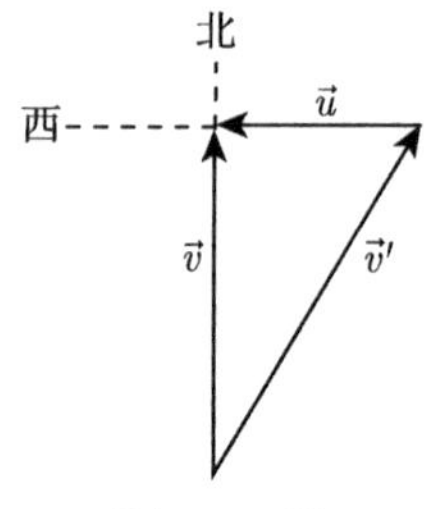

题 2-15 图

第 3 章

3-1　C

3-2　C

3-3　A

3-4　D

3-5　D

3-6　(1) $I=\int_0^2F_x\mathrm{d}t=\int_0^2(30+4t)\mathrm{d}t=68\mathrm{N}\cdot\mathrm{s}$;

(2) $I = mv_2 - mv_1 \Rightarrow v_2 = 16.8\text{m}\cdot\text{s}^{-1}$。

3-7　$3\lambda yg$。

3-8　$v' = \dfrac{(M+m)\,v_0 + mv\cos\theta}{M+m}$。

3-9　$-0.683\hat{i} - 0.283\hat{j}$ N· s;

或: 冲量大小为 0.739N · s，方向与 x 轴正向的夹角为 $\theta = 202.5°$。

3-10　12.96 m· s^{-1}。

3-11　$(\sqrt{2}-1)kl^2$。

3-12　略

3-13　(1) 3 J; (2) 5 W; (3) 3 J。

3-14　$A_f = -\dfrac{27}{7}kc^{\frac{2}{3}}l^{\frac{7}{3}}$。

3-15　(1) $\dfrac{GM_{\text{E}}m}{6R_{\text{E}}}$; (2) $-\dfrac{GM_{\text{E}}m}{3R_{\text{E}}}$; (3) $-\dfrac{GM_{\text{E}}m}{6R_{\text{E}}}$。

3-16　0.23 m。

3-17　$A_{外} = -A_{引} = \dfrac{Gm_1m_2d}{x_1(x_1+d)}$。

3-18　$E_P = \dfrac{k}{2r^2}$。

3-19　(1) $x_1 = \left(\dfrac{a}{b}\right)^{\frac{1}{6}}$ 或 $x_1 \to \infty$; (2) $x_2 = \left(\dfrac{2a}{b}\right)^{\frac{1}{6}}$; (3) $F(x) = \dfrac{12a}{x^{13}} - \dfrac{6b}{x^7}$。

3-20　$v_1 = m_2\sqrt{\dfrac{2G}{l(m_1+m_2)}}$, $v_2 = m_1\sqrt{\dfrac{2G}{l(m_1+m_2)}}$。

3-21　(1) $v = 10$ m·s^{-1}, $\theta = \tan^{-1}\dfrac{4}{3} = 53.1°$;

(2) 碰撞中损失的能量: $E_{损} = \left(\dfrac{1}{2}m_Av_A^2 + \dfrac{1}{2}m_Bv_B^2\right) - \dfrac{1}{2}(m_A+m_B)v^2 = 3.36\times10^4$ J。

3-22　$v' = \dfrac{mv}{m+m'}$, $\Delta x = v\sqrt{\dfrac{mm'}{k(m+m')}}$。

3-23　$\vec{L}_O = 42m\hat{j} - 28m\hat{k}$。

3-24　(1) $L_A = dmv = 1.83\times10^5$ kg ·m^2·s^{-1}; (2) $L = 0$。

3-25　$r_2 = 5.26\times10^{12}$ m。

3-26　$L_O = 2.89\times10^{34}$ kg ·m^2 · s^{-1}, $\dfrac{\text{d}S}{\text{d}t} = \dfrac{L_O}{2m} = 1.97\times10^{11}\text{m}^2\cdot\text{s}^{-1}$。

3-27　(1) $L = 1.06\times10^{-42}$ kg·m^2 · s^{-1}; (2) $L = 1.6\times10^{-9}\ h$。

3-28　$L = 3.02\times10^{42}$ kg ·m^2 · s^{-1}。

3-29　$A = \dfrac{1}{2}mv^2 + \dfrac{3}{2}mr_0^2\omega_0^2$。

3-30　$v = \sqrt{\left(\dfrac{m}{m'+m}\right)^2 v_0^2 - \dfrac{k(l-l_0)^2}{m'+m}}$, $\theta = \arcsin\dfrac{mv_0l_0}{(m+m')vl}$。

第 4 章

4-1　(1) 错; (2) 错; (3) 错; (4) 错; (5) 错。

4-2　不能。当刚体很大时，各质元的重力加速度不同，刚体的质心与重心不重合。

4-3　角动量守恒定律。

4-4　角动量守恒定律。

4-5 (1) 5 rad·s^{-2}；(2) 358.28；(3) 100 rad·s^{-1}；(4) $v = 5\ \text{m·s}^{-1}$，$a_\tau = 0.25\ \text{m·s}^{-2}$，$a_n = 500\ \text{m·s}^{-2}$。

4-6 (1) $\alpha = -\dfrac{25}{9} = -2.78\ \text{rad}\cdot\text{s}^{-2}$；(2) $\omega = 212.26\ \text{rad}\cdot\text{s}^{-1}$。

4-7 (1) $J_1 = 6.48\times10^{-2}\ \text{kg·m}^2$，$J_2 = 3.24\times10^{-2}\ \text{kg·m}^2$；

(2) $E_{\text{k}1} = 3.57\times10^2\ \text{J}$，$E_{\text{k}2} = 1.78\times10^2\ \text{J}$。

4-8 (1) $M_f = -100\ \text{N·m}$；(2) $\alpha = -5\ \text{rad·s}^{-2}$；(3) $\Delta N = 175.56$，$\Delta t = 21\ \text{s}$；

(4) $A_f = -110250\ \text{J}$。

4-9 $T = \dfrac{m(Mg+2F)}{M+2m}$，$a = \dfrac{2(F-mg)}{M+2m}$。

4-10 (1) $\alpha = \dfrac{3g}{2l}$；(2) $\omega = \sqrt{\dfrac{3g}{l}}$。

4-11 (1) $\omega = \dfrac{J_1\omega_1 + J_2\omega_2}{J_1+J_2}$；(2) $\Delta E_{\text{k}} = \dfrac{1}{2}\dfrac{(J_1\omega_1+J_2\omega_2)^2}{J_1+J_2} - \left(\dfrac{1}{2}J_1\omega_1^2 + \dfrac{1}{2}J_2\omega_2^2\right)$；

(3) 虽然内力矩不改变系统的角动量，但内力矩对系统做功之和并不等于零。

4-12 $\omega = 29\ \text{rad}\cdot\text{s}^{-1}$。

4-13 (1) $\omega_2 = 0.628\ \text{rad·s}^{-1}$；(2) 小物体离开棒端的瞬间，棒的角速度仍为 ω_2。因为小物体离开棒的瞬间内并未对棒有冲力矩作用。

4-14 (1) $\omega = 4\omega_0$；(2) $A_F = \dfrac{3}{2}m\omega_0^2 r_0^2$。

4-15 (1) $\alpha = \dfrac{mg}{\left(m+\dfrac{1}{2}M\right)R} = 81.7\text{rad}\cdot\text{s}^{-2}$，方向：逆时针；

(2) 物体上升高度为 $h = 0.0612\ \text{m}$。

4-16 $\omega = \dfrac{m_0 v_0}{(m_0+m)R}$。

4-17 $a = \dfrac{3g\sin\theta}{22}$；$\omega = \sqrt{\dfrac{3g}{l}(1-\cos\theta)}$。

4-18 (1) $\omega = 2.7\ \text{rad·s}^{-1}$；(2) $\theta = 30°$。

第 5 章

5-1 B

5-2 D

5-3 D

5-4 B

5-5 A

5-6 略

5-7 4 cm，$-5\pi/6$。

5-8 $x = 10\cos\left(\dfrac{5\pi}{6}t - \dfrac{\pi}{3}\right)$ cm。

5-9 (1)$-\pi/3$；(2)0.10 m，$-0.19\text{m}\cdot\text{s}^{-1}$，$-1.0\text{m}\cdot\text{s}^{-2}$。

5-10 (1)$\pm4.2\times10^{-2}$ m；(2)0.75 s。

5-11 1.0 cm，$\dfrac{\pi}{6}$，$x = 1.0\cos(2.0t + \dfrac{\pi}{6})$ cm。

第 6 章

6-1 D

6-2 B

6-3 C

6-4 A

6-5 C

6-6 (1) 4 m·s^{-1}，2 Hz，2 m；(2) 0 m·s^{-1}，7.9 m·s^{-2}。

6-7 (1) 0.05 s，1.5 m；(2) $y = 4\times10^{-2}\cos 40\pi\left(t-\dfrac{x}{30}\right)$ m。

6-8 $y = 0.04\cos\left[4\pi\left(t-\dfrac{x}{8.0}\right)-\dfrac{\pi}{2}\right]$ m。

6-9 $y = 0.10\cos\left[500\pi\left(t+\dfrac{x}{5000}\right)+\dfrac{\pi}{3}\right]$ m。

第 7 章

7-1 略

7-2 略

7-3 (1) $v = -1.5\times10^{8}\ \text{m·s}^{-1}$；(2) $\Delta x' = 5.2\times10^{4}$ m。

7-4 60 m。

7-5 $l' = l\sqrt{1-\dfrac{v^2}{c^2}\cos^2\theta}$，$\theta' = \arctan\left[\left(1-\dfrac{v^2}{c^2}\right)^{-\frac{1}{2}}\tan\theta\right]$。

7-6 $\Delta t = 10$ 年。

7-7 (1) $\Delta t = 4.3\times10^{-8}$ s；(2) $l = 10.3$ m。

7-8 $u_x = 0.98c$

7-9 $v = 0.866c$

7-10 $A = 2.57\times10^{3}\ \text{eV} = 4.11\times10^{-16}$ J。

7-11 $m_{损} = 5.6\times10^{9}$ kg。

7-12 0.511 MeV。

7-13 $1.75\times10^{7}\ \text{eV} = 2.8\times10^{-12}$ J。

第 8 章

8-1 略

8-2 略

8-3 $p = 4.43\times10^{5}$ Pa。

8-4 $V = 6.11\times10^{-5}\ \text{m}^3$。

8-5 $h = 1.96\times10^{3}$ m。

8-6 略

8-7 (1) $n = 2.4\times10^{25}\ \text{m}^{-3}$；(2) $\bar{r} = 3.5\times10^{-9}$ m；
(3) $\rho = 0.13\ \text{kg·m}^{-3}$；(4) $\bar{\varepsilon}_{kt} = 6.2\times10^{-21}$ J。

8-8 (1) $\sqrt{\overline{v^2}} = 1.58\times10^{6}\ \text{m}\cdot\text{s}^{-1}$；(2) $\bar{\varepsilon}_{\text{k}} = 1.29\times10^{4}$ eV。

8-9 $\bar{\varepsilon}_{\text{k}} = 5.00\times10^{3}$ J；$\bar{\varepsilon}_{\text{k}r} = 3.32\times10^{3}$ J。

8-10 (1) $U = 2.90\times10^{4}$ J；(2) 1.82×10^{3} J。

8-11 (1) $p = 1.35 \times 10^5$ Pa; (2) $T = 362$ K。

8-12 (1) $f(v)\mathrm{d}v$ 表示：在速率 v 附近、$\mathrm{d}v$ 区间内的分子数占总分子数的百分比；

(2) $Nf(v)\mathrm{d}v$ 表示：在速率 v 附近、$\mathrm{d}v$ 区间内的分子数；

(3) $\int_{v_1}^{v_2} f(v)\mathrm{d}v$ 表示：速率在 $v_1 \sim v_2$ 的分子数占总分子数的百分比；

(4) $\int_{v_1}^{v_2} Nf(v)\mathrm{d}v$ 表示：速率在 $v_1 \sim v_2$ 的分子数；

(5) $\int_{v_1}^{v_2} vNf(v)\mathrm{d}v$ 表示：速率在 $v_1 \sim v_2$ 的分子的速率之和。

8-13 (1) 略；(2) $C = \dfrac{1}{v_0}$；(3) $\bar{v} = \dfrac{v_0}{2}$。

8-14 (1) $a = \dfrac{2N}{3v_0}$；(2) $\Delta N = \dfrac{7}{12}N$；(3) $\bar{v} = \dfrac{11}{9}v_0$；(4) $\bar{\varepsilon}_{\mathrm{k}t} = \dfrac{31}{36}mv_0^2$。

8-15 $v_p = 394\ \mathrm{m\cdot s^{-1}}$，$\bar{v} = 447\ \mathrm{m\cdot s^{-1}}$，$\sqrt{\overline{v^2}} = 483\ \mathrm{m\cdot s^{-1}}$。

8-16 $\Delta N = 4.97 \times 10^{16}$ 个。

8-17 (1) $r = 1.99 \times 10^{-10}$ m; (2) $p = 7.27 \times 10^2$ Pa。

8-18 体积不变时：$\bar{Z} \propto \sqrt{T}$，$\bar{\lambda}$ 与 T 无关；

压强不变时：$\bar{Z} \propto \dfrac{1}{\sqrt{T}}$，$\bar{\lambda} \propto T$。

8-19 $\bar{\lambda} = 5.8 \times 10^{-8}$ m，$\overline{\Delta t} = 1.3 \times 10^{-10}$ s。

8-20 (1) $n = 3.2 \times 10^{17}\ \mathrm{m^{-3}}$；(2) $\bar{\lambda} = 7.8$ m，$\bar{Z} = 60\ \mathrm{s^{-1}}$。

8-21 (1) $1 : \sqrt{2}$；(2) $1 : 1$。

8-22 (1) $\bar{\lambda} = 2.65 \times 10^{-7}$ m; (2) $d = 1.78 \times 10^{-10}$ m。

8-23 $d = 2.3 \times 10^{-10}$ m。

8-24 $\bar{\lambda} = 1.3 \times 10^{-7}$ m，$d = 2.5 \times 10^{-10}$ m。

第 9 章

9-1 $A = 5.0 \times 10^2$ J，$\Delta U = 1.21 \times 10^3$ J。

9-2 (1) 容积不变时：$Q = 6.23 \times 10^2$ J，$\Delta U = 6.23 \times 10^2$ J，$A = 0$ J；

(2) 压强不变时：$Q = 6.23 \times 10^2$ J，$\Delta U = 4.16 \times 10^2$ J，$A = 1.039 \times 10^3$ J。

9-3 (1) 等容过程：$Q = 3.1 \times 10^3$ J；(2) 等压过程：$Q = 4.0 \times 10^3$ J。

9-4 $A = 1.50 \times 10^2$ J。

9-5 $A = 55.7$ J。

9-6 $Q = -252$ J，放热。

9-7 $Q = -500$ J，放热。

9-8 (1) $A = 2.77 \times 10^3$ J，$Q = 2.77 \times 10^3$ J；(2) $A = 2.0 \times 10^3$ J，$Q = 2.0 \times 10^3$ J。

9-9 $A = -23.0$ J。

9-10 (1) $A = 2.49 \times 10^3$ J，$Q = 8.73 \times 10^3$ J；

(2) $A = 1.73 \times 10^3$ J，$Q = 1.73 \times 10^3$ J；

(3) $A = 1.51 \times 10^3$ J，$Q = 0$ J。

9-11 93.3 K。

9-12 (1) $\eta = 37\%$；(2) $A = 1.67 \times 10^4$ J。

9-13 $Q_2 = 1.25 \times 10^4$ J。

9-14　(1) 制冷机；(2) $\eta = 12.3\%$。

9-15　$\eta = 15\%$。

9-16　略

9-17　略

9-18　$\nu R \ln(V_B/V_A) + \frac{3}{2}\nu R \ln(T_B/V_A)$。

9-19　1304 $\text{J}\cdot\text{K}^{-1}$，$-1120$ $\text{J}\cdot\text{K}^{-1}$，184 $\text{J}\cdot\text{K}^{-1}$。

9-20　11.52 $\text{J}\cdot\text{K}^{-1}$。

参 考 文 献

程守洙, 江之永. 1998. 普通物理学. 5 版. 北京: 高等教育出版社.

郭振平. 2016. 新编大学物理教程. 北京: 科学出版社.

刘克哲, 张承琚. 2005. 物理学. 上下册. 3 版. 北京: 高等教育出版社.

毛骏健, 顾牧. 2006. 大学物理学. 上下册. 3 版. 北京: 高等教育出版社.

缪耀发. 2006. 大学物理教程. 北京: 高等教育出版社.

盛裴轩. 2013. 大气物理学. 2 版. 北京: 北京大学出版社.

王国栋. 2008, 大学物理学. 北京: 高等教育出版社.

詹煜. 2014. 大学物理教程. 上下册. 2 版. 北京: 科学出版社.

张三慧. 2003. 大学基础物理学. 北京: 清华大学出版社.

张铁强. 2007. 大学物理学. 北京: 高等教育出版社.